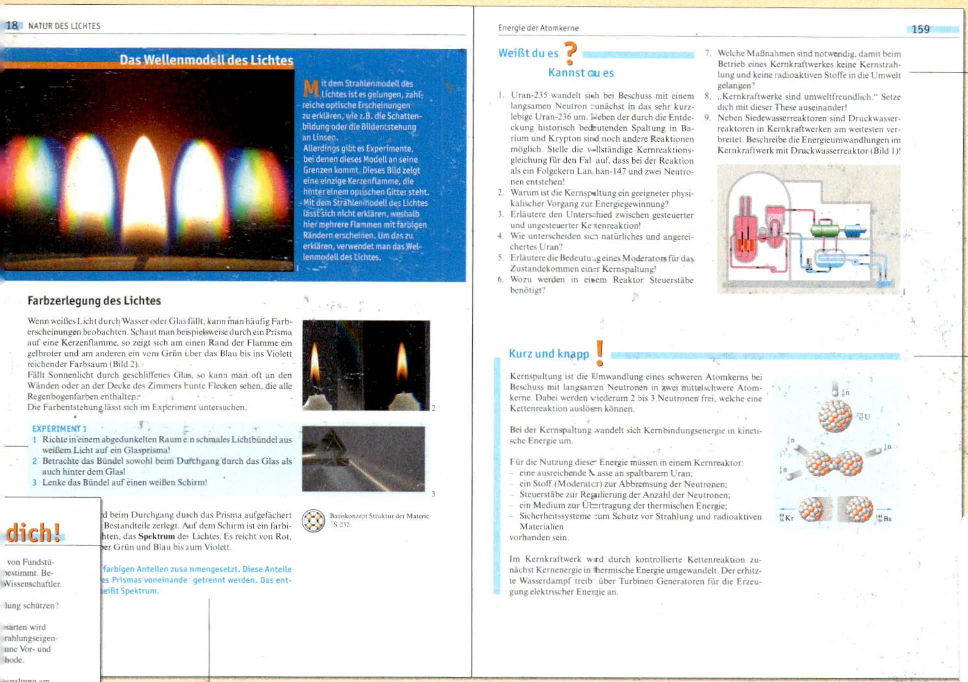

Aufgaben
Sie dienen nicht nur zur Wiederholung und zur Übung. Sie sollen dir ebenso helfen, mit dem Gelernten Neues zu entdecken oder Altbekanntes neu zu verstehen.

Zusammenfassung
Am Ende des Unterkapitels wird das Wichtigste noch einmal auf den Punkt gebracht.

Merkstoff
Die wichtigsten Ergebnisse und Gesetze sind deutlich hervorgehoben.

Teste dich
Hast du den Inhalt des Kapitels verstanden? Kannst du dein Wissen anwenden? Mit den Aufgaben auf dieser Seite kannst du dich selbst einschätzen. Die Lösungen findest du am Ende des Buches.

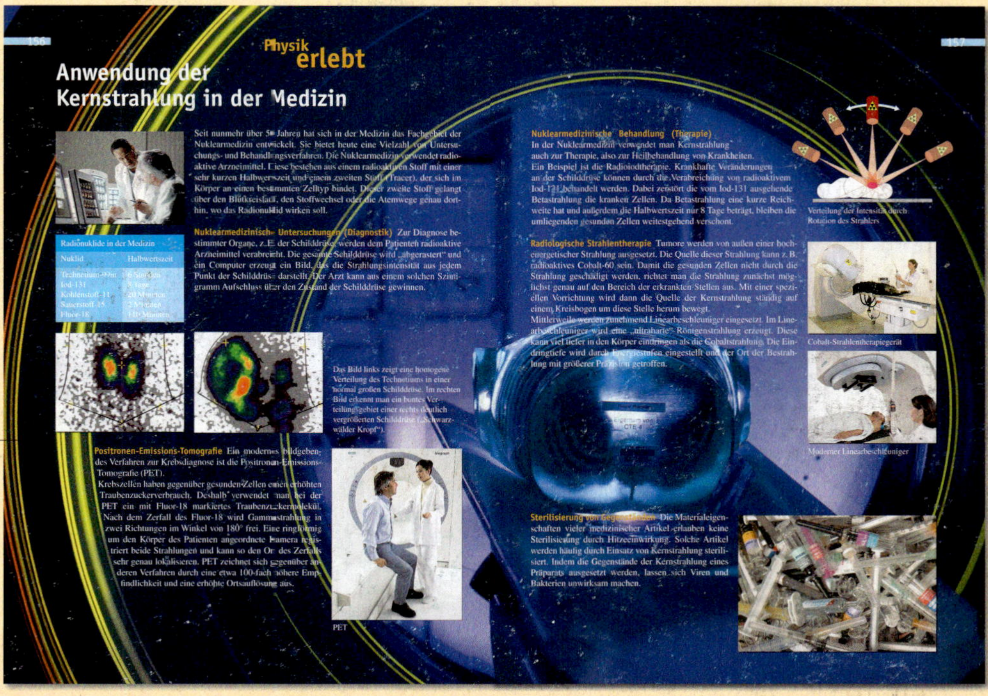

Physik erlebt
Diese Doppelseiten beleuchten jeweils ein bestimmtes Thema aus unterschiedlichen Blickwinkeln und regen zum Weiterlesen und -forschen an.

Klassen 9/10

Inhalt

Hinweise auf die Basiskonzepte findest du an den Stellen im Lehrbuch, die mit folgenden Symbolen gekennzeichnet sind:

 Basiskonzept Energie

 Basiskonzept System

 Basiskonzept Struktur der Materie

 Basiskonzept Wechselwirkung

Kräfte und Bewegungen

Man kann die Bewegung fallender Körper, geworfener Bälle, anfahrender Züge oder bremsender Autos mathematisch beschreiben und vorhersagen. Geschwindigkeiten, Beschleunigungen, Massen und Kräfte hängen miteinander zusammen.

ISAAC NEWTON hat diese Größen genauer untersucht und drei grundlegende Gesetze der Mechanik formuliert.

Diese Vorgänge können auch sehr gut mit der physikalischen Größe Energie beschrieben werden.

Gleichförmige Bewegungen

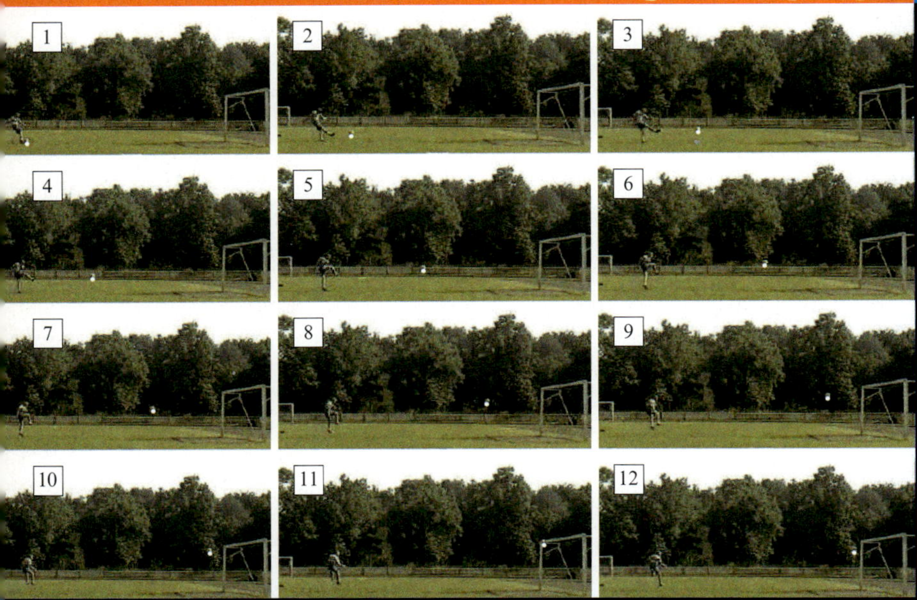

1

In dieser Videoaufnahme sieht man einen Fußball beim Elfmeterschuss vom Fuß des Schützen an die Torlatte fliegen. Wie lässt sich seine Geschwindigkeit messen? Wird der Ball langsamer oder schneller? Oder bleibt der Betrag der Geschwindigkeit während des Fluges konstant?

Verschiedene Bewegungen

Bewegungen sind dadurch gekennzeichnet, dass die Körper, die in Bewegung sind, ständig ihren Ort verändern.
Dabei unterscheidet man gleichförmig geradlinige Bewegungen und gleichmäßig beschleunigte Bewegungen. Diese lassen sich sehr gut beschreiben und berechnen.
Die Bewegungen auf Kurvenbahnen aller Art und solche, bei denen sich die Geschwindigkeit ständig ändert, sind nicht mehr mit einfachen Gleichungen zu beschreiben. Manchmal lassen sie sich aus einfachen Bewegungsformen zusammensetzen.
Ein besonders einfacher Sonderfall ist die Kreisbewegung.

Basiskonzept System
↑S. 231

Modell Massenpunkt

Wird die Bewegung von Körpern untersucht, so z. B. von Autos, Schiffen und Flugzeugen, dann stellt man fest, dass sich diese Körper nicht nur als Ganzes bewegen, es treten auch Bewegungen einzelner Teile auf. Die Räder des Autos bewegen sich, und beim Einparken ändert sich die Lage des Autos gegenüber der Fahrtrichtung auf der Straße.
Zur Vereinfachung stellt man sich vor, dass die gesamte Masse des Körpers in einem Punkt vereint ist. (Das ist in der Regel der Schwerpunkt des Körpers.) Man vernachlässigt die Einzelheiten und die Abmessungen des Körpers.
Das Ergebnis dieser Vereinfachung ist ein Punkt, der so genannte Massenpunkt. Die Bewegung dieses Punktes lässt sich nun leicht untersuchen, beschreiben und berechnen.

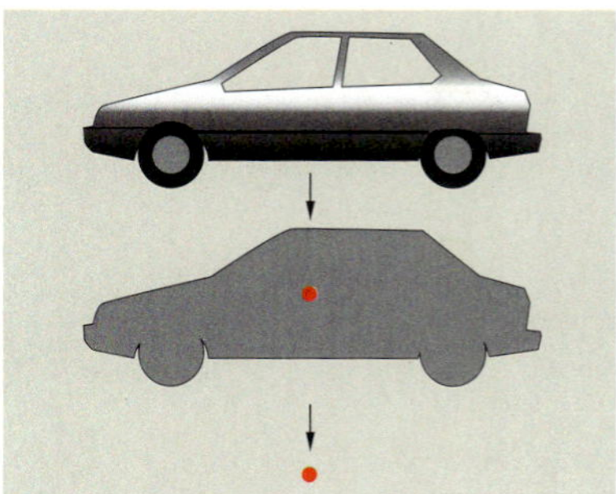
2

Vereinfachung vom Körper zum Massenpunkt

Gleichförmige geradlinige Bewegung

Ein Videofilm besteht aus 25 Bildern pro Sekunde. Das bedeutet, dass das Zeitintervall zwischen zwei Bildern 1/25 s = 0,04 s = 40 ms beträgt: Alle 0,04 s entsteht ein neues Bild.
Beim Elfmeterschuss handelt es sich um eine nahezu geradlinige Bewegung. Die Abweichungen von einer geraden Flugstrecke sind sehr klein. Um die Durchschnittsgeschwindigkeit des Balls zu berechnen, wird die Gesamtflugstrecke vom Elfmeterpunkt bis zur Torlatte durch die benötigte Zeit dividiert. Mit dem Satz des Pythagoras lässt sich die Länge der Strecke ermitteln (die Torhöhe beträgt 2,4 m): Es ergibt sich $s = 11{,}3$ m. Im ersten Bild (S. 8) hat der Ball bereits etwa 30 cm zurückgelegt; daher fliegt er zwischen Bild 1 und Bild 11 eine Strecke von 11 m. (Bild 12 zeigt den von der Latte zurückprallenden Ball.) Die Gesamtflugzeit ist dann die Zeit, in der die folgenden 10 Bilder aufgenommen wurden:
$t = 10 \cdot 0{,}04\,\text{s} = 0{,}4\,\text{s}$. Damit lässt sich die Geschwindigkeit berechnen:
$v = \frac{s}{t} = \frac{11\,\text{m}}{0{,}4\,\text{s}} = 27{,}5\,\frac{\text{m}}{\text{s}}$ oder umgerechnet: $v = 99\,\frac{\text{km}}{\text{h}}$.

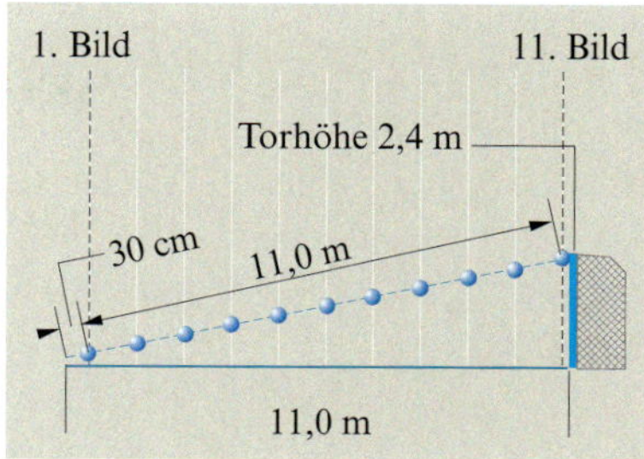

1 Anfangspunkt und Endpunkt der Bewegung

Um eine gleichförmige Bewegung handelt es sich nur, wenn die Geschwindigkeit während der gesamten Flugzeit konstant bleibt. Dann wird in jedem Zeitintervall die gleiche Strecke zurückgelegt, und im Weg-Zeit-Diagramm liegen alle Messpunkte auf einer Geraden.

Bei einer gleichförmigen Bewegung ist der Betrag der Geschwindigkeit konstant. In gleichen Zeiten werden gleiche Strecken zurückgelegt.

Der Filmsequenz kann man die Weg- und die zugehörigen Zeitangaben entnehmen, es ergibt sich das Diagramm in Bild 2. Die Geschwindigkeit des Balls ist nahezu konstant. Die Messwerte weichen jedoch leicht von einer Geraden ab, da der Ball mit der Zeit etwas langsamer wird. Ursache dafür ist der Luftwiderstand.
In einem Experiment sollen weitere Bewegungen daraufhin untersucht werden, ob sie gleichförmig verlaufen.

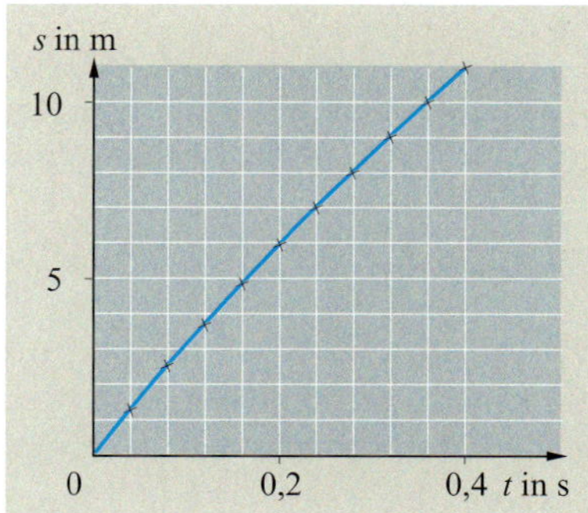

2 Weg-Zeit-Diagramm für die Bewegung des Fußballs

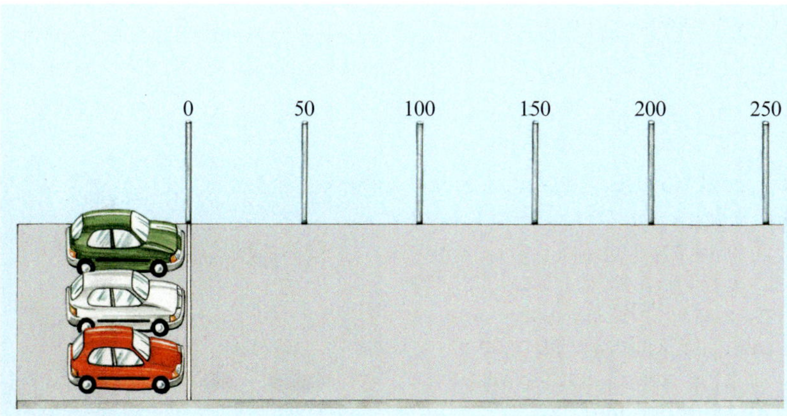

3

EXPERIMENT 1
Ermittelt für drei elektrisch betriebene Spielzeugautos die Geschwindigkeiten!
1 Messt für jedes Auto die Zeiten bei den Wegmarken: 0; 50 cm; 100 cm; 150 cm; 200 cm; 250 cm.
2 Tragt die Ergebnisse in ein Weg-Zeit-Diagramm ein.
3 Berechnet die Geschwindigkeiten.

Die Fahrzeuge legen jeweils in gleichen Zeiten gleiche Strecken zurück. Ihre Bewegungen sind gleichförmig. Allerdings sind die Geschwindigkeiten der Fahrzeuge unterschiedlich groß.

Weg-Zeit-Gesetz der gleichförmigen geradlinigen Bewegung. Je schneller die Bewegung ist, desto steiler verläuft die Gerade im Weg-Zeit-Diagramm (Bild 1).
Die Gleichung $v = s/t$ kann umgeformt werden zu $s = v \cdot t$. Diese Gleichung wird auch als Weg-Zeit-Gesetz für die gleichförmige geradlinige Bewegung bezeichnet. Das Gesetz gibt an, wie groß der Weg s ist, der in der Zeit t zurückgelegt wird. Im Weg-Zeit-Diagramm der gleichförmigen geradlinigen Bewegung stellt die Geschwindigkeit v die Steigung der Geraden dar.

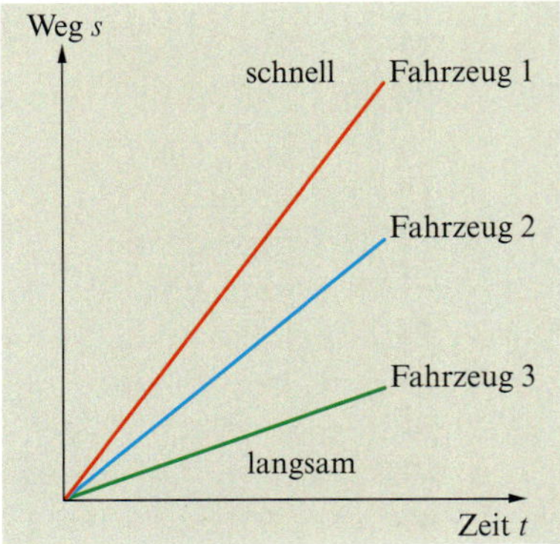

1

Weg-Zeit-Diagramm für drei unterschiedliche gleichförmige geradlinige Bewegungen

Das Weg-Zeit-Gesetz für gleichförmige geradlinige Bewegungen lautet: $s = v \cdot t$.

Geschwindigkeit-Zeit-Diagramm. Trägt man für eine gleichförmige geradlinige Bewegung die Geschwindigkeit v über die Zeit t auf, so ist der Graph eine Gerade parallel zur Zeitachse. Bild 2 zeigt das Geschwindigkeit-Zeit-Diagramm eines Körpers, der sich in der Zeit von 0 bis t_1 mit der Geschwindigkeit v_1 bewegt. Die Fläche unter dem Graphen stellt ein Rechteck dar.
Für den Flächeninhalt des Rechtecks gilt $A = v_1 \cdot t_1$. Nach dem Weg-Zeit-Gesetz gilt $s_1 = v_1 \cdot t_1$; also ist der Flächeninhalt ein Maß für den Weg s_1, den der Körper zurückgelegt hat.

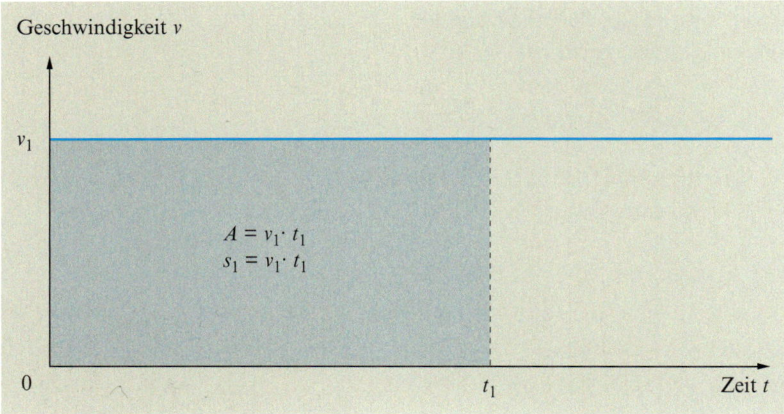

2

Geschwindigkeit-Zeit-Diagramm für eine Bewegung mit der Geschwindigkeit v_1

Gleichförmige Kreisbewegung

Bisher wurden ausschließlich geradlinige Bewegungen betrachtet, weil sie besonders einfach zu untersuchen und zu beschreiben sind. Wie aber geht man physikalisch mit Fahrten in Kurven um?

Der Betrag der Geschwindigkeit eines Pkw wird vom Tachometer angezeigt (Bild 3). Manche Autos haben eine Digitalanzeige wie die Fahrradtachometer, bei denen man zu jedem Augenblick die Geschwindigkeit besonders genau ablesen kann.
Es gibt auch Autos mit einem Tempomaten. Für lange Fahrten stellt man ihn auf 100 km/h – das ist die zulässige Höchstgeschwindigkeit auf vielen Landstraßen.

3

Die Richtung der Bewegung ändert sich, der Betrag der Geschwindigkeit bleibt konstant.

So bleibt der Betrag der Geschwindigkeit des Autos konstant. Das gilt auch für alle Kurvenfahrten. Zwar ändert sich die Richtung der Bewegung, aber die Tachometeranzeige bleibt immer gleich.

Ein spezieller Fall von nicht geradlinigen Bewegungen ist die Kreisbewegung. Bei einem Kinderkarussell bewegen sich alle Körper auf Kreisbahnen. Die Scheibe des Karussells in Bild 1 dreht sich in 10 Sekunden einmal herum. Die Fahrzeuge auf dem Karussell führen jeweils eine gleichförmige Kreisbewegung aus: Der Betrag ihrer Geschwindigkeit bleibt dabei gleich, aber die Bewegung ändert ständig die Richtung.
Die Bahngeschwindigkeit der einzelnen Fahrzeuge lässt sich berechnen, wenn die Länge des zurückgelegten Weges und die dafür benötigte Zeit bekannt sind. Die Messung der Weglänge ist allerdings schwierig, denn die Bahn stellt bei dieser Bewegung einen Kreisbogen dar. Einfacher ist es, den Radius r der Kreisbahn zu messen und daraus den Weg zu berechnen, der bei einer vollen Umdrehung des Karussells zurückgelegt wird: $s = 2\pi \cdot r$.
Die Zeit, die ein Fahrzeug auf dem Karussell für eine volle Kreisbahn benötigt, wird Umlaufzeit T genannt. Für die Bahngeschwindigkeit bei der gleichförmigen Kreisbewegung gilt also $v = \frac{s}{t} = \frac{2\pi \cdot r}{T}$.

Daraus lassen sich nun die Bahngeschwindigkeiten der Fahrzeuge berechnen, die z. B. in den Abständen $r_A = 2\,\text{m}$ und $r_B = 4\,\text{m}$ um die Achse des Karussells kreisen:

$$v_A = \frac{2\pi \cdot 2\,\text{m}}{10\,\text{s}} = 1{,}26\,\frac{\text{m}}{\text{s}} \qquad v_B = \frac{2\pi \cdot 4\,\text{m}}{10\,\text{s}} = 2{,}51\,\frac{\text{m}}{\text{s}}.$$

Bei gleicher Umlaufzeit verdoppelt sich die Bahngeschwindigkeit, wenn der Abstand verdoppelt wird.

1 Die Bahngeschwindigkeit hängt vom Radius der Kreisbahn ab.

Beispiel für eine Berechnung des Weges

Die Bahn der Erde um die Sonne ist annähernd eine Kreisbahn mit dem Radius $r = 150\,000\,000\,\text{km}$. Die Umlaufzeit der Erde beträgt 1 Jahr. Welche Strecke legt die Erde auf ihrem Weg um die Sonne in 1 Minute zurück?

Gesucht: s (in 1 min)

Gegeben: $r = 150\,000\,000\,\text{km}$
$T = 365\,\text{d} = 365 \cdot 24 \cdot 3\,600\,\text{s} = 31\,536\,000\,\text{s}$
$t = 1\,\text{min} = 60\,s$

Lösung: $v = \frac{2\pi \cdot r}{T}$ $\qquad$ $s = v \cdot t$

$v = 2\pi \cdot \frac{150\,000\,000\,\text{km}}{31\,536\,000\,\text{s}}$ $\qquad$ $s = 29{,}9\,\frac{\text{km}}{\text{s}} \cdot 60\,\text{s}$

$v = 29{,}9\,\frac{\text{km}}{\text{s}}$ $\qquad$ $\underline{\underline{s = 1\,794\,\text{km}}}$

Ergebnis: Die Erde bewegt sich in jeder Minute um etwa 1 800 km weiter.

2 Kreisbahnen mit extrem großem Radius

Methode

Interpretieren von Diagrammen

Diagramme enthalten viele Informationen. Auf welche Weise kann man diese Informationen aus den Diagrammen gewinnen?

Im **Weg-Zeit-Diagramm** ist der Graph für eine gleichförmige Bewegung eine Gerade. Diese geht durch den Koordinatenursprung (Bild 1). Der Weg ist der Zeit proportional. Für eine gleichförmige Bewegung mit einer anderen Geschwindigkeit ist der Graph ebenfalls eine Gerade. Ist die zweite Bewegung schneller, so ist der Anstieg dieser Geraden größer. Ist die Bewegung langsamer, so hat die Gerade einen geringeren Anstieg. Aus dem Verlauf der Geraden kann man die Wege ablesen, die in bestimmten Zeiten zurückgelegt werden. Weiterhin kann man aus dem Diagramm auch Informationen über die Geschwindigkeit erhalten, obwohl diese physikalische Größe gar nicht direkt grafisch dargestellt ist. Das erfolgt aus dem Anstieg der Geraden. Man wählt dazu einen bestimmten Abzissenwert aus und liest an der Ordinate den zugehörigen Wert ab. In Bild 2 ergibt sich für eine Zeit von 3 s ein Weg von 60 cm. Wenn man den Quotienten aus dem Ordinaten- und Abzissenwert bildet, erhält man die Geschwindigkeit v. Für diese gleichförmige Bewegung ergibt sich für die Zeit $t = 4\,\text{s}$ der Weg $s = 80\,\text{cm}$. Daraus folgt $v = s/t = 80\,\text{cm}/\,4\,\text{s} = 20\,\text{cm/s}$..

Im **Geschwindigkeit-Zeit-Diagramm** ist der Graph für eine gleichförmige Bewegung eine Gerade, die parallel zur t-Achse verläuft (Bild 3). Die Geschwindigkeit ist konstant. Für eine schnellere gleichförmige Bewegung ist der Graph ebenfalls eine Gerade, die parallel zur t-Achse verläuft, wobei ihr Abstand von dieser Achse größer ist. Im Falle einer geringeren Geschwindigkeit verläuft die Gerade in geringerem Abstand von der t-Achse. Im v-t-Diagramm ist die Fläche unter dem Graphen ein Rechteck. Die physikalische Größe Weg errechnet sich bei der gleichförmigen Bewegung als Produkt aus Geschwindigkeit und Zeit. Die Fläche unter dem Graphen entspricht diesem Produkt. Zu ihrer Berechnung liest man Geschwindigkeit und Zeit ab und errechnet das Produkt aus diesen beiden Größen. In Bild 4 ergibt das Produkt $s = v \cdot t = 20\,(\text{cm/s}) \cdot 5\,\text{s} = 100\,\text{cm}$.

Beim Interpretieren sollte man wie folgt vorgehen:

1 Angeben, zwischen welchen physikalischen Größen der Zusammenhang dargestellt ist. (Das geht aus den Achsenbeschriftungen hervor.)
2 Den Zusammenhang zwischen diesen Größen kennzeichnen und ggf. einander zugeordnete Werte dieser Größen ablesen.
3 Die Bedingungen nennen, unter denen der dargestellt Zusammenhang auftritt.
4 Ein Beispiel für diesen Zusammenhang nennen.
5 Überlegen, ob der Quotient aus der auf der Ordinate dargestellten physikalischen Größe und der auf der Abzisse dargestellten eine weitere physikalische Größe kennzeichnet. In diesem Falle ist der Anstieg des Graphen ein Maß für diese Größe.
6 Wenn das Produkt aus den physikalischen Größen, die auf Ordinate und Abzisse dargestellt sind eine physikalische Größe darstellt, dann ist die Fläche unter dem Graphen ein Maß für diese Größe.

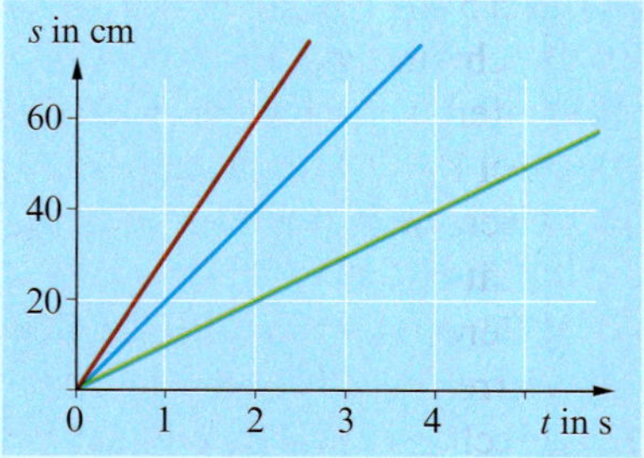

1
Weg-Zeit-Diagramm

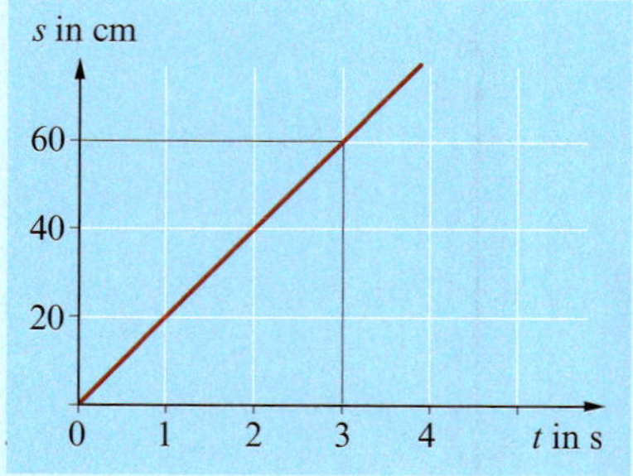

2
Weg-Zeit-Diagramm

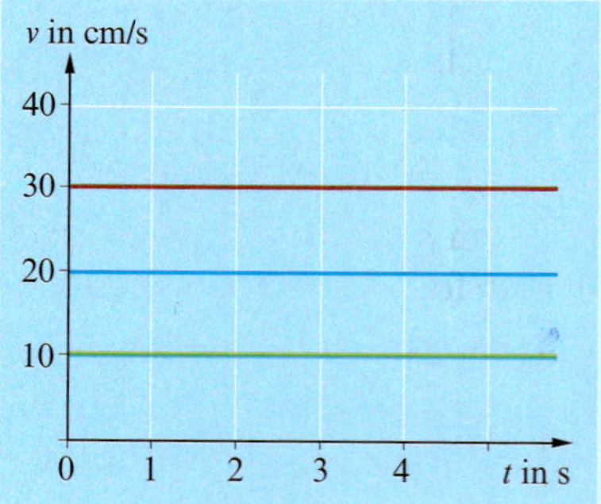

3
Geschwindigkeit-Zeit-Diagramm

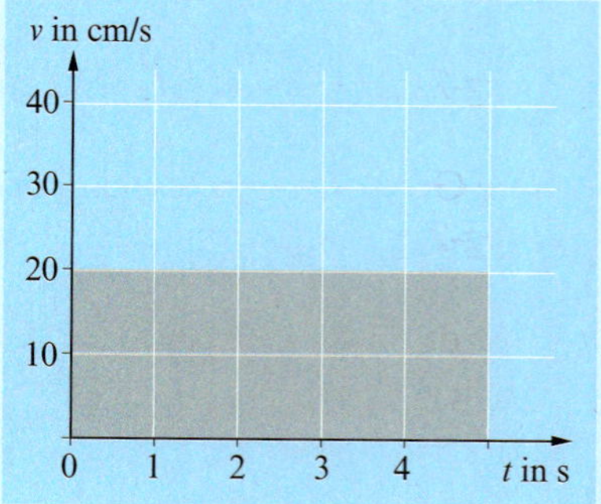

4
Geschwindigkeit-Zeit-Diagramm

Weißt du es ? Kannst du es

1. Zwei 5000-m-Läufer laufen mit gleich bleibender Geschwindigkeit.
Läufer A erreicht nach 20 min das Ziel und hat dabei 100 m Vorsprung vor Läufer B.
a) Berechne die Geschwindigkeiten der beiden Läufer!
b) Berechne nach welcher Zeit Läufer B das Ziel erreicht!
2. Berechne die Geschwindigkeiten v_1, v_2 und v_3 der Fahrzeuge aus dem Diagramm in Bild 1!

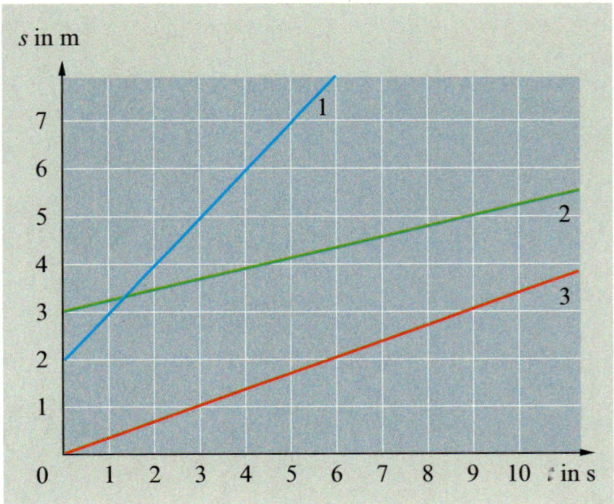

1

3. Beim Experiment mit einem Spielzeugauto wurden folgende Werte gemessen:

s in m	0	0,3	0,6	0,9	1,2	1,5
t in s	0	1,0	2,1	2,9	4,2	5,1

a) Zeichne ein s-t-Diagramm für die Bewegung!
b) Handelt es sich um eine gleichförmige Bewegung?
c) Zeichne ein v-t-Diagramm!
d) Ermittle aus dem s-t-Diagramm die Zeit für $s = 1$ m und den Weg für $t = 2{,}5$ s!
4. Berechne die zurückgelegten Wege s_1, s_2 und s_3!

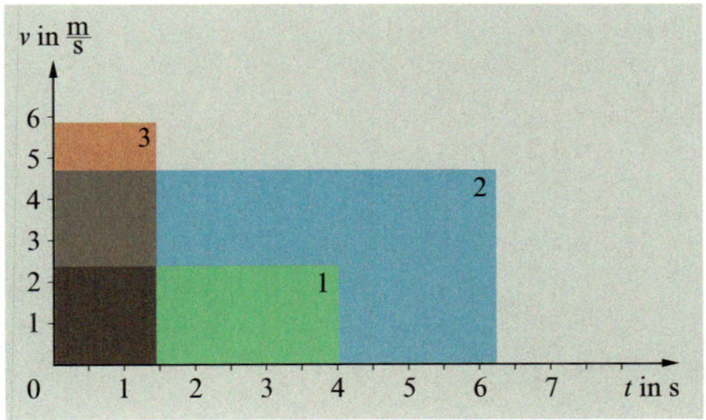

2

5. Wie groß ist die Geschwindigkeit eines Körpers am Äquator bei der Kreisbewegung, die durch die Erdrotation hervorgerufen wird? (Erdradius: 6370 km)
6. Ein Satellit befindet sich in 36000 km Höhe fest über einem Punkt der Erde.
a) Welchen Weg legt er an einem Tag zurück?
b) Mit welcher Geschwindigkeit bewegt er sich dabei?

Kurz und knapp !

Eine Bewegung mit konstantem Betrag der Geschwindigkeit heißt gleichförmige Bewegung.

Weg-Zeit-Gesetz für gleichförmige Bewegungen: $s = v \cdot t$

Die Geschwindigkeit einer gleichförmigen Bewegung entspricht im Weg-Zeit-Diagramm der Steigung einer Geraden.

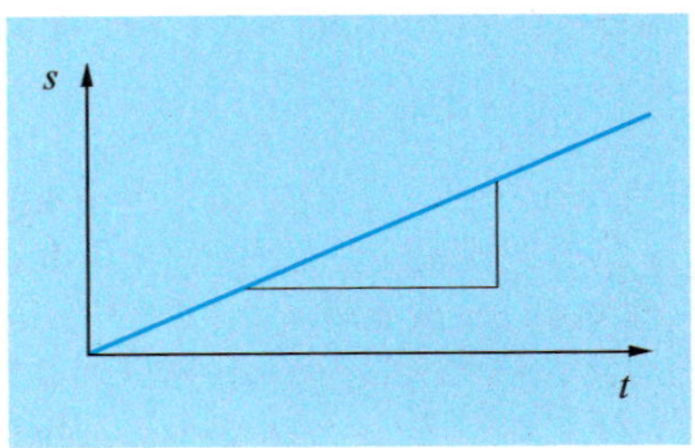

s-t-Diagramm

Für die Bahngeschwindigkeit bei einer gleichförmigen Kreisbewegung gilt:

$$v = \frac{s}{t} = \frac{2\pi \cdot r}{T}.$$

r Radius der Kreisbahn
T Umlaufzeit (Zeit für einen vollständigen Umlauf um die Drehachse)

Gleichmäßig beschleunigte Bewegungen

1

Bei einem Formel-1-Rennen zählt der Start zu den entscheidenden Momenten. Die Wagen stehen in Zweierreihen, ganz vorn der Trainingsschnellste in der Poleposition. Sobald die Ampeln umgeschaltet sind, versuchen die Fahrer, ihre Wagen maximal zu beschleunigen. Gelingt dem Fahrer in der Poleposition ein guter Start, hat er Chancen seine Führung bis zum Ziel zu verteidigen.
Die Geschwindigkeit der Wagen beim Start des Autorennens nimmt sehr schnell zu. Schon nach 4 Sekunden haben sie 200 km/h erreicht.

Beschleunigung

Basiskonzept System ↑S. 231

Für eine Untersuchung in der Schule sind solch schnelle Bewegungen wie die der Rennwagen nicht geeignet. Das Schnellerwerden eines Körpers kann aber im folgenden Experiment beobachtet werden:

EXPERIMENT 1
Eine Kugel soll eine schwach geneigte Laufrinne hinabrollen.
1. Schaltet eine Uhr ein, die im 1-s-Takt ein akustisches Signal gibt!
2. Lasst die Kugel beim Ertönen eines Signaltons los!
3. Stellt Stativstäbe so auf, dass sie jeweils beim Ertönen des Signals den Ort der Kugel kennzeichnen!
4. Wiederholt den Vorgang mehrmals!
5. Notiert die Wertepaare für Weg und Zeit in einer Messwertetabelle!
6. Ändert die Neigung der Laufrinne und wiederholt die Messungen!

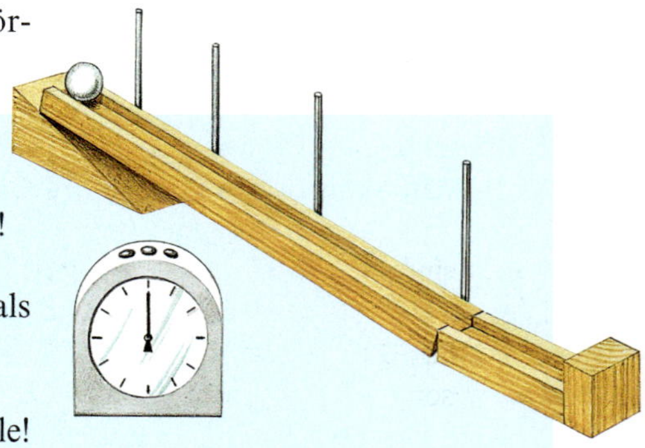
2

Messwertetabelle

t in s	Neigung 1 s in m	Neigung 2 s in m
0	0	0
1	0,05	0,08
2	0,20	0,31
3	0,45	0,71
4	0,81	1,25

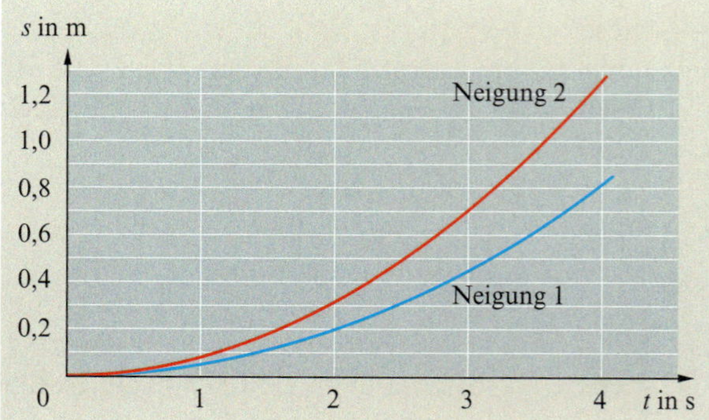

3

Die Kugel im Experiment 1 wird immer schneller: Die Wege, die sie in gleichen Zeiten zurücklegt, werden immer größer. In jedem Moment hat die Kugel eine andere Geschwindigkeit. Die Geschwindigkeit, die ein Körper in einem Moment besitzt, heißt *Augenblicksgeschwindigkeit*. Sie lässt sich nicht direkt aus der Messung von s und t bestimmen. Man kann sie jedoch ungefähr ermitteln, indem man die Zeit Δt misst, die der Körper für die kleine Strecke Δs benötigt. Für die Augenblicksgeschwindigkeit gilt dann: $v \approx \Delta s / \Delta t$.
Bei einer beschleunigten Bewegung ändert sich ständig die Augenblicksgeschwindigkeit. Diese Veränderung der Augenblicksgeschwindigkeit soll für die Kugel bei der Neigung 1 genauer untersucht werden:

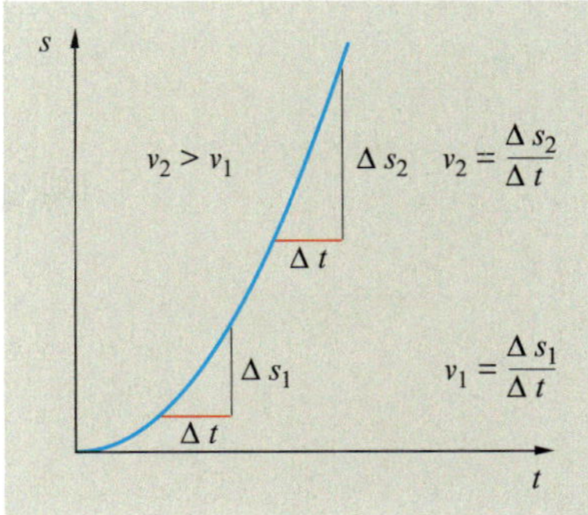

1

t in s	s in m	Δs in m	Δt in s	v in m/s
0	0			
		0,05	1	0,05
1	0,05			
		0,15	1	0,15
2	0,20			
		0,25	1	0,25
3	0,45			
		0,36	1	0,36
4	0,81			

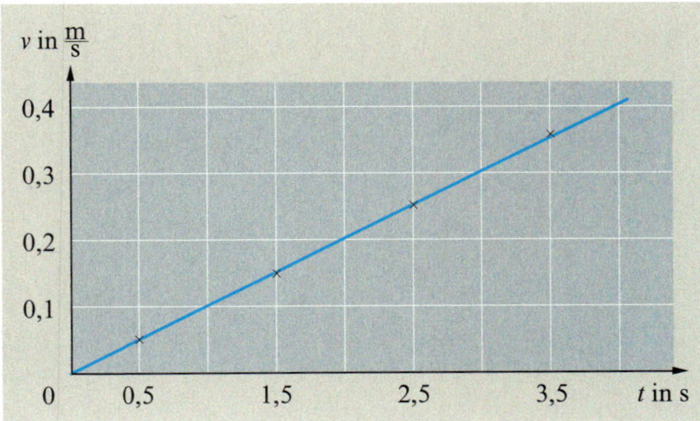

2

Im v-t-Diagramm ergibt sich eine Gerade. Die Geschwindigkeitsänderung ist in jedem Zeitintervall gleich groß. Man nennt diese Bewegung gleichmäßig beschleunigte Bewegung. Die physikalische Größe, die angibt, wie schnell sich die Geschwindigkeit ändert, heißt Beschleunigung.

Die Beschleunigung gibt an, wie schnell sich die Geschwindigkeit eines Körpers ändert. Das Formelzeichen der Beschleunigung ist *a*.

Geschwindigkeit-Zeit-Gesetz der gleichmäßig beschleunigten Bewegung. Das v-t-Diagramm der gleichmäßig beschleunigten Bewegung (Bild 2) zeigt, dass die Geschwindigkeit der verstrichenen Zeit proportional ist. Die Beschleunigung entspricht der Steigung im v-t-Diagramm.

Das Geschwindigkeit-Zeit-Gesetz für die gleichmäßig beschleunigte Bewegung lautet: $v = a \cdot t$.

Aus dieser Gleichung lässt sich auch erkennen, welche Einheit die Beschleunigung haben muss: Umformen ergibt $a = v/t$. Setzt man nun für die Geschwindigkeit die Einheit m/s und für die Zeit die Einheit s ein, so ergibt sich als Einheit für die Beschleunigung m/s².

Die Einheit der Beschleunigung ist $\frac{m}{s^2}$.

Ebenso wie die Geschwindigkeit eines Körpers nicht immer konstant ist, ist auch die Beschleunigung nicht immer konstant. Für Durchschnittsbeschleunigungen schreibt man daher $a = \Delta v / \Delta t$. Dabei bedeutet Δv die Änderung der Geschwindigkeit in der Zeit Δt.

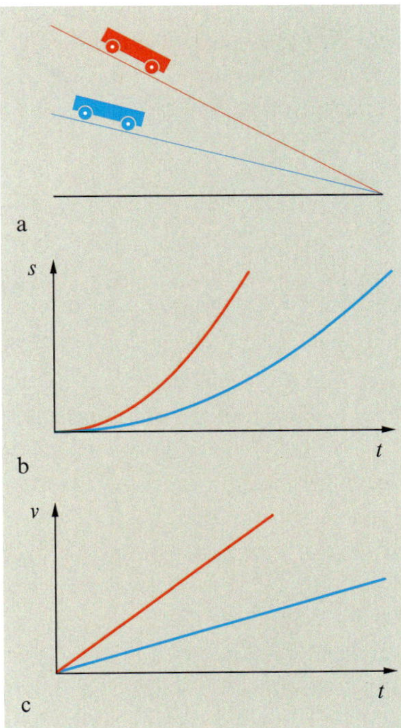

3

Zwei gleichmäßig beschleunigte Bewegungen mit unterschiedlichem Betrag der Beschleunigung

Weg-Zeit-Gesetz der gleichmäßig beschleunigten Bewegung. Um das Weg-Zeit-Gesetz für die gleichmäßig beschleunigte Bewegung zu ermitteln, soll ähnlich wie bei der gleichförmigen Bewegung das *v*-*t*-Diagramm betrachtet werden. Der zu einer bestimmten Zeit t_1 zurückgelegte Weg s_1 entspricht auch hier dem Flächeninhalt unter dem Graphen.
Der Flächeninhalt s_1 des Dreiecks in Bild 1 lässt sich berechnen als

$s_1 = \frac{1}{2} v_1 \cdot t_1$. Setzt man $v_1 = a \cdot t_1$, so erhält man $s_1 = \frac{1}{2} a \cdot t_1^2$.

Das Weg-Zeit-Gesetz für gleichmäßig beschleunigte Bewegungen lautet:

$$s = \frac{1}{2} a \cdot t^2 .$$

Der zurückgelegte Weg ist bei einer gleichmäßig beschleunigten Bewegung proportional zum Quadrat der Zeit: $s \sim t^2$. Der Graph im *s*-*t*-Diagramm entspricht daher einer Parabel (siehe Bild 1 auf der vorhergehenden Seite).

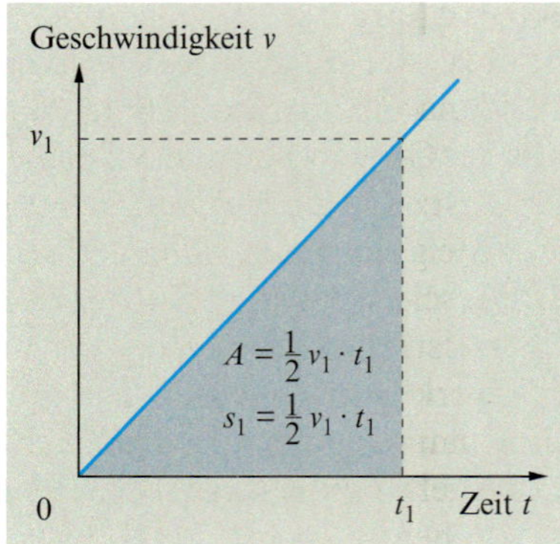

1

Die Fläche unter dem Graphen im *v*-*t*-Diagramm ist ein Dreieck.

Beispiele für Beschleunigungen (in m/s^2)	
Pkw	2 bis 5
Motorrad	3 bis 8
Rennwagen	7 bis 10

Beispiel für die Berechnung einer Beschleunigung
Ein Motorradfahrer beschleunigt gleichmäßig aus dem Stand heraus und hat nach 6 Sekunden eine Geschwindigkeit von 108 km/h erreicht. Welchen Weg hat er dann zurückgelegt und wie groß ist seine Beschleunigung?

Gesucht: s, a *Gegeben:* $t = 6\,\text{s}$; $v = 108\,\text{km/h} = 30\,\text{m/s}$
Lösung:

1. Berechnung von *a*:

$$a = \frac{v}{t}$$

$$a = \frac{30\,\text{m}}{\text{s} \cdot 6\,\text{s}} = 5\,\frac{\text{m}}{\text{s}^2}$$

2. Berechnung von *s*:

$$s = \frac{1}{2} a \cdot t^2$$

$$s = \frac{1 \cdot 5\,\text{m} \cdot (6\,\text{s})^2}{2\,\text{s}^2} = 90\,\text{m}$$

Ergebnis: Nach 6 Sekunden hat der Motorradfahrer 90 Meter zurückgelegt. Seine Beschleunigung beträgt $5\,\text{m/s}^2$.

Bremsvorgänge. Auch wenn ein Körper langsamer wird, ändert sich seine Geschwindigkeit. Statt von einer Beschleunigung spricht man bei einem langsamer werdenden Körper in der Regel von einer **Verzögerung**. Bild 2 zeigt das *v*-*t*-Diagramm eines Bremsvorgangs: Zur Zeit $t = 0$ hat das Fahrzeug die Geschwindigkeit $v_0 = 20\,\text{m/s}$. Nach 5 s kommt es zum Stillstand. Auch hier ist der Graph eine Gerade, es handelt sich also um eine *gleichmäßig* verzögerte Bewegung: Die Geschwindigkeit vermindert sich in jeder Sekunde um den gleichen Betrag. Der Bremsweg s_B einer solchen Bewegung lässt sich so berechnen wie der Weg bei einer Beschleunigung aus dem Stand. Das Geschwindigkeit-Zeit-Gesetz lautet bei der verzögerten Bewegung $v = v_0 - a \cdot t$. Dieses Gesetz beschreibt den Verlauf des Graphen im *v*-*t*-Diagramm: Der Faktor $-a$ gibt die Steigung der Geraden an.

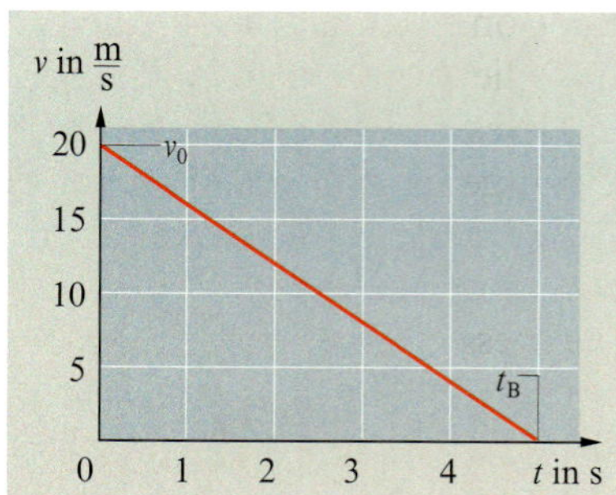

2

v-*t*-Diagramm eines Bremsvorgangs mit gleichmäßiger Verzögerung

Freier Fall

Lässt man Steine, Metallkugeln und kompakte Holzstücke aus etwa gleicher Größe fallen und beobachtet deren Weg zum Erdboden, so stellt man fest: Alle diese Körper benötigen für eine gleich lange Fallstrecke etwa die gleiche Zeit – unabhängig von Größe und Material.
Die Geschwindigkeit beim Aufprall ist umso größer, je größer die Fallstrecke ist. Die Geschwindigkeit nimmt während des Fallens ständig zu. Das merkt man an der Heftigkeit, mit der die Gegenstände aufprallen. Man kennt es auch vom Springen: Ein Sprung aus 0,5 m Höhe macht in der Regel gar nichts aus, einen Sprung aus 1 m Höhe überlegt man sich schon eher, und aus 1,5 m Höhe kann es schon unangenehm werden.

1 Fallexperiment

Lässt man eine Holzkugel, einen Tischtennisball, Papierstückchen oder Vogelfedern aus gleicher Höhe fallen, so erkennt man, dass diese Gegenstände nicht gleichzeitig unten ankommen. Ursache für diese Unterschiede ist der Luftwiderstand, der bei einer Vogelfeder eine viel größere Wirkung hat als bei einem Bleiplättchen gleicher Masse. Dies kann man auch mithilfe einer so genannten Fallröhre zeigen, in der sich eine Feder und ein Bleiplättchen befinden (Bild 2). Die Röhre wird umgedreht, sodass beide Körper nach unten fallen. Dabei wird das Bleiplättchen immer schneller, während die Feder wegen ihres großen Luftwiderstandes nur langsam nach unten sinkt.

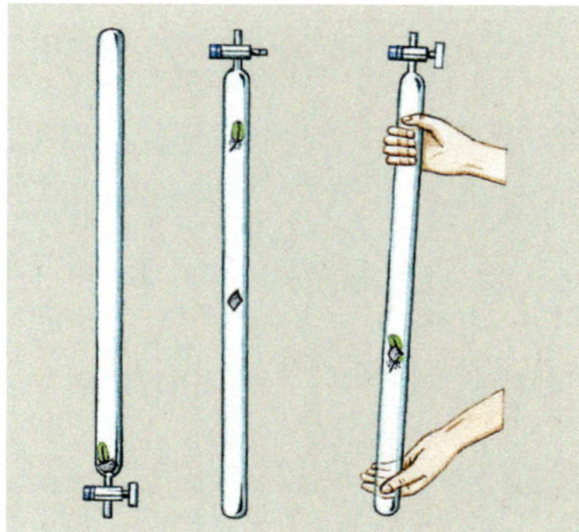
2 Fallröhre mit Feder und Bleiplättchen

Wird nun die Luft aus der Röhre herausgepumpt und das Experiment wiederholt, fällt die Feder tatsächlich so schnell wie das Bleiplättchen nach unten. Eine solche Bewegung, bei der ein Körper ohne Luftwiderstand nach unten fällt, wird als **freier Fall** bezeichnet.

Der Luftwiderstand spielt bei kompakten Körpern wie Metallkugeln und bei kleinen Geschwindigkeiten – also etwa beim Fall aus 1 m Höhe – kaum eine Rolle. Daher kann zur Untersuchung des freien Falls ein Experiment wie das folgende durchgeführt werden.

EXPERIMENT 2
Die Fallzeit einer Stahlkugel wird folgendermaßen bestimmt: Die Kugel hängt zunächst an einem Elektromagneten. Zum Starten der Fallbewegung wird der Magnet ausgeschaltet; dies wird von einer elektronischen Uhr registriert. Nach dem Durchfallen der Strecke s trifft die Kugel auf einen Kontakt, der die Uhr stoppt.
Die Messung wird für unterschiedliche Fallhöhen durchgeführt.
Die Ergebnisse werden in eine Tabelle eingetragen.

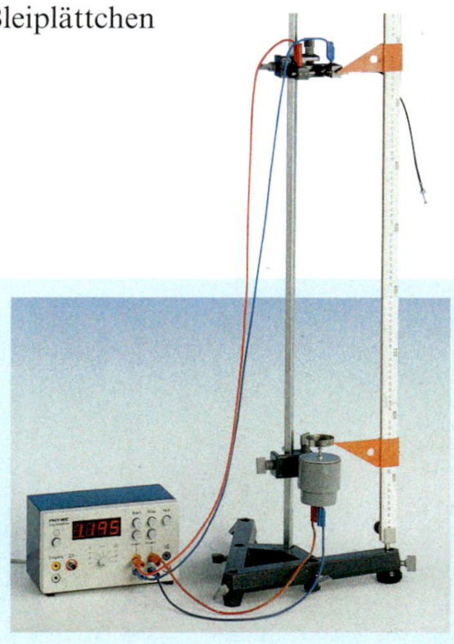
3

Eine Messreihe aus Experiment 2 könnte folgendermaßen aussehen:

s in m	0	0,1	0,2	0,3	0,4	0,5	0,6	0,7	0,8	0,9	1,0
t in s	0	0,14	0,20	0,25	0,28	0,32	0,35	0,38	0,41	0,43	0,45
a in $\frac{m}{s^2}$		10,2	10,0	9,6	10,2	9,8	9,8	9,7	9,5	9,7	9,9

Basiskonzept Wechselwirkung ↑S. 233

Basiskonzept System ↑S. 231

Bild 1 zeigt das zugehörige s-t-Diagramm. Aus den Messwerten lässt sich erkennen:

- Bei doppelter Fallzeit ist der Fallweg viermal so groß.
- Bei dreifacher Fallzeit ist der Fallweg neunmal so groß.

Der Fallweg s ist proportional zum Quadrat der Fallzeit t: $s \sim t^2$, der Graph im s-t-Diagramm ist eine Parabel. Das ist ein Merkmal einer gleichmäßig beschleunigten Bewegung.
Die Werte für die Beschleunigung a können daher nach dem Weg-Zeit-Gesetz für die gleichmäßig beschleunigte Bewegung berechnet werden.

Dazu wird $s_1 = \frac{1}{2} a \cdot t_1^2$ umgeformt zu $a = \frac{2s}{t^2}$.

Für die Beschleunigung a ergibt sich also beim freien Fall ein Wert von etwa 9,8 m/s² (siehe Tabelle auf der vorhergehenden Seite).
Dieser Wert wird **Fallbeschleunigung g** genannt. Genauere Messungen ergeben für g in Mitteleuropa einen Wert von 9,81 m/s².

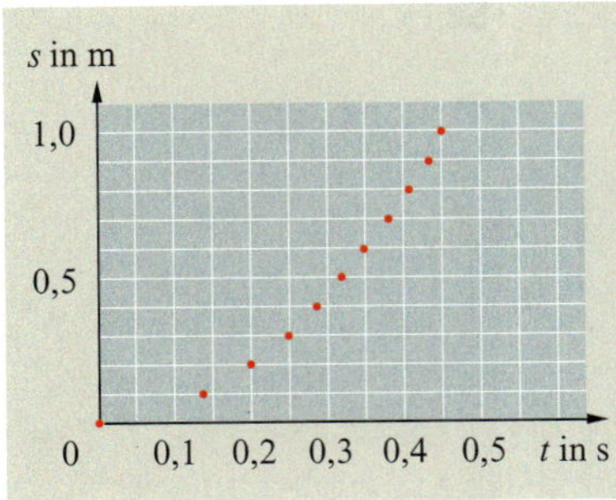

1
s-t-Diagramm des freien Falls

Der freie Fall ist eine gleichmäßig beschleunigte Bewegung. Für den freien Fall gelten die folgenden Gesetze:

Weg-Zeit-Gesetz $s = \frac{1}{2} g \cdot t^2$; $g = 9{,}81 \frac{\text{m}}{\text{s}^2}$

Geschwindigkeit-Zeit-Gesetz $v = g \cdot t$

Beispiel: Berechnung der Endgeschwindigkeit
Bei Meisterschaften im Klippenspringen (Bild 2) werden Sprünge aus großen Höhen ausgeführt. Wie groß ist die Geschwindigkeit, mit der ein Springer bei einem Sprung aus 30 m Höhe auf dem Wasser auftrifft? Der Luftwiderstand soll vernachlässigt werden.

Gesucht: v_{End} *Gegeben:* $s = 30\,\text{m}$

Lösung: Die Geschwindigkeit am Ende der Fallbewegung ist $v_{End} = g \cdot t_{End}$.

Die Fallzeit t_{End} lässt sich nach dem Weg-Zeit-Gesetz berechnen:

$t_{End} = \sqrt{\frac{2s}{g}}$, wobei s die gesamte Fallhöhe ist.

Daher gilt: $v_{End} = g \cdot t_{End} = g \cdot \sqrt{\frac{2s}{g}} = \sqrt{2g \cdot s}$.

$$v_{End} = \sqrt{2 \cdot 9{,}81 \frac{\text{m}}{\text{s}^2} \cdot 30\,\text{m}} = 24{,}3 \frac{\text{m}}{\text{s}} = \underline{\underline{87{,}5 \frac{\text{km}}{\text{h}}}}$$

Ergebnis: Bei Vernachlässigung des Luftwiderstandes beträgt die Endgeschwindigkeit etwa 88 km/h.

So lässt sich nun für jeden Wert s die Endgeschwindigkeit v (Aufprallgeschwindigkeit) berechnen:
$v = 4{,}43 \cdot \sqrt{s}$ mit v in m/s und s in m.

2
Klippenspringen: Ein Aufprall mit 80 km/h ist sehr gefährlich.

Bremsen – eine besondere Beschleunigung

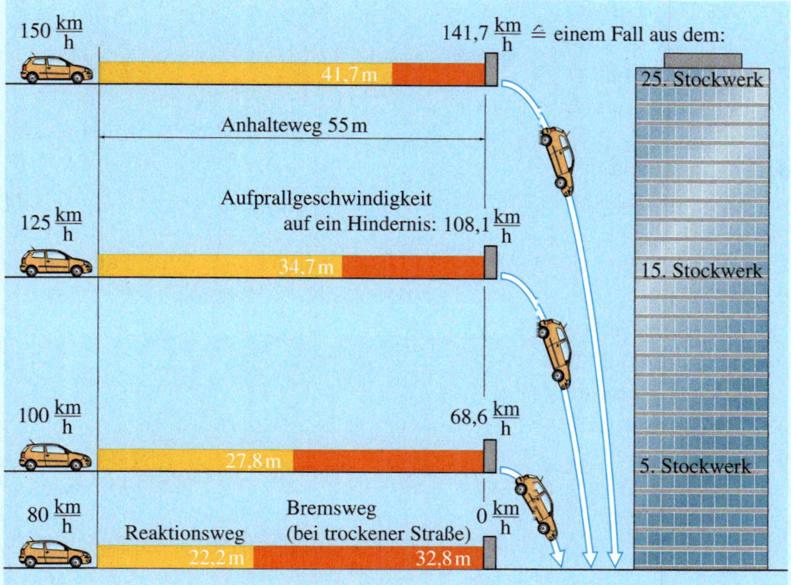

1

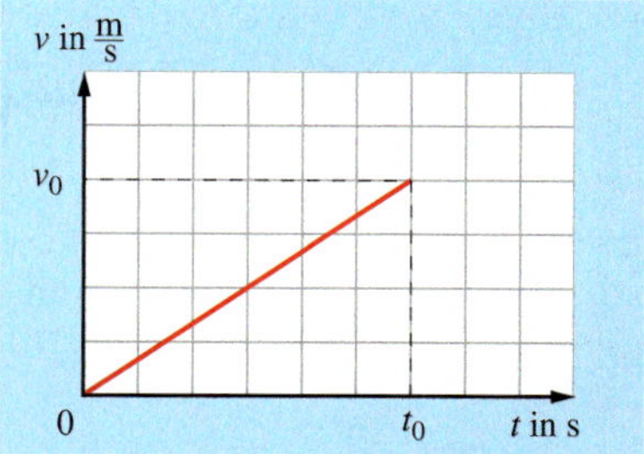

2

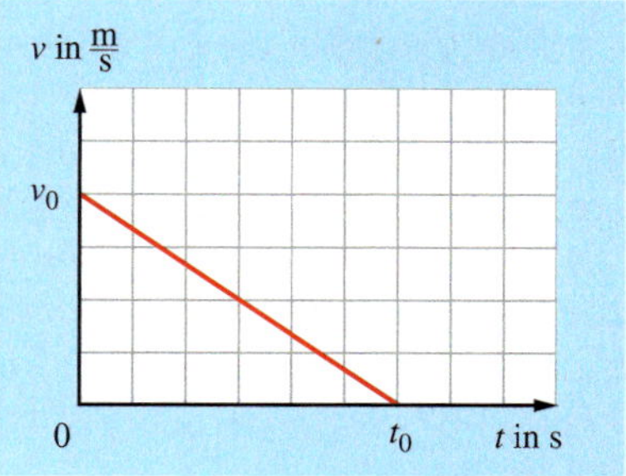

3

Taucht plötzlich vor einem Fahrer ein Hindernis auf, so vergeht zwischen dem Erkennen des Hindernisses und der Betätigung der Bremsen Zeit – die Reaktionszeit. Je höher die Geschwindigkeit des Fahrzeugs ist, desto länger ist der Weg, der in der Reaktionszeit zurückgelegt wird. Außerdem hängt es von der Bremsbeschleunigung ab, ob das Fahrzeug vor dem Hindernis zum Stehen kommt. Der gesamte Anhalteweg setzt sich zusammen aus Reaktionsweg und Bremsweg.
In Bild 1 sind verschiedene Bremsvorgänge für ein Auto abgebildet, das mit unterschiedlichen Anfangsgeschwindigkeiten vor einem Hindernis bremst. In der Darstellung wird von der Reaktionszeit von 1 s und einer Beschleunigung von $-0{,}75\,g$ ausgegangen. Ein Stockwerk des Hochhauses soll 3 m hoch sein.
Ganz unten fährt ein Auto, mit 80 km/h. Der Fahrer bemerkt ein Hindernis auf der Straße, als er noch 55 m von dem Hindernis entfernt ist. Er schafft es gerade, das Auto vor dem Hindernis abzubremsen. Von dem gesamten Anhalteweg entfallen 22,2 m auf den Reaktionsweg und 32,8 m auf den Bremsweg. Darüber wird gezeigt, was passiert, wenn das Auto nur 20 km/h schneller unterwegs ist, also mit 100 km/h gefahren wird. Das Auto prallt mit einer Geschwindigkeit von 68,6 km/h auf das Hindernis. Diese Aufprallgeschwindigkeit wird beim freien Fall aus dem 6. Stockwerk eines Hochhauses erreicht. Je schneller das Auto fährt, desto größer ist die Aufprallgeschwindigkeit auf das Hindernis. Wie kann man den Bremsweg berechnen?

Die Bilder 2 und 3 zeigen v-t-Diagramme zweier Fahrzeuge. Das erste Fahrzeug beschleunigt gleichmäßig aus dem Stillstand bis zur Geschwindigkeit v_0. Das zweite Fahrzeug bremst in gleicher Zeit t_0 mit konstanter Beschleunigung von der Geschwindigkeit v_0 bis zum Stillstand.

Für das erste Fahrzeug gilt: $v_0 = a \cdot t_0$ und $s_0 = \frac{1}{2} a \cdot t_0^2$.
Aus der ersten Gleichung folgt $t_0 = \frac{v_0}{a}$. Setzt man diesen Wert in die zweite Gleichung ein, erhält man:

$$s_0 = \frac{1}{2} a \cdot t_0^2 = \frac{1}{2} a \cdot \left[\frac{v_0}{a}\right]^2 = \frac{v_0^2}{2a}$$

Da die Flächen unter den Graphen in den Bildern 2 und 3 gleich groß sind, gilt auch für den Bremsweg s_B eines Fahrzeugs, das von der Geschwindigkeit v_0 bis zum Stillstand abbremst: $s_B = \frac{v_0^2}{-2a}$. Im Nenner steht $-a$, da a für das Fahrzeug im unteren Bild einen negativen Wert besitzt.
Wichtig: Der Bremsweg wächst mit dem Quadrat der Anfangsgeschwindigkeit. Für ein Fahrzeug ist der Bremsweg bei einer Geschwindigkeit von 100 km/h 4-mal so lang wie bei einer Geschwindigkeit von 50 km/h.

Vollbremsung eines Autos	bis $-7{,}5\,m/s^2$
Vollbremsung eines Fahrrads	$-2{,}5\,m/s^2$
Vollbremsung eines Personenzugs	bis $-1{,}0\,m/s^2$

Methode

Analyse von Bewegungen

Im Physiklabor gibt es verschiedene Experimentieranordnungen, um Bewegungen zu untersuchen und zum Beispiel Geschwindigkeiten möglichst genau zu messen.

Man kann aber auch reale Bewegungsabläufe auswerten, wenn man einen Fotoapparat, eine Videokamera und einen Computer mit der entsprechenden Software zur Hilfe nimmt.

Jedes einzelne Bild einer Fotosequenz oder eines Videos gibt einen Moment der Bewegung wieder. Mithilfe von Markierungen in den Bildern können zurückgelegte Strecken gemessen werden und wenn zwischen zwei aufeinanderfolgenden Bildern immer die gleiche Zeitspanne liegt, läuft gewissermaßen eine Uhr zur Zeitmessung mit.

Aus diesen Daten kann man dann z. B. auf Geschwindigkeiten und Beschleunigungen schließen.

Bewegungsanalyse mit Fotosequenzen

Für recht gute Messergebnisse reicht beispielsweise eine Digitalkamera (nach Möglichkeit auf einem Stativ), die kurze Fotosequenzen aufnehmen kann.

Eine Fotosequenz besteht aus vielen Einzelbildern, die mit gleichen Zeitabständen aufgenommen wurden (Bilder 1 bis 4). Die Zeitabstände können an der Kamera eingestellt werden.

Für die Streckenmessung genügt es, einen gut ablesbaren Meterstab oder ein Maßband auf den Boden zu legen, bevor man mit der Aufnahme beginnt.

Nun kann man durch Vergleichen von zwei Bildern die Streckenlänge bestimmen, um die sich ein Punkt bewegt hat. Teilt man diese durch die Zeitdifferenz zwischen den beiden Bildern, so erhält man die durchschnittliche Geschwindigkeit in diesem Intervall.

Frage: Wie schnell war die Läuferin (Bilder 1 bis 4), wenn die Digitalkamera die Bilder im Abstand von 0,8 s aufnahm?

1

2

3

4

Bewegungsanalyse mit Videosequenzen

Mit einer Digitalkamera oder auch einer digitalen Videokamera kannst du ein Video aufnehmen. Diese Videos müssen ebenso mithilfe einer Software in Einzelbilder zerlegt werden. Die Zeitabstände zwischen den Einzelbildern sind viel geringer als bei der Aufnahme von Fotosequenzen. Um die Zeitdifferenz zwischen zwei Einzelbildern zu bestimmen, gibt es mehrere Möglichkeiten:

- Man kann in einer eigenen Videosequenz eine sehr genaue Uhr, am besten eine Digitaluhr, filmen und die Einzelbilder betrachten. Vergleicht man z. B. die Uhrzeit auf dem ersten und dem zehnten Bild, lässt sich daraus die Zeitdifferenz zwischen zwei Einzelbildern bestimmen.
- Man dividiert die Gesamtdauer der Videosequenz durch die Gesamtzahl der Einzelbilder.

ÜBRIGENS

Mittlerweile gibt es schon Spielzeug-Radarpistolen zu kaufen, die bei Geschwindigkeiten bis 150 km/h recht brauchbare Ergebnisse liefern.

1

Videoanalyse mithilfe einer Software

Sehr komfortabel kann man ein aufgenommenes Video analysieren und damit die Geschwindigkeiten einzelner Punkte messen, wenn man Software zur Videoanalyse zur Verfügung hat. Mit diesen Programmen kann man in den Einzelbildern Messpunkte setzen und diese Messpunkte dann grafisch oder rechnerisch auswerten lassen.
Mithilfe eines solchen Programms kann man auch eine bekannte Strecke auf dem Video kalibrieren. Manche Programme setzen die Messpunkte automatisch aufgrund einer Farberkennung.

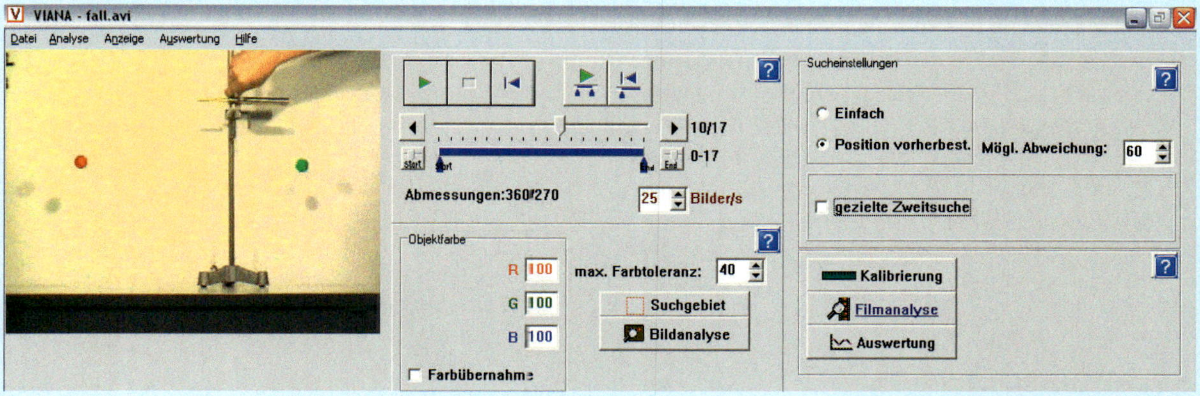

2

Das Programm VIANA zur Videoanalyse gibt es kostenlos aus dem Internet.

Sehr hilfreich ist eine tabellarische Aufstellung der Messwerte, die dann elektronisch (z. B. in einem Tabellenkalkulationsprogramm) weiterverarbeitet werden können.

Aufträge

Bestimmt mit einer der oben genannten Methoden die Durchschnittsgeschwindigkeit
- eines 100-m-Läufers,
- eines Radfahrers,
- einer Kugel beim Bowling,
- eines herab fallenden Softballs.

Wie ändert sich diese Durchschnittsgeschwindigkeit, wenn die Zeitintervalle verkleinert werden?

Aus der **Geschichte**

GALILEO GALILEI

(* 15.2.1564 in Pisa, † 8.1.1642 bei Florenz)

GALILEO GALILEI studierte von 1581 bis 1585 in Pisa Medizin, Philosophie und Mathematik. Im Alter von 25 Jahren wurde er Professor für Mathematik an der Universität Pisa und hielt dort Vorlesungen über Planetensysteme. Man vertrat seinerzeit noch die Lehre von PTOLEMÄUS, wonach die Erde und nicht die Sonne im Mittelpunkt steht.
GALILEIS besonderes Forschungsinteresse galt jedoch fallenden Körpern. Allgemein wurde damals die Bewegungslehre von ARISTOTELES anerkannt, nach der schwerere Körper schneller fallen als leichtere. GALILEI konnte nachweisen, dass das Gewicht bzw. die Masse der Körper beim freien Fall keine Rolle spielt. Es ist allerdings eine Legende, dass er hierzu Experimente am Schiefen Turm von Pisa durchgeführt hat.
Noch 1590 war GALILEI der Meinung, dass die Geschwindigkeit des fallenden Körpers durch die Differenz der „spezifischen Gewichte" des Körpers und des Mediums, in der Regel Luft, bestimmt würde. Erst 20 Jahre später stellte er Überlegungen an, die ihn zur richtigen Gleichung führten. Der Luftwiderstand war ein wesentliches Problem bei der Erforschung der physikalischen Zusammenhänge. GALILEI schrieb: „In Quecksilber fällt nur das Gold, während das Blei steigt, im Wasser fallen beide, aber das Gold deutlich voraus, beim freien Fall in Luft sind die Unterschiede minimal. Angesichts dessen glaube ich, dass, wenn man den Widerstand der Luft ganz aufhöbe, alle Körper gleich schnell fallen würden."
So entwickelte GALILEI in seinem Werk „Discorsi" die Vorstellung von einem Vakuum, wo es keinen Luftwiderstand gibt und die Fallgesetze exakt gelten. GALILEI suchte nach Gleichungen, die die Zunahme der Geschwindigkeit und der zurückgelegten Strecke angeben. Aus dem falschen Gesetz $v \sim s$ leitete GALILEI 1604 durch eine lange Rechnung mit mehreren Fehlern die richtige Gleichung $s \sim t^2$ her. Später erkannte er dann, dass $v \sim t$ gelten muss.

1

GALILEO GALILEI

2

GALILEI untersucht die „verlangsamte Fallbewegung" einer Kugel, indem er sie eine schwach geneigte Ebene hinabrollen lässt.

Messungen zu den Fallbewegungen. Erst nach diesen langen theoretischen Überlegungen versuchte GALILEI, seine Gesetze experimentell zu bestätigen. Da Fallbewegungen sehr schnell ablaufen und es noch keine genauen Stoppuhren gab, untersuchte er auf Rinnen herabrollende Kugeln. Er schrieb: „Auf einem Holzbrett von 12 Ellen (6,7 m) Länge, einer halben Elle Breite und drei Zoll (7,5 cm) Dicke war auf dieser letzten schmalen Seite eine Rinne von etwas mehr als einem Zoll Breite eingegraben. Dieselbe war sehr gerade gezogen, und um die Fläche recht glatt zu haben, war inwendig ein sehr glattes und reines Pergament aufgeklebt. In dieser Rinne ließen wir eine harte, völlig runde und glatt polierte Messingkugel laufen. Nach Aufstellung des Brettes wurde dasselbe auf der einen Seite etwas angehoben, bald eine, bald zwei Ellen hoch; dann ließen wir die Kugel durch die Rinne laufen."
GALILEI maß den Weg, den die Kugel nach 1, 2, 3, 4 Zeiteinheiten zurückgelegt hatte. Als Zeitmaß galt der Pulsschlag oder die Menge Wasser, die aus dem Loch eines Eimers ausfloss. Die Wassermenge wurde genau gewogen. Zum Ergebnis der Messungen schrieb GALILEI: „Bei wohl hundertfacher Wiederholung fanden wir stets, dass die Strecken sich verhielten wie die Quadrate der Zeiten, und dies galt für jede beliebige Neigung der Rinne, in der die Kugel lief." GALILEI hat also erkannt, dass für die Bewegung der Kugel längs der geneigten Ebene wie für den freien Fall gilt: $s \sim t^2$.

1 Titelbild von GALILEIS „Dialogo"

Astronomische Entdeckungen. Im Sommer 1609 erfuhr GALILEI von der Erfindung eines Fernrohrs in den Niederlanden. Er ließ es mit einigen Verbesserungen nachbauen. Bei seinen Himmelsbeobachtungen machte er einige Entdeckungen: Venusphasen, Mondgebirge, Jupitermonde, Sterne der Milchstraße.

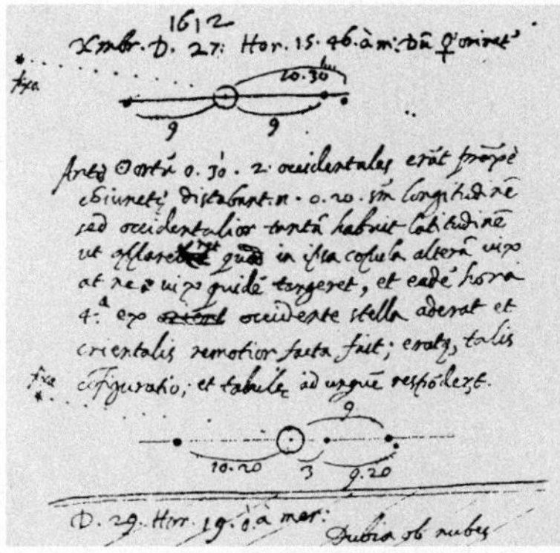
2 Handschriftliche Aufzeichnungen zu den Jupiterbeobachtungen

Konflikt mit der Kirche. Von 1610 bis 1633 war GALILEI als Hofmathematiker in Florenz tätig. Er fand viele Belege für das kopernikanische Weltsystem, wonach die Sonne im Mittelpunkt steht und von Planeten umkreist wird. Das widersprach der von der Kirche in Rom vertretenen Lehre vom geozentrischen Weltbild. Das Werk „Dialogo" (Dialog über die beiden hauptsächlichen Weltsysteme, das ptolemäische und das kopernikanische) wurde unmittelbar nach seinem Erscheinen vom Papst verboten. 1633 wurde gegen GALILEI ein Inquisitionsprozess angestrengt. Unter Androhung von Folter schwor GALILEI der kopernikanischen Lehre ab, blieb aber unter der Aufsicht der Heiligen Inquisition. Er verfasste die „Discorsi" (Unterredungen und mathematische Darlegungen über zwei neue Wissenschaften, Festigkeit und Bewegtheit), die 1638 erschienen. Die „Discorsi" sind gleichzusetzen mit dem Beginn der neuzeitlichen klassischen Physik. GALILEIS Physik war die Kinematik. Zur Dynamik fehlte ihm ein geeigneter Kraftbegriff. Auch zur allgemeinen Formulierung des Trägheitsprinzips kam er nicht. Die sollte NEWTON vorbehalten bleiben.
In seinem Schauspiel „Leben des GALILEI" hat der deutsche Dichter BERTOLT BRECHT (1898–1956) die Auseinandersetzung GALILEIS mit der Kirche in Rom über die Weltsysteme auf die Bühne gebracht.
GALILEI wurde erst 1992 – also 350 Jahre nach seinem Tod – durch den Papst vom Vorwurf der Ketzerei freigesprochen.

Untersuchung von fallenden Körpern

Fallende Wassertropfen. Bei Fallexperimenten sind genaue Zeit- und Längenmessungen oft von entscheidender Bedeutung.

AUFTRAG 1

Lasst aus einer Bürette Wassertropfen auf eine Blechdose so fallen, dass sich der nachfolgende Tropfen gerade dann von der Bürette ablöst, wenn der vorangehende auf die Dose auftrifft. Bestimmt die Fallzeit eines Tropfens (Tipp: Messt die Zeit für 10 Tropfen und dividiert durch 10!). Bestimmt die Fallbeschleunigung $g = 2s/t^2$!

Atwood'sche Fallmaschine. Oft fallen die Körper so schnell, dass es schwer ist, den Beschleunigungsvorgang direkt zu beobachten. Mit der Fallmaschine nach Atwood lässt sich ein Fallvorgang verlangsamen.

AUFTRAG 2

Legt über eine feste Rolle einen Faden mit zwei Wägestücken an jedem Ende, die einander das Gleichgewicht halten. Bringt auf einer Seite ein zusätzliches Plättchen von wenigen Gramm an. Stellt ein Metronom auf den Zeitakt 1 s. Ermittelt für etwa 10 Zeitintervalle von 1 s den jeweils zurückgelegten Weg. Überprüft, ob die Beschleunigung $a = 2s/t^2$ konstant ist. Nennt mögliche Fehlerquellen!

Fallschnur. Mit einer Fallschnur kann man die Proportionalität von s und t^2 bei der Fallbewegung leicht nachweisen.

AUFTRAG 3

Befestigt an einer langen Schnur (3 m) kleine Gegenstände in einem solchen Abstand, dass nach dem Loslassen des Fadens die Gegenstände in gleichen Zeitabständen (fester hörbarer Rhythmus) auf dem Boden auftreffen. Verwendet durchbohrte Kugeln oder Schrauben mit Muttern. Je länger die Schnur, desto eindrucksvoller das Experiment. Vielleicht dürft ihr im Treppenhaus eurer Schule experimentieren.

Luftwiderstand beim Fallen. Meist vernachlässigt man den Luftwiderstand bei der Untersuchung von Fallbewegungen. Mit kleinen Körpern aus Papier, die leicht sind und eine große Oberfläche haben, erreicht man einen großen Luftwiderstand. Dann lässt sich die Phase der Beschleunigung von der Phase der gleichförmigen Bewegung unterscheiden.

AUFTRAG 4

Lasst von einer Leiter einen Fallkegel mit der Spitze nach unten fallen und beobachtet die beiden Phasen der Bewegung. Steckt 2, 3 oder 4 Kegel ineinander und vergleicht jeweils die Längen der ersten Phase und die Geschwindigkeiten in der zweiten.

Für eure Untersuchungen eignet sich auch die Methode von S. 20/21.

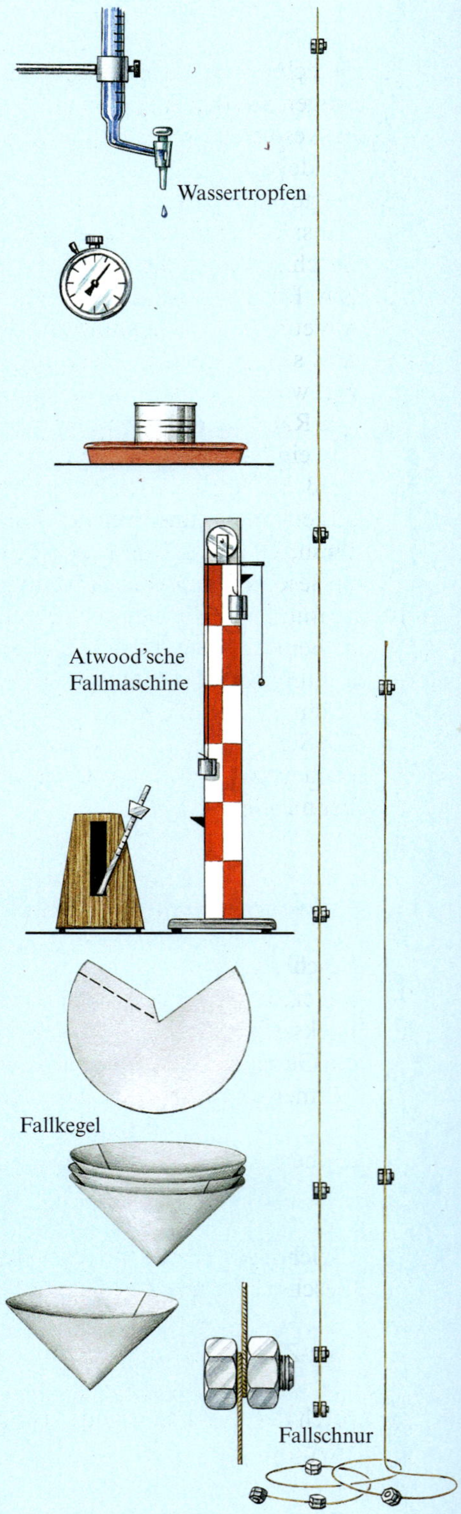

1

Weißt du es? Kannst du es

1. Berechne die Beschleunigung der Formel-1-Wagen aus den Angaben auf Seite 14. Nimm an, dass es sich um eine gleichmäßige Beschleunigung handelt!
2. Werte das Experiment 1 auf S. 14 für die Neigung 2 aus: Erstelle ein v-t-Diagramm und berechne die Beschleunigung der Kugel!
3. Ein Flugzeug wird beim Start mit $5\,\mathrm{m/s^2}$ beschleunigt. Wie lang muss die Startbahn mindestens sein, wenn das Flugzeug nach 20 s abhebt? Mit welcher Geschwindigkeit hebt es ab?
4. Die Raumfähre Endeavour erreicht nach 3 Minuten eine Geschwindigkeit von 5600 km/h. Wie groß ist ihre (als konstant angenommene) Beschleunigung und welche Strecke hat sie nach 1 min, 2 min und 3 min zurückgelegt?
5. a) Beschreibe die drei Bewegungsvorgänge, die in Bild 1 als Diagramm dargestellt sind!
   b) Berechne den zurückgelegten Weg für Bewegung A und gib an, ob die Wege bei B und C länger oder kürzer sind als bei A!
6. Ein Stein fällt in einen Brunnen. Du hörst, dass er nach 5 Sekunden aufschlägt. Wie tief ist der Brunnen?
7. Ein Motorrad erreicht aus dem Stand nach 6 s die Geschwindigkeit 80 km/h. Ein anderes braucht nur 4 s.
   a) Vergleiche die beiden Beschleunigungen (nimm an, dass die Beschleunigungen gleichmäßig sind)!
   b) Wie viel Meter Vorsprung hat das schnellere Motorrad nach 4 s?
8. Mit welcher Geschwindigkeit trifft ein Springer vom 10-m-Turm auf der Wasseroberfläche auf?
9. Stelle den Zusammenhang zwischen der Endgeschwindigkeit beim freien Fall v_{End} und der Fallhöhe s in einem Diagramm dar. Erläutere den Verlauf des Graphen!
10. Beschreibe, wie GALILEO GALILEI auf das Weg-Zeit-Gesetz der gleichmäßig beschleunigten Bewegung gekommen ist!

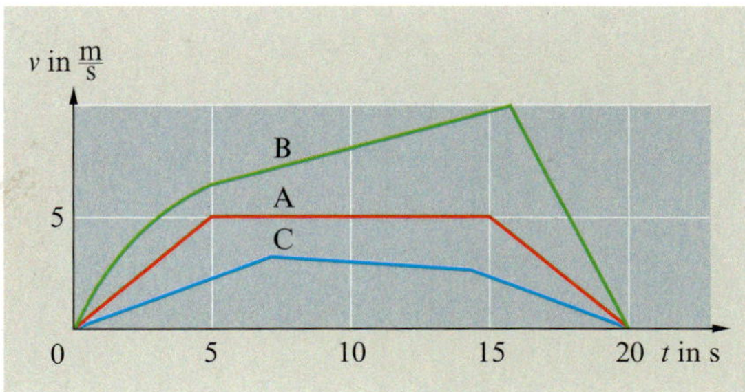

1

Kurz und knapp!

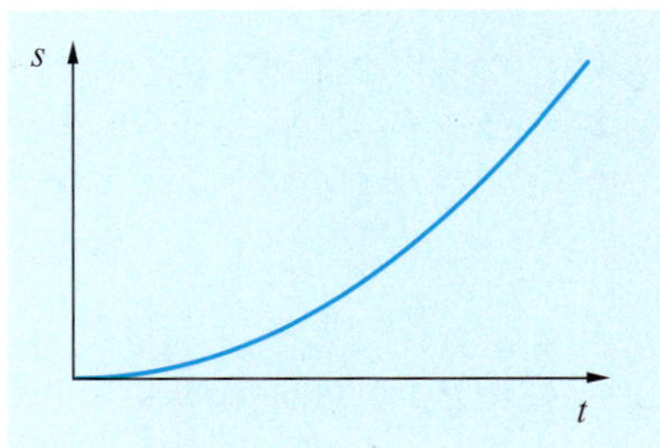

s-t-Diagramm

Beschleunigung
Bei einer beschleunigten Bewegung ändert sich ständig die Augenblicksgeschwindigkeit. Die Beschleunigung gibt an, wie schnell sich die Geschwindigkeit eines Körpers ändert.
Formelzeichen der Beschleunigung: a

Einheit der Beschleunigung: $\frac{\mathrm{m}}{\mathrm{s}^2}$

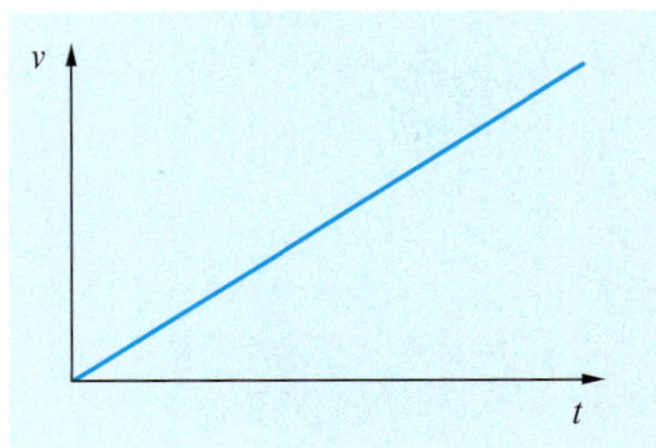

v-t-Diagramm

Gleichmäßig beschleunigte Bewegung
Geschwindigkeit-Zeit-Gesetz: $v = a \cdot t$

Weg-Zeit-Gesetz: $s = \frac{1}{2}\, a \cdot t^2$

Auch der freie Fall ist eine gleichmäßig beschleunigte Bewegung.
Hier gilt $v = g \cdot t$

und $s = \frac{1}{2}\, g \cdot t^2$ Fallbeschleunigung: $g = 9{,}81\,\frac{\mathrm{m}}{\mathrm{s}^2}$

Fallen und Schwerelosigkeit

1 Tandemsprung

So ein Tandemsprung ist für Abenteuerlustige ein faszinierendes Erlebnis. Oben kontrolliert ein erfahrener Fallschirmspringer den Sprung, unten genießt der Passagier die freie Sicht auf die entgegensausende Erde. Der Passagier kann auch deshalb so entspannt „fliegen", weil er seinen Begleiter im Rücken fast nicht spürt. Wie ist das möglich?
Halte doch einmal etwas Schweres in den Armen (z. B. volle Plastikflaschen), steige auf eine Bank und springe herunter. Du wirst sehen: Vor dem Sprung ist der Gegenstand ganz normal schwer, beim Fallen scheint er plötzlich nichts mehr zu wiegen und bei der Landung wird er ganz schwer. Doch nicht nur der Gegenstand in deinen Armen scheint beim Fallen sein Gewicht verloren zu haben: Auch deine Kleidung, deine Arme und Beine – alles an und in dir scheint keine Schwere mehr zu besitzen. Du fühlst dich schwerelos!
Der Grund für die scheinbare Schwerelosigkeit z. B beim Tandemsprung ist ganz einfach: Der Passagier „weicht" vor seinem Begleiter nach unten aus – und zwar mit derselben Geschwindigkeit, die der Begleiter hat. Dadurch kann der Begleiter nicht auf den Passagier drücken.
Etwas Ähnliches kennst du auch vom Busfahren: Solange der Bus die gleiche Geschwindigkeit hat wie du, spürst du die Haltestange in deinem Rücken kaum. Erst wenn der Bus beschleunigt, drückt sie in deinen Rücken.

In der Nähe von Bremen steht der Fallturm des Zentrums für angewandte Raumfahrttechnologie und Mikrogravitation. Er dient dazu, Kurzzeitexperimente unter Schwerelosigkeitsbedingungen durchzuführen. Verglichen mit einem „Ausflug" ins All, sind die Kosten für die Experimentierzeit im Fallturm viel geringer.
Im Fallturm befindet sich eine 123 m hohe Röhre, aus der die Luft herausgepumpt werden kann. In ihr kann sich eine Fallkapsel bewegen. Bis 2004 ließ man die Kapsel nur von oben nach unten fallen (wo sie in einem Auffangbehälter landet, der mit stecknadelkopfgroßen Styroporkugeln gefüllt ist). Heute wird die Kapsel zu Beginn eines Fallexperiments von einem Katapult nach oben geschossen! Die Flugdauer, während der scheinbar Schwerelosigkeit herrscht, konnte dadurch verdoppelt werden.
Um die Kapsel hochzuschießen, muss das Katapult auf einer kurzen Strecke eine große Geschwindigkeit erreichen. Dazu wird Pressluft von unten in das Katapult geleitet, die unter enormem Druck steht.

1 Fallturm

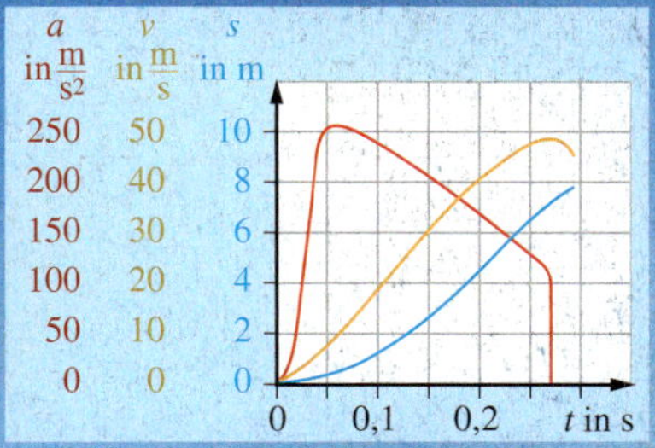

2 Beschleunigung durch das Katapult

Experimente unter Schwerelosigkeit werden auch bei Parabelflügen mit einem speziell ausgerüsteten Flugzeug („Zero G") durchgeführt. Die Versuche werden dazu im Kabinenraum des Flugzeugs aufgebaut. Während der parabelförmigen Flugphase herrscht an Bord scheinbar Schwerelosigkeit.
Aus einem Bericht über einen Parabelflug:
„Dafür beginnt das Flugzeug in 6000 Meter Höhe einen steilen Aufstieg. Bei 50 Grad Steigung drückt der Pilot die Maschine nach vorn. Nun beschreibt ihr Flug eine Parabel und ab jetzt herrscht Schwerelosigkeit. Das dauert 22 Sekunden – Zeit für die Experimente. Inzwischen stürzt der Jet wieder dem Boden entgegen – bei einem Winkel von 43 Grad Neigung fängt der Pilot die Maschine wieder ab.
22 Sekunden sind genug, um Astronauten zu trainieren oder Experimente zu machen … Insgesamt fliegt die Maschine 31 Parabeln – für die Piloten im Cockpit Schwerstarbeit: ESA-Astronaut Philippe Perrin steuert die Auf- und Abwärtsbewegungen, Luftwaffentestpilot Gilles Le Barzic die seitliche Richtung des Flugzeugs. Auf jedem Scheitelpunkt der Parabel bimmelt ein Warnsignal, rote Lampen blinken. Das Flugzeug hat jetzt nur noch eine Geschwindigkeit von etwas mehr als 200 Kilometer pro Stunde, eigentlich zu langsam zum Fliegen. Es fliegt auch gar nicht mehr – es wird quasi ‚geworfen'. Dann rasen die Äcker und Felder der Normandie im Cockpitfenster auf die Forscher zu, während die Maschine im Sturzflug schnell wieder Geschwindigkeit zulegt. Anschließend fangen die Piloten die Maschine wieder ab und die Prozedur beginnt von vorne."

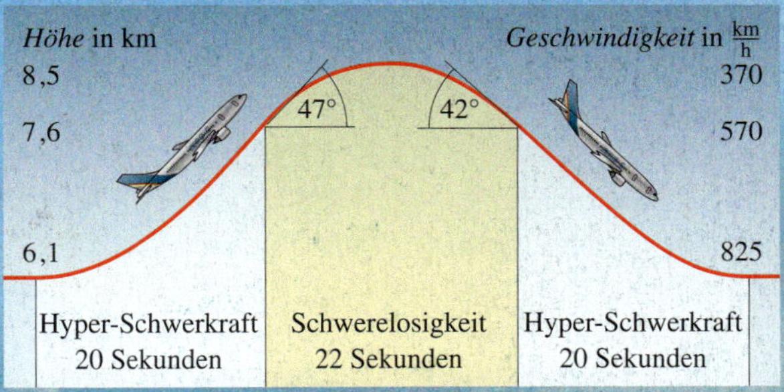

4 Parabelflug

3 Zero-G

Kräfte und Änderungen der Bewegung

1

Auf dem Jahrmarkt gibt es viele Fahrzeuge, in denen wir hin- und her-, auf oder niedergeschleudert werden. Oft werden wir von den Fahrzeugen beschleunigt oder gebremst.
Damit wir diese ungleichmäßigen Bewegungen ausführen, muss stets eine Kraft auf unseren Körper ausgeübt werden.

Basiskonzept Wechselwirkung ↑S. 233

Trägheit von Körpern

Boxer sieht man manchmal beim Training an einem großen Sandsack (Bild 2). Der Sandsack ist frei an einem Seil aufgehängt, doch auch bei harten Schlägen bewegt er sich kaum. Anders verhält sich ein Punchingball, der bei jedem Schlag weit ausgelenkt wird (Bild 3).
Der Sandsack lässt sich nicht so leicht in Bewegung versetzten wie der Punchingball. Physiker sagen: Er hat eine größere Trägheit. Sandsack und Punchingball unterscheiden sich vor allem durch ihre Masse: Ein Sandsack wiegt bis zu 60 kg, ein Punchingball etwa 2 kg.

2

3

Die Trägheit eines Gegenstands zeigt sich nicht nur, wenn man ihn in Bewegung versetzt, sondern auch, wenn man ihn aus der Bewegung abbremst: Ein Handball lässt sich mühelos auffangen und dabei abbremsen. Beim Fangen eines schnellen Medizinballs wird man dagegen fast umgeworfen. Der Medizinball hat eine größere Trägheit als der Handball, er hat auch eine größere Masse: etwa 8 kg im Vergleich zu 0,4 kg.
Beim Bowling sind 10 schwere Kegel in einer bestimmten Formation aufgestellt (Bild 4). Würde man versuchen, sie mit einer leichten Holzkugel umzuwerfen, so würde diese bereits von den vorderen Kegeln aus der Bahn gebracht, vielleicht würde sie auch zurückprallen. Daher werden massive Kugeln verwendet, die bis zu 7 kg wiegen. Aufgrund ihrer großen Trägheit können sie die Kegelanordnung fast ohne Richtungsänderung durchqueren.

4

1 Jeder Körper setzt einer Bewegungsänderung einen Widerstand entgegen. Diese Eigenschaft des Körpers nennt man Trägheit.
Die Trägheit eines Körpers ist umso größer, je größer seine Masse ist.

Trägheitsgesetz

Ein Ball, der auf dem Boden liegt, bleibt in Ruhe, solange keine Kraft auf ihn ausgeübt wird. Wir würden uns auch sehr wundern, wenn es anders wäre und sich ein Körper plötzlich ohne Ursache in Bewegung setzte. Jeder rollende Ball bleibt irgendwann liegen, Reibungskräfte bewirken, dass er immer langsamer wird. Je geringer die Reibung ist, umso weiter rollt der Ball. Eine fast völlig reibungsfreie Bewegung kann auf einer Luftkissenbahn erreicht werden (Bild 1). Die Gleiter bewegen sich lange Zeit mit nahezu konstanter Geschwindigkeit zwischen den Fahrbahnenden hin und her. Zum Aufrechterhalten dieses Bewegungszustandes bedarf es keiner Kraft.

Basiskonzept Wechselwirkung ↑S. 233

Basiskonzept System ↑S. 231

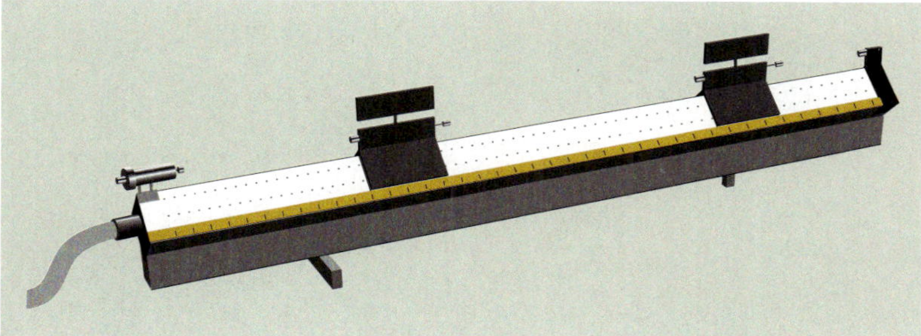
1

Der Gleiter bewegt sich nahezu reibungsfrei zwischen den Umkehrpunkten auf der Luftkissenfahrbahn.

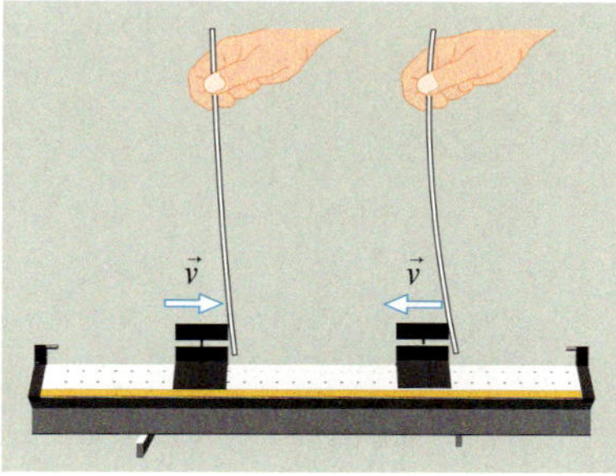

2

Abbremsen und Beschleunigen erfordert Kraft.

Der Gleiter bewegt sich gleichförmig geradlinig; wenn seine Geschwindigkeit vergrößert oder verringert werden soll, muss eine Kraft wirken. Man kann den Gleiter mit einem Lineal, an dem sich die Kraftwirkung durch Verformung zeigt, abbremsen und beschleunigen (Bild 2).
Damit lässt sich das Trägheitsgesetz formulieren:

Trägheitsgesetz (1. Newton'sches Gesetz)
Jeder Körper verharrt im Zustand der Ruhe oder gleichförmiger geradliniger Bewegung, solange keine äußeren Kräfte auf ihn einwirken.

Die Gültigkeit dieses Gesetzes zeigt sich auch bei der Kurvenfahrt: Aufgrund ihrer Trägheit bewegt sich die Kugel in Bild 3 geradeaus weiter. In der Rechtskurve fällt sie vom linken Wagenrand. Der Fahrer im Bild 4 wird dagegen durch eine Kraft, die die Seitenwand auf ihn ausübt, von der geradlinigen Bahn abgebracht. Diese Kraft ist auf den Kreismittelpunkt der Kurve gerichtet.

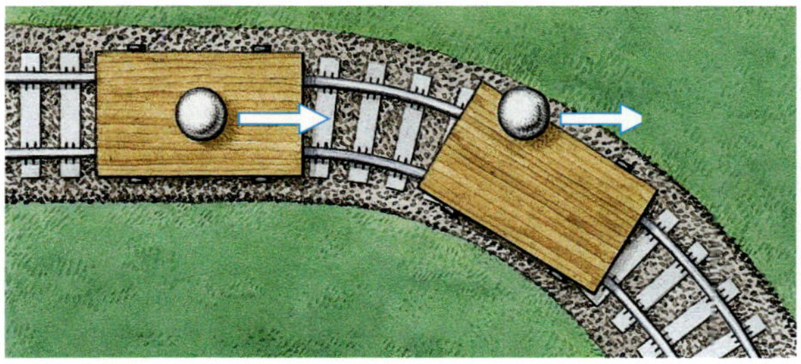
3

Geradlinige Bewegung einer Kugel

Kurvenfahrt im Auto 4

Wechselwirkungsgesetz

Zwei Schüler stehen auf Skateboards und ziehen an einem Seil. Haben die Boards gleiche Rollen und haben beide die gleiche Masse, so treffen sie sich in der Mitte. Aber auch wenn nur einer zieht und der andere sich das Seil um die Taille bindet, treffen sie sich in der Mitte. Die beiden Personen üben Kräfte aufeinander aus, die jeweils denselben Betrag haben, aber entgegengesetzt gerichtet sind.

3

Kraft und Gegenkraft treten stets gleichzeitig auf. Dabei kommt es nicht darauf an, ob die Körper direkt aufeinander einwirken, oder ob z. B. elektrische Kräfte, magnetische Kräfte oder die Kräfte einer gespannten Feder zwischen ihnen wirken.

Kraft und Gegenkraft treten übrigens auch auf, wenn sich ein Skateboarder an einen Haken an der Wand heranzieht.

Wechselwirkungsgesetz (3. Newton'sches Gesetz)
Übt ein Körper A auf einen zweiten Körper B eine Kraft aus, so übt auch B eine Kraft auf A aus. Beide Kräfte sind gleich groß, sie sind einander entgegengesetzt gerichtet.
Kraft und Gegenkraft greifen an verschiedenen Körpern an.

Die Aussage dieses Gesetzes wird auch kurz mit actio = reactio bezeichnet. Das Wechselwirkungsgesetz lässt sich vielfältig ausnutzen, zum Beispiel beim Rückstoß: Wie kann man sich mit einem Skateboard auf ebener Unterlage fortbewegen, ohne den Boden zu berühren? – Indem man Ballast nach hinten abwirft, z. B. eine schwere Tasche.

Beim Raketenantrieb (Bild 4) werden die Treibgase im Raketenmotor durch Verbrennung in ihrem Volumen vergrößert und beschleunigt; sie wirken dann mit einer Gegenkraft auf die Rakete zurück. Das ermöglicht einen Antrieb auch im luftleeren Weltraum.

Auch Flugzeugpropeller und Schiffsschrauben funktionieren nach dem Rückstoßprinzip: Sie beschleunigen Luft bzw. Wasser nach hinten. Die jeweiligen Gegenkräfte bewirken den Vortrieb (Bild 5).

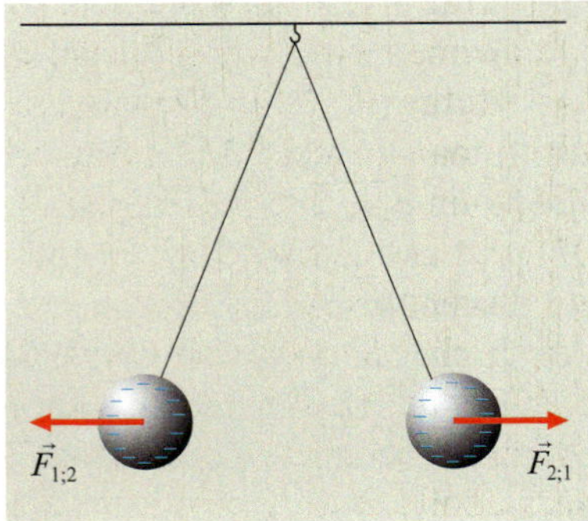

1
Elektrische Kräfte

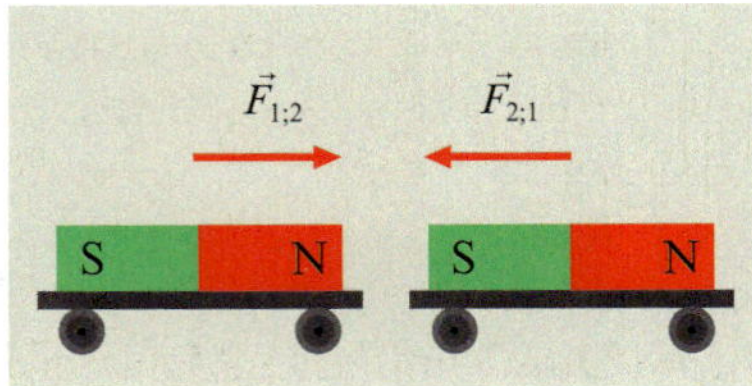

2
Magnetische Kräfte

4
Rückstoß beim Raketenantrieb

5
Rückstoß beim Schiffsantrieb

Grundgesetz der Dynamik

Eine Kraft kann einen Körper aus der Ruhe in Bewegung versetzen, sie kann seine Bewegung schneller oder langsamer machen: Ein Körper kann durch die Wirkung einer Kraft beschleunigt werden.
Wenn man Fahrrad fährt und schneller werden will, ändert man die Geschwindigkeit. Die Geschwindigkeitsänderung, d. h. die Beschleunigung, ist umso größer, je kräftiger man in die Pedale tritt, je größer also die wirkende Kraft ist.
Bei gleicher Kraftwirkung wird die Beschleunigung umso kleiner sein, je größer die Masse von Rad plus Fahrer und Gepäck ist (Bild 1). Diese Erfahrung über den Zusammenhang von Kraft, Beschleunigung und Masse soll nun genauer untersucht werden:

1
Zum Beschleunigen braucht man Kraft.

EXPERIMENT 1
Auf dem Gleiter einer Luftkissenbahn befinden sich einige Wägestücke. Ein kleines Wägestück wird herunter genommen und an einen Faden gehängt. Der Gleiter wird dadurch beschleunigt.
Beim Start wird eine Uhr eingeschaltet, nach Durchlaufen der Messstrecke wird sie ausgeschaltet. Nach und nach werden weitere Wägestücke vom Gleiter genommen und an den Faden gehängt. Die beschleunigende Kraft wird dadurch größer, die Masse bleibt jedoch konstant.

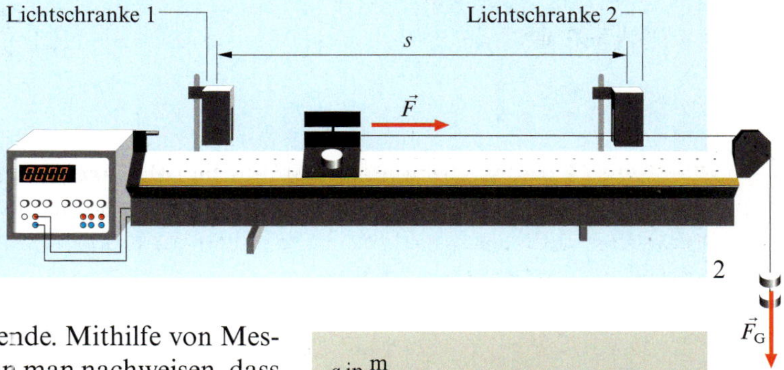

2

Man erhält eine Messwertetabelle wie die folgende. Mithilfe von Messungen an verschiedenen Orten s_1, s_2, s_3 … kann man nachweisen, dass es sich jeweils um gleichmäßig beschleunigte Bewegungen handelt. Die Beschleunigungen können daher mit der Gleichung

$a = \frac{2s}{t^2}$ berechnet werden.

Messwertetabelle

F in N	m in kg	s in m	t in s	a in $\frac{m}{s^2}$
0,02	0,190	0,80	4,0	0,10
0,03	0,190	0,80	3,3	0,15
0,04	0,190	0,80	2,9	0,19
0,05	0,190	0,80	2,5	0,26
0,06	0,190	0,80	2,3	0,30

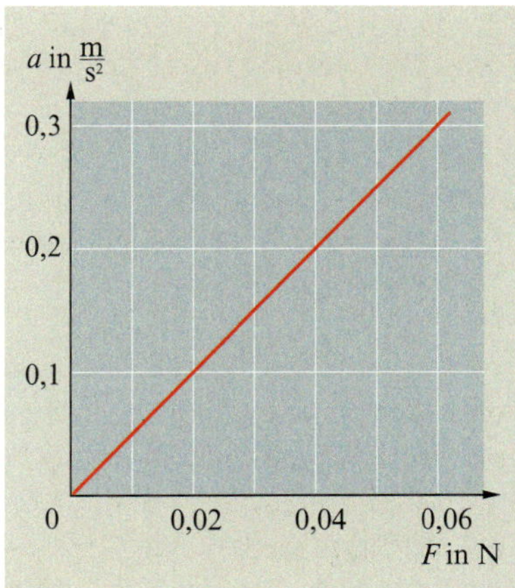

3
Beschleunigung in Abhängigkeit von der Kraft (bei konstanter Masse). Ohne Kraft ($F = 0$) gibt es auch keine Beschleunigung: $a = 0$.

Basiskonzept Wechselwirkung
↑S. 233

Stellt man in einem Diagramm die Beschleunigung in Abhängigkeit von der Kraft dar, so erkennt man, dass Kraft und Beschleunigung einander proportional sind (Bild 3): $F \sim a$.

In einem weiteren Experiment mit der Luftkissenbahn soll die zu beschleunigende Masse verändert, die Kraft jedoch konstant gehalten werden. Die zugehörigen Beschleunigungen werden aus den gemessenen Zeiten ermittelt und in eine Tabelle eingetragen.

Messwertetabelle

m in kg	s in m	t in s	a in $\frac{\text{m}}{\text{s}^2}$	$m \cdot a$ in kg $\cdot \frac{\text{m}}{\text{s}^2}$
0,090	0,80	2,0	0,40	0,036
0,140	0,80	2,4	0,28	0,039
0,190	0,80	2,8	0,20	0,038
0,240	0,80	3,2	0,16	0,038
0,290	0,80	3,6	0,13	0,038

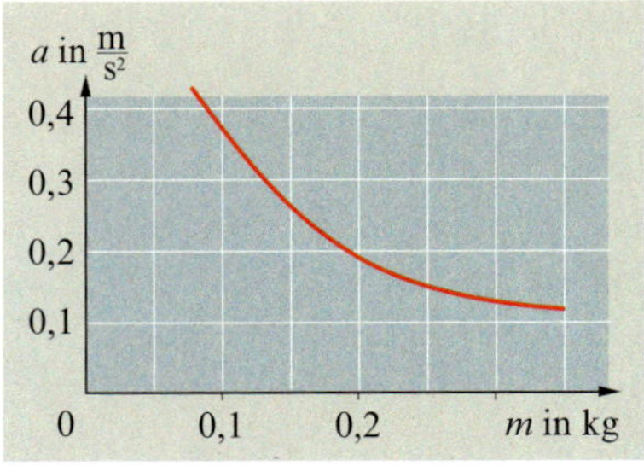

1 Beschleunigung in Abhängigkeit von der Masse (bei konstanter Kraft)

Mit zunehmender Masse wird die Beschleunigung geringer. Aus der Tabelle lässt sich ablesen, dass das Produkt aus Masse und Beschleunigung konstant ist: Die Beschleunigung ist umgekehrt proportional zur Masse, $a \sim \frac{1}{m}$.

Die beiden Zusammenhänge $a \sim 1/m$ und $F \sim a$ hat der englische Physiker ISAAC NEWTON vor über 300 Jahren in einer Gleichung zusammengefasst:

$$a = \frac{F}{m} \text{ bzw. } F = m \cdot a.$$

Weil das eine fundamentale Beziehung zwischen Kraft, Masse und Beschleunigung ist, nennt man sie auch das Grundgesetz der Dynamik.

Grundgesetz der Dynamik (2. Newton'sches Gesetz)
Wirkt auf einen beweglichen Körper der Masse m die Kraft F, so wird er beschleunigt. Es gilt dabei: $F = m \cdot a$.

ÜBRIGENS

Die Einheit Newton. Anhand der Gleichung $F = m \cdot a$ wird deutlich, dass die Einheit der Kraft sich auf die so genannten Basiseinheiten Kilogramm, Meter und Sekunde zurückführen lässt. Die abgeleitete Einheit Newton (N) wurde folgendermaßen festgelegt:

$$1 \text{ N} = 1 \text{ kg} \cdot \frac{\text{m}}{\text{s}^2}$$

1 N ist also die Kraft, die bei einem Körper der Masse 1 kg eine Beschleunigung von 1 m/s² bewirkt.

Schwere und träge Masse. Die Masse charakterisiert zwei Eigenschaften eines Körpers: Je größer die Masse eines Körpers ist,
– umso größer ist seine Trägheit, d. h., umso mehr Kraft ist erforderlich, um ihn zu beschleunigen, und
– umso größer ist die Kraft, mit der er von der Erde angezogen wird.

Ein Körper A mit der Masse 2 kg wird von der Erde mit einer Kraft von 19,62 N angezogen, ein Körper B mit der Masse 1 kg wird nur mit einer Kraft von 9,81 N angezogen (Bild 2). Nun ist Körper A doppelt so träge wie der Körper B: Um die gleiche Beschleunigung zu erreichen, muss auf ihn die doppelte Kraft wirken. Das Verhältnis aus Gewichtskraft und Masse ist bei beiden Körpern gleich.
Im freien Fall haben sie die gleiche Beschleunigung:

$$g = 9{,}81 \frac{\text{N}}{\text{kg}} = 9{,}81 \frac{\text{m}}{\text{s}^2}.$$

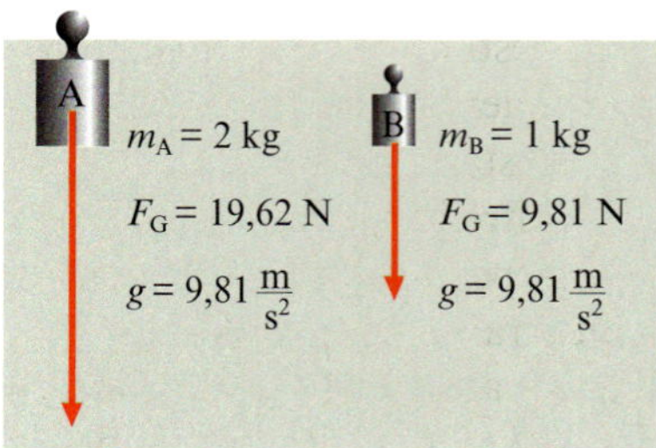

2 Beide Körper fallen gleich schnell.

Bewegung und Reibung

1

2

Ein Schrank soll in einem Zimmer mit Fliesenboden verschoben werden. Beim ersten Versuch bewegt er sich gar nicht voran, stattdessen droht er umzukippen (Bild 1). Man muss etwas tiefer ansetzen, damit der Schrank aufrecht bleibt. Etwas leichter lässt sich der Schrank verschieben, wenn er auf trockenen Tüchern steht (Bild 2).
Die Bewegung des Schranks wird behindert: Zwischen seinen Füßen und dem Boden kommt es zur Reibung. Der Grund für die Reibung liegt in der Rauigkeit der beteiligten Oberflächen: Die Flächen verzahnen sich ein wenig ineinander. Unter dem Mikroskop werden selbst auf polierten Oberflächen kleine Verzahnungen sichtbar (Bild 3).

3
Verzahnung zweier Oberflächen

Bild 4 zeigt die Kräfte, die auf einen Körper wirken, der auf einer waagerechten Unterlage steht. Der Körper befindet sich in Ruhe, also im Kräftegleichgewicht.
Die Zugkraft $\vec{F}_Z$ wird ausgeglichen von der Reibungskraft $\vec{F}_R$, die an der Unterseite des Körpers angreift. Außerdem wirkt auf den Körper die Gewichtskraft $\vec{F}_G$, die durch die Kraft $\vec{F}_U$ von der Unterlage ausgeglichen wird. Die Kraftpfeile sind dabei so gezeichnet, als würden alle Kräfte im selben Punkt angreifen.
Bild 5 zeigt die Kräfte für den Fall, dass man beim Schieben des Schranks ganz oben ansetzt. $\vec{F}_Z$ und $\vec{F}_R$ sind zwar gleich groß und entgegengesetzt gerichtet, aber ihre Wirkungslinien sind unterschiedlich. Sind die Kräfte hinreichend groß, kippt der Schrank zur Seite.

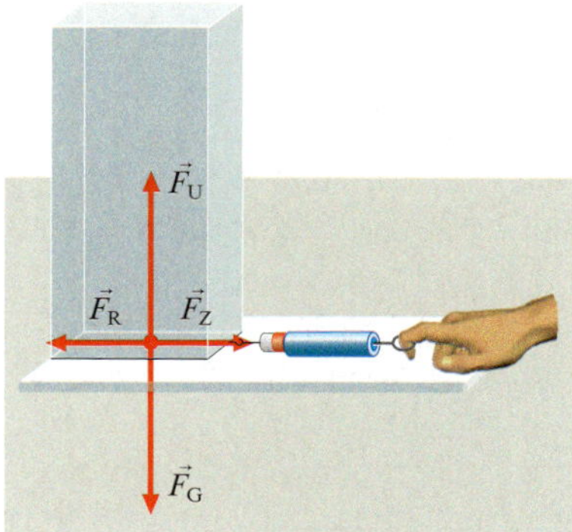

4
Kräftegleichgewicht in Ruhe

Haftreibung. Wer einen ruhenden Schrank wie im Bild 2 in Bewegung setzen will, stellt fest: Bei einer geringen Schubkraft bewegt sich der Schrank noch gar nicht. Er beginnt erst zu gleiten, wenn die Schubkraft einen bestimmten Betrag überschritten hat. Und von dem Moment an, in dem der Schrank sich in Bewegung setzt, muss man sich nicht mehr ganz so stark anstrengen.
Die **Haftreibungskraft** $\vec{F}_{HR}$ ist die maximale Reibungskraft, bei der sich die Körper noch nicht gegeneinander bewegen. Wird die Zug- oder Schubkraft größer als die Haftreibungskraft, so beginnt die eine Fläche über die andere zu gleiten. Die Haftreibungskraft ist abhängig von der **Normalkraft** $\vec{F}_N$, mit der der Körper auf seine Unterlage drückt. Die Normalkraft steht senkrecht auf der Unterlage.

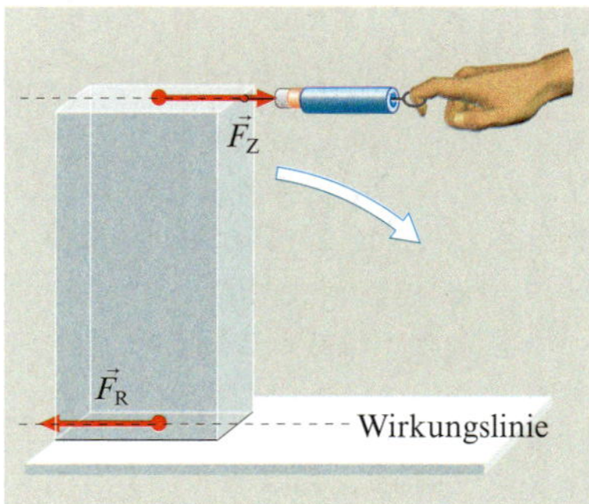

5
Kräfte mit unterschiedlichen Wirkungslinien

EXPERIMENT 2

Bestimme die Haftreibungskraft eines Holzquaders (m = 100 g) auf einem Tisch.

1 Die Normalkraft beträgt zunächst 1 N. Miss die Zugkraft, die notwendig ist, um den Quader gerade in Bewegung zu setzen!
2 Erhöhe nach und nach die Normalkraft um jeweils 1 N, indem du 100-g-Wägestücke auf den Quader stellst. Ermittle jeweils die zugehörige Haftreibungskraft. Fertige eine Messwertetabelle an!
3 Wiederhole die Messungen auf anderen Unterlagen (Glas, Sandpapier)!

1

Je größer die Normalkraft ist, desto größer ist die Haftreibungskraft. Der Quotient aus Haftreibungskraft F_{HR} und Normalkraft F_N ist konstant, man nennt ihn Haftreibungszahl μ_{HR}. Es gilt: $\mu_{HR} = \frac{F_{HR}}{F_N}$.

Die Haftreibungszahl ist umso größer, je rauer die Oberflächen sind.

Für die Haftreibungskraft gilt: $F_{HR} = \mu_{HR} \cdot F_N$.

Typische Werte für Haft- und Gleitreibungszahlen

Oberflächen	μ_{HR}	μ_{GR}
Holz auf Stein	0,7	0,4
Holz auf Holz	0,5	0,3
Stahl auf Stahl	0,2	0,1

Gleitreibung. Um einen Schlitten mit gleich bleibender Geschwindigkeit zu bewegen, muss man horizontal mit einer bestimmten Kraft an ihm ziehen. Der Schlitten selbst befindet sich dann im Kräftegleichgewicht: Die Zugkraft ist genauso groß wie die Gleitreibungskraft F_{GR}. Das Gleiche gilt für den Quader im Bild 2.
Gleitet ein Körper dagegen ohne Antrieb auf einer Fläche, so wird er durch die Reibung abgebremst. Je größer die Gleitreibungskraft ist, desto schneller kommt er zum Stillstand.
Auch die **Gleitreibungskraft F_{GR}** ist abhängig von der Normalkraft F_N, mit welcher der Körper auf seine Unterlage drückt. In Experimenten stellt man fest, dass der Quotient μ_{GR} aus den beiden Kräften konstant ist: $\mu_{GR} = \frac{F_{GR}}{F_N}$. Dieser Quotient heißt Gleitreibungszahl. Er ist umso größer, je rauer die Oberflächen sind. Für gleiche Stoffkombinationen ist jedoch die Gleitreibungszahl stets kleiner als die Haftreibungszahl.

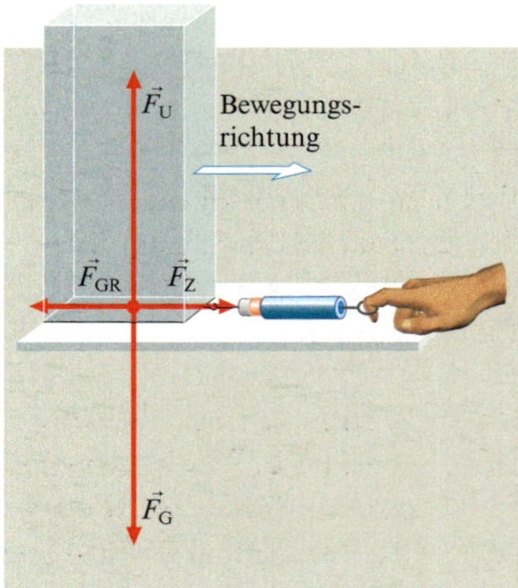

2

Bei konstanter Geschwindigkeit ist hier die Gleitreibungskraft so groß wie die Zugkraft.

Für die Gleitreibungskraft gilt: $F_{GR} = \mu_{GR} \cdot F_N$.

Reibung und Antrieb. Wie sehr wir täglich auf die Reibung angewiesen sind, spüren wir oft erst dann, wenn sie unerwartet sehr klein wird. Im Winter kommt es manchmal zum Stau, wenn Autos auf vereister Fahrbahn einen Berg nicht hinaufkommen: Ihre Reifen drehen durch, da die Reibung zwischen ihnen und der Eisschicht sehr gering ist.
Gäbe es gar keine Reibung, so könnten weder Autos noch Fahrräder auf ebener Strecke anfahren, auch kein Fußgänger käme voran. Bild 3 zeigt den Schuh einer Person, die gerade losläuft: Das Bein drückt den Schuh nach hinten. Die Haftreibung zwischen Sohle und Boden verhindert, dass der Schuh nach hinten gleitet. Die Reibungskraft $\vec{F}_R$, die auf den Schuh wirkt, ist in diesem Fall nach vorn gerichtet.

3

Haftreibung beim Laufen

Kräftegleichgewicht an einem Körper

Gelegentlich kommt es beim Fußballspielen vor, dass zwei Spieler zugleich aus unterschiedlichen Richtungen gegen den ruhenden Ball treten. Es knallt – aber der Ball bleibt bei einem solchen „Pressschlag“ liegen.
In dem Moment, in dem die beiden Füße auf den Ball stoßen, wirken zwei entgegengesetzt gerichtete Kräfte auf den Ball, der Ball wird von beiden Seiten ein wenig eingedrückt. Die beiden Kräfte führen zwar zu einer Verformung, nicht aber zu einer Bewegungsänderung des Balls.
Auch auf den Wagen im Bild 2 werden zwei Kräfte ausgeübt. Die beiden entgegengesetzt gerichteten Kräfte sind gleich groß, die resultierende Kraft ist daher null. Eine solche Situation bezeichnet man als Kräftegleichgewicht.

1 Pressschlag: Der Ball bleibt liegen.

Ein Körper befindet sich im Kräftegleichgewicht, wenn die resultierende Kraft auf ihn null ist.

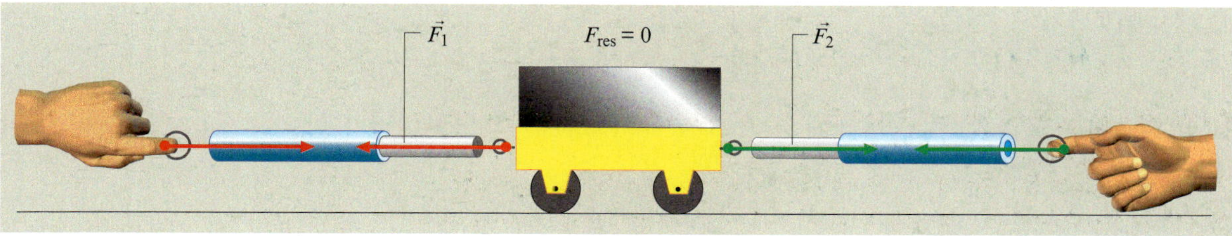

2 Kräftegleichgewicht an einem Wagen

Wenn mit der einen Hand stärker an dem Wagen gezogen wird als mit der anderen, setzt sich der Wagen in Bewegung. Ebenso wird der Ball beim Pressschlag beschleunigt, wenn die Spieler nicht gleich stark gegen den Ball treten.

Im Bild 3 fährt ein Boot geradeaus mit gleich bleibender Geschwindigkeit über den See. Es wird von einem Motor mit Schraube angetrieben, das Wasser am Heck des Bootes ist daher aufgewühlt. Wird der Motor abgestellt, ändert sich sofort die Geschwindigkeit: Das Boot wird gebremst. Gibt der Fahrer dagegen mehr „Gas“, wird das Boot beschleunigt.

3

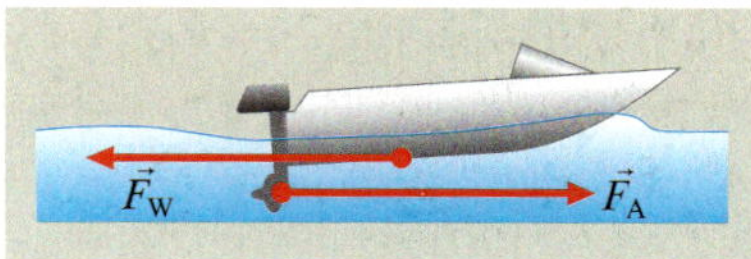

4

Während der Fahrt werden zwei Kräfte auf das Boot ausgeübt, die Antriebskraft $\vec{F}_A$ und die Widerstandskraft $\vec{F}_W$ (Bild 4). Ist $\vec{F}_A$ kleiner als $\vec{F}_W$, so wird das Boot gebremst; ist $\vec{F}_A$ größer als $\vec{F}_W$, so wird das Boot beschleunigt. Wenn aber $\vec{F}_A$ den gleichen Betrag hat wie $\vec{F}_W$, befindet sich das Boot im Kräftegleichgewicht. Das Boot wird dann weder abgebremst noch beschleunigt, es fährt mit gleich bleibender Geschwindigkeit auf einer geraden Bahn.

Ein Körper, der sich im Kräftegleichgewicht befindet, ist daran zu erkennen, dass er
- **sich in Ruhe befindet oder**
- **sich mit konstanter Geschwindigkeit auf gerader Bahn bewegt.**

ÜBRIGENS

Die Kräfte $\vec{F}_1$ und $\vec{F}_2$, die auf den Wagen im Bild 2 ausgeübt werden, gehören zu verschiedenen Wechselwirkungen. Daher sind sie in unterschiedlichen Farben dargestellt.
Der Wagen selbst übt sowohl auf die linke als auch auf die rechte Hand Kräfte aus, die jeweils so groß sind wie $\vec{F}_1$ und $\vec{F}_2$.

Kräfteparallelogramm

Zwei Hunde ziehen in unterschiedlichen Richtungen an einer zusammengeknüpften Leine. Im Bild 1 hat der Besitzer große Mühe, die beiden zu halten. Das Mädchen im Bild 2 hat es deutlich leichter, obwohl die Hunde genauso stark ziehen.

Basiskonzept Wechselwirkung ↑S. 233

1

2

Wie lässt sich die resultierende Kraft auf einen Körper bestimmen, wenn die Einzelkräfte weder parallel noch entgegengesetzt gerichtet sind?

EXPERIMENT 3

1. Befestigt eine Schraubenfeder an einem Stativ und dehnt sie mithilfe von zwei Federkraftmessern bis zu einem bestimmten Punkt. Markiert das Ende der Feder, lest die Beträge der Kräfte $\vec{F}_1$ und $\vec{F}_2$ ab und zeichnet die Richtungen auf, in denen die Federkraftmesser ziehen!
2. Ersetzt die beiden Federkraftmesser durch einen einzigen Federkraftmesser und dehnt die Schraubenfeder wieder bis zum selben Punkt. Lest den Betrag der Kraft $\vec{F}_{res}$ ab und zeichnet die Richtung auf, in die der Federkraftmesser zieht!
3. Tragt die Kraftpfeile für $\vec{F}_1$, $\vec{F}_2$ und $\vec{F}_{res}$ maßstabsgerecht in die Skizze ein!
4. Wiederholt das Experiment für andere Kombinationen von $\vec{F}_1$ und $\vec{F}_2$!

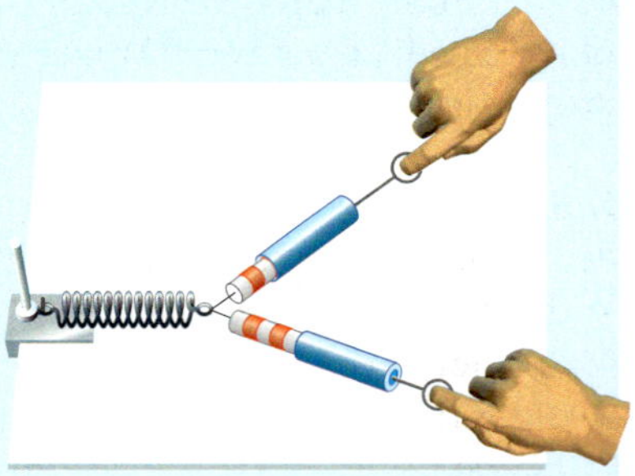
3

Die Ergebnisse lassen erkennen: $\vec{F}_{res}$ kann durch einen Pfeil dargestellt werden, der die Diagonale in dem von $\vec{F}_1$ und $\vec{F}_2$ aufgespannten Parallelogramm bildet (Bild 4). Auf diese Weise lassen sich die Richtung und der Betrag einer resultierenden Kraft ermitteln, wenn Richtungen und Beträge von zwei Kräften bekannt sind, die in einem Punkt angreifen.

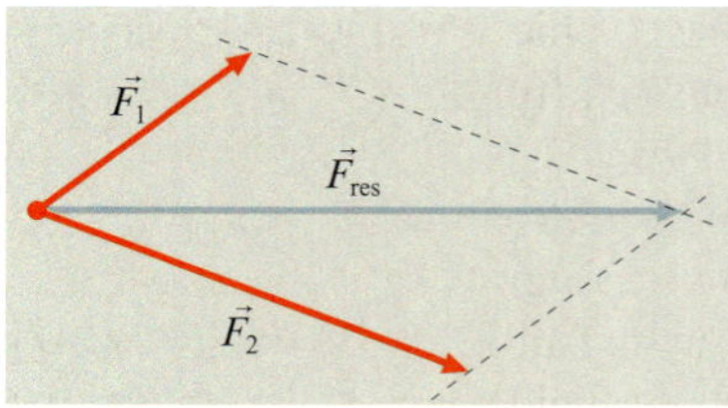

4 Kräfteparallelogramm

Greifen zwei Kräfte $\vec{F}_1$ und $\vec{F}_2$ in einem Punkt an, so kann die resultierende Kraft $\vec{F}_{res}$ als Diagonale des von $\vec{F}_1$ und $\vec{F}_2$ aufgespannten Parallelogramms dargestellt werden.

Man kann $\vec{F}_{res}$ auch ermitteln, indem der Fußpunkt von $\vec{F}_2$ an die Spitze von $\vec{F}_1$ parallel verschoben wird. Der Kraftpfeil von $\vec{F}_{res}$ verläuft dann vom Fußpunkt von F_1 zur Spitze von $\vec{F}_2$.
Durch die Konstruktion von Kräfteparallelogrammen wird auch deutlich, warum es das Mädchen in Bild 2 leichter hat, die Hunde zu halten, als der Mann im Bild 1. Der Betrag der resultierenden Kraft ist kleiner, da der Winkel zwischen den Kräften $\vec{F}_1$ und $\vec{F}_2$ größer ist (Bild 5).

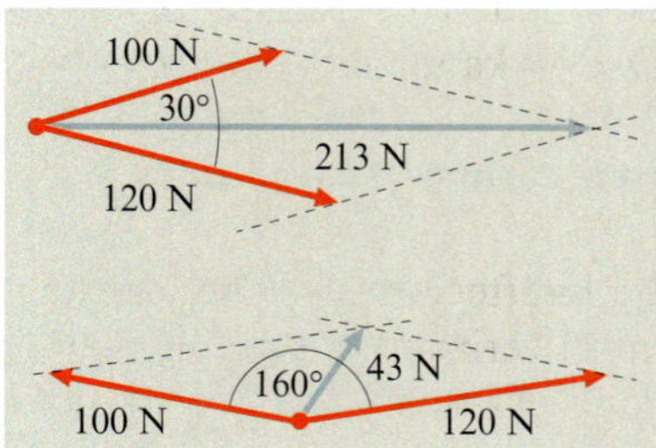

5

Im folgenden Experiment wird die Kraft untersucht, die man auf einen kleinen Wagen ausüben muss, wenn man ihn eine schiefe Ebene hinaufziehen will. Dabei versteht man unter der Neigung der Ebene das Verhältnis $h:l$.

EXPERIMENT 4

Ziehe mit einem Federkraftmesser einen Wagen langsam, aber gleichmäßig eine schiefe Ebene hinauf. Führe den Federkraftmesser dabei parallel zur Ebene.
Verwende unterschiedliche Neigungen: $h:l = 1:10; 3:10; 5:10; 10:10$.
Miss jeweils die erforderliche Zugkraft F_Z und trage sie in eine Tabelle ein!
Bestimme die Gewichtskraft des Wagens, indem du ihn an den Federkraftmesser hängst!

1

Die erforderliche Zugkraft ist umso größer, je stärker die Ebene geneigt ist.
Aus den Messungen ist zu erkennen, dass F_Z proportional zur Neigung $h:l$ ist. Führt man das Experiment bei einer bestimmten Neigung mit unterschiedlich schweren Wagen durch, so stellt man fest, dass F_Z auch proportional zur Gewichtskraft F_G ist.

Kräftezerlegung an der schiefen Ebene. Im Experiment 4 befindet sich der Wagen im Kräftegleichgewicht. Auf ihn werden 3 Kräfte ausgeübt:
- die Zugkraft $\vec{F}_Z$ entlang der schiefen Ebene,
- die Gewichtskraft $\vec{F}_G$ senkrecht nach unten,
- die Kraft $\vec{F}_U$ von der Unterlage, sie wirkt senkrecht zur schiefen Ebene.

Den Betrag von $\vec{F}_U$ erhält man durch folgende Überlegung: $\vec{F}_U$ und $\vec{F}_Z$ müssen zusammen eine resultierende Kraft $\vec{F}'$ ergeben, die genauso groß ist wie $\vec{F}_G$, aber entgegengesetzt gerichtet zu $\vec{F}_G$ (Bild 2). Durch Parallelverschieben von $\vec{F}_Z$ senkrecht zur schiefen Ebene ergibt sich die Länge des Kraftpfeils $\vec{F}_U$.

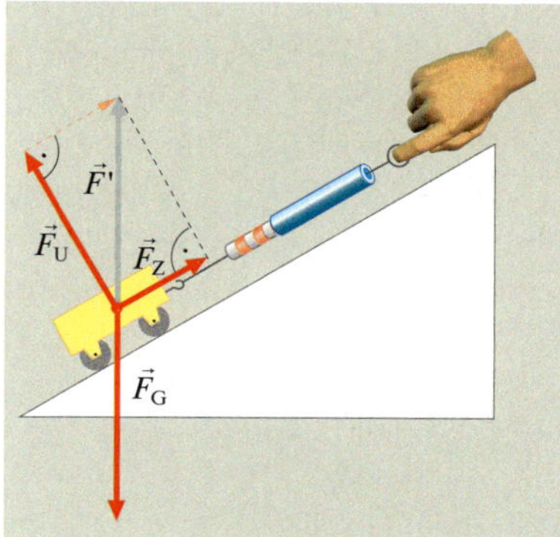

2

Hangabtriebskraft. Wenn der Wagen nicht nach oben gezogen wird, also keine Zugkraft auf ihn ausgeübt wird, bewegt er sich die schiefe Ebene hinab. Auf ihn wirken nur noch die Kräfte $\vec{F}_G$ und $\vec{F}_U$. Die resultierende dieser beiden wird als Hangabtriebskraft $\vec{F}_H$ bezeichnet. $\vec{F}_H$ erhält man durch Konstruktion aus $\vec{F}_G$ und $\vec{F}_U$ (Bild 3).
Die blau hervorgehobenen Dreiecke in Bild 3 sind einander ähnlich. Daraus kann man schließen:

An der schiefen Ebene gilt: $\frac{F_H}{F_G} = \frac{h}{l}$, also $F_H = F_G \cdot \frac{h}{l}$.

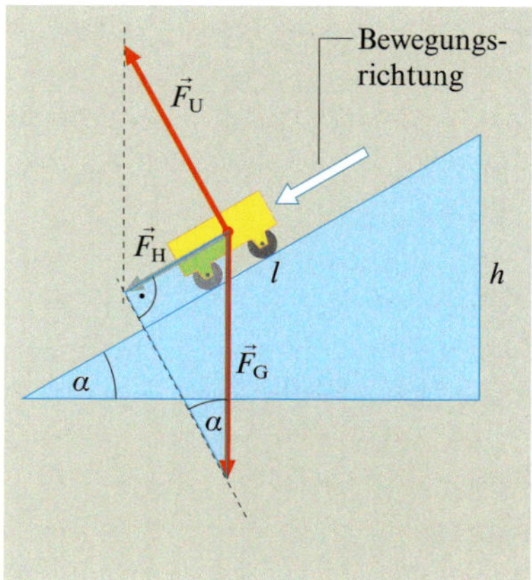

3

Im Kräftegleichgewicht, also etwa beim Hinaufziehen des Wagens wie im Experiment 4, sind die Beträge von $\vec{F}_Z$ und $\vec{F}_H$ gleich groß. Es gilt dann: $F_Z = F_G \cdot h/l$. Auch aus der Kräftezerlegung ergeben sich also die experimentell gefundenen Proportionalitäten $F_Z \sim F_G$ und $F_Z \sim h/l$.

Auf die Haftreibung kommt es an!

Reifen. Sicheres Autofahren setzt einen festen Halt der Reifen auf der Fahrbahn voraus. Bei nassem oder eisigem Untergrund drehen die Antriebsräder beim Anfahren durch. Und beim Bremsen fehlt der Halt zum Stehenbleiben.
Im Bild 2 ist die Haftreibung eines Autoreifens bei unterschiedlichen Fahrbahnen eingezeichnet. Außerdem ist der dazugehörige Bremsweg s_B dargestellt, den ein Fahrzeug bei einer Anfangsgeschwindigkeit von $v_0 = 50\,\text{km/h}$ (mit ABS) benötigen würde.

1

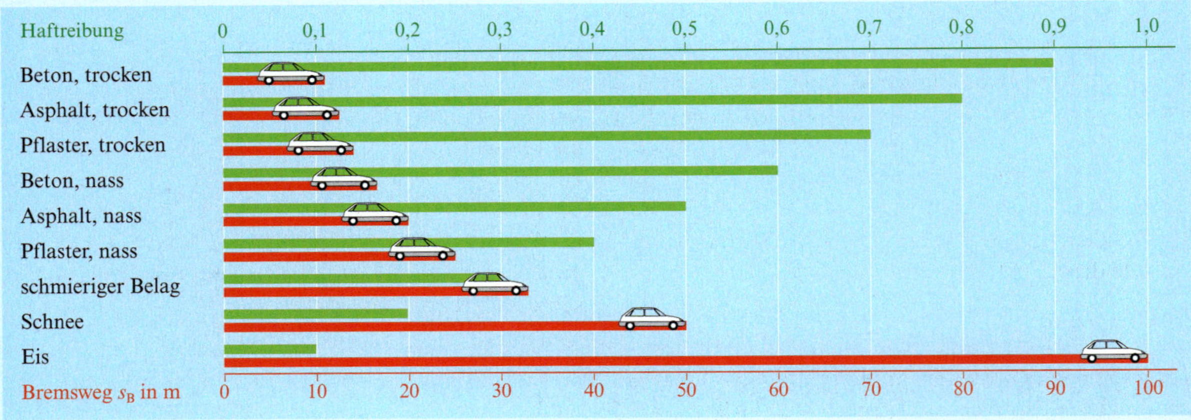

2

Rennwagen fahren mit weichem Reifenmaterial mit wenig Profil (Bild 1). Solche Reifen haben einen sehr hohen Verschleiß, ermöglichen jedoch extremes Bremsen, Beschleunigen und Kurvenfahren. Allerdings sind sie nur für trockene Straßen geeignet. Denn bei Regen müssen Profile dafür sorgen, dass das Wasser durch die Rillen nach außen abfließen kann. Steht zu viel Wasser auf der Straße und ist das Profil abgefahren, so bildet sich bei hoher Geschwindigkeit zwischen Fahrbahn und Reifen ein Wasserkeil. Das Auto schwimmt auf einer Wasserschicht. Es ist weder zu lenken noch zu bremsen. Diese gefährliche Wasserglätte heißt **Aquaplaning** (Bild 3).

3

Bremsen. Bei einem Auto mit Scheibenbremsen befindet sich an den Rädern eine Stahlscheibe, die sich mitdreht. An diese Bremsscheibe werden beim Bremsen von beiden Seiten mit großer Kraft die Bremsbeläge gepresst. Durch die Gleitreibung zwischen Scheibe und Belag wird das Rad abgebremst. Gleichzeitig bewirkt die Haftreibung zwischen Straße und Reifen, dass das Auto langsamer wird und zum Stillstand kommt.
Wenn die Räder bei starkem Bremsen blockieren, wird das Fahrzeug durch Gleitreibung zwischen Reifen und Straße abgebremst. Die Gleitreibungskraft ist aber geringer als die Haftreibungskraft, die Bremswirkung also nicht mehr so groß. Außerdem lässt sich das Fahrzeug nicht mehr lenken. Man muss die Bremse loslassen, damit die Räder wieder rollen und lenkbar werden. Das **Anti-Blockier-System (ABS)** regelt solch stotterndes Bremsen mit einem Computer. Hiermit lässt sich auch auf nassen oder vereisten Straßen ein Blockieren der Räder verhindern.

4

Glühende Bremsscheiben nach starkem Bremsen

Vom c_W-Wert zum Benzinverbrauch

Ein Auto, das mit konstanter Geschwindigkeit fährt, verbraucht Benzin. Der Grund dafür liegt darin, dass ständig ein Teil der Bewegungsenergie des Autos an die Luft und den Boden abgegeben wird. Aus Erfahrung weiß jeder Autofahrer, wovon es abhängt, wie viel Benzin beim Fahren mit konstanter Geschwindigkeit verbraucht wird. Sicher von der Geschwindigkeit! Aber auch vom Autotyp. Je größer die Querschnittsfläche A des Autos ist, desto größer ist der Bewegungswiderstand. Auch bei gleicher Querschnittsfläche kann es noch Unterschiede geben. Es gibt Autos mit besonders windschnittigen Formen, die weniger verbrauchen als andere. Der so genannte c_W-Wert gibt Auskunft über die Windschnittigkeit der Karosserie. Die Leistung, die aufgebracht werden muss, um bei konstanter Geschwindigkeit den Strömungswiderstand der Luft zu überwinden, wird durch eine Formel angegeben, welche alle diese Faktoren berücksichtigt:

$P = \frac{1}{2} \cdot c_W \cdot A \cdot \rho \cdot v^3$.

Darin bedeutet ρ die Dichte der Luft und A die Querschnittsfläche des Autos.

Bei niedrigen Geschwindigkeiten überwiegt der Rollwiderstand. Er ist weitgehend unabhängig von der Geschwindigkeit. Die Leistung zur Überwindung des Rollwiderstands beträgt: $P = F_{Roll} \cdot v$.

Beim VW-Golf misst man z. B. folgende Werte:
$A = 1{,}8\,m^2$, $c_W = 0{,}32$, $F_{Roll} = 267\,N$.
Für die Dichte der Luft gilt: $\rho = 1{,}3\,kg/m^3$.

Um den Benzinverbrauch bestimmen zu können, muss man zusätzlich noch wissen, dass in einem Liter Benzin 30 MJ Energie enthalten ist und wie viel Prozent der im Benzin enthaltenen Energie in Bewegungsenergie umgewandelt werden können. Bild 5 zeigt, wie groß dieser Prozentsatz in Abhängigkeit von der Geschwindigkeit ist. (Bild 2)

1

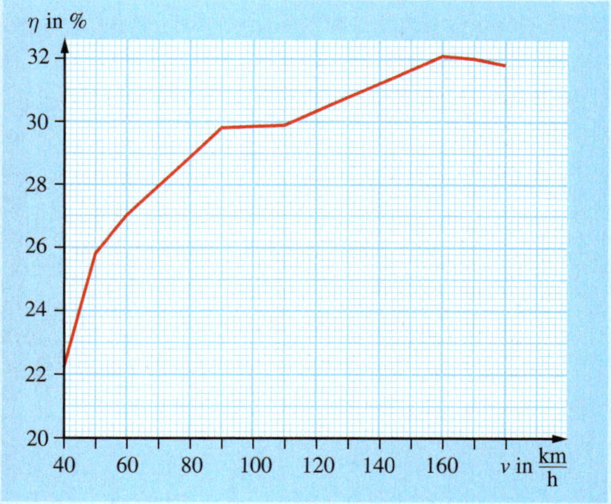

2

1 Wie ändert sich der Strömungswiderstand eines Fahrzeugs, wenn sich die Geschwindigkeit verdoppelt?
2 Berechne aus den Angaben im Text den Benzinverbrauch eines VW-Golf, der mit einer konstanten Geschwindigkeit von 90 km/h auf ebener Strecke 100 km zurücklegt. Vom Hersteller wird der Verbrauch mit 6,3 ℓ auf 100 km angegeben. Vergleiche.
3 Um wie viel Prozent erhöht sich der Benzinverbrauch, wenn die Geschwindigkeit um 50 % gesteigert wird?
4 „Um schneller zu fahren benötigt man mehr Leistung und daher mehr Benzin. Für eine bestimmte Strecke braucht man dann aber auch nur eine kürzere Zeit. Insgesamt benötigt man für die Strecke also nicht mehr Benzin." Wo steckt der Denkfehler bei dieser Überlegung?
5 Wo bleibt die Energie, die vom Motor nicht in Bewegungsenergie umgewandelt werden kann?
6 Bild 2 erweckt den Eindruck, es sei besonders wirtschaftlich, schnell zu fahren, da dann der Wirkungsgrad des Motors höher ist. Nimm Stellung zu dieser Hypothese.

Crashtest

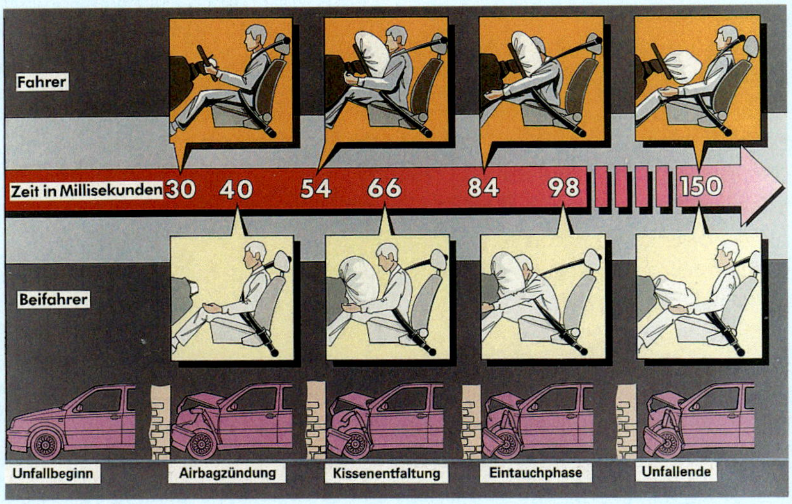

1

Das Trägheitsgesetz ist die physikalische Begründung dafür, dass sich Fahrzeuginsassen bei Vollbremsungen oder Unfällen zunächst geradlinig mit der ursprünglichen Geschwindigkeit weiterbewegen. Beim Aufprall auf die Frontscheibe oder andere Teile des Fahrzeuginnenraums treten dann enorme Kräfte auf, die zu schwerwiegenden Verletzungen führen können. Zur Vermeidung von Personenschäden sind im Auto spezielle Vorrichtungen vorhanden: Knautschzone, Sicherheitsgurt und Airbag (Bild 1).

Die verformbare Knautschzone im Frontbereich eines Pkw soll die kinetische Energie des Fahrzeuges so umwandeln, dass die Insassen möglichst unversehrt bleiben. Die auftretenden Kräfte werden bei Crashtests exakt in Abhängigkeit von der Geschwindigkeit und dem Fahrzeugtyp gemessen (Bild 2).

2
Crashtest in einer Versuchsanlage

Sie lassen sich aber auch einfach abschätzen: Die Fahrzeuggeschwindigkeit werde gleichmäßig von 50 km/h (= 14 m/s) auf 0 gesenkt. Dabei verkürzt sich die Fahrzeugfront um etwa 0,5 m. Aus der Gleichung $s = \frac{1}{2} v \cdot t$ ergibt sich dann als „Bremszeit" $t = 0{,}07\,\text{s}$.

Die Beschleunigung beträgt $a = v/t = 200\,\text{m/s}^2$. Das ist das 20-fache der Fallbeschleunigung. Auf den Fahrer wirkt also während dieses Vorgangs eine Kraft, die 20-mal so groß ist, wie seine Gewichtskraft. Es ist unmöglich, diese Kraft mit Armen oder Beinen abzufangen: Kein Fahrer ($m \approx 75\,\text{kg}$) kann eine Masse von 1,5 Tonnen stemmen. Abgesehen davon treten beim Aufschlag auf das Armaturenbrett noch etwa 10-mal größere Kräfte auf als bei dieser als gleichmäßig angenommenen Beschleunigung.

Die Sicherheitsgurte dehnen sich bis zu 20 cm aus, was den Bremsweg für die Insassen verlängert. Sie müssen immer straff anliegen, sonst brechen die Rippen vom „Aufprall" in die Gurte.

Einen möglichen Aufprall auf Lenkrad und Armaturenbrett trotz anliegender Gurte soll der Airbag verhindern (Bild 3). Die abbremsenden Kräfte werden dabei gleichmäßig „verteilt".

3
Airbag

Sir Isaac Newton

Herkunft und Schulzeit. Isaac Newton kam 1642 im englischen Dorf Woolsthorpe als Halbwaise zu Welt. Sein Vater, ein Bauer, war verstorben und seine Mutter gab das Kind bei der Großmutter in Pflege. Die Dorfschule besuchte er nur mit mäßigem Erfolg, auch galt er als eigenbrötlerisch und schwächlich.
Als Jugendlicher widersetze sich Newton dem Wunsch seiner Mutter, Bauer zu werden; er interessierte sich mehr für seine Bücher. Newton drängte seine Mutter immer wieder, eine weiterführende Schule besuchen zu dürfen. Schließlich gab seine Mutter nach und brachte ihn bei einer befreundeten Apothekerfamilie in der Kreisstadt unter. Hier hatte er nicht nur reichlich Literatur zur Verfügung, sondern er konnte auch technische Modelle bauen und kleinere Hilfstätigkeiten beim Anmischen von Medikamenten ausüben. Der Schuldirektor, dem der Junge wegen seiner außergewöhnlichen Fähigkeiten bald aufgefallen war, setzte sich dafür ein, dass Newton ab 1660 an einer der berühmtesten Universitäten Englands studieren konnte, dem Trinity College in Cambridge.

Anni mirabiles. Im Jahr 1665 musste das College wegen der Beulenpest geschlossen werden, und Newton kehrte nach Woolsthorpe zurück. Dieses und das folgende Jahr werden in Newtons Biografie oft als die „anni mirabiles" bezeichnet, die Jahre der Wunder. Innerhalb kurzer Zeit gelangte Newton zu grundlegenden Erkenntnissen für die Mathematik, er erklärte die Bewegungsgesetze für die Planeten und entwickelte eine Theorie der Gravitation; außerdem unternahm er Experimente zur Spektralzerlegung des Lichtes mit einem Prisma. Aus dieser Zeit stammt auch die Legende, dass Newton unter einem Apfelbaum die Erkenntnis hatte: So wie der herabfallende Apfel (der Newton angeblich am Kopf traf) von der Erde angezogen wird, so müsste auch der Mond von der Erde angezogen werden. Die Anziehung der Erde lenkt den Mond von der geradlinigen Bahn auf eine Kreisbahn ab.

Professor in Cambridge. Nach seiner Rückkehr an die Universität legte Newton einige seiner neuen Erkenntnisse seinem Lehrer Isaac Barrow vor. Dieser zeigte sich davon dermaßen beeindruckt, dass er seine Professur zugunsten seines genialen Schülers aufgab. Die Lehrveranstaltungen Newtons fanden jedoch nur wenig Begeisterung. Viele Studenten konnten dem Stoff nicht folgen und blieben den Vorlesungen fern – immerhin gewann Newton dadurch Zeit für eigene Forschung.
Das Werk, durch das Newton schon zu Lebzeiten Berühmtheit erlangte, ist die „Philosophiae naturalis principia mathematica" (1687). Hierin sind die Grundlagen der Mechanik dargestellt, die über Jahrhunderte als Vorbild aller Naturwissenschaften angesehen wurde.
Kurz nach seinem 50. Geburtstag erlitt Newton einen schweren Nervenzusammenbruch. Obwohl er sich davon wieder erholte, leistete er danach keine bedeutenden Beiträge zur Wissenschaft mehr. Stattdessen lieferte er sich heftige Auseinandersetzungen über die Urheberschaft von Forschungsergebnissen, wobei er seine Machtstellung als Präsident der englischen Akademie der Wissenschaften einsetzte.

1
Isaac Newton (1642–1727)

2
Aus dem Titelblatt der „Philosophiae naturalis principia mathematica" (Naturphilosophie nach mathematischen Prinzipien)

3
Ein-Pfund-Note, die bis 1990 im Umlauf war. Sie zeigt Isaac Newton mit Prisma, Fernrohr und elliptischen Planetenbahnen.

SCHON GEWUSST?

Das Geburtsjahr Newtons wird manchmal auch mit 1643 angegeben. In England galt aber damals, anders als auf dem europäischen Kontinent, noch der julianische Kalender, nach dem das neue Jahr noch nicht begonnen hatte. Und nach diesem Kalender fällt dann Newtons Geburtsjahr mit dem Todesjahr von Galilei zusammen: 1642.

Weißt du es ? Kannst du es

1. Erläutere den Begriff „Bewegungsänderung"!
2. Gib an, wann im folgenden Beispiel eine Bewegungsänderung vorliegt und wann nicht!
   - Eine Radfahrerin rollt mit gleich bleibender Geschwindigkeit eine Rampe hinab.
   - Sie fährt eine Kurve, bleibt aber gleich schnell.
   - Sie bremst das Fahrrad ab und kommt zum Stillstand.
3. Was geschieht, wenn in den drei Situationen in Bild 1 der Faden getrennt wird? Fertige eine Skizze an!
4. Gib Beispiele an, in denen die Verformung oder die Beschleunigung an einem Körper trotz starker Wechselwirkung nur sehr schwach ausgeprägt ist. Nenne jeweils den Grund dafür!
5. Eine Lok mit der Masse 200 t bewirkt eine Zugkraft von 200 kN. 8 Wagons haben je eine Masse von 40 t.
   a) Wie groß ist die Beschleunigung des Zuges?
   b) Welche Geschwindigkeit erreicht der Zug nach 1 Minute?
   c) Welche Geschwindigkeit erreicht er nach 1 Minute, wenn man weitere 6 Wagons ankoppelt?
6. In einem Bus wird eine schwere Kugel mit einem Faden an der Decke aufgehängt.
   a) Beschreibe die Richtung des Fadens beim Beschleunigen, beim Abbremsen und bei der Fahrt durch eine Rechtskurve!
   b) Welche Aussagen lassen sich daraus über die jeweilige Kraft auf die Kugel ableiten?
7. Bei einem Crashtest stößt ein Pkw mit einer Geschwindigkeit von 80 km/h frontal gegen eine Mauer. Nach Deformation der Knautschzone um 25 cm kommt der Wagen zum Stillstand. Mit welcher Kraft müssen die Sicherheitsgurte einen Fahrer der Masse 80 kg halten (bei Annahme einer gleichmäßigen Bremsbeschleunigung)?
8. Beurteile die beiden Sätze:
   a) „Auf einen Körper, der sich im Kräftegleichgewicht befindet, werden keine Kräfte ausgeübt."
   b) „Ein Körper, der sich im Kräftegleichgewicht befindet, ist immer in Ruhe."
9. Woran kann man erkennen, ob sich ein Körper im Kräftegleichgewicht befindet? Nenne drei Beispiele!

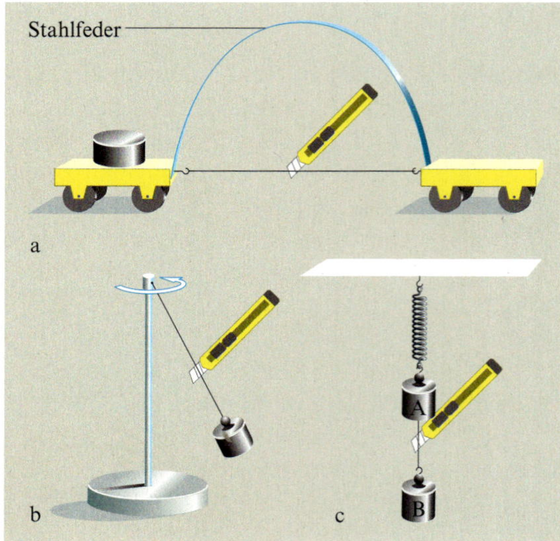

1

10. a) Erläutere den Begriff „resultierende Kraft"!
    b) Gib an, wie man die resultierende Kraft berechnet,
    - wenn zwei Kräfte in gleicher Richtung wirken,
    - wenn zwei Kräfte in entgegengesetzter Richtung wirken!
11. Bei jeder Wechselwirkung tritt ein Paar von Kräften auf, die gleich groß und entgegengesetzt gerichtet sind.
    Auch beim Kräftegleichgewicht eines Körpers kann man oft ein Paar gleich großer, entgegengesetzt gerichteter Kräfte erkennen.
    Erläutere anhand einer Skizze, worin der Unterschied der beiden Kräftepaare besteht!
12. Auf einen Körper werden gleichzeitig 3 Kräfte mit unterschiedlichen Richtungen ausgeübt: $\vec{F}_1$, $\vec{F}_2$ und $\vec{F}_3$.
    Wie lässt sich in einem solchen Fall die resultierende Kraft $\vec{F}_{res}$ zeichnerisch ermitteln?
    Fertige dazu eine Skizze an!
13. Ein Schlitten ($F_G = 40$ N) mit Stahlkufen, auf dem ein Kind sitzt ($F_G = 360$ N), wird über das Eis eines Sees gezogen.
    Die Gleitreibungszahl für Stahl auf Eis beträgt $\mu_{GR} = 0{,}01$.
    Wie groß muss die Zugkraft am Schlitten bei konstanter Geschwindigkeit sein?
14. Ein Buch ($F_G = 8$ N) liegt auf einer schräg gestellten Tischplatte.
    Berechne anhand einer Kräftezerlegung, ob es bei einer Neigung von 20° bzw. 50° herunterrutscht ($\mu_{HR} = 0{,}5$)!

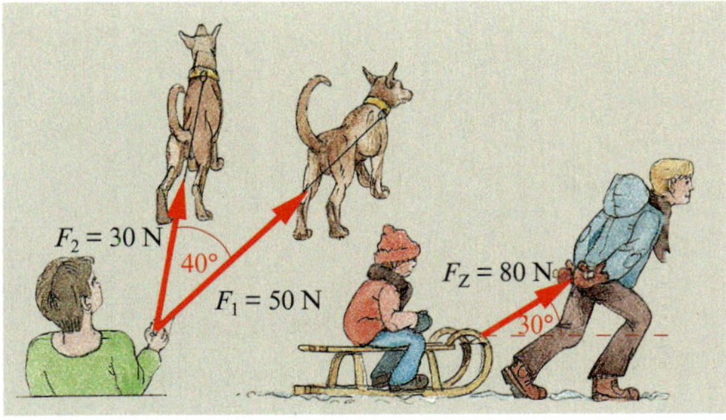

1

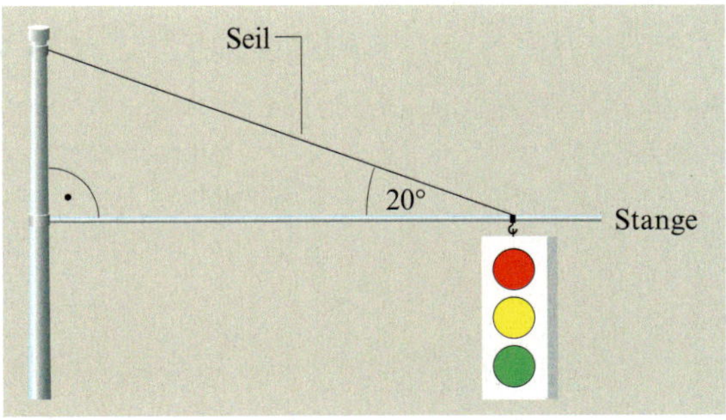

2

15. a) Zwei Hunde ziehen an ihren Leinen. Ermittle die resultierende Kraft auf die Hand mithilfe einer Konstruktion!
b) Zerlege die Zugkraft beim Ziehen des Schlittens in eine Kraft senkrecht nach oben und eine Kraft in Bewegungsrichtung!

16. Eine Ampel mit einer Gewichtskraft von 100 N ist wie im Bild 2 aufgehängt. Ermittle die Kräfte, die das Seil bzw. die Stange auf den Mast ausüben!

Kurz und knapp !

Die Newton'schen Gesetze

Trägheitsgesetz
Jeder Körper verharrt im Zustand der Ruhe oder gleichförmiger geradliniger Bewegung, solange keine äußeren Kräfte auf ihn einwirken.

Grundgesetz der Dynamik
Wirkt auf einen beweglichen Körper der Masse m die Kraft F, so wird er beschleunigt. Es gilt dabei: $F = m \cdot a$.

Wechselwirkungsgesetz
Übt ein Körper A auf einen zweiten Körper B eine Kraft aus, so übt auch B eine Kraft auf A aus. Beide Kräfte sind gleich groß, sie sind einander entgegengesetzt gerichtet.
Kraft und Gegenkraft greifen an verschiedenen Körpern an.

Kräfteparallelogramm
Greifen zwei Kräfte $\vec{F_1}$ und $\vec{F_2}$ in einem Punkt an, so kann die resultierende Kraft $\vec{F}_{res}$ als Diagonale des von $\vec{F_1}$ und $\vec{F_2}$ aufgespannten Parallelogramms dargestellt werden.

An der schiefen Ebene gilt: $\frac{F_H}{F_G} = \frac{h}{l}$, also $F_H = F_G \cdot \frac{h}{l}$.

F_H: Hangabtriebskraft F_G: Gewichtskraft

Kräftegleichgewicht
Ein Körper befindet sich im Kräftegleichgewicht, wenn die resultierende Kraft auf ihn null ist. Ein solcher Körper befindet sich in Ruhe oder in geradlinig gleichförmiger Bewegung.

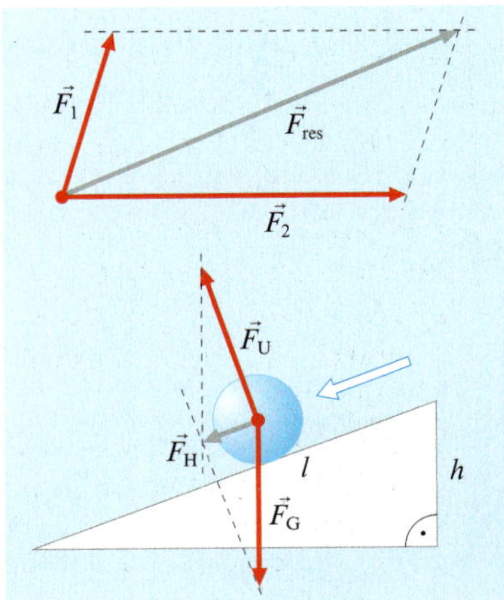

Experimente – Messungen und Messfehler

Vorzüge des Experiments. Will man Naturerscheinungen wie z. B. einen Regenbogen oder die Reflexion an einer Wasseroberfläche beobachten, so ist das nur an bestimmten Orten und zu bestimmten Zeiten möglich. Man kann diese Erscheinungen nicht beeinflussen oder beliebig wiederholen (Bilder 1 und 2).
Bei einem Experiment ist das ganz anders:

- Experimentieren kann man im Prinzip an beliebigen Orten.
- Man ist in der Regel nicht an bestimmte Zeiten gebunden.
- Beim Experimentieren kann man die Bedingungen verändern.
- Man kann Experimente wiederholen.
- Schließlich kann man die Experimente so gestalten, dass die Vorgänge gut sichtbar sind und nur geringe Fehler auftreten.

1
Reflexion in der Natur

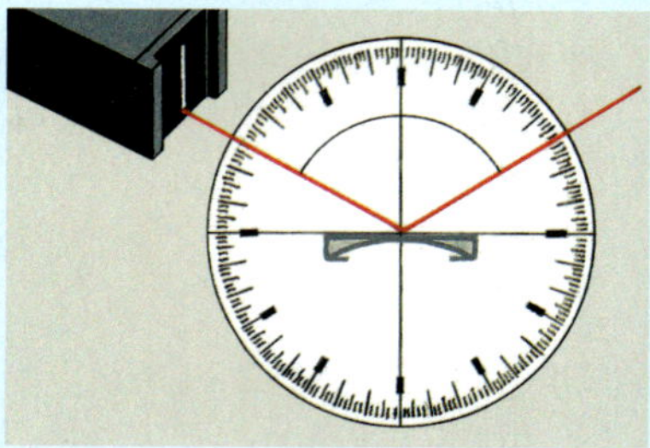
2
Experiment zur Reflexion

Arbeitsschritte beim Experimentieren

1. *Planung des Experiments*
Zunächst muss man über das Ziel nachdenken, das man mit dem Experiment erreichen will. Hat man eine Aufgabe gestellt bekommen, so ist damit meist das Ziel gekennzeichnet.
Welche Größen sind voneinander abhängig und welche Zusammenhänge bestehen? Man muss festlegen, welche Abhängigkeiten man nacheinander untersuchen will. Gleichzeitig muss man die benötigten Experimentier- und Messgeräte zusammenstellen.

2. *Vorbereitung des Experiments*
Bei der Vorbereitung eines Experiments werden die benötigten Geräte zusammengestellt, übersichtlich angeordnet, ggf. befestigt bzw. elektrisch miteinander verbunden. Dabei sollten die angefertigte Skizze und der Aufbau möglichst gut übereinstimmen. Danach erfolgt eine Kontrolle, ob der experimentelle Aufbau keine Fehler enthält (Bild 3).

3
Vorbereitung eines Experiments

3. *Durchführung des Experiments*
Bei der Durchführung werden die geplanten Beobachtungen und Messungen durchgeführt. Wenn notwendig, sollte das Experiment wiederholt werden. Bei Messungen werden alle physikalischen Größen bis auf zwei konstant gelassen. Die eine Größe wird – wie geplant – geändert; die andere wird gemessen.

4. *Auswertung des Experiments*
Die Auswertung des Experiments erfolgt in der Weise, wie sie in der Planung des Experiments erarbeitet wurde. Das Ergebnis des Experiments wird in einem Satz formuliert.
Bei der Auswertung von Messwerten sollte der Taschenrechner/Computer Einsatz finden. Sollten in den Ergebnissen große Fehler auftreten, sollte man nach den Ursachen suchen.

Alle Arbeitsschritte bei der Vorbereitung, Durchführung und Auswertung eines Experiments müssen in einem Protokoll dokumentiert werden (s. Muster).

Protokoll
Name: Klasse: Datum

Aufgabe: Untersuche den …

Vorbereitung:
Vorüberlegungen
Geräte Experimentieranordnung

Durchführung und Auswertung:
Beobachtung
Messwertetabelle Diagramm

Ergebnis: Die Periodendauer hängt …

Muster für ein Protokoll

Messfehler

Um den Größenwert einer physikalischen Größe festzustellen, werden Messungen durchgeführt. Dabei verursacht der Experimentator eine Wechselwirkung zwischen einem Messobjekt und einer Messapparatur; es treten Fehler auf. Da der zu einem bestimmten Zeitpunkt von jedem Messverfahren unabhängige Wert einer physikalischen Größe im Allgemeinen unbekannt ist, soll durch Messung ein Wert bestimmt werden, der dem wahren Wert nahe kommt. Deshalb ist es nützlich, über die Ursachen der Fehler nachzudenken und ihren vermuteten Einfluss anzugeben. Das nennt man *Fehlerabschätzung*.
So kann man z. B. abschätzen, dass mit einem Lineal die Länge eines Stabes bis auf etwa 1 mm genau bestimmt werden kann.
Im Wesentlichen gibt es zwei Arten von Fehlern:

- *Gerätefehler:* Die Messgeräte zeigen nicht genau an. Ursachen: fehlerhafte Herstellung (Materialfehler); Geräte sind schon oft benutzt bzw. nicht immer sorgfältig genug behandelt worden
- *Persönliche Fehler:* Beim Ermitteln der Messwerte treten Ablesefehler auf. Beim Ablesen eines Zeigerinstruments muss man z. B. genau senkrecht auf die Skala blicken (Bilder 1 u. 2).

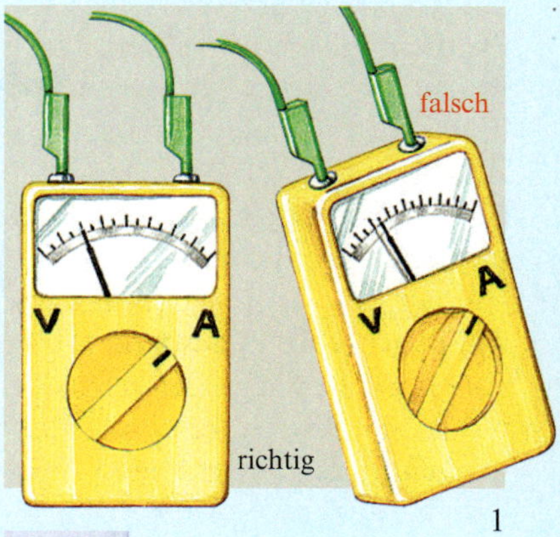

1

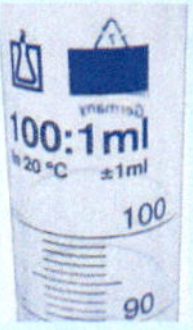

2

Bestandteil des Messprozesses	Erläuterung	Beispiel
Messobjekt	Gegenstand an dem die Ausprägung einer bestimmten Eigenschaft (physikalische Größe) quantitativ bestimmt werden soll	Durchmesser eines Drahtes
Einheit	physikalische Größe, mit der die zu messende Größe verglichen werden soll	Einheit der Länge 1 Meter (1 m)
Messapparatur	Messegräte einschließlich der Mittel zur Registrierung/ Aufzeichnung der Messwerte	Mikrometerschraube; Messgenauigkeit 10^{-5} m
Messvorschrift	Regeln zur Benutzung der Messgeräte und zur Durchführung der Messungen	Regeln zur Benutzung der Mikrometerschraube
Messergebnis	beim Vergleich von Messobjekt und Einheit gewonnener Größenwert	$d = 5 \cdot 10^{-4}$ m

Regeln für das Messen

1. Vor der Messung sollte die Größenordnung des zu erwartenden Messergebnisses abgeschätzt und danach ein geeignetes Messgerät ausgewählt werden.
2. In vielen Fällen lässt sich die Messgenauigkeit verbessern, indem die Anzahl der Messungen vergrößert wird.
3. Für die Qualität des Messergebnisses ist die Güte der Messungen wesentlicher als die Anzahl der Messungen.
4. Offensichtlich sehr stark abweichende Messwerte sind bei der Auswertung der Messungen nicht zu berücksichtigen. Bevor diese Werte ausgeschlossen werden, ist zu prüfen, ob systematische Fehler zu den Abweichungen geführt haben.
5. Messergebnisse sollen nicht genauer angegeben werden, als es die Messung aufgrund der Genauigkeit der Messmittel zulässt.

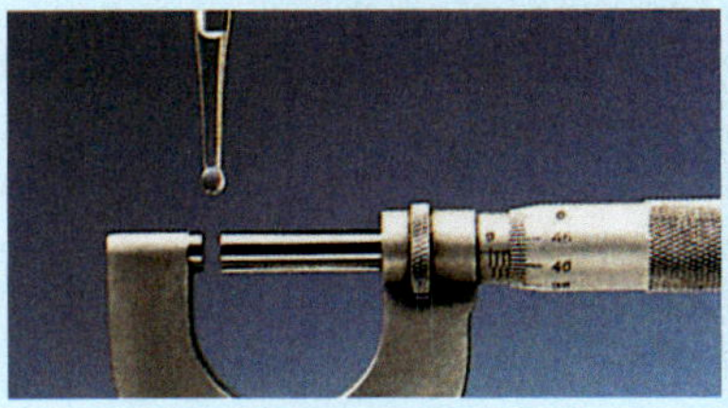
3
Mikrometerschraube

Grobe Fehler. Sie beruhen auf Irrtümern oder auf der Unachtsamkeit des Experimentators bzw. auf falschen oder gestörten Ablesungen oder auf Defekten der verwendeten Messmittel und sind prinzipiell vermeidbar. Grobe Fehler sind also meist erkennbar. Die entsprechenden Messwerte werden deshalb aus Messreihen gestrichen. Sie werden deshalb auch als „uneigentliche Messfehler" bezeichnet.
Z. B. Irrtümer des Beobachters durch falsches Ablesen von Ziffern, Nichtbeachtung des Messbereiches, falsche Haltung des Messzylinders und Parallaxenfehler ...

Zufällige Fehler. Dies sind Abweichungen, deren Ursache im Messvorgang selbst liegt. Sie lassen sich durch Wiederholung der Messung reduzieren. Sie setzen sich zusammen aus unkontrollierbaren und unbeeinflussbaren zufälligen Einflüssen während der Messvorgänge und Veränderungen der Messmittel sowie aus subjektiven, auf den Beobachter zurückführbaren Fehlern (Beobachtungsfehler).
Zufällige Fehler lassen sich nicht bestimmen und machen den Messwert unsicher. Es gibt Messwerte, die größer als der wahre Wert sind und Messwerte, die kleiner als der wahre Wert sind. Die Messwerte streuen um einen Mittelwert.

- *Beobachtungsfehler:* Ablesefehler (Unsicherheit beim Ablesen eines analogen Messinstrumentes); Auslösefehler (Reaktionsschnelligkeit beim Messen der Zeit); Anlegefehler (ungenaues Anlegen eines Maßstabes beim Messen einer Strecke); Unsicherheiten beim Beurteilen der Schärfe eines reellen Bildes ...
- *Messobjekt bedingte Fehler:* Schwankungen der Dicke eines Drahtes an verschiedenen Stellen; Temperaturunterschiede innerhalb einer Flüssigkeit ...
- *Umwelteinflüsse:* Temperaturschwankungen während eines Messvorganges, Erschütterungen der Experimentieranordnung ...

1

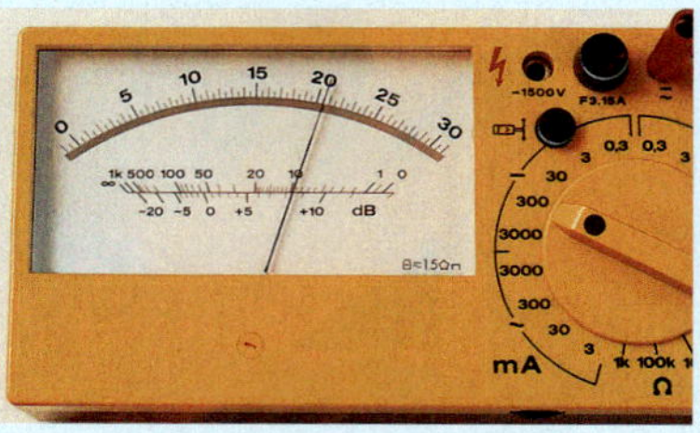
2

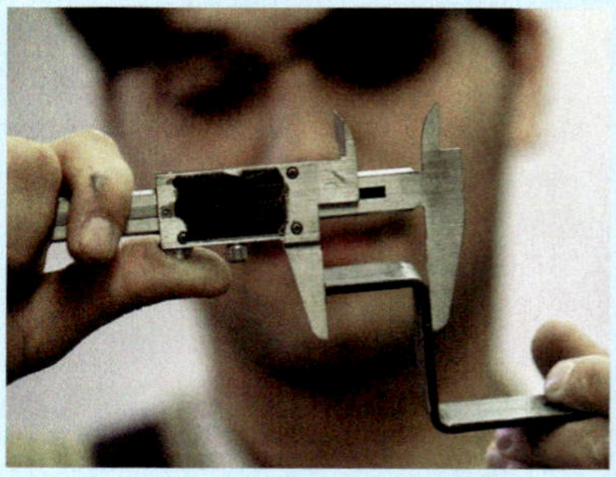
3

Systematische Fehler. Abweichungen, deren Ursache in der Unvollkommenheit der Messgeräte, des Messverfahrens oder in den Einflüssen von Umwelt und Beobachter liegt. Systematische Fehler sind prinzipiell vermeidbar und theoretisch erkennbar. Sie lassen sich praktisch, wenn auch oft nur mit großem Aufwand, erfassen bzw. korrigieren. Sie lassen sich nach Größe und Vorzeichen bestimmen und machen den Messwert unrichtig. Systematische Fehler aus einer Quelle verfälschen den Messwert stets nach einer Seite.

Genauigkeit physikalischer Größenangaben

Näherungswerte. Die Zahlenwerte physikalischer Größen, die bei Messungen oder Berechnungen ermittelt werden, sind Näherungswerte. Aus unterschiedlichen Gründen – mögliche oder sinnvolle Messgenauigkeit, Messfehler, verfügbare Messinstrumente ... – weichen die Messwerte vom „wahren" Wert der Messgröße ab. Näherungswerte ergeben sich beim Messen und bei mathematischen Operationen, z. B. beim Runden. Näherungswerte, die in die Rechnung eingehen und die Genauigkeit eines Ergebnisses beeinflussen, bezeichnet man auch als *Eingangswerte*.

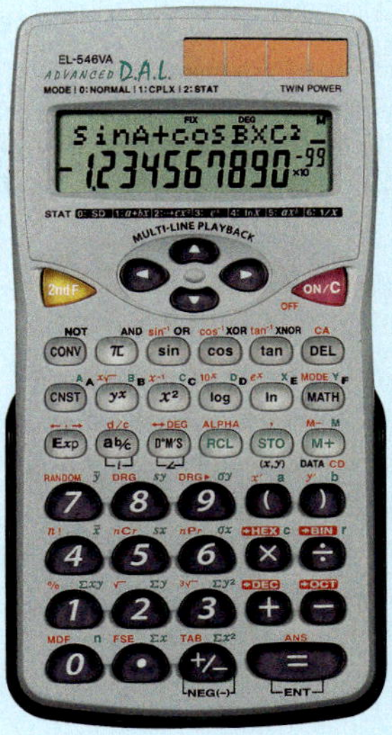

1

Rundungsfehler. Fehler, die die Genauigkeit eines Ergebnisses durch Runden im Verlaufe einer Rechnung beeinflussen.
Der Rundungsfehler muss stets kleiner als der Fehler der Eingangswerte sein, da sonst die Genauigkeit der Eingangswerte nicht voll genutzt wird. Das kann erreicht werden, indem bei der Rechnung 1 bis 2 Dezimalstellen mehr mitgeführt werden und erst im Ergebnis auf die den Eingangswerten entsprechende Genauigkeit gerundet wird.

Regeln für das Rechnen mit Näherungswerten. Berechnungen mit Messergebnissen sind nur bis zu der Genauigkeit sinnvoll, mit der die unmittelbar gemessenen Größen bestimmte werden konnten. Beim Rechnen mit Näherungswerten verschiedener Genauigkeit kann das Ergebnis der Rechnung höchstens die Genauigkeit des Näherungswertes mit der geringsten Genauigkeit haben.

Beim Addieren und Subtrahieren von Näherungswerten ist das Ergebnis mit der Genauigkeit anzugeben, die der Summand mit der geringsten Genauigkeit hat: z. B.
$l = l_1 + l_2 + l_3 = 0{,}765\,\text{m} + 3{,}3\,\text{m} + 28{,}71\,\text{m} \approx 32{,}8\,\text{m}$ falsch: $l = 32{,}775\,\text{m}$

Beim Multiplizieren und Dividieren von Näherungswerten ist das Ergebnis mit so vielen geltenden Ziffern anzugeben, wie der Näherungswert mit der geringsten Anzahl geltender Ziffern hat: z. B.
$A = l_1 \cdot l_2 = 2{,}4\,\text{m} \cdot 3{,}78\,\text{m} \approx 9{,}1\,\text{m}^2$ falsch: $A = 9{,}072\,\text{m}^2$

Fehlerbetrachtung

Die Genauigkeit der Messwerte muss durch Fehlerkritik, Fehlerabschätzung und Fehlerrechnung kritisch beurteilt werden.

Fehlerkritik. Die Genauigkeit der Messergebnisse wird kritisch eingeschätzt; möglicher Fehlerursachen werden wörtlich aufgezählt. Dabei muss zwischen zufälligen und systematischen Fehlern unterschieden werden. Die Tendenz, mit der die Fehler die gemessenen physikalischen Größen beeinflussen, sollte beurteilt werden.
Z. B. Verweis auf die Wärmekapazität von Gefäßen, Hinweis auf den Einfluss der Lufttemperatur, auftretende Reibung, Verweis auf subjektiv bedingte, ungenaue Ablesungen …

Fehlerabschätzung. Die Genauigkeit der Messergebnisse muss unter Berücksichtigung der erfassten systematischen Fehler kritisch beurteilt werden. Dabei sind die zufälligen und systematischen Fehler quantitativ abzuschätzen.

Einfache Fehlerrechnung. Die Genauigkeit von Messergebnissen, die durch statistische Schwankungen des Messwertes fehlerbehaftet sind, wird kritisch eingeschätzt. Zur quantitativen Abschätzung des Fehlers, der durch die statistischen Schwankungen des Messwertes entsteht, und zur Bestimmung der Messgröße werden der Mittelwert, der absolute, der relative, der prozentuale des Messwertes und der mittlere Fehler des arithmetischen Mittels berechnet.

Teste dich!

1 Drei Wagen bewegen sich gleichförmig. Wagen 1 legt 50 m in 2,0 s, Wagen 2 legt 50 m in 1,8 s und Wagen 3 legt 46 m in 1,8 s zurück. Löse die Aufgaben a und b ohne Rechnung. Begründe deine Antworten.

a Ist Wagen 1 oder Wagen 2 schneller?

b Ist Wagen 2 oder Wagen 3 schneller?

c Berechne, ob Wagen 1 oder 3 schneller ist.

2 Bewegungsablauf bei drei Körpern (Bild 1).

a Woran erkennt man, dass sich alle Körper gleichförmig bewegen?

b Welcher Körper bewegt sich am schnellsten, welcher am langsamsten? Begründe deine Entscheidung.

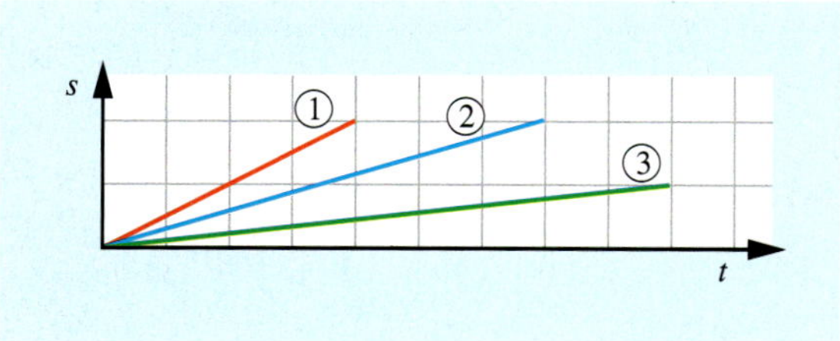

1

3 Zwei Kräfte können ein Kräftegleichgewicht hervorrufen; zwei Kräfte treten aber auch bei einer Wechselwirkung auf. Welche Gemeinsamkeiten und welche Unterschiede liegen in den beiden Fällen vor?

4 Ein Auto fährt an. Die antreibende Kraft auf das Fahrzeug beträgt 2,5 kN, die Gewichtskraft des Fahrzeugs beträgt 10 kN. Die Reibungskraft beträgt 1 kN. Zeichne die Kräfte in einem geeigneten Maßstab.

5 Jana sagt: „Ein Auto ist im Stillstand besonders träge. Das merkt man, wenn man es anschieben soll. Wenn es erst mal in Bewegung ist, ist es viel leichter, es in Bewegung zu halten." Erkläre Jana, welche Fehler sie gemacht hat.

6 Zwei Brüder tragen einen Limokasten erst in Eintracht, dann im Streit. Welche Art ist physikalisch günstiger? Begründe deine Antwort.

2

7 Tim und Florian bewundern einen Sportwagen. Tim meint, er fahre bestimmt „über 250". Florian nickt und ergänzt, er schaffe die „100 in 4 Sekunden". Von welchen physikalischen Größen sprechen die beiden „Sachverständigen" eigentlich? Gib die von ihnen vermuteten Werte in korrekten Einheiten an.

8 Bei einer Wanderung wirfst du einen Stein in eine 50 m tiefe Schlucht.

a Berechne, wie lange der Stein fällt.

b Bestimme die Geschwindigkeit, mit der der Stein auftrifft.

c Wie verändern sich Fallzeit und Aufprallgeschwindigkeit, wenn du einen zweiten Stein wirfst, der die doppelte Masse hat?

Schätze deine Kenntnisse und Fähigkeiten ein.

Ordne dazu deiner Lösung im Heft ein Smiley zu:

☺ Ich konnte die Aufgabe richtig lösen.

😐 Ich konnte die Aufgabe nicht komplett lösen.

☹ Ich konnte die Aufgabe nicht lösen.

› Die Lösungen findest du im Anhang.

Aufgabe	Fähigkeit	Hilfe findest du auf Seite ...
1, 2, 7	Bewegungen erkennen und erklären.	9, 10, 11
2	Diagramme interpretieren.	12
3, 8	Wechselwirkung und Kräftegleichgewicht erkennen.	30, 35
4	Kräfte erkennen und darstellen.	33
5	Trägheit erklären.	28, 29
6	Kräfteaddition und -zerlegung anwenden.	36
8	Beschleunigte Bewegungen erkennen und erklären.	17, 18

Magnetfeld und elektromagnetische Induktion

Ein Leben ohne elektrische Energie kann man sich gar nicht mehr vorstellen. Sie begleitet uns täglich vom Aufstehen bis zum Schlafengehen. Ganz selbstverständlich steht sie uns ständig zur Verfügung. Alle Gebäude, in denen wir uns aufhalten, sind mit Kraftwerken verbunden. Wie wird in Kraftwerken elektrische Energie erzeugt und auf welchem Weg gelangt sie letztendlich zum Verbraucher?

Magnete und magnetisches Feld

1

Jeder der beiden Schüler hält einen Magneten. Die Schüler gehen aufeinander zu. Sie versuchen sich so weit zu nähern, bis sich die Magnete berühren. Die Schüler strengen sich sehr an, aber es gelingt ihnen nicht.
Welche Kraftwirkungen treten in der Umgebung von Magneten auf?

Basiskonzept Wechselwirkung ↑S. 233

Magnete

Kräfte zwischen Magneten. Ein Magnet und ein Körper aus Eisen ziehen sich gegenseitig an (Bild 2). Anziehende Kräfte treten auch zwischen einem Magneten und Körpern aus Nickel und Cobalt auf. Ferner gibt es keramische Werkstoffe, die magnetische Eigenschaften haben, z. B. die so genannten Ferrite.

2

Zwischen einem Magneten und Körpern aus Eisen, Nickel, Cobalt und bestimmten keramischen Werkstoffen wirken anziehende Kräfte.

Ziehen alle Stellen eines Magneten einen Eisenkörper gleich an?

EXPERIMENT 1

1 Befestige einen Stabmagneten an einem Stativ!
2 Versuche in gleichem Abstand voneinander größere Nägel an den Magneten zu hängen!
3 Versuche an die hängengebliebenen Nägel jeweils möglichst viele weitere Nägel anzuhängen!
4 Hänge schließlich noch kleinere Nägel an!

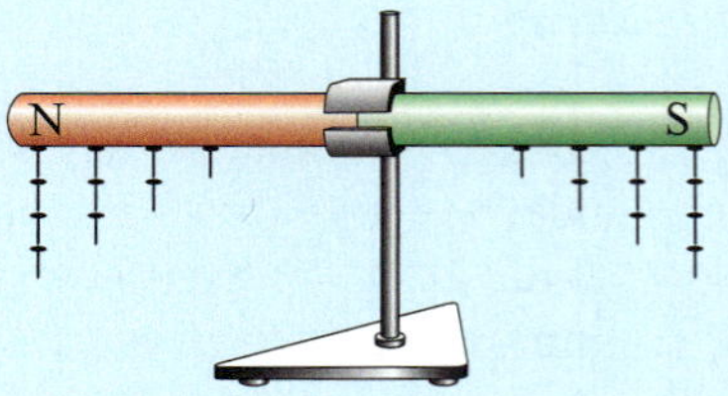

3

Die verschiedenen Bereiche eines Stabmagneten ziehen Eisenkörper unterschiedlich stark an. An den Enden eines Stabmagneten treten die größten Kräfte auf. Diese Bereiche nennt man die Pole eines Magneten.

Basiskonzept System ↑S. 231

Ein Magnet hat zwei Pole. An den Polen sind die magnetischen Kräfte am größten.

Die beiden Hälften des Magneten in Experiment 1 sind verschiedenfarbig gekennzeichnet. Das trifft auch für andere Magnete zu. Gibt es Unterschiede zwischen den beiden Hälften?

EXPERIMENT 2

1 Befestige die Mitte eines Stabmagneten an einem dünnen Faden!
2 Halte den Faden ruhig in der Hand oder hänge ihn an einer Holzleiste auf. Sorge dafür, dass sich keine Eisenkörper in der Nähe des Magneten befinden!
3 Drehe den Magneten an der Aufhängung in verschiedene Richtungen und lasse ihn jeweils wieder los!

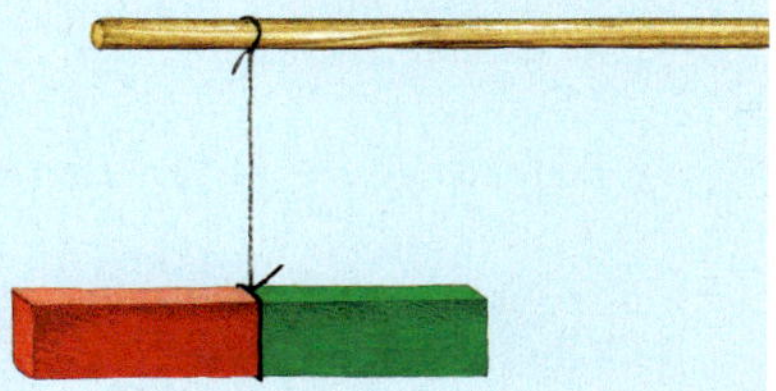

1

Der Stabmagnet dreht sich immer wieder in die gleiche Richtung, die Nord-Süd-Richtung der Erde. Seine rote Hälfte zeigt dabei immer nach Norden. Den Pol, der sich in der roten Hälfte des Magneten befindet und der nach Norden zeigt, nennt man den magnetischen Nordpol. Der gegenüberliegende Pol heißt magnetischer Südpol.

SCHON GEWUSST?

Bringt man in Bild 1 auf der vorhergehenden Seite zwischen die Magnete eine Platte aus Holz, Glas oder Kunststoff, so ändert sich an den magnetischen Wirkungen nichts. Mithilfe von Eisenplatten lässt sich der Magnetismus jedoch abschirmen.

Ein Magnet besitzt zwei magnetische Pole, einen Nordpol und einen Südpol.

Was geschieht, wenn man zwei magnetische Pole einander nähert?

EXPERIMENT 3

1 Nähere dem Nordpol eines aufgehängten Stabmagneten den Südpol eines weiteren Magneten!
2 Nähere dem Südpol eines aufgehängten Stabmagneten den Nordpol eines weiteren Magneten!
3 Nähere zunächst zwei Nordpole einander, danach zwei Südpole!

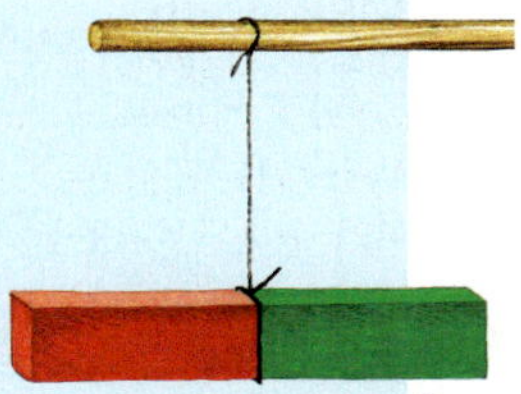

2

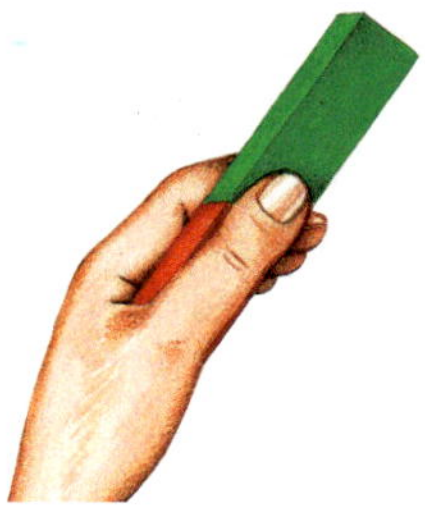

Zwischen einem Nord- und einem Südpol treten anziehende Kräfte auf, zwischen zwei Nordpolen bzw. zwei Südpolen abstoßende Kräfte.

Zwischen zwei Magnetpolen können anziehende und abstoßende Kräfte auftreten. Ungleichnamige magnetische Pole ziehen einander an, gleichnamige Pole stoßen einander ab.

Magnetisieren. An einen Pol eines Magneten kann man mehrere Nägel aneinander hängen. Sie ziehen sich gegenseitig an. Offenbar werden die Nägel in der Nähe des Magneten selbst magnetisch.
Wie kann man erreichen, dass derartige Körper ihren Magnetismus behalten, wenn sie sich nicht mehr im Feld des Magneten befinden?

EXPERIMENT 4

1 Streiche mit einem Pol eines starken Magneten mehrmals in gleicher Richtung über eine Fahrradspeiche oder eine Stricknadel aus Stahl!
2 Nähere zunächst das eine und dann das andere Ende der Speiche einer drehbar gelagerten Magnetnadel!

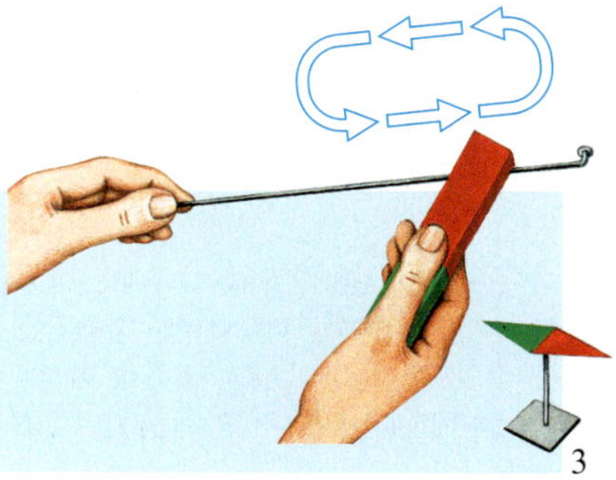

3

Das eine Ende der Speiche zieht den Südpol der Magnetnadel an und stößt den Nordpol ab. Das andere Ende der Speiche zieht den Nordpol der Magnetnadel an und stößt den Südpol ab. Die zunächst unmagnetische Fahrradspeiche ist zu einem Magneten geworden. Sie besitzt einen Nord- und einen Südpol. Warum entstehen bei der Speiche zwei Pole?

EXPERIMENT 5

1. Teile eine magnetisierte Fahrradspeiche mit einem Seitenschneider in zwei Hälften!
2. Prüfe mit einer Magnetnadel die Lage der Pole bei den Hälften der Speiche!
3. Teile eine Hälfte erneut und überprüfe sie wieder auf magnetische Pole!

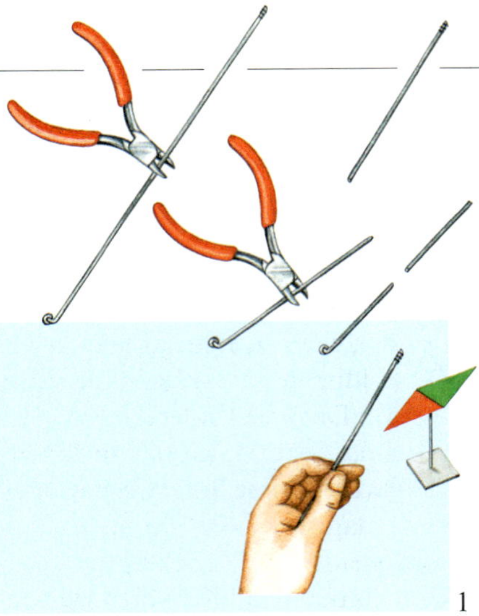

1

ÜBRIGENS

Die Magnetisierung eines Körpers lässt sich rückgängig machen, indem man den Körper stark erhitzt oder stark erschüttert. Deshalb sollte man mit Magneten möglichst vorsichtig umgehen.

Alle Teile sind vollständige Magnete. Sie besitzen jeweils einen Nord- und einen Südpol.

Beim Zerteilen eines Magneten entstehen kleine Magnete. Jeder dieser Magnete hat einen Nordpol und einen Südpol.

Magnetisches Feld

Kräfte auf Probekörper. Magnete ziehen bestimmte Stoffe an. Auch auf andere Magnete üben sie Kräfte aus. Dabei müssen die Körper einander nicht berühren. In dem Kästchen in Bild 2 befinden sich Magnete. Der kleine Kreisel ist ebenfalls ein Magnet. Infolge der abstoßenden Kräfte schwebt der Kreisel über den Magneten im Kästchen.
Eine Magnetnadel zeigt etwa in Nord-Süd-Richtung. Ursache ist der Magnetismus der Erde. Er bewirkt auch auf große Entfernung, dass sich die Magnetnadel ausrichtet.

2

Schwebender magnetischer Kreisel

Der Raum um einen Magneten hat besondere Eigenschaften: Auf Magnete und magnetisierbare Probekörper werden Kräfte ausgeübt. Einen solchen Raum nennt man ein magnetisches Feld.

Magnetische Feldlinien. An verschiedenen Stellen in der Umgebung eines Magneten richtet sich die Magnetnadel in unterschiedlichen Richtungen aus. Diese Erscheinung kann man dazu benutzen, um das magnetische Feld zu beschreiben.

EXPERIMENT 6

1. Befestige einen großen Stabmagneten horizontal an einem Stativ!
2. Bringe eine kleine Magnetnadel in die Nähe eines Pols des Magneten!
3. Bewege die Magnetnadel schrittweise immer in die Richtung weiter, in die jeweils die eine Nadelspitze zeigt!
4. Wiederhole das Experiment mehrmals, indem du mit der Nadel an unterschiedlichen Stellen in der Nähe des Magnetpols startest!

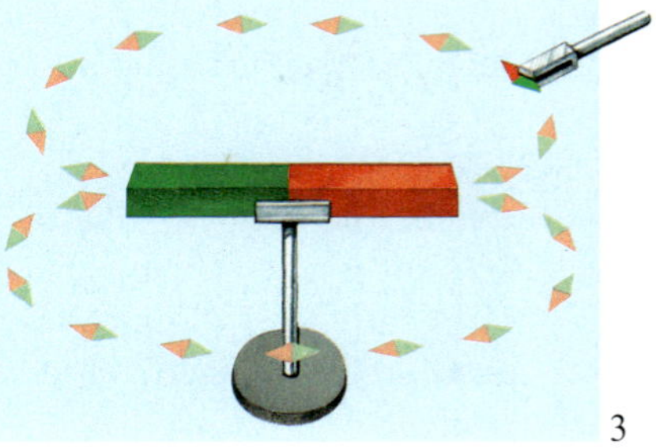

3

Bild 1 zeigt die Linien, auf denen die Magnetnadel bewegt wurde. Sie werden magnetische Feldlinien genannt.

Das Feldlinienbild des magnetischen Feldes. Zeichnet man mehrere magnetische Feldlinien, die in der Umgebung eines Magneten verlaufen, so erhält man ein Feldlinienbild (Bild 1). Das Feldlinienbild gibt Auskunft darüber, wie sich eine Magnetnadel an verschiedenen Stellen ausrichtet. Die Feldlinien verlaufen außerhalb des Magneten vom Nordpol zum Südpol. Der Nordpol einer kleinen Magnetnadel zeigt in Richtung der Feldlinie, der Südpol zeigt in die entgegengesetzte Richtung. Je dichter die Feldlinien in einem Gebiet liegen, umso größer ist die dort auftretende magnetische Wirkung.
Auch wenn die Feldlinien nur an wenigen Stellen gezeichnet sind, kann man aus dem Feldlinienbild erkennen, wie die Kraft an anderen Stellen gerichtet und wie groß ihr Betrag ist. Ein Feldlinienbild stellt die Eigenschaften des magnetischen Feldes vereinfacht dar. Die Feldlinien lassen die Vermittlung von Kräften durch das Feld erkennen.
Die Idee, eine Magnetnadel schrittweise um einen Magneten herumzuführen, stammt von FARADAY. Er hat das Feldlinienbild des magnetischen Feldes entwickelt.

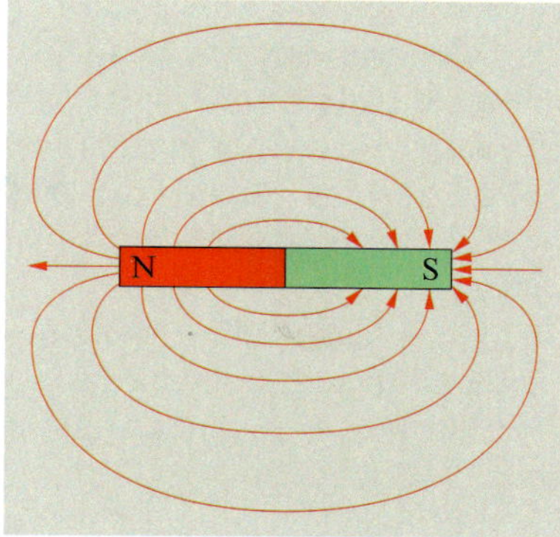

1

Feldlinien um einen Stabmagneten

Basiskonzept Wechselwirkung
↑S. 233

Basiskonzept System
↑S. 231

Das magnetische Feldlinienbild stellt das magnetische Feld vereinfacht dar. Es ermöglicht Aussagen über die Ausrichtung von Magnetnadeln und die Stärke der magnetischen Wirkung.

Um den Verlauf der magnetischen Feldlinien in der Umgebung eines Magneten zu untersuchen, gibt es eine weitere einfache Methode:

EXPERIMENT 7
1. Lege einen Hufeisenmagneten auf den Tisch!
2. Bedecke ihn mit einer Glasscheibe!
3. Streue Eisenfeilspäne gleichmäßig dünn auf die Scheibe!
4. Klopfe leicht gegen die Glasscheibe!

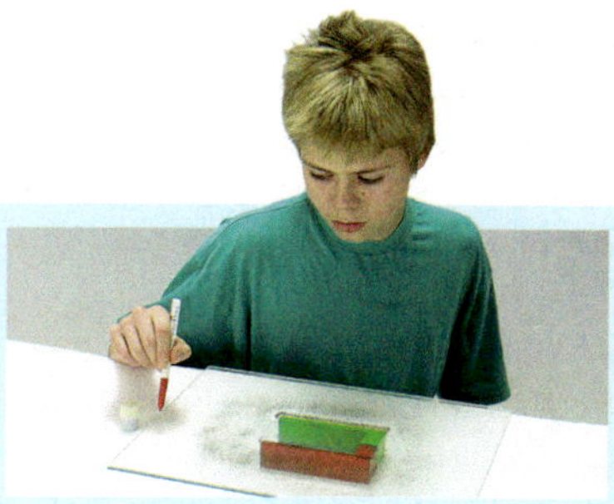
2

Die Eisenfeilspäne bilden lange Ketten, die längs der magnetischen Feldlinien verlaufen (Bild 3). Jeder Eisenspan wird im magnetischen Feld zu einem kleinen Magneten. Er dreht sich wie eine Magnetnadel unter dem Einfluss der magnetischen Kraft. Das Klopfen bewirkt, dass sich jeweils der Nordpol des einen Magneten an den Südpol des benachbarten heranbewegt, wodurch ganze Ketten entstehen (Bild 4).

3

Ketten von Eisenfeilspänen

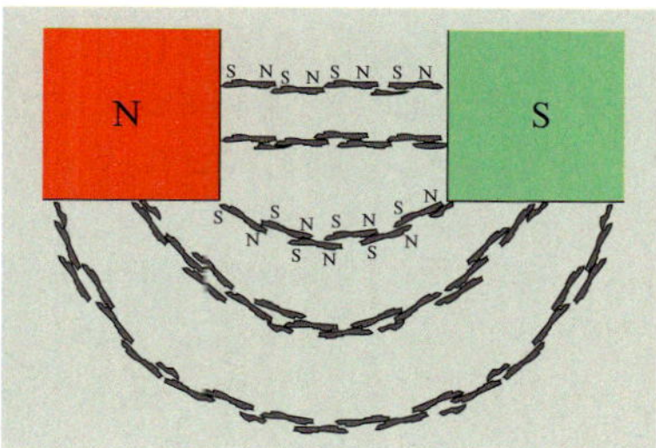

4

Magnetisierung der Eisenfeilspäne

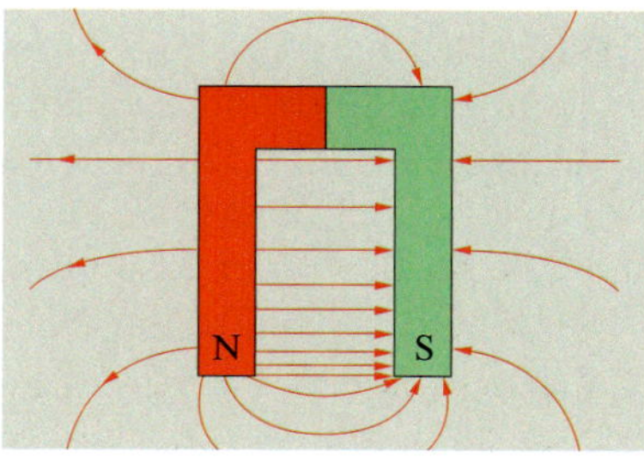

5

Feldlinienbild des Hufeisenmagneten

Formen magnetischer Felder. Bild 5 auf der vorhergehenden Seite zeigt das Feldlinienbild um einen Hufeisenmagneten. Zwischen den Schenkeln eines Hufeisenmagneten verlaufen die Feldlinien parallel zueinander außerhalb des Magneten jeweils vom Nordpol zum Südpol. Je größer der Abstand vom Magneten ist, umso größer ist auch der Abstand zwischen den Feldlinien und umso geringer ist die magnetische Kraftwirkung.
Bild 1 zeigt den Feldlinienverlauf zwischen zwei plattenförmigen keramischen Magneten. Im mittleren Teil verlaufen die magnetischen Feldlinien parallel zueinander. Die magnetischen Kraftwirkungen sind dort überall gleich groß.
Ein solches Feld nennt man ein **homogenes magnetisches Feld.**

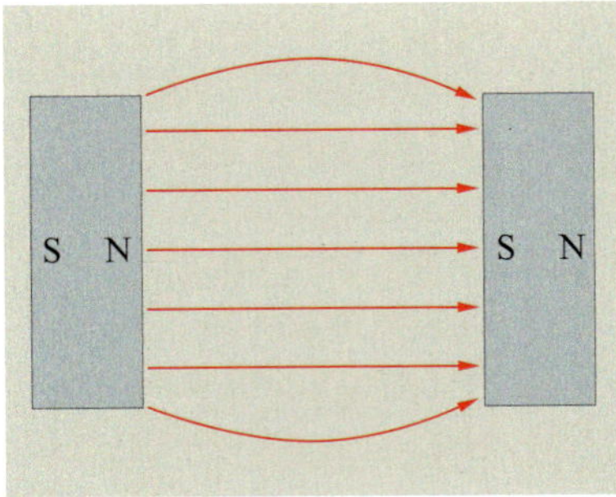

1

Das magnetische Feld als Vermittler der Kräfte. Wenn man eine mechanische Kraft übertragen will, so braucht man dazu einen Körper. Bei einem Fahrrad überträgt die Kette die Kraft von den Pedalen zum Hinterrad. Ein Kran überträgt die Kraft auf einen Container mittels eines Seils. In einem magnetischen Feld ist das anders.
Hier ist kein Körper zum Übertragen der Kräfte erforderlich. Die Kräfte wirken im gesamten magnetischen Feld z. B. auf eine Magnetnadel.
Der Raum um einen Magneten hat besondere Eigenschaften. Er vermittelt Kräfte zwischen dem Magneten und Körpern, die sich im magnetischen Feld befinden. Es ist nicht notwendig, dass sich Magnet und Körper berühren.

Magnetfeld von Elektromagneten

Magnetfeld stromdurchflossener Leiter. Der dänische Physiker HANS CHRISTIAN OERSTED hat im Jahre 1820 das Magnetfeld eines stromdurchflossenen Drahtes untersucht. Er hatte ihn horizontal ausgespannt. In der Nähe des Drahtes befand sich eine Magnetnadel. Immer dann, wenn durch den Draht ein Strom floss, wurde die Magnetnadel abgelenkt. Hörte der Strom auf zu fließen, so kehrte sie in ihre ursprüngliche Lage zurück (Bild 2).

2
OERSTED demonstriert seine Entdeckung.

Ein elektrischer Strom ist von einem magnetischen Feld umgeben.

Den Verlauf der magnetischen Feldlinien kann man wieder mit Eisenfeilspänen untersuchen.

EXPERIMENT 8
Ein dicker Kupferdraht wird durch eine Pappscheibe gesteckt, die an einem Stativ horizontal angebracht ist. Auf die Pappscheibe streut man Eisenfeilspäne. Durch den Draht fließt ein starker Strom. Während des Stromflusses klopft man leicht auf die Scheibe.
Um die Richtung der Feldlinien zu bestimmen, führt man anschließend eine Magnetnadel um den stromdurchflossenen Draht herum.

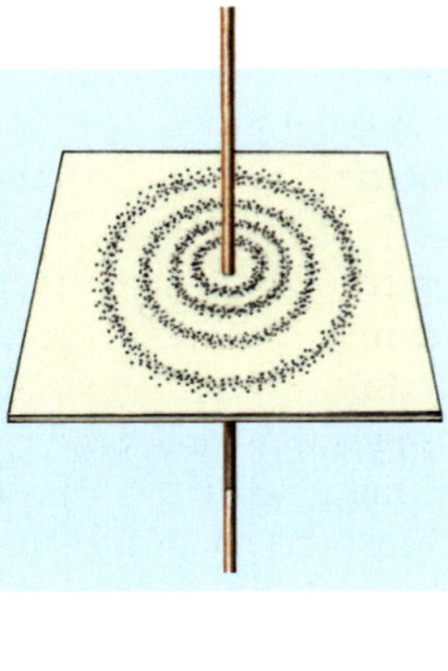
3

Die Eisenfeilspäne ordnen sich in Form von Kreisen um den Leiter an. Der Draht bildet das Zentrum der Kreise. Bild 1 zeigt das Feldlinienbild um einen stromdurchflossenen Leiter.

Fließt durch einen geraden Leiter ein elektrischer Strom, so bilden sich um ihn herum kreisförmige Feldlinien aus.

Spulen. Der Hallenser Professor JOHANN S. SCHWEIGGER überlegte sich, wie man die magnetische Wirkung eines stromdurchflossenen Drahtes verstärken könnte: Man müsste den Draht nicht nur über die Magnetnadel halten, sondern ihn ein Mal um die Magnetnadel herum führen (Bild 2b). Dann würde diese heftiger ausschlagen. Noch besser wäre es, den Leiter mehrfach aufzuwickeln (Bild 2c). Damit hatte SCHWEIGGER die Spule erfunden.

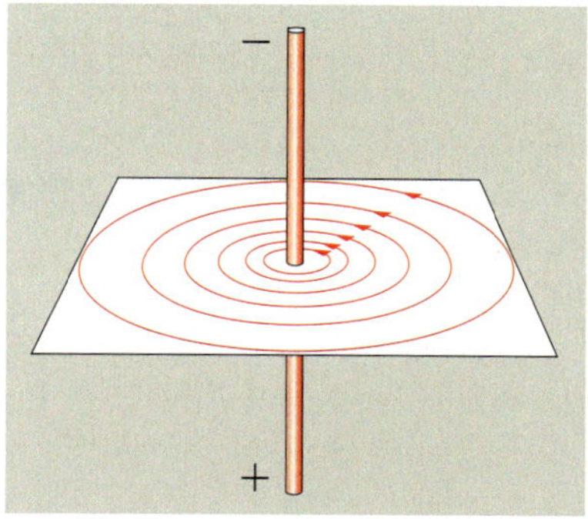

1
Feldlinienbild eines stromdurchflossenen Leiters

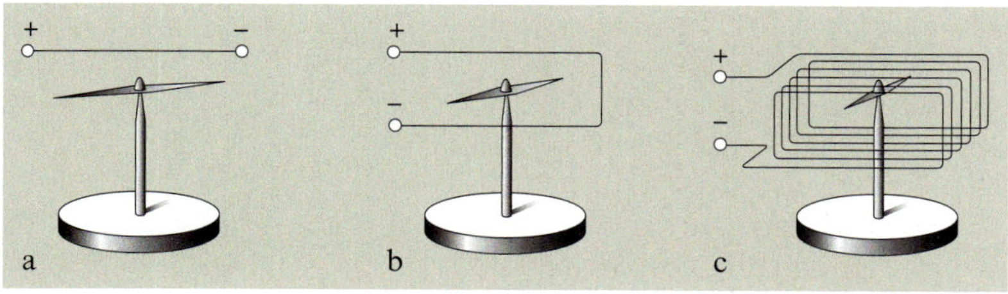

2
Die Idee der Spule: Die Wirkung des Stromes wird vervielfacht.

ÜBRIGENS
Hält man den Daumen der rechten Hand in die Stromrichtung (von + nach –), so geben die gekrümmten Finger die Richtung der magnetischen Feldlinien an.

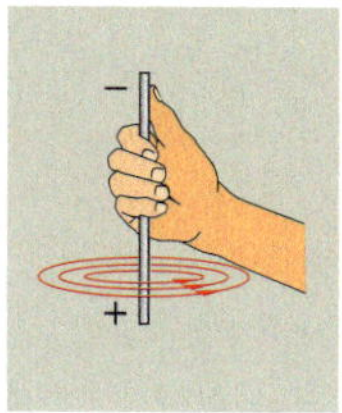

3

Wie verlaufen die Feldlinien in der Umgebung einer Spule?

EXPERIMENT 9
1 Schneide in eine Pappscheibe ein rechteckiges Loch, in das eine Spule straff hinein passt!
2 Schneide einen Pappstreifen aus, der in die Öffnung der Spule hinein geschoben werden kann!
3 Schließe die von der Pappscheibe umschlossene Spule an eine Spannungsquelle an!
4 Streue Eisenfeilspäne auf die Pappscheibe und den Pappstreifen!

4

Außerhalb der Spule gleicht das Magnetfeld dem eines Stabmagneten. Innerhalb der Spule verlaufen die magnetischen Feldlinien parallel. Sie liegen dort dichter beieinander als im Außenraum (Bild 5).

Im Außenraum gleicht das Magnetfeld einer Spule dem Magnetfeld eines Stabmagneten.
Im Inneren einer Spule tritt ein homogenes Magnetfeld auf.

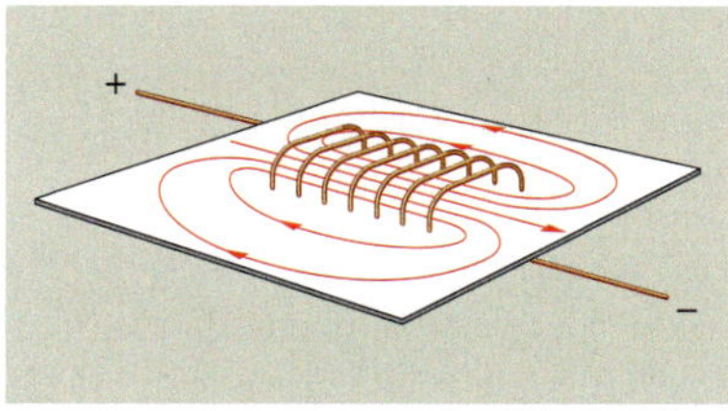

5
Feldlinienbild einer stromdurchflossenen Spule

Je weiter man sich von einem stromdurchflossenen Leiter oder einer Spule entfernt, umso größer ist der Abstand zweier benachbarter Feldlinien (Bilder 1 und 5). Daran erkennt man, dass die magnetische Kraftwirkung mit zunehmendem Abstand kleiner wird. In unmittelbarer Nähe eines Leiters und im Innern der Spule liegen die Feldlinien am dichtesten beieinander. Dort ist die magnetische Kraftwirkung am größten.

Die Spule als Elektromagnet. Wie kann man erreichen, dass eine Spule einen Eisenkörper möglichst stark anzieht?

EXPERIMENT 10

1. Stelle eine Spule so auf, dass ihre Achse vertikal verläuft!
2. Schließe die Spule an eine Spannungsquelle an!
3. Befestige einen Federkraftmesser so an einem Stativ, dass er sich über der Spule befindet!
4. Hänge direkt über die Spule einen Eisenkörper an den Kraftmesser!
5. Vergrößere die Stromstärke in der Spule in kleinen Schritten und beobachte jeweils die Kraftänderung am Federkraftmesser!

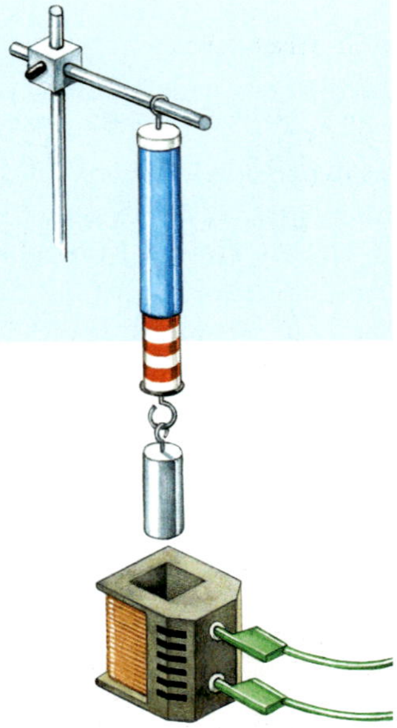

1

Je größer die Stromstärke ist, umso größer ist auch die Kraft, die auf einen Probekörper ausgeübt wird.

EXPERIMENT 11

1. Verwende die gleiche experimentelle Anordnung wie in Experiment 10!
2. Lies die Anzeige am Federkraftmesser bei einer bestimmten Stromstärke ab!
3. Tausche die Spule gegen eine solche aus, die eine kleinere Windungszahl besitzt und danach gegen eine solche mit einer größeren Windungszahl!
4. Lies bei gleicher Stromstärke erneut die Kraft ab!

Je größer die Windungszahl einer Spule ist, umso größer ist auch die Kraft auf einen Probekörper.

Die Stärke des magnetischen Feldes einer Spule hängt von der Stromstärke und von ihrer Windungszahl ab. Je größer die Stromstärke und je größer die Windungszahl ist, umso größer ist die Kraft auf einen Probekörper.

2
Kran mit Elektromagneten

Das Magnetfeld einer Spule lässt sich verändern oder auch ganz abschalten. Dies ist für viele technische Anwendungen von Bedeutung, z. B. beim Lasthebemagneten (Bild 2). Beim Einschalten zieht er die Eisenrohre an. Schaltet man den Strom aus, so lösen sich die Eisenrohre wieder ab.

Der Lasthebemagnet bei einem Kran besteht nicht nur aus einer Spule, sondern auch noch aus Eisenteilen. Das Eisen vergrößert die Tragkraft des Magneten (Bilder 3 bis 5). Hier verlaufen die magnetischen Feldlinien völlig im Eisen.

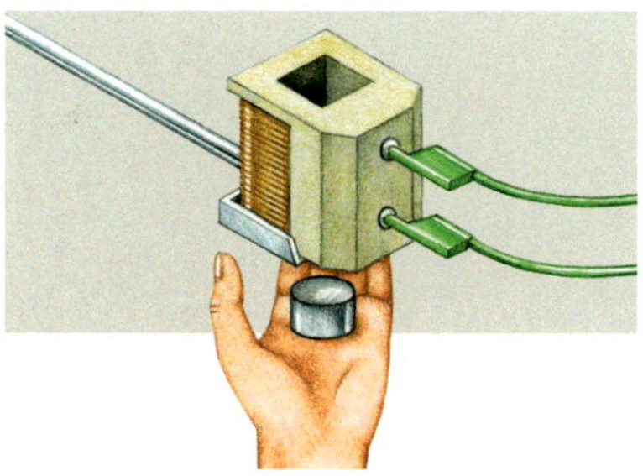

3

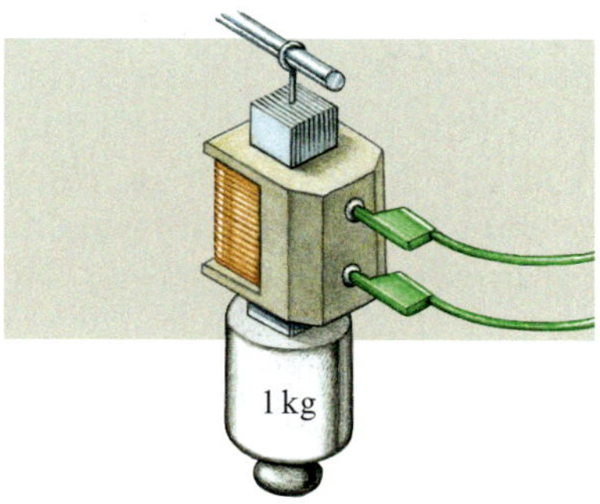

4

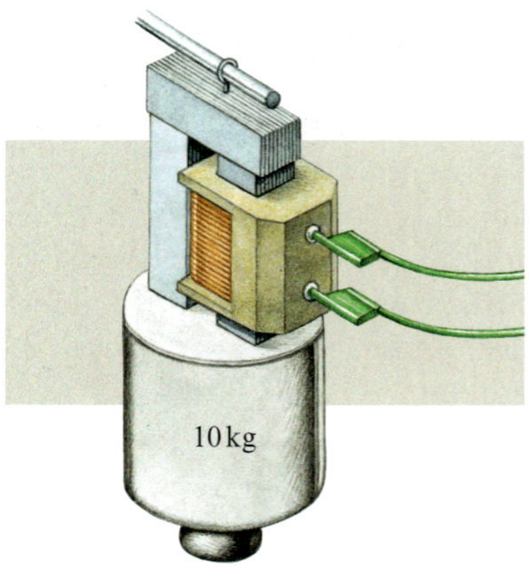

5

Vergleich elektrischer und magnetischer Felder

Elektrische und magnetische Felder treten in der Natur auf.

Elektrisches Feld

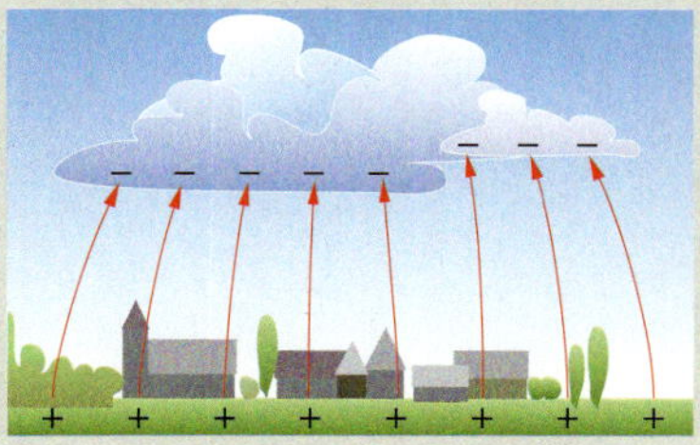

Bei einem Gewitter bestehen zwischen Wolken und Erde elektrische Felder. Sie sind die Ursache für die Blitze.

1

Magnetisches Feld

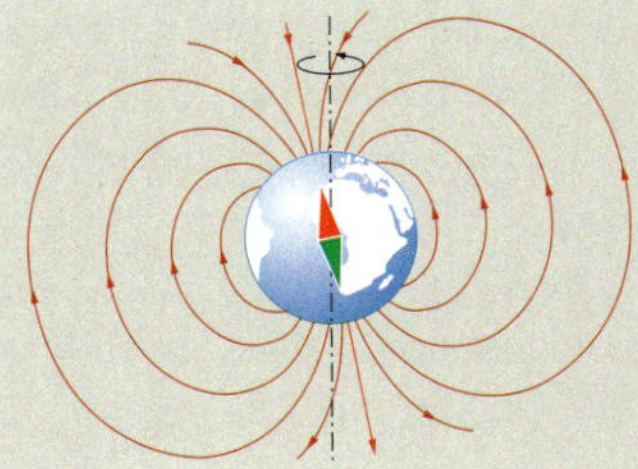

Die Erde ist von einem magnetischen Feld umgeben. Es richtet die Kompassnadeln in Nord-Süd-Richtung aus.

2

Elektrische und magnetische Felder werden in der Technik genutzt.

Elektrisches Feld

Elektrische Felder bewirken die Beschleunigung von Farbtröpfchen beim Lackieren, die Reinigung von Rauchgasen und den Stromfluss in Energiesparlampen.

3

Magnetisches Feld

Magnetische Felder treiben Elektromotoren an, ermöglichen die Spannungserzeugung in Generatoren und das Schweben einer Magnetkissenbahn.

4

In beiden Feldern werden auf bestimmte Körper Kräfte ausgeübt. Beide Felder können durch Feldlinienbilder beschrieben werden (Bild 5).
In den Feldlinienbildern des elektrischen und magnetischen Feldes gibt die Tangente an eine Feldlinie an, in welcher Richtung auf einen elektrisch geladenen Probekörper bzw. einen magnetischen Pol eine Kraft wirkt.
In elektrischen und in magnetischen Feldern ist die Kraft auf einen Probekörper umso größer, je dichter die Feldlinien beieinander liegen.

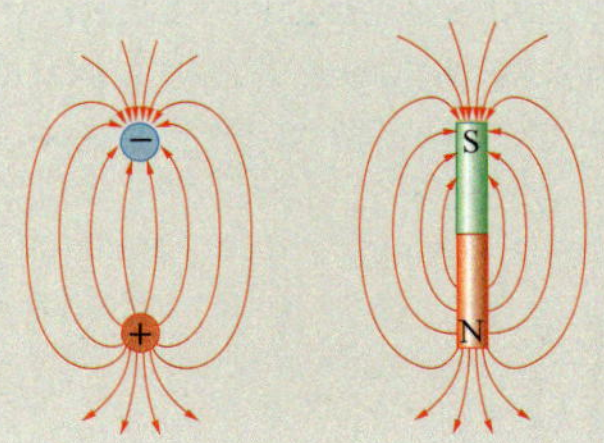

5

Elektrisches Feld

In elektrischen Feldern werden auf geeignete Probekörper (alle elektrisch geladenen festen und flüssigen Körper) und Ladungsträger Kräfte ausgeübt.

6

Magnetisches Feld

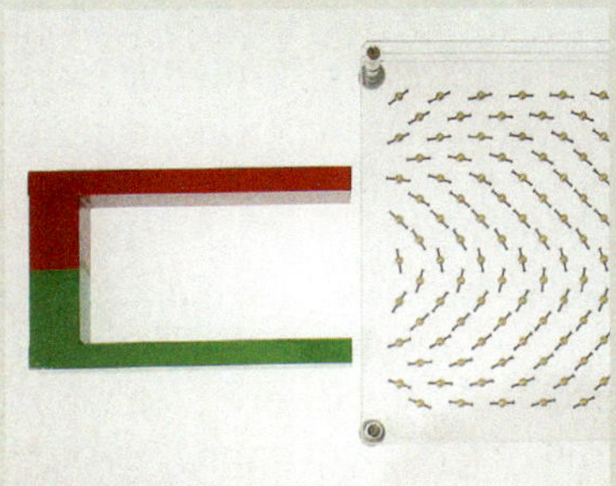

In magnetischen Feldern werden auf geeignete Probekörper und stromdurchflossene Leiter Kräfte ausgeübt.

7

Gleichstrommotor

Aufbau eines Gleichstrommotors. In vielen elektrischen Geräten und Spielzeugen werden Elektromotoren eingesetzt. Bild 1 zeigt den prinzipiellen Aufbau eines Gleichstrommotors.
Zwischen den Polen eines Hufeisenmagneten befindet sich eine drehbar gelagerte Spule mit Eisenkern. Man nennt sie Anker. Die Stromzufuhr zu der Spule erfolgt über zwei Kontakte. Zwei Blattfedern schleifen an je einem halben Messingring. Jeder Halbring ist mit einem Ende der Spulenwicklung verbunden.

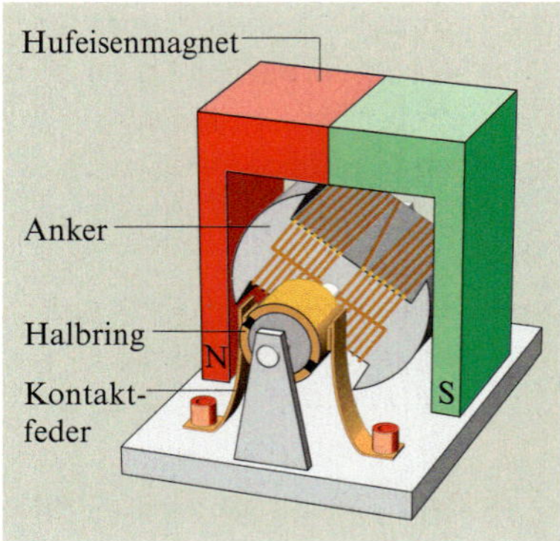

1

Wirkungsweise eines Gleichstrommotors. Während z. B. beim Lasthebemagneten nur die magnetischen Anziehungskräfte Anwendung finden, nutzt der Elektromotor sowohl die Anziehungs- als auch die Abstoßungskräfte.
Wird an die Kontaktfedern eine Gleichspannung angelegt, so fließt durch die Spule ein Strom. Es bilden sich zwei Magnetpole aus. Zwischen den Polen des Hufeisenmagneten und den Polen des Ankers treten Kräfte auf.

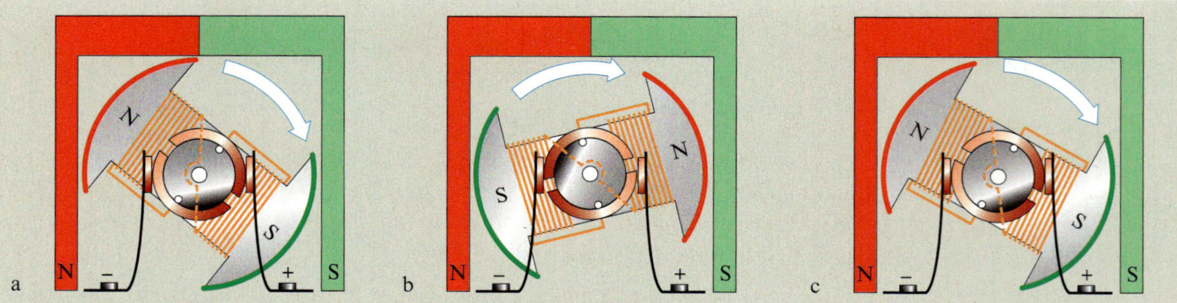

2

a: Der Nordpol des Ankers wird vom Südpol des Hufeisenmagneten angezogen und vom Nordpol des Hufeisenmagneten abgestoßen. Der Südpol des Ankers wird vom Nordpol des Hufeisenmagneten angezogen und von dessen Südpol abgestoßen. Es entsteht eine Drehbewegung.

b: In dieser Stellung stehen sich ungleichnamige Pole gegenüber und ziehen einander an. Durch die Trägheit des Ankers wird die Drehbewegung aber noch fortgesetzt. Dabei gelangen die beiden Kontaktfedern jeweils auf den anderen Halbring. Die Stromrichtung im Anker ändert sich und damit die Lage der Pole im Anker.

c: Da sich nun wieder gleichnamige Pole gegenüberstehen, treten abstoßende Kräfte auf. Deshalb bewegt sich der Anker weiter. Außer den abstoßenden Kräften zwischen den gleichnamigen Polen wirken wiederum noch die anziehenden Kräfte zwischen den ungleichnamigen Polen.

Zwischen den Magnetpolen im Gehäuse eines Motors und den Magnetpolen des Ankers treten anziehende bzw. abstoßende Kräfte auf. Sie versetzen den Anker in Drehbewegung. Schleifkontakte bewirken eine Umpolung des Stromes, sobald sich ungleichnamige Pole gegenüberstehen.

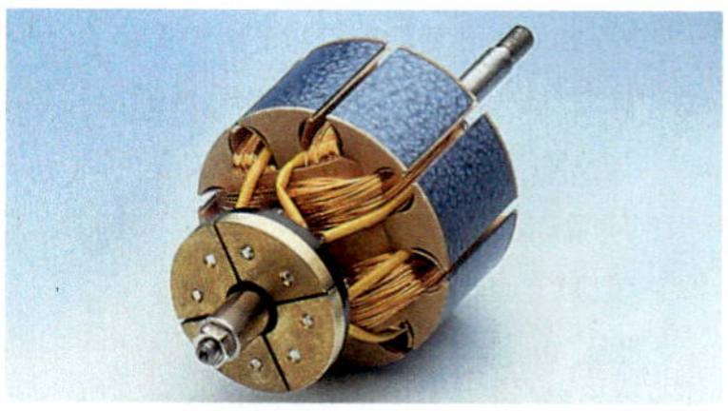
3

Mehrpolige Ankerspule eines Motors

Die meisten Motoren besitzen anstelle des Hufeisenmagneten schalenförmige Magnete. Außerdem haben die Ankerspulen mehr als zwei Pole (Bild 3). Entsprechend ist auch der Schleifring in eine größere Anzahl von Abschnitten geteilt. Dadurch wird verhindert, dass der Motor in eine Stellung gerät, aus der er nicht ohne „Anwerfen“ gestartet werden kann.

Kräfte auf bewegte Ladungsträger im Magnetfeld

Basiskonzept Wechselwirkung
↑S. 233

In einem Elektromotor fließt ein Strom durch die Ankerspule. Diese befindet sich in einem Magnetfeld. Es kommt zu einer Kraftwirkung zwischen der Spule und dem Magneten. Welche Kraft wirkt auf einen einzelnen stromdurchflossenen Leiter im Magnetfeld?

EXPERIMENT 12
Ein Kupferstab wird an zwei Drähten zwischen den Polen eines Hufeisenmagneten aufgehängt. Durch diese „Leiterschaukel" wird ein Gleichstrom geschickt. Die Bewegung der Leiterschaukel wird beobachtet.
Anschließend wird die Richtung des Stromes geändert.

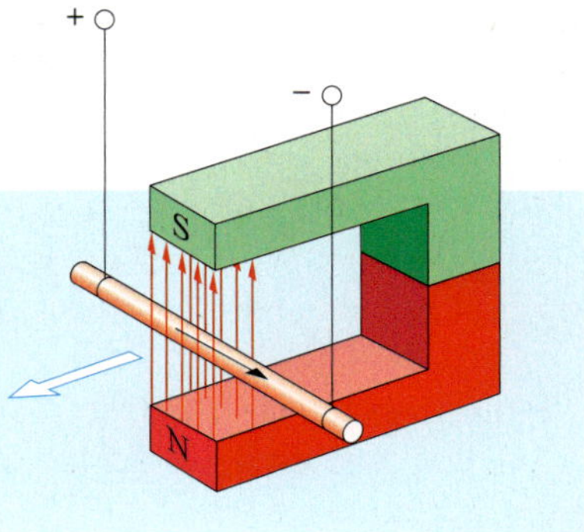

1

Die Leiterschaukel bewegt sich zunächst aus dem Magneten heraus (bei einer Polung wie in Bild 1). Wird die Richtung des Stromes geändert, so bewegt sich die Schaukel in den Magneten hinein.

Befindet sich ein stromdurchflossener Leiter in einem Magnetfeld, so wirkt auf ihn eine Kraft. Sie ist senkrecht zum Leiter und zu den magnetischen Feldlinien gerichtet.

Die Richtung der Kraft kann man mit der 3-Finger-Regel der rechten Hand bestimmen. Dazu muss man Daumen, Zeigefinger und Mittelfinger senkrecht zueinander abspreizen. Hält man den Daumen in die Richtung des Stromes (vom Pluspol zum Minuspol der Stromquelle), den Zeigefinger in die Richtung der Feldlinien, so gibt der Mittelfinger die Richtung der Kraft an (Bild 2).

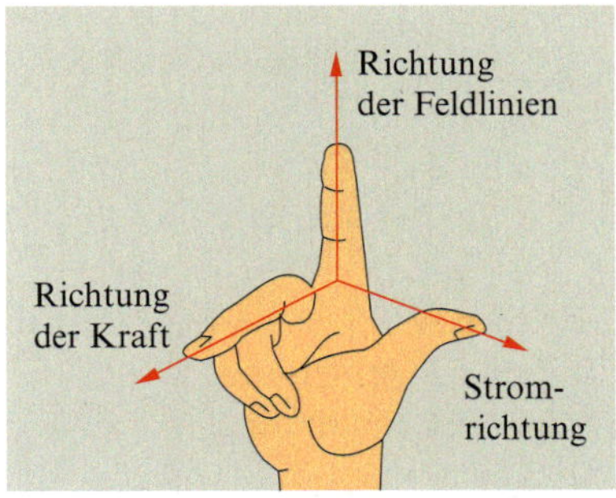

2

Zur 3-Finger-Regel der rechten Hand

3-Finger-Regel der rechten Hand:
Zeigt der Daumen in die Richtung des Stromes (Ursache) und der Zeigefinger in die Richtung der magnetischen Feldlinien, so gibt der Mittelfinger die Richtung der Kraft (Wirkung) an.

Braun'sche Röhre. Die Braun'sche Röhre besteht hauptsächlich aus einem Glasgefäß, in dem sich ein Vakuum befindet. Von der eingebauten Katode geht ein Elektronenstrahl aus. An der Stelle, wo dieser Strahl auf den Bildschirm trifft, entsteht ein heller Punkt (Bild 3).
Nähert man der Braun'schen Röhre einen Magneten, so werden die Elektronen senkrecht zu ihrer Bewegungsrichtung und zur Richtung der magnetischen Feldlinien abgelenkt. Hier wirkt die gleiche Kraft wie auf die bewegten Elektronen in der Leiterschaukel (Bild 1). Diese Kraft wurde nach dem niederländischen Physiker HENDRIK ANTOON LORENTZ benannt.

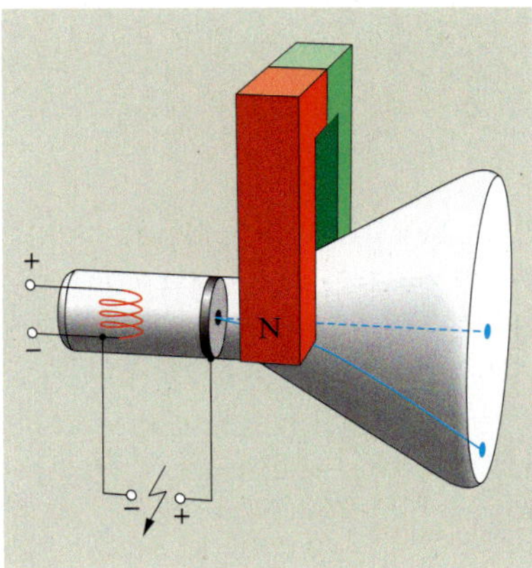

3

Ablenkung eines Elektronenstrahls in einer Braun'schen Röhre

Die Kraft, die in einem Magnetfeld auf die sich bewegenden Elektronen wirkt, nennt man Lorentzkraft.

Bei einer Fernsehbildröhre wird der Elektronenstrahl durch 2 Elektromagneten gesteuert.

Aus der **Technik**

Dauer- und Elektromagnete im Einsatz

1 Haftmagnete

2 Magnetisches Reiseschachspiel

3 Magnetisches Spielzeug

Magnetische Türverschlüsse. An den Türen vieler Schränke sind magnetische Haftverschlüsse angebracht. Ein Schrankverschluss besteht aus einem keramischen Magneten, der etwa 2 cm lang, 1 cm breit und 1/2 cm dick ist. Die Magnetpole befinden sich auf den beiden großen Flächen, die einander gegenüber liegen. Auf jedem Magnetpol befindet sich ein Eisenblechstreifen, der den Pol vollständig bedeckt und noch etwa 3 mm über ihn hinausragt. Damit entspricht die Anordnung einem kleinen Hufeisenmagneten. Die über die Pole hinausragenden Blechstücke sind die Magnetpole. Die Anordnung wird so an der Innenwand des Schrankes befestigt, dass die Magnetpole zur Tür hin zeigen. An der Innenwand der Tür ist ein kleines Eisenstück befestigt, das bei geschlossener Tür die beiden Magnetpole berührt. Beim Schließen der Tür zieht der Magnet das Eisenstück an sich heran und hält es fest.

4 Magnetischer Türverschluss

Lautsprecher. Ein Lautsprecher besitzt eine Spule, durch die ein sich ändernder elektrischer Strom fließt. Die Spule befindet sich im Magnetfeld eines starken Dauermagneten. Das ist in der Regel ein ringförmiger keramischer Magnet. Der Lautsprecher wandelt die im Mikrofon erzeugten Stromschwankungen wieder in Sprache und Musik um. Je nach der Stärke des Stromes wird auf die Spule im Magnetfeld des Ringmagneten eine mehr oder weniger große Kraft ausgeübt. Dadurch bewegt sie sich hin und her und überträgt diese Bewegung auf die große Membran, die die Schallschwingungen verstärkt.

5 Geöffneter Lautsprecher

Elektrische Klingel. Bei einigen Anwendungen benutzt man Elektromagnete in einer Schaltung, die nach ihrem Erfinder Wagner'scher Hammer genannt wird. Der Wagner'sche Hammer unterbricht den Strom von selbst. Er wird z. B. bei der elektrischen Klingel genutzt (Bild 6).
Durch „Drücken des Klingelknopfes" schließt man den Stromkreis. Dadurch zieht der Elektromagnet den Anker mit einer Blattfeder an und unterbricht den Stromkreis an der Kontaktschraube. Der Anker wird dann nicht mehr angezogen. Die Blattfeder bewirkt, dass er sich in die Ursprungslage zurück bewegt. Dabei schließt sich der Stromkreis erneut. Der Anker wird wieder angezogen usw. Erst wenn man den Klingelknopf freigibt, wird der Stromkreis endgültig unterbrochen.

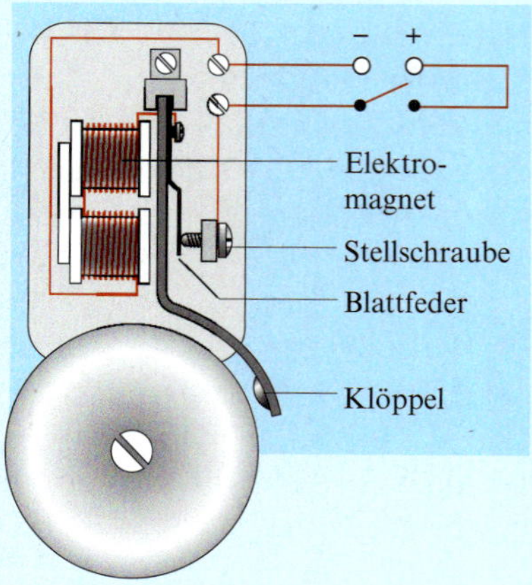

6

Elektromotor

Einen sehr einfachen Elektromotor kann man sich aus dickem Kupferdraht, einem keramischen Magneten und einem Holz- oder Schaumstoffklotz herstellen. Ein Motor, der die magnetische Anziehung und Abstoßung nutzt, lässt sich mit einer Kunststoffflasche bauen.

AUFTRAG (Gruppe A)

1 Umwickelt einen Holz- oder Schaumstoffklotz im Abstand von etwa 10 cm mit zwei dicken Kupferlackdrähten von etwa 90 cm Länge und entfernt an allen Enden auf etwa 3 cm die Isolierung!
2 Führt jeweils das eine Ende seitlich heraus (a). Biegt das andere etwa 10 cm lange Ende vertikal nach oben. Winkelt es am oberen Ende ab, sodass eine Auflage entsteht (b)!
3 Wickelt aus einem 175 cm langen dicken Kupferlackdraht eine rechteckige Spule von fünfeinhalb Windungen, die Seitenlängen von 8 cm und 6 cm besitzt (c). Winkelt die beiden etwa 5 cm langen Enden in halber Länge der kleinen Rechteckseiten ab, sodass sie in Richtung der Querachse der Spule verlaufen und legt sie auf die Auflagen!
4 Richtet die Spule durch Nachbiegen des Drahtes so aus, dass sie in jeder Lage liegen bleibt. Entfernt z. B. durch Schaben mit einem Messer die Isolierung am unteren Teil des Drahtes an der Auflagefläche. Haltet dabei die Spule so, dass ihre Öffnungen nach links und rechts zeigen!
5 Legt unter die Spule einen möglichst großen keramischen Magneten, den ihr aus einem alten Lautsprecher ausbauen oder durch Zusammenfügen der Magnete von Türverschlüssen herstellen könnt! Der Nord- oder der Südpol des Magneten soll nach oben zeigen.
6 Verbindet die Anschlüsse (a) des Motors mit einer Monozelle oder einer Flachbatterie und stoßt die Spule an!
7 Führt euren Motor vor und erläutert seine Wirkungsweise!

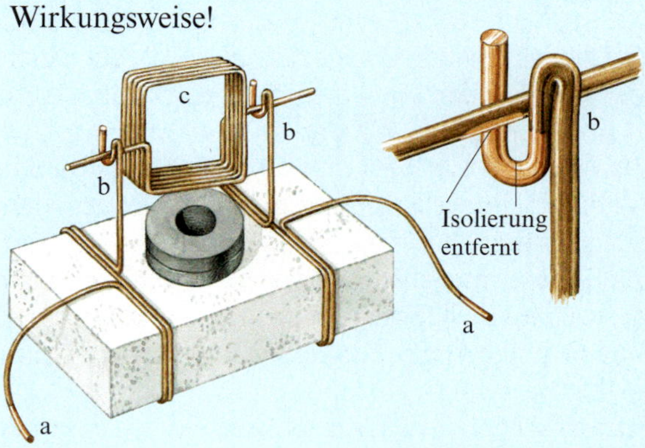

1

AUFTRAG (Gruppe B)

1 Stellt 2 Rahmenspulen aus isoliertem Kupferdraht von 0,3 mm Durchmesser her! Abmessungen: 15 cm × 10 cm. Sie sollen jeweils etwa 50 Windungen haben. Ihr könnt sie z. B. auf einem Holzklotz aufwickeln und hinterher abstreifen.
2 Befestigt die beiden Spulen auf einander gegenüberliegenden Seiten einer großen dickwandigen Kunststoffflasche!
3 Klebt auf den Schraubverschluss der Flasche 2 Halbringe, die ihr aus einem dünnen Kupferblechstreifen hergestellt habt. Schaltet beide Spulen in Reihe und verbindet jedes freie Ende mit einem Halbring. Überlegt dazu, in welcher Richtung der Strom in den beiden Spulen fließen soll!
4 Bohrt in den Schraubverschluss und den Boden der Flasche je ein 4-mm-Loch. Fertigt ein Gestell aus Holzbrettern an, in das die Flasche hineinpasst. Lagert sie drehbar, indem ihr durch die Seitenteile des Gestells je einen Nagel steckt, der in die Bohrungen der Flasche hineinragt!
5 Befestigt auf dem Grundbrett zwei Messingstreifen, die einander gegenüberliegend an den Halbringen schleifen!
6 Legt unter die Kunststoffflasche zwei kräftige keramische Magnete!
7 Verbindet die Anschlüsse (a) des Motors mit einer Flachbatterie und stoßt die Spule an!
8 Führt euren Motor vor und erläutert seine Wirkungsweise!

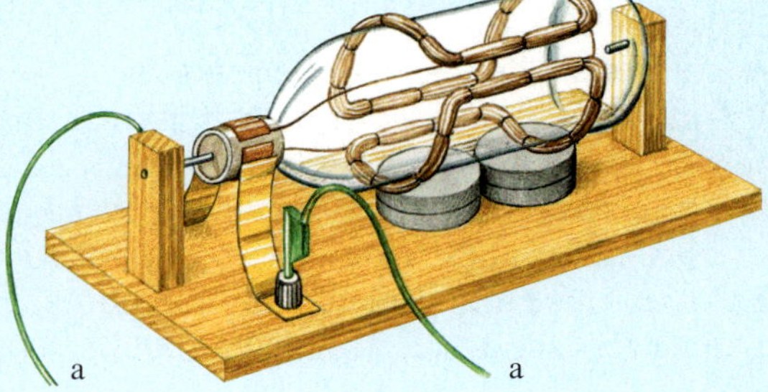

2

Weißt du es ? Kannst du es

1. Welche Haushaltsgegenstände enthalten Magnete? Wozu dienen sie?
2. Untersuche, welche Münzen von Magneten angezogen werden! Wozu kann man das nutzen?
3. Von zwei Stricknadeln ist eine magnetisiert. Wie kann man herausfinden, welche von beiden der Magnet ist?
4. Auf welcher Seite der Fahrradspeiche im Experiment 4 (S. 51) entsteht ein Nord- und auf welcher ein Südpol?
5. Ein Magnet zieht eine Schraube an und hält sie fest. Diese Schraube zieht eine zweite an und hält sie. Erkläre!
6. Warum werden Dauermagnete mit der Zeit schwächer?
   Warum wird magnetisches Eisen wieder unmagnetisch, wenn man kräftig mit dem Hammer darauf schlägt?
7. Wie kann man prüfen, ob die Gummidichtung an der Tür eines Kühlschrankes einen Magnetgummi enthält?
8. Erkläre, dass beim Teilen eines Magneten stets wieder vollständige Magnete entstehen!
9. Die magnetische Stricknadel im Korken (Bild 1) hat oben ihren Nordpol.
   a) Skizziere den Weg, auf dem sie sich bewegt!
   b) Was würde dagegen geschehen, wenn auf dem Korken ein kleiner Stabmagnet läge? Erkläre den Unterschied!

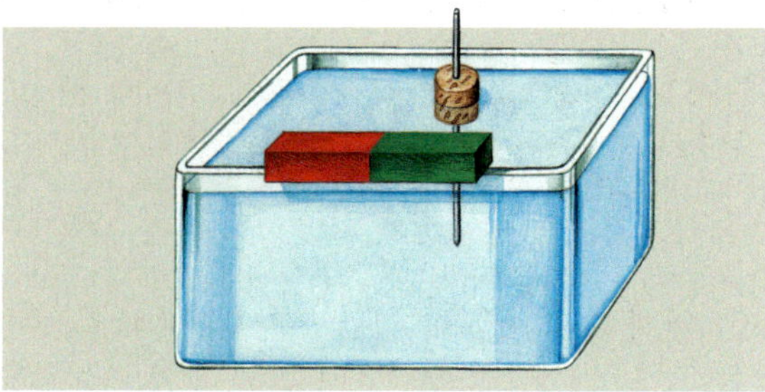

1

10. Begründe, dass sich Eisenfeilspäne entlang magnetischer Feldlinien zu Ketten anordnen!
11. Gib Möglichkeiten an, wie sich der Feldlinienverlauf um einen Magneten ermitteln lässt!
12. An welchen Stellen sind die magnetischen Felder in den Bildern 1 (S. 53) und 1 (S. 55) am stärksten?
13. Zeichne die Feldlinienbilder für folgende Anordnungen von Magneten (Bild 2)!

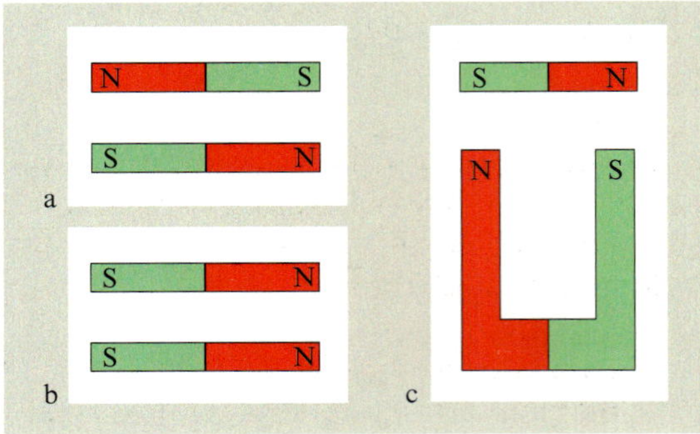

2

14. Bild 3 zeigt das Feldlinienbild eines Hufeisenmagneten. Durch den hängenden Draht fließt ein Strom in der angegebenen Richtung. Gib die Richtung der Kraft an, die auf den Draht wirkt! Wie ändert sich die Richtung der Kraft, wenn die Pole des Magneten vertauscht werden?

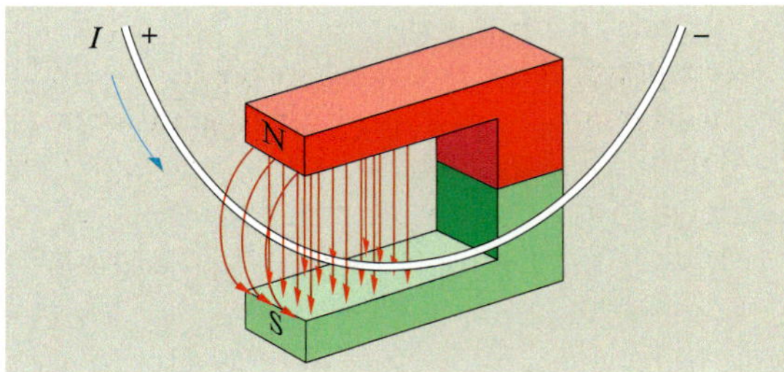

3

15. Begründe, dass für den Kern eines Elektromagneten nur bestimmte Stoffe verwendet werden können! Welche Stoffe sind geeignet?
16. Wie kann man nachweisen, dass die Kräfte, die durch den Magnetismus der Erde bewirkt werden, nichts mit der Gravitation zu tun haben?
17. Kann man einen Lasthebemagneten auch mit Wechselstrom betreiben? Begründe deine Antwort!
18. Wovon hängt die Stärke des Magnetfeldes in einer Spule ab? Wie kann man erreichen, dass das Feld möglichst stark ist?
19. Beschreibe den Aufbau und erkläre die Wirkungsweise eines Elektromotors!
20. Erkläre das Wirkprinzip eines Sicherungsautomaten! Welchen Vorteil hat es, hier nicht ausschließlich einen Elektromagneten zu verwenden?
21. Erkläre die Ablenkung des Elektronenstrahls in Bild 3 (S. 59) mit der 3-Finger-Regel der rechten Hand! Beachte dabei, dass der Daumen in die Richtung des Stromes (Ursache) gehalten werden muss, die Elektronen aber eine negative Ladung tragen!

Kurz und knapp !

Magnete
Zwischen einem Magneten und Körpern aus Eisen, Nickel, Cobalt und bestimmten keramischen Werkstoffen wirken anziehende Kräfte. Die Stoffe, aus denen diese Körper bestehen, nennt man ferromagnetische Stoffe.

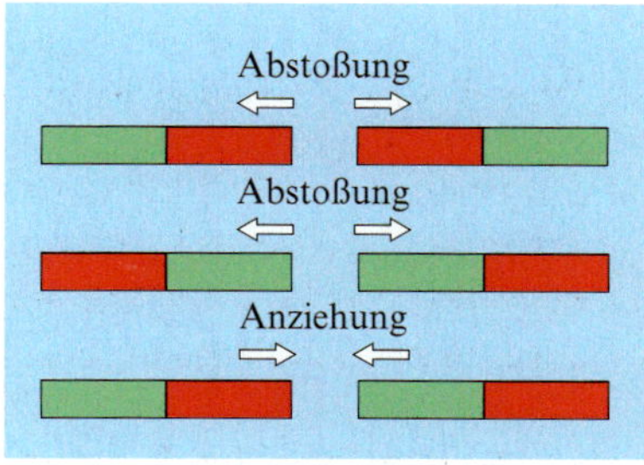

Ein Magnet besitzt einen Nordpol und einen Südpol. An den Polen ist die magnetische Kraft am größten. Ungleichnamige Pole ziehen einander an, gleichnamige Pole stoßen einander ab.

Körper aus ferromagnetischen Stoffen enthalten Elementarmagnete. Beim Magnetisieren richten sich die Elementarmagnete aus.

Magnetisches Feld
Im Raum um einen Magneten werden auf Magnete und magnetisierbare Probekörper Kräfte ausgeübt. Einen solchen Raum nennt man ein magnetisches Feld.
Bringt man eine kleine Magnetnadel in ein Magnetfeld, so zeigt ihr Nordpol in Richtung der Feldlinie an diesem Ort. Je dichter die Feldlinien in einem Gebiet liegen, umso größer ist die dort auftretende magnetische Wirkung.
Auch ein elektrischer Strom ist von einem magnetischen Feld umgeben.

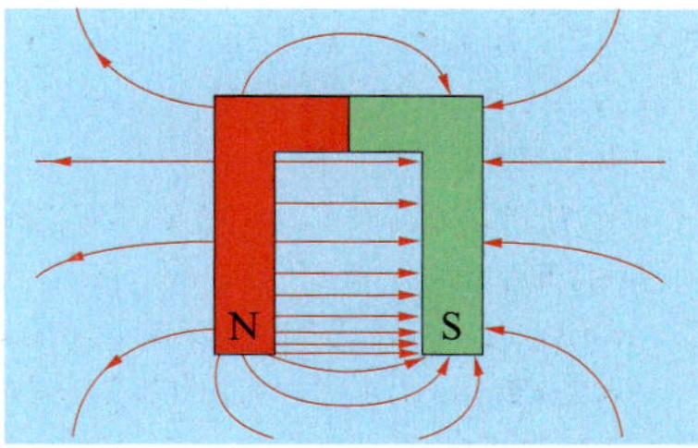

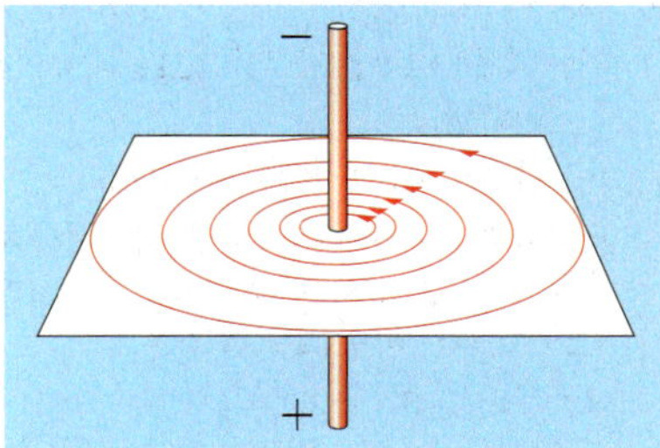

Gleichstrommotor
Zwischen dem Feldmagneten im Gehäuse des Motors und dem Anker treten anziehende bzw. abstoßende Kräfte auf. Sie versetzen den Anker in Drehbewegung. Schleifkontakte ändern die Stromrichtung jeweils im richtigen Augenblick.

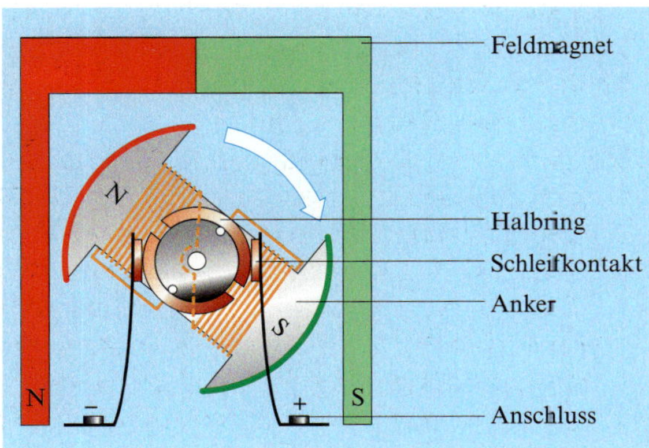

Lorentzkraft
Auf bewegte Ladungsträger wirkt in einem Magnetfeld die Lorentzkraft.
Die Lorentzkraft ist senkrecht zur Bewegungsrichtung der Ladungsträger und senkrecht zu den magnetischen Feldlinien gerichtet.

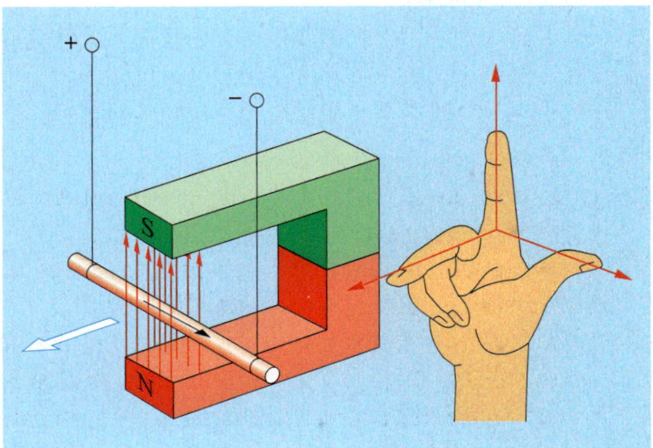

Physik erlebt

Sonnenwind und Erdmagnetfeld

Als zentrale Energiequelle des Planetensystems versorgt uns die Sonne nicht nur mit elektromagnetischer Strahlung (Licht …), sondern sendet auch einen Strom aus geladenen Teilchen aus (Bild 1). Dieser „Sonnenwind“ besteht hauptsächlich aus Elektronen und Protonen und hat eine Geschwindigkeit von 300 bis 800 km/s! Wenn er die Erdoberfläche direkt erreichen könnte, würde er alles Leben auf unserem Planeten gefährden. Ähnlich wie die Strahlung radioaktiver Körper würde die Teilchenstrahlung irreparable Zellschäden anrichten und die genetische Erbsubstanz der Lebewesen verändern. Zum Glück hat die Erde ein Schutzschild: Da sich die geladenen Teilchen des Sonnenwinds nur parallel zu Feldlinien des Erdmagnetfelds vorwärts bewegen können – bei senkrechter Bewegung „treten“ sie in Kreisbahnen auf der Stelle –, werden sie an der Erde vorbeigelenkt. Allerdings verformt der Sonnenwind das Erdmagnetfeld. Wie ein Leiter, der durch ein Magnetfeld gezogen wird, „staucht“ der Sonnenwind die Feldlinien vor der Erde auf etwa 10 Erdradien zusammen und „zieht“ sie hinter der Erde weit in den Weltraum mit. Es bildet sich ein „Schweif“ von rund 100 Erdradien Länge. Da der Sonnenwind unregelmäßig „bläst“, flattert der Schweif wie eine Fahne im Wind.

Im „Windschatten“ der Erde können geladene Teilchen zur Erde zurückströmen. Sie bilden die Plasmaschicht (als Plasma bezeichnet man ein Gas, das zu einem großen Teil aus geladenen Teilchen besteht). Wenn sich mit der Zeit immer mehr Plasma in der Schicht ansammelt, weicht es parallel zu den Feldlinien des Erdmagnetfelds aus und gelangt dabei zu den Magnetpolen der Erde. Da die Feldlinien hier nahezu senkrecht zur Erdoberfläche verlaufen, kann das strömende Plasma bis in die höheren Atmosphärenschichten eindringen. Bei Zusammenstößen mit den Atomen und Molekülen in der Ionosphäre gibt es dabei Energie ab, die diese Teilchen dann als Licht wieder aussenden: Ein Polarlicht entsteht. Seine schnell wechselnden Muster spiegeln letztendlich die Verhältnisse im flatternden Magnetschweif wider.

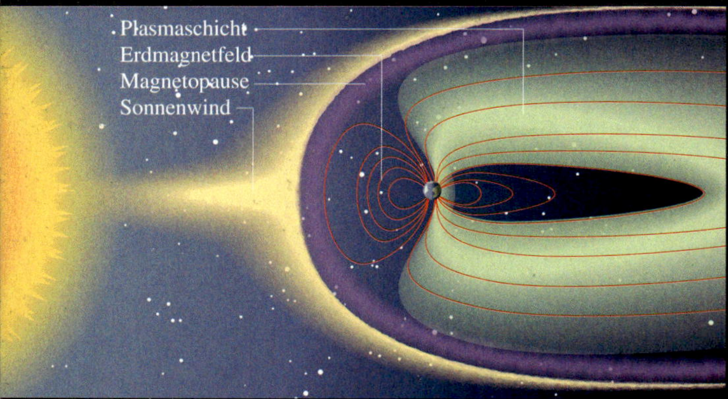

1 Sonnenwind und Erdmagnetfeld

2

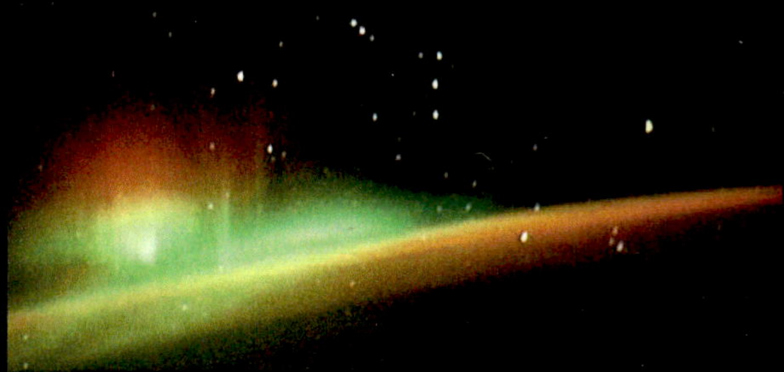

3 Polarlichter – von der Erdoberfläche und vom Weltraum aus gesehen

Der Sonnenwind „bläst" nicht immer gleich stark: Bei Eruptionen stößt die Sonne gewaltige Gasmassen aus (Bild 1). Diese „Böen" können die Feldlinien des Erdmagnetfelds so stark stauchen, dass Kompassnadeln erzittern. Die Polarlichter dringen dann z. B. auf der Nordhalbkugel weiter nach Süden vor, sodass man auch in Deutschland oder den USA in den Genuss dieses spektakulären Himmelsschauspiels kommen kann.

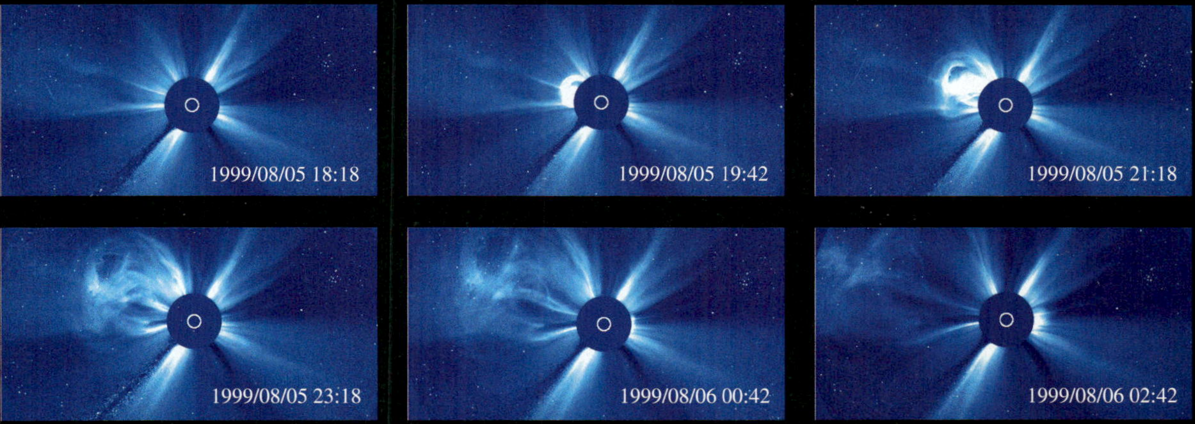

1

Durch die Explosion auf der Sonne wird Plasma ins All geschleudert – eine „Sonnenwindböe" entsteht.

Unter „Weltraumwetter" fasst man alle Phänomene zusammen, die durch die elektromagnetische Strahlung und die Teilchenströme von der Sonne sowie anderen Sternen hervorgerufen werden. Im Internet gibt es dazu „Weltraumwetterberichte" (Bild 2).

Die energiereiche Teilchenstrahlung ist für Astronauten besonders gefährlich: Sie kann die Schutzanzüge einfach durchschlagen. Die Auswirkungen der kosmischen Strahlung auf die Technik sind vielfältig: Sie reichen von einer Störung des Handy- bzw. Rundfunkempfangs bis zur Zerstörung von Satelliten. Geladene Teilchenströme können in den Schaltkreisen der Satelliten durch Induktion Überspannungsschäden hervorrufen. Um dies zu verhindern, werden Satelliten kurz vor dem Eintreffen einer Sonnenwindböe in den Stand-by-Zustand versetzt: Empfindliche Stromkreise werden abgeschaltet.

1989 haben heftige „Magnetstürme" in den Transformatoren des Kraftwerks von Quebec (Kanada) so große Spannungsänderungen hervorgerufen, dass es zu einer Selbstabschaltung kam. Das Stromnetz brach für neun Stunden zusammen.

Um rechtzeitig auf starke Sonnenwinde reagieren zu können, gibt es u. a. das Solarobservatorium SOHO. Dieser „Wächtersatellit" umkreist die Sonne in 1,5 Millionen Kilometer Entfernung. Er registriert Sonnenausbrüche und meldet sie an die Erde. Für eine Reaktion auf einem Plasmaausstoß bleiben dann einige Tage Zeit.

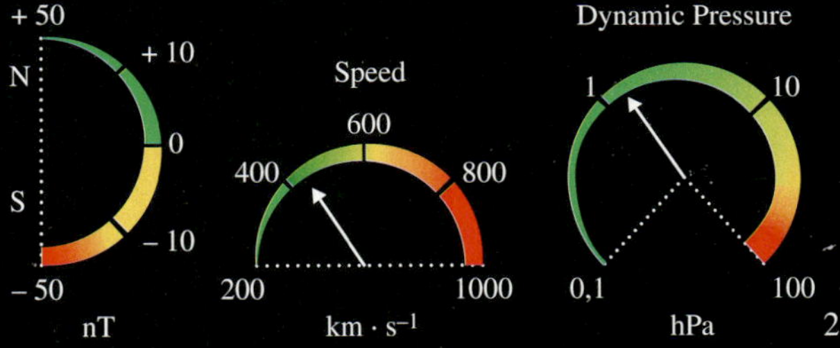

2

Auszug aus einem „Weltraumwetterbericht"

SOHO (Solar and Heliospheric Observatory) 3

Elektromagnetische Induktion

1

Fast der gesamte elektrische Strom in Deutschland wird mithilfe von Generatoren erzeugt. Diese Generatoren werden von Turbinen angetrieben. Strömender Dampf, Verbrennungsgase, Wasser oder Wind geben ihre Bewegungsenergie an die Turbinen ab. In Generatoren wird dann die mechanische Energie in elektrische Energie umgewandelt. Dies geschieht auf der Grundlage der elektromagnetischen Induktion.

Basiskonzept Wechselwirkung ↑S. 233

Induktion durch Bewegung

Mit einem Fahrraddynamo lässt sich einfach elektrischer Strom erzeugen. Ein solcher Dynamo ist ein kleiner Generator (Bild 2). Heute ist der Dynamo meist in die Nabe des Vorderrades eingebaut (Bild 4). Im Gehäuse befindet sich eine Spule aus Kupferdraht. Innerhalb der Spule ist ein zylinderförmiger Magnet drehbar gelagert. Die Fahrradlampe wird an die Enden der Spule angeschlossen. Wenn nun der Magnet in schnelle Drehbewegung versetzt wird, bringt er die Lampe zum Leuchten. Wie ist das möglich?

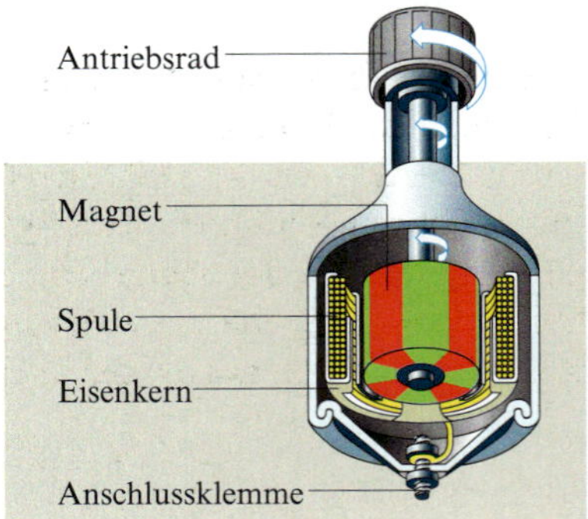

2

EXPERIMENT 1

1 Verbinde die Anschlüsse einer Spule mit den Anschlüssen eines Spannungsmessers!
2 Bewege einen Pol eines Stabmagneten langsam in die Spule hinein!
3 Halte den Magneten still!
4 Ziehe den Magneten wieder langsam aus der Spule heraus!

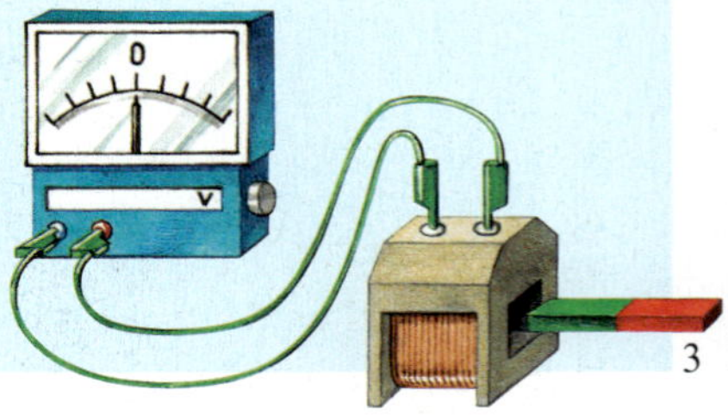

3

Wenn der Magnet ruht, tritt keine Spannung an der Spule auf. Während der Magnet in die Spule hineinbewegt wird, zeigt der Spannungsmesser eine Spannung an. Ruht der Magnet in der Spule, tritt wiederum keine Spannung auf. Beim Herausziehen wird erneut eine Spannung angezeigt. Der Zeiger des Spannungsmessers schlägt jetzt aber in entgegengesetzter Richtung aus (Bild 1, auf der folgenden Seite).
Diese Erscheinung wurde 1831 von Michael Faraday entdeckt. Er nannte den Vorgang, bei dem ein bewegter Magnet in einer Spule eine Spannung erzeugt, „Induktion" (lat. *inducere* = hineinführen).

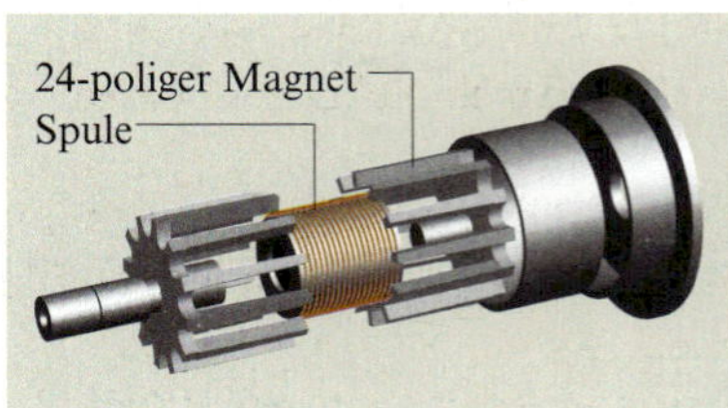

4

Der Magnet besitzt 24 Pole, weil sich seine Welle langsamer dreht.

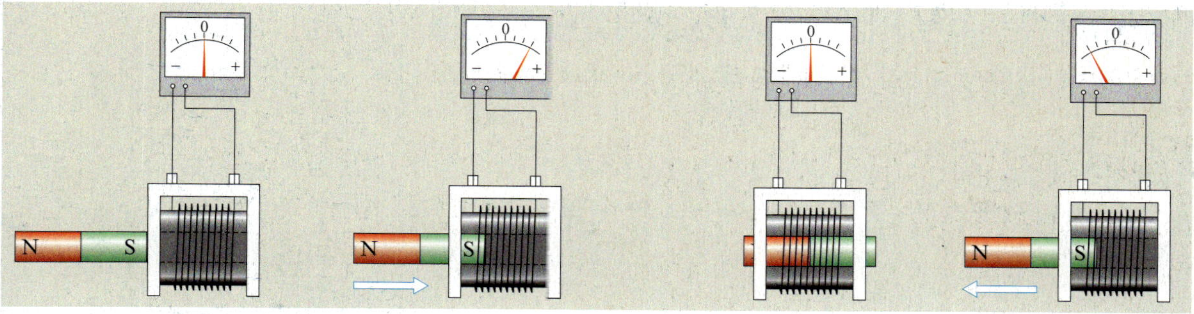

1

Induktion bei bewegtem Magneten

Bewegt man einen Magneten in eine Spule hinein oder aus ihr heraus, so tritt an ihren Enden eine Spannung auf. Diesen Vorgang nennt man elektromagnetische Induktion.

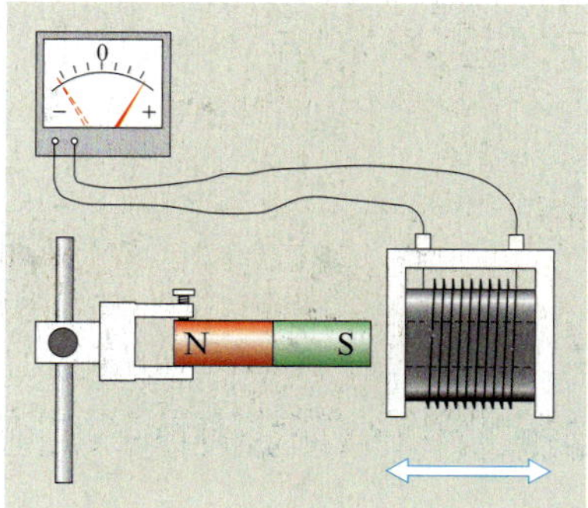

2

Induktion bei bewegter Spule

Das Experiment 1 kann etwas verändert werden. Statt den Magneten zu bewegen, wird dieser fest eingespannt und die Spule hin- und herbewegt. Der Zeiger des Messinstrumentes schlägt je nach Bewegungsrichtung nach der einen Seite oder nach der anderen Seite aus (Bild 2).
Es ist also nicht wichtig, ob die Spule oder ob der Magnet bewegt wird. Es kommt nur auf die *Relativbewegung* zwischen beiden an.

In Bild 3 ist der Verlauf der magnetischen Feldlinien für das Experiment 1 dargestellt. Vor dem Experiment verlaufen die magnetischen Feldlinien außerhalb der Spule (Bild 3a). Während des Experiments dringen die magnetischen Feldlinien in die Spule ein (Bild 3b). Befindet sich ein Pol des Magneten in der Spule, werden so gut wie alle gezeichneten Feldlinien von der Spule umschlossen (Bild 3c). Beim Herausziehen des Magneten verlaufen dann die Vorgänge in umgekehrter Reihenfolge.

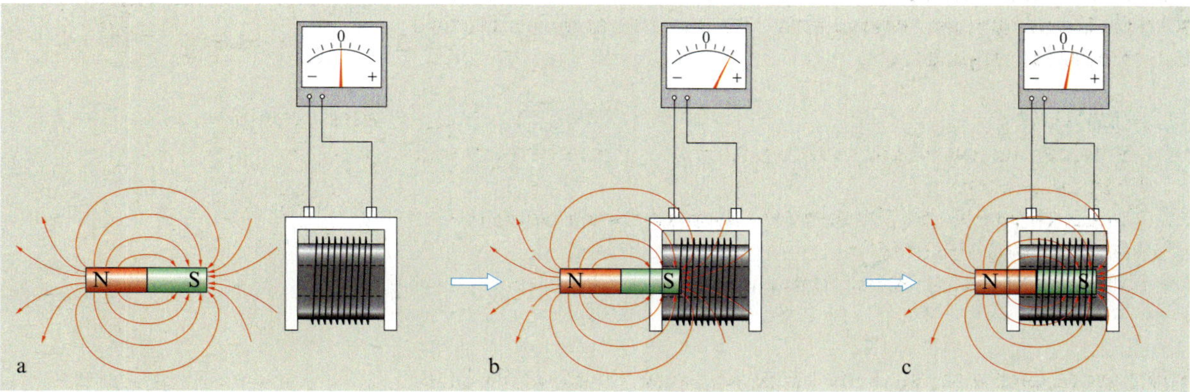

3

Mehr und mehr Feldlinien werden von den Windungen der Spule umschlossen.

In Bild 2 liegen die gleichen Bedingungen vor. Auch hier ändert sich die Anzahl der von der Spule umschlossenen Feldlinien.

Eine Induktionsspannung tritt dann auf, wenn sich bei der Bewegung zwischen Magnet und Spule das von der Spule umschlossene Magnetfeld ändert.

Induktion bei rotierendem Magneten. Bei einem Fahrraddynamo dreht sich der Magnet gegenüber der Spule. Es muss also möglich sein, auch die Drehbewegung eines Magneten zur Erzeugung einer Induktionsspannung zu nutzen.

EXPERIMENT 2
Ein Stabmagnet wird so über einer Spule befestigt, dass er eine Drehbewegung ausführen kann. Die Spulenenden werden mit einem Spannungsmesser verbunden.
Der Magnet wird in Drehung versetzt. Dabei gelangen abwechselnd Nord- und Südpol in die Nähe der Spule.
Der Zeigerausschlag am Spannungsmesser wird beobachtet.

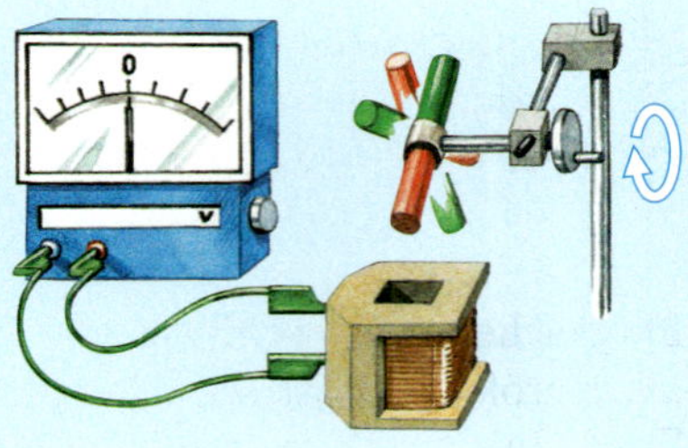
1

Das Messinstrument zeigt eine Induktionsspannung an. Beim Drehen schlägt der Zeiger abwechselnd nach rechts und nach links aus. Es entsteht eine Wechselspannung.
Während dieses Vorgangs ändert sich ständig die Anzahl und die Richtung der von der Spule umschlossenen Feldlinien:

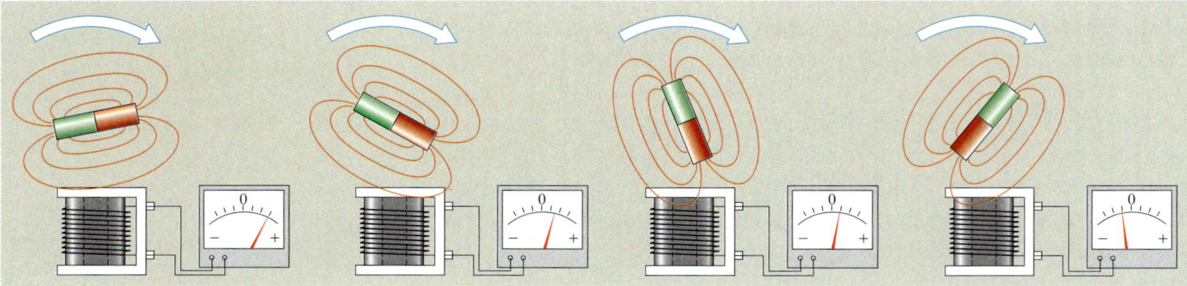
2

Dreht sich ein Stabmagnet vor der Öffnung einer Spule, so kann eine Induktionsspannung auftreten. Der Betrag der Spannung ändert sich ständig. Nach jeder halben Drehung ändert sich die Polarität der Spannung.

Induktionsgesetz

Die Lampen eines Fahrrades leuchten beim Anfahren zunächst nur wenig. Je schneller das Rad fährt, umso heller werden die Lampen. Wovon hängt der Betrag der Induktionsspannung ab?

EXPERIMENT 3
Die Anschlüsse einer Spule werden mit den Anschlüssen eines Spannungsmessers verbunden.
Ein Stabmagnet wird wiederholt langsam in die Spule hinein- und wieder aus ihr herausbewegt.
Die Geschwindigkeit des Magneten wird allmählich vergrößert.

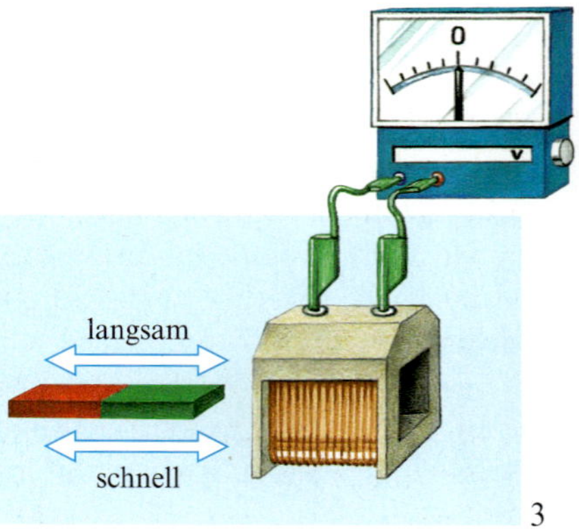

3

Je schneller der Magnet bewegt wird, umso größer ist die Induktionsspannung.

In einem weiteren Experiment soll untersucht werden, welchen Einfluss die Stärke des Magnetfeldes auf die Induktionsspannung hat.

EXPERIMENT 4
Wie im Experiment 3 wird zunächst ein Stabmagnet in die Spule hinein- und wieder herausbewegt.
Es werden zwei und schließlich drei aufeinander gelegte Magnete in gleicher Weise bewegt.

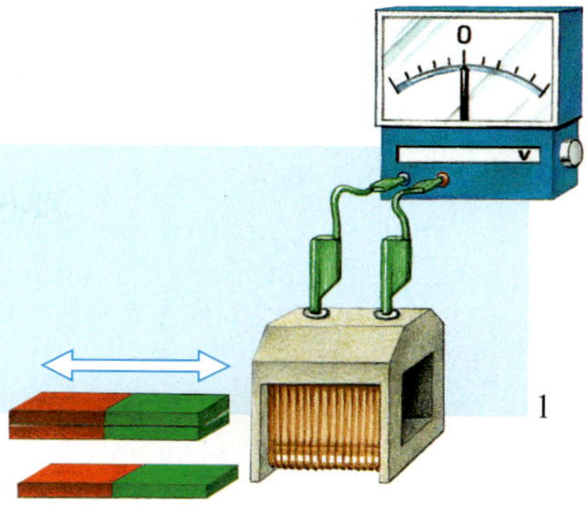

1

Bei gleicher Geschwindigkeit des Magneten ist die Induktionsspannung umso größer, je stärker der Magnet ist.
Die Induktionsspannung ist also dann besonders groß, wenn sich die Stärke des magnetischen Feldes schnell ändert.

Wie ändert sich die Induktionsspannung, wenn unterschiedliche Spulen eingesetzt werden?

EXPERIMENT 5
Eine Spule wird an einen Spannungsmesser angeschlossen.
Ein Stabmagnet wird langsam in die Spule hinein- und wieder aus ihr herausbewegt.
Die Windungszahl der Spule wird verdoppelt und schließlich vervierfacht. Der Magnet wird jeweils in gleicher Weise bewegt.

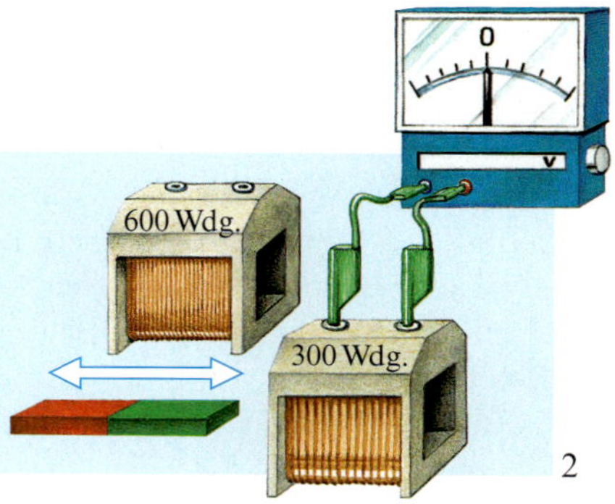

2

Je größer die Windungszahl der Spule ist, desto größer ist auch die Induktionsspannung.

Die gewonnenen Erkenntnisse über die elektromagnetische Induktion kann man in folgender Weise zusammenfassen:

Induktionsgesetz
In einer Spule wird eine Spannung induziert, solange sich das von der Spule umfasste Magnetfeld ändert.
Die Induktionsspannung ist umso größer, je schneller sich die Stärke des Magnetfeldes ändert und je größer die Windungszahl der Spule ist.

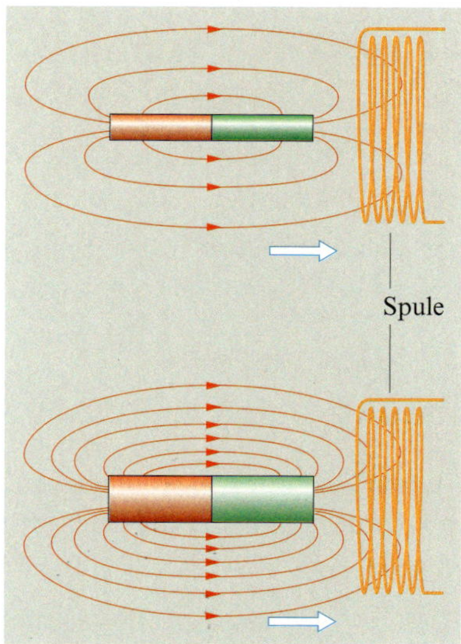

3
Induktion im Feldlinienbild

Induktion und Feldlinien. Die Aussagen des Induktionsgesetzes lassen sich folgendermaßen mit dem Modell Feldlinienbild erklären: Wird ein Magnet in eine Spule hineinbewegt, so ändert sich die Anzahl der Feldlinien, die von den Spulenwindungen umschlossen werden. Je schneller sich nun die Anzahl dieser Feldlinien ändert, desto größer ist die Induktionsspannung.
Wird ein bestimmter Magnet schneller in die Spule hineinbewegt, so nimmt auch die Anzahl derjenigen Feldlinien schneller zu, die von der Spule umschlossen werden. Wird ein stärkerer Magnet verwendet, so ändert sich die Anzahl der umschlossenen Feldlinien schneller. Denn die Feldlinien des stärkeren Magneten liegen dichter beieinander (Bild 3).
Da jede einzelne Windung der Spule zur Induktionsspannung beiträgt, ist sie umso größer, je mehr Windungen die Spule besitzt.

Ursache der elektromagnetischen Induktion

Bei der Induktion kommt es auf die Relativbewegung zwischen Magnet und Spule an: Statt des Magneten kann auch die Spule bewegt werden. Eine Spule besteht aus vielen Windungen bzw. Leiterschleifen. Deshalb müsste eine Induktionsspannung auch dann auftreten, wenn man eine einzelne Leiterschleife durch ein Magnetfeld bewegt.

EXPERIMENT 6

1. Verbinde die Enden einer Leiterschleife, die im Feld eines Hufeisenmagneten hängt, mit den Anschlüssen eines Spannungsmessers!
2. Stoße die Leiterschleife an, sodass sie eine schaukelnde Bewegung ausführt und beobachte den Spannungsmesser!

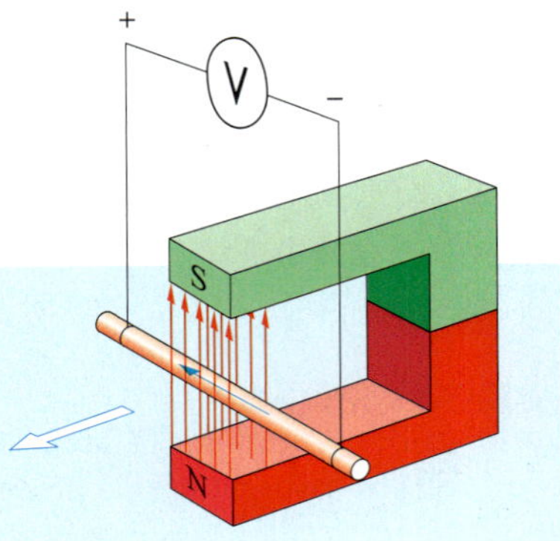

1

So, wie sich die Leiterschaukel hin- und herbewegt, schlägt auch der Zeiger des Messinstrumentes nach links und rechts aus.
Das Feldlinienbild zeigt, dass sich der untere Teil der Leiterschaukel quer zu den magnetischen Feldlinien bewegt. In der Leiterschaukel befinden sich wanderungsfähige Elektronen. Durch das Hin- und Herschaukeln bewegen sie sich quer zu den Feldlinien. Dabei wirkt auf sie eine Kraft, die senkrecht zur Bewegung und senkrecht zu den Feldlinien gerichtet ist.
In Bild 2 sind die Richtungen der Bewegung, der Feldlinien und des Stromes dargestellt. Die Richtung des Stromes ergibt sich aus der 3-Finger-Regel der rechten Hand.
In Bild 1 gibt der Pfeil im Leiter die Richtung des Induktionsstromes für den Fall an, dass sich der Leiter aus dem Hufeisenmagneten herausbewegt. Die Elektronen tragen eine negative Ladung; sie bewegen sich in die entgegengesetzte Richtung.

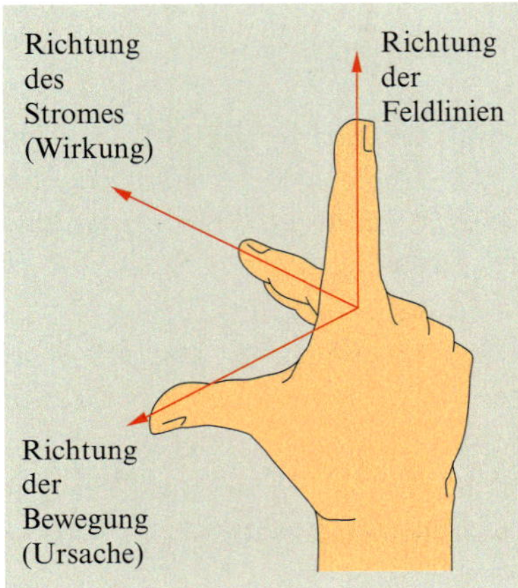

2
Ermittlung der Stromrichtung

Bewegt sich ein Leiter quer zu den magnetischen Feldlinien, so wirkt auf die wanderungsfähigen Ladungsträger im Leiter eine Kraft. Dadurch tritt an den Enden des Leiters eine Induktionsspannung auf.

Induktion bei ruhenden Anordnungen

Verwendung von Elektromagneten. Die Experimente 1 bis 6 wurden alle mit Dauermagneten durchgeführt. Statt dieser Dauermagneten kann sich aber auch ein Elektromagnet bewegen:

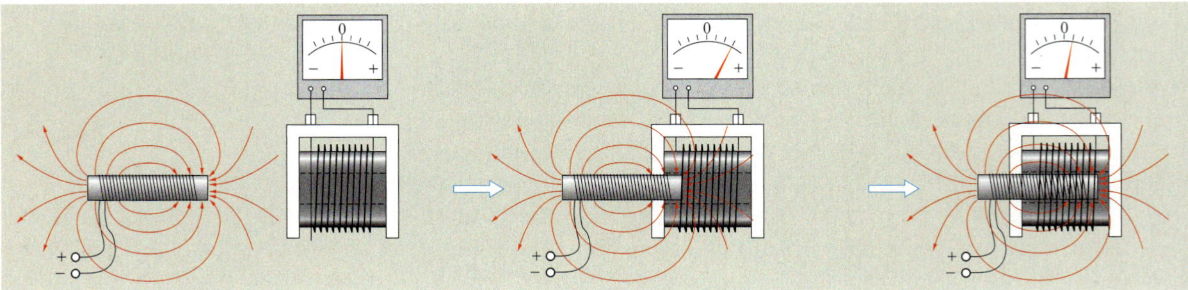

3

Das magnetische Feld eines Elektromagneten dringt in gleicher Weise in die Spule ein wie das eines Stabmagneten. Zu Beginn werden von der Spule keine magnetischen Feldlinien umschlossen. Nach der Bewegung umschließt die Spule viele Feldlinien. Auch hier tritt eine Induktionsspannung auf.

Einschalten eines Magneten. Wird ein ausgeschalteter Elektromagnet in eine Spule hineingeschoben, tritt keine Induktion auf. Was geschieht aber, wenn dann der Elektromagnet eingeschaltet wird?

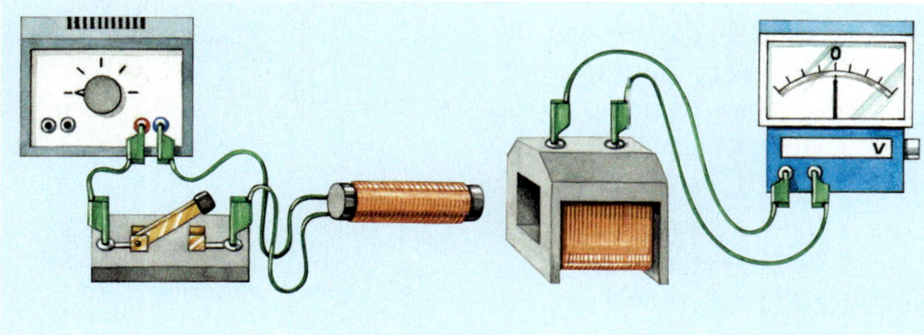

1

EXPERIMENT 7
1. Bringe einen Elektromagneten in eine Spule!
2. Schließe die Spule an einen Spannungsmesser an!
3. Schalte den Strom im Elektromagneten ein!
4. Schalte den Strom wieder aus!

Beim Einschalten des Stromes schlägt der Zeiger des Spannungsmessers kurzzeitig nach einer Seite aus. Beim Ausschalten des Stromes schlägt der Zeiger nach der anderen Seite aus.
Diese Vorgänge lassen sich mit denen in Experiment 1 (S. 68) vergleichen. Das Einschalten des Stromes entspricht dem Hineinschieben des Dauermagneten: Die Anzahl der von der Spule umfassten Feldlinien nimmt zu. Das Ausschalten des Stromes entspricht dem Herausziehen des Dauermagneten: Die Anzahl der von der Spule umfassten Feldlinien nimmt ab.

Auch ohne Bewegung kann eine Induktionsspannung erzeugt werden. Dies lässt sich erreichen, indem die Stärke des Magnetfeldes von einem Elektromagneten geändert wird.

Um auf diese Weise eine Induktionsspannung zu erzeugen, ist es nicht notwendig, den gesamten Elektromagneten in eine Spule hineinzubringen. Bild 2 zeigt eine Anordnung mit einem Elektromagneten, dessen langer Kern in eine Spule hineinragt. Wird der Elektromagnet ein- oder ausgeschaltet, kommt es in der Spule zur Induktion.

SCHON GEWUSST?

Nicht nur durch Ein- und Ausschalten lässt sich das Feld eines Elektromagneten ändern. Auch wenn die Stromstärke langsam verändert wird, ändert sich sein magnetisches Feld.
Je langsamer das Feld des Elektromagneten verändert wird, desto geringer ist jedoch die Induktionsspannung in einer benachbarten Spule.

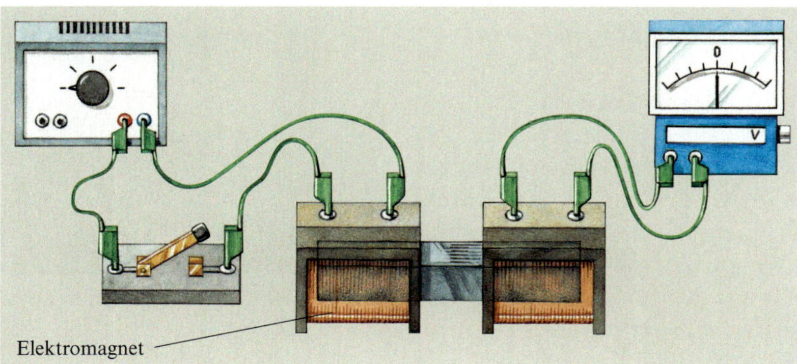

2

Ändert sich die Stromstärke im Elektromagneten, wird in der Spule eine Spannung induziert.

Wechselstromgenerator

Der Fahrraddynamo wandelt mechanische Energie in elektrische Energie um. In den Elektrizitätswerken wird die mechanische Energie der Turbinen in den Generatoren durch elektromagnetische Induktion in elektrische Energie umgewandelt. Diese Generatoren gleichen im prinzipiellen Aufbau und in der Wirkungsweise dem Fahrraddynamo.

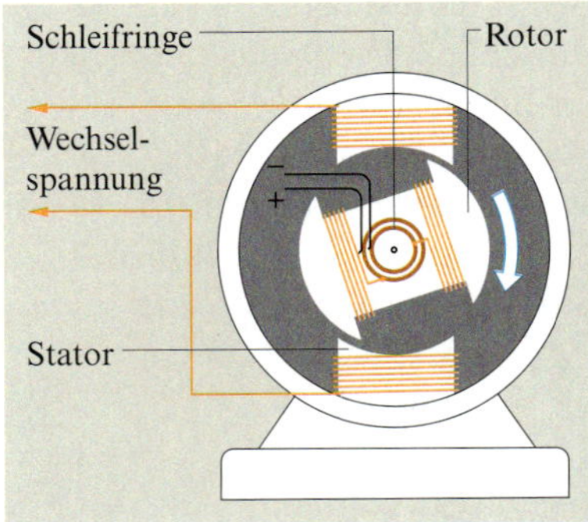

1 Aufbau des Wechselstromgenerators

Aufbau des Wechselstromgenerators. Ein Wechselstromgenerator besteht aus einem ruhenden Teil und einem sich drehenden Teil. Das ruhende Teil nennt man **Stator** (lat. *stare* = stehen), das bewegte Teil Anker oder **Rotor** (lat. *rotare* = sich im Kreis drehen). Der Stator enthält Induktionsspulen mit Eisenkernen. Wie beim Dynamo ist der Rotor ein großer Magnet. Allerdings ist er kein Dauermagnet, sondern ein Elektromagnet, der besonders starke Magnetfelder erzeugen kann.

Ein Wechselstromgenerator besteht aus ruhenden Induktionsspulen (Stator) und einem sich drehenden Magneten (Rotor oder Anker).

Basiskonzept Wechselwirkung ↑S. 233

Basiskonzept System ↑S. 231

Wirkungsweise des Wechselstromgenerators. Wenn sich der Rotor des Generators dreht, nimmt die Stärke des von den Induktionsspulen umfassten Feldes abwechselnd zu und ab. Dabei verändern die magnetischen Feldlinien periodisch ihre Richtung. Deshalb entsteht in den Induktionsspulen eine Wechselspannung:

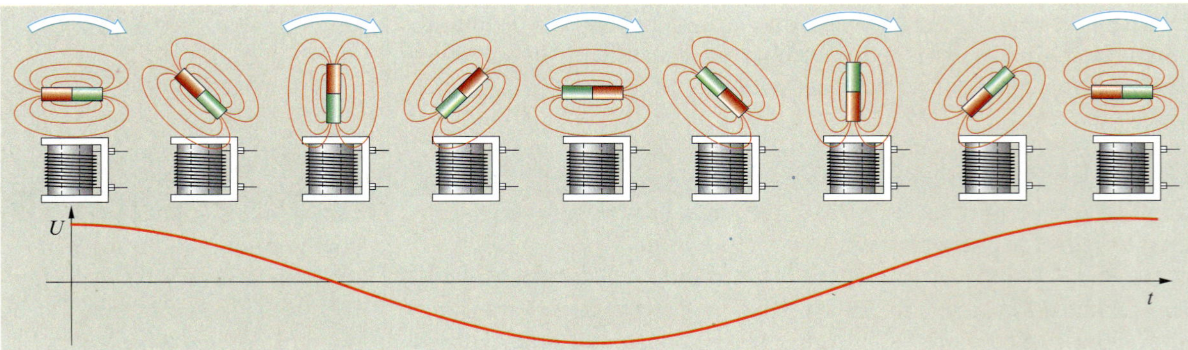

2 Die Wechselspannung entsteht durch die ständige Änderung des Magnetfeldes.

Wenn der Magnet zwischen den Statorspulen des Generators rotiert, ändert sich in diesen ständig die Stärke des Magnetfeldes und die Richtung der Feldlinien. Deshalb wird eine Wechselspannung induziert.

Die großen Generatoren unserer Kraftwerke sind wie der Fahrraddynamo so genannte Innenpolmaschinen, denn die induzierenden Pole des Elektromagneten befinden sich im Rotor (innen). Dadurch braucht man nur den relativ schwachen Strom für die Erregung dieses Magneten dem Rotor über Schleifringe zuzuführen. Bei technischen Generatoren werden Spannungen von 20 000 V induziert und es fließen Ströme von 10 000 A. Es ist günstig, diese direkt von den fest stehenden Spulen im Stator abzunehmen. Die Abnahme so starker Ströme von einem rotierenden Teil würde große technische Schwierigkeiten bereiten.

3 Große Innenpolmaschine während der Montage

Michael Faraday

Michael Faraday war einer der größten Physiker aller Zeiten. Er wurde im Jahre 1791 in Newington, einem Vorort von London, geboren. Dort wuchs er unter ärmlichen Verhältnissen auf. Sein Vater war ein Grobschmied, der oft unter Krankheiten und Arbeitslosigkeit litt. Faraday erinnerte sich, dass einmal ein Laib Brot für die ganze Familie eine Woche lang reichen musste.
In der Elementarschule lernte er nur Lesen, Schreiben und ein wenig Rechnen. Mit 12 Jahren erhielt er eine Stelle als Laufbursche und Zeitungsausträger. Ein Jahr später begann er eine 7-jährige Lehre als Buchbinder. Wie sich bald zeigen sollte, war das ein großer Glücksfall. Faraday las viele der Bücher, die ihm zum Binden gebracht wurden. Dabei lernte er die Erscheinung der Elektrizität kennen. Mit bescheidenen Mitteln baute er sich eine Reibungselektrisiermaschine und eine Leidener Flasche.
Ein wohlhabender Kunde, dem der interessierte junge Mann aufgefallen war, schenkte ihm Eintrittskarten zu den öffentlichen Vorträgen des berühmten Chemikers Sir Humphrey Davy. Mit einer sauber geschriebenen und mit Skizzen versehenen Mitschrift der Vorlesung, die er in Leder eingebunden hatte, bat Faraday den Gelehrten um eine Anstellung an der von ihm geleiteten *Royal Institution.* Davy entschied: „Lassen wir ihn Gläser und Flaschen reinigen. Wenn er gut für etwas ist, wird er kommen, lehnt er ab, dann taugt er für nichts.“ Faraday löste alle Aufgaben so gewissenhaft, dass er Davy als Assistent und Protokollant im Jahr 1813 auf einer anderthalbjährigen Vortragsreise durch Europa begleiten durfte. Auf dieser Reise machte er Bekanntschaft mit bedeutenden Forschern wie Ampère, Volta und Gay-Lussac.
1821 stellte ihm Davy die Aufgabe, alle bis dahin bekannten Experimente über den Elektromagnetismus zusammenzustellen. Faraday nahm diese Aufgabe sehr ernst, wiederholte alle Experimente und entwickelte neue. Dabei hat er auch den ersten Elektromotor erfunden.
Obwohl Faraday weder ein Gymnasium noch eine Universität besucht hatte, wurde er bald Professor. 1824 wählte man ihn zum Mitglied der Königlichen Akademie. Später wurde er der Nachfolger Davys.
In der Physik gab es praktisch kein Gebiet, auf dem Faraday nicht experimentiert hätte. Seine größten Erfolge hatte er bei der Untersuchung der Elektrizität und des Magnetismus. Faraday hat den Begriff des physikalischen Feldes und die Modelle der elektrischen und magnetischen Feldlinienbilder geschaffen.

Hans Christian Oersted hatte 1820 gezeigt, dass der elektrische Strom eine magnetische Wirkung besitzt. Daraus schlussfolgerte Faraday, dass es möglich sein muss, mithilfe von Magnetismus elektrischen Strom zu erzeugen. Erst nach sieben Jahren gelang ihm 1831 das entscheidende Experiment. Auf einen ringförmigen Eisenkern waren zwei Spulen gewickelt (Bild 3). Beim Anschließen einer Batterie an die Spule *a* sowie beim Öffnen des Stromkreises zeigte das Messinstrument einen Strom in der Spule *b* an.
Faraday hat in seinen Tagebüchern über 16 000 Experimente mit vielen Zeichnungen beschrieben.

1
Michael Faraday (1791–1867)

2
Faraday war nicht nur ein begnadeter Experimentator. Regelmäßig zu Weihnachten begeisterte er in leicht verständlichen öffentlichen Vorlesungen eine große Anzahl von Zuhörern.

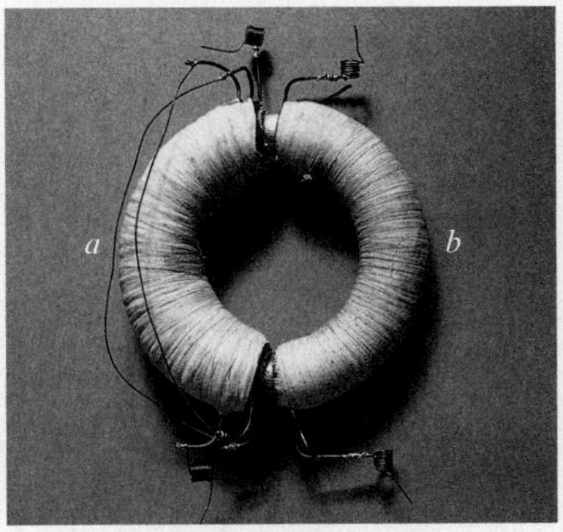

3
Faradays Spulen auf einem Eisenring

Aus der **Technik**

Generatoren in Kraftwerken

1

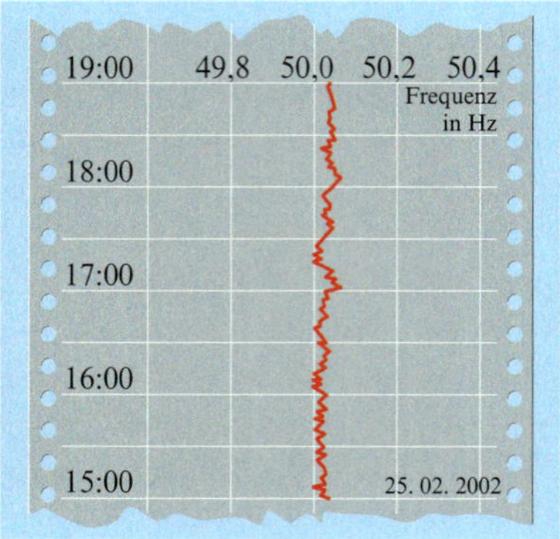

2

Stabilität der Netzfrequenz

Die Generatoren in Kraftwerken erzeugen Ströme mit riesigen Stromstärken. Die Stromstärke in einem 1 200-MW-Generator mit einer Spannung von 20 kV beträgt insgesamt 60 000 A. Um den Anker mit einer entsprechend großen Kraft zu drehen, wird Wasserdampf unter hohem Druck auf die Schaufeln einer Turbine (Bild 1) geleitet.

Die Frequenz des Wechselstromes muss dabei in sehr engen Grenzen konstant gehalten werden, sie darf von der vorgeschriebenen Frequenz von 50 Hz nur kurzzeitig mehr als 0,02 Hz abweichen. Denn verschiedene Kraftwerke speisen ihre Energie in dasselbe Netz ein. Der von ihnen erzeugte Strom muss stets zugleich „in dieselbe Richtung fließen". Kraftwerke werden deshalb sofort automatisch vom Netz genommen, wenn sich die Frequenz ihres Wechselstromes zu stark von 50 Hz unterscheidet.

Die Umlauffrequenz des Generator-Ankers muss genau zu der Netzfrequenz passen. Deshalb dreht sich der Anker im Generator eines Wärmekraftwerkes, der von einer Dampfturbine angetrieben wird, genau 50-mal in der Sekunde oder 3 000-mal in der Minute. So schnell können aber die Turbinen von Wasserkraftwerken nicht laufen. Mit einem Trick wird in diesen Kraftwerken erreicht, dass der erzeugte Strom trotzdem eine Frequenz von 50 Hz hat: Wenn der Anker nicht ein „Stabmagnet" mit einem Nord- und einem Südpol ist, sondern zwei Paare von Polen hat (Bild 3), ist bereits nach einer halben Umdrehung die Ausgangssituation wieder erreicht. Je mehr Polpaare der Anker des Generators hat, umso langsamer darf sich die Turbine drehen.

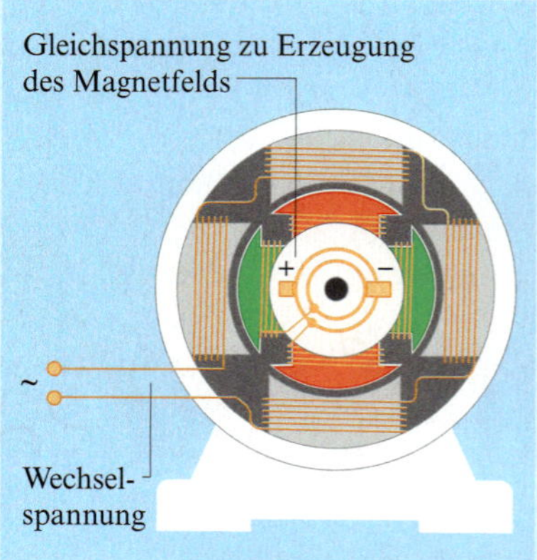

3

4

Induktionsspulen eines Schnellläufers

5

Induktionsspulen eines Langsamläufers

Informationsspeicher Festplatte

Festplattenlaufwerke *(Hard Disc Drive, HDD)* dienen z. B. im Computer zur Speicherung großer Datenmengen (Bild 1). Die Festplatten sind Aluminiumscheiben, die mit einer sehr dünnen Schicht aus einer Eisenlegierung überzogen sind. Diese Legierung hat die Eigenschaft, dass sie – einmal magnetisiert – ihre Magnetisierung lange behält, wenn sie nicht erneut in ein Magnetfeld gelangt.

Um Daten speichern zu können, werden sie zunächst in veränderliche elektrische Ströme umgewandelt. Diese erzeugen mithilfe des Schreib-Lese-Kopfs, im Prinzip ein kleiner Elektromagnet aus Spule und Kern, unterschiedlich starke Magnetfelder (Bild 2). Der Schreib-Lese-Kopf wird über die sehr rasch rotierende Aluminiumscheibe (bis zu 15 000 Umdrehungen pro Minute!) bewegt, sodass immer andere winzige „Zellen" der Legierungsschicht magnetisiert werden – entweder in die eine Richtung oder entgegegesetzt dazu. Die magnetisierten Zellen ergeben Muster, in denen die ursprünglichen Daten stecken. Die Magnetmuster sind nur wenige tausendstel Millimeter groß (Bild 3). Beim „Lesen" der Daten wird der Schreib-Lese-Kopf wieder über die rotierende Aluminiumscheibe geführt (Bild 4). In seiner Spule wird durch das ständig wechselnde Magnetfeld eine veränderliche Spannung induziert. Die Spannungsschwankungen enthalten die zuvor gespeicherten Informationen.

Je nach Magnetisierungsrichtung entspricht eine Zelle den Zahlen 0 oder 1 und stellt damit die kleinste Informationseinheit dar: ein „Bit". Die Buchstaben, Ziffern und Sonderzeichen eines Textes werden durch größere Informationseinheiten dargestellt. So ordnen z. B. viele Textverarbeitungsprogramme jedem Zeichen eine 8-stellige Dualzahl zu, die in acht zusammengehörenden Zellen magnetisch gespeichert wird. *Beispiel:* A entspricht im ASCII-Kode der Dualzahl 01000001. Jedes Zeichen belegt dann ein „Byte" an Speicherplatz auf der Festplatte. Für Bilder sind oft mehrere Hundert oder Tausend Bytes (Kilobytes, kB) erforderlich, bei hochaufgelösten Fotos einer Digitalkamera sind es sogar einige Millionen Bytes (Megabytes, MB). Moderne Festplatten besitzen einen Speicherplatz von mehreren 100 Milliarden Bytes (Gigabytes, GB).

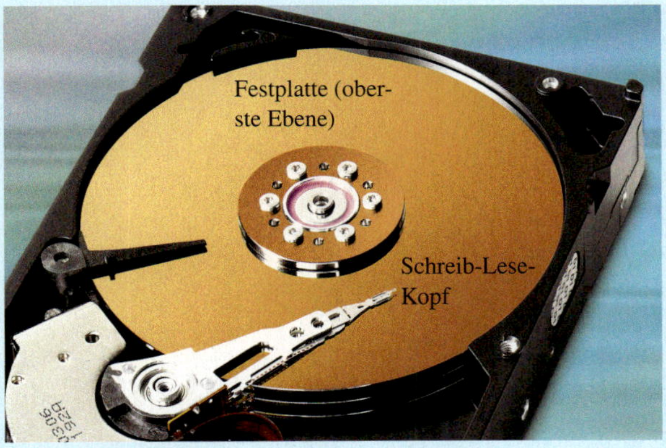

1
Festplattenlaufwerk

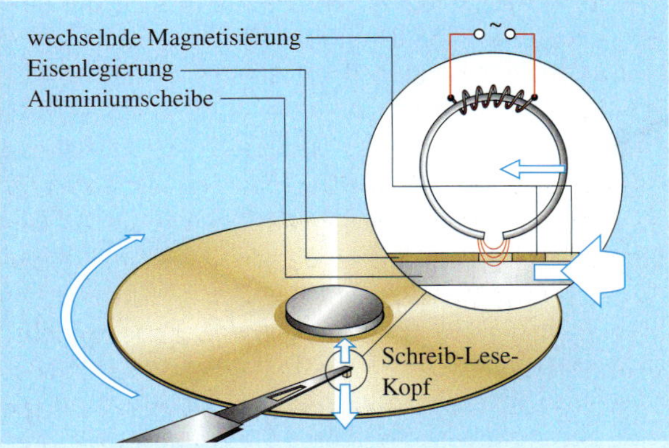

2
Speichern von Daten (Prinzip)

3
Magnetisierte Zellen auf der Festplatte

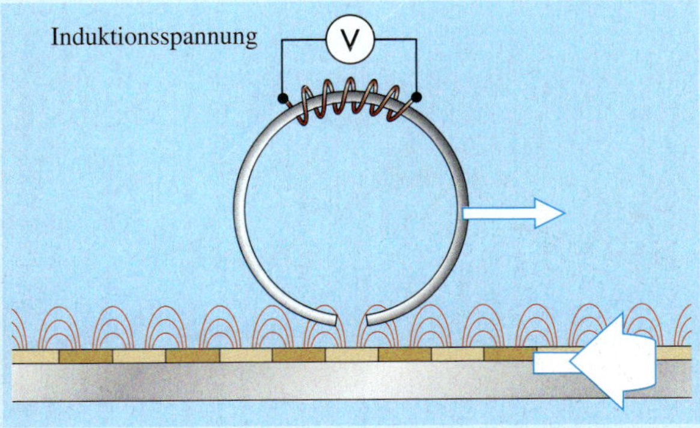

4
Lesen von Daten (Prinzip)

Aus der **Technik**

Kochen, Schmelzen und Bremsen durch Induktion

Wirbelströme. Eine Aluminiumscheibe liegt auf einer Spule mit Eisenkern (Bild 1). An die Spule legt man eine Wechselspannung an. Die Scheibe wird nach oben geschleudert. Hält man sie fest, so erwärmt sie sich. Diese Anordnung ist ein einfacher Transformator. Die Aluminiumscheibe stellt die Sekundärspule dar. Die induzierten Ströme fließen gleichzeitig auf verschiedenen Bahnen. Da sie an einen Wasserwirbel erinnern, nennt man sie Wirbelströme.
Die Aluminiumscheibe entspricht der Sekundärspule eines Transformators mit nur einer Windung.

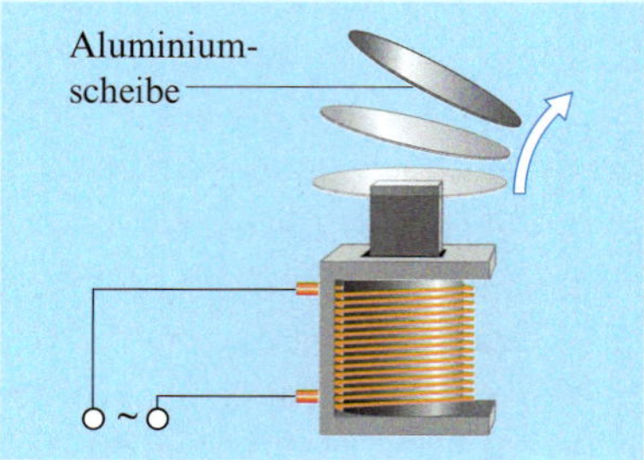

1

Wirbelströme

Induktionsherd. Die beschriebene Anordnung entspricht in ihrem Aufbau und ihrer Wirkungsweise einem Induktionsherd. Wichtigster Bestandteil ist die Spule, die in die Herdplatte eingebaut ist. Sie erzeugt im Boden der Pfanne, die auf dem Herd steht, starke Induktionsströme (Wirbelströme). Dadurch wird die Pfanne an den Stellen erwärmt, an denen die Wärme gebraucht wird. Die Herdplatte bleibt kalt. Deshalb spart der Induktionsherd Energie und Zeit. Die Wirkung wird noch dadurch vervielfacht, dass nicht mit Wechselstrom gearbeitet wird, der, wie der Strom aus der Steckdose seine Richtung in der Sekunde 100-mal ändert, sondern solchen mit 60 000 Richtungsänderungen pro Sekunde.

2

Heiß und kalt auf dem Induktionsherd

Induktionsschmelzen. Um Metalle, die eine hohe Schmelztemperatur haben, so zu schmelzen, dass keine Verunreinigung auftritt, benutzt man einen Induktionsschmelzofen. Die Sekundärspule des Transformators ist eine hitzebeständige kreisförmige Schmelzrinne, die die Sekundärspule des Transformators darstellt. Sie wird mit Metallstücken gefüllt, die geschmolzen werden sollen. Der Wechselstrom, der der Primärspule zugeführt wird, ändert ebenfalls seine Richtung pro Sekunde viel häufiger als der Wechselstrom im Haushalt. Da die Metallstücke einen geringen elektrischen Widerstand haben, fließt in der Rinne ein sehr starker Strom.

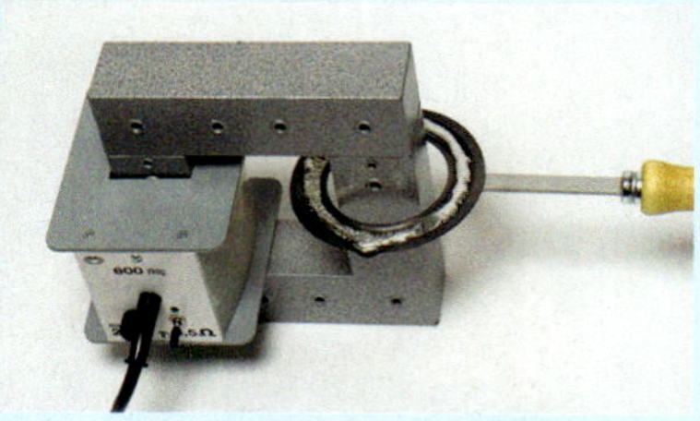
3

Induktionsschmelzofen-Modell

Hometrainer. Das oben beschriebene Experiment hat gezeigt, dass Wirbelströme eine Aluminiumscheibe in Bewegung versetzen oder auch erwärmen können. Sie können aber auch Bewegungen abbremsen. Das erfolgt z. B. in modernen Hometrainern. Bei diesen kann man elektronisch einstellen, wie sehr man sich beim Treten anstrengen will. Beim Treten versetzt man eine Aluminiumscheibe in schnelle Drehbewegung. Dieser Scheibe bewegt sich in einem Magnetfeld. Je stärker das Magnetfeld in der Scheibe ist, umso mehr wird sie abgebremst.

Hometrainer mit „Wirbelstrombremse“ 4

Weißt du es ? Kannst du es

1. Bei welchen der folgenden Bewegungen wird eine Spannung induziert? Gib jeweils eine Begründung! Eine Spule wird
   a) in einem homogenen Magnetfeld parallel zu den Feldlininien verschoben (Bild 1a),
   b) in ein homogenes Feld hineinbewegt (Bild 1b),
   c) aus einem homogenen Magnetfeld herausbewegt (Bild 1c),
   d) innerhalb eines homogenen Feldes quer zu den Feldlinien verschoben (Bild 1d).
2. Eine Spule befindet sich neben einem Elektromagneten (Bild 1e). In welchen Fällen wird in der Spule eine Spannung induziert? Erkläre!
   a) Der Stromkreis des Elektromagneten wird geschlossen.
   b) Im Stromkreis fließt ein konstanter Strom.
   c) Der Stromkreis wird geöffnet.
3. Beschreibe den Aufbau und erkläre die Wirkungsweise eines Wechselstromgenerators!
4. Erkläre, warum in der Technik Innenpolmaschinen verwendet werden!
5. Welche Energieumwandlungen treten in einem Wechselstromgenerator auf?
6. Beim Bremsen von Straßenbahnen kann man den Motor von der Oberleitung trennen und mit einem Widerstand verbinden. Der Motor arbeitet dann als Generator. Wie kommt die Bremswirkung zustande?
7. Kopple deine Fahrradlichtmaschine an das Vorderrad an. Klemme die Zuleitung zu den Lampen ab. Versetze das Vorderrad in Drehbewegung. Nach einigen Umdrehungen bleibt es stehen. Wiederhole den Vorgang mit angeschlossenen Lampen. Erkläre, warum das Rad jetzt früher stehen bleibt!
8. Erkläre das Zustandekommen der Wechselspannung bei einem Generator!
9. Ein Magnet wird in eine Spule hinein geschoben. Wovon hängt die Induktionsspannung ab? Wie ändert sich die Induktionsspannung, wenn statt des einen Magneten drei Magnete verwendet werden, die mit gleichen Polen aufeinander liegen?

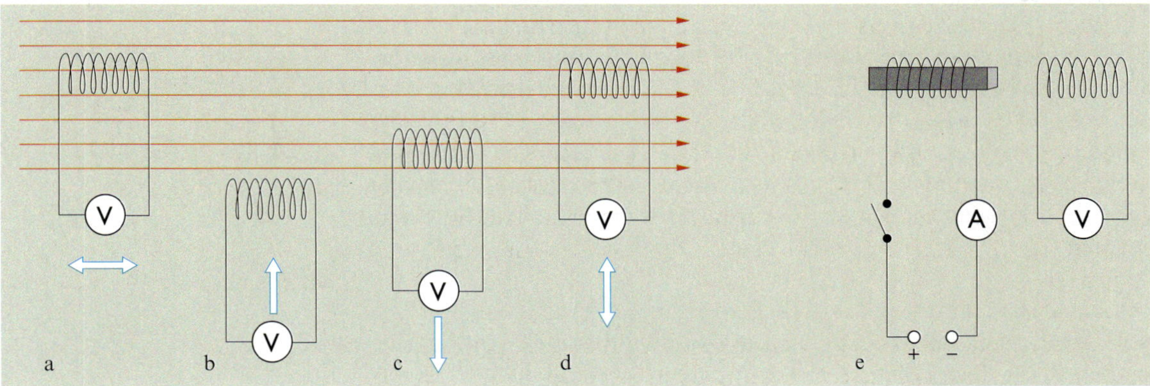

1

Kurz und knapp !

Induktionsgesetz. In einer Spule wird eine Spannung induziert, solange sich das von der Spule umfasste Magnetfeld ändert. Die Induktionsspannung ist umso größer, je schneller sich die Stärke des Magnetfeldes ändert und je größer die Windungszahl der Spule ist.

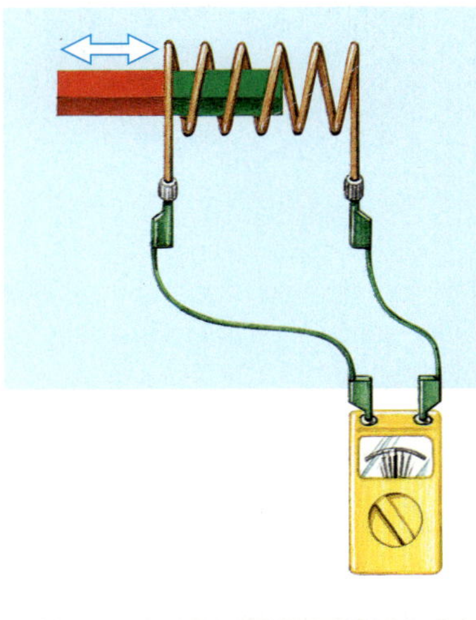

Wechselstromgenerator. Ein Wechselstromgenerator besteht aus einem Magneten (Rotor), der sich zwischen den Induktionsspulen (Stator) dreht. Dabei ändert sich das von den Spulen umfasste Magnetfeld ständig und es wird eine Wechselspannung induziert.

Transformator

1

An unseren Steckdosen liegt eine elektrische Spannung von 230 V an. Für viele Zwecke benötigt man jedoch viel kleinere Spannungen z. B. für den Betrieb eines MP3-Players oder eines Ladegerätes. Dafür benutzt man ein Netzteil. Im Netzteil befindet sich ein Transformator. Er wandelt die Netzspannung in die benötigte Kleinspannung um. Elektrische Bahnen arbeiten mit einer Spannung von 15 000 V. Diese wird ebenfalls von Transformatoren bereitgestellt.
Auf welche Weise erzeugen die Transformatoren kleinere oder größere Spannungen?

Aufbau und Wirkungsweise eines Transformators

Die Experimente zur Induktion bei ruhenden Anordnungen wurden mit Gleichspannung durchgeführt (siehe S. 66 ff.). Beim Ein- und Ausschalten des Elektromagneten wurde jeweils in einer Spule eine Induktionsspannung erzeugt, weil sich die Stärke des Magnetfeldes änderte. Auch wenn man durch einen Elektromagneten einen Wechselstrom fließen lässt, ändert sich sein Magnetfeld. Dies wird in einem Transformator genutzt.

Basiskonzept Energie ↑S. 230

Basiskonzept System ↑S. 231

Aufbau eines Transformators. Ein Transformator besteht aus zwei Spulen, der Primärspule (Feldspule) und der Sekundärspule (Induktionsspule). Beide Spulen befinden sich auf einem gemeinsamen Eisenkern (Bild 2). Sie sind elektrisch nicht miteinander verbunden.

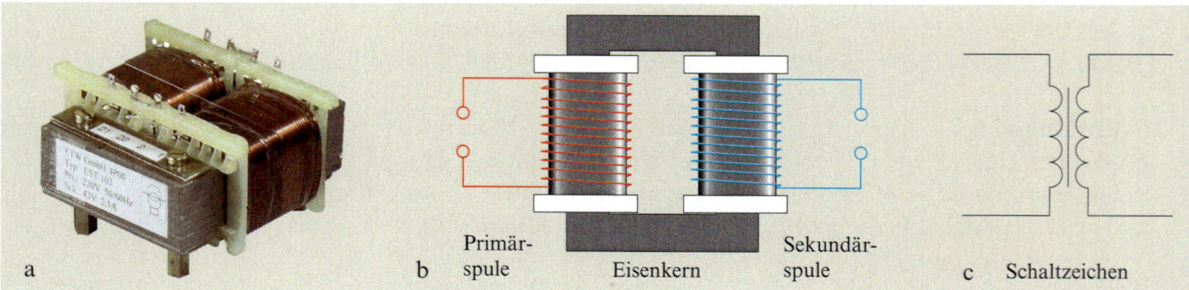

a b c Schaltzeichen 2

Ein Transformator besteht aus einer Primärspule (Feldspule) und einer Sekundärspule (Induktionsspule), die sich auf einem geschlossenen Eisenkern befinden.

Wirkungsweise eines Transformators. Auf welche Weise entsteht in der Sekundärspule des Transformators eine Spannung?

EXPERIMENT 1

1 Stecke auf den einen Schenkel eines U-förmigen Eisenkerns eine Spule (Primärspule) und schließe sie an eine Wechselspannungsquelle an!
2 Verbinde eine zweite Spule (Sekundärspule) mit einer Glühlampe!
3 Schiebe die Sekundärspule langsam auf den zweiten Schenkel des U-Kerns!
4 Lege auf den U-Kern einen I-Kern!

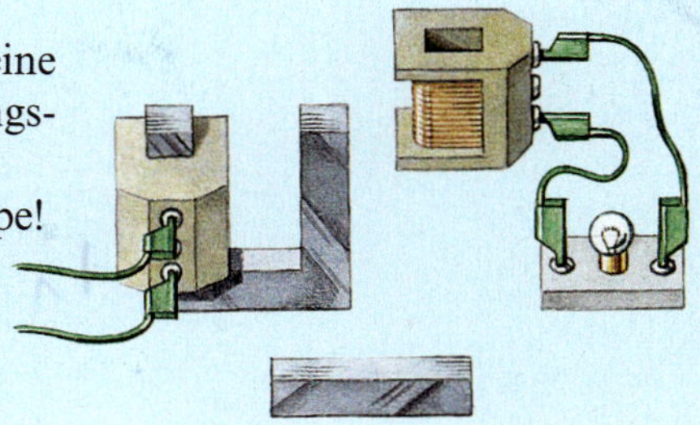
1

Beim Aufschieben der Sekundärspule auf den U-Kern beginnt die Lampe erst schwach und danach stärker zu leuchten. Nach dem Auflegen des I-Kerns leuchtet sie hell.
Um eine Spannung zu induzieren, muss sich das von der Induktionsspule umfasste magnetische Feld ändern. Bei einem Transformator ist diese Bedingung dadurch erfüllt, dass durch seine Primärspule ein Wechselstrom fließt. Dieser Wechselstrom bewirkt, dass sich das Magnetfeld ständig ändert. Das Magnetfeld gelangt durch den Eisenkern zur Sekundärspule. Diese Spule umfasst das Magnetfeld. Dadurch wird fortwährend eine Spannung induziert. Ein an die Sekundärspule angeschlossenes Oszilloskop lässt erkennen, dass die Induktionspannung wieder eine Wechselspannung ist (Bild 2).

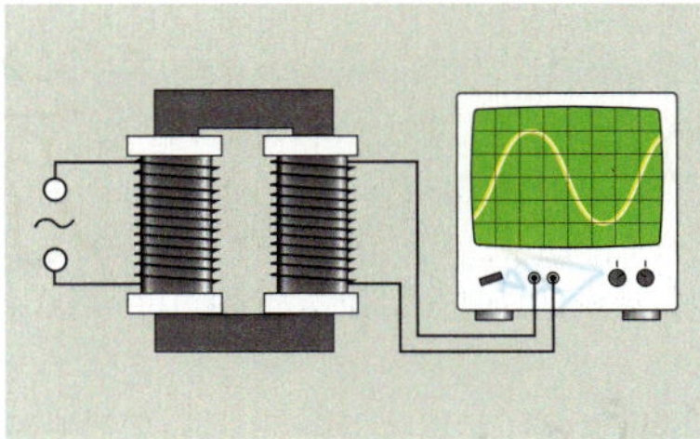
2

Fließt durch die Primärspule eines Transformators ein Wechselstrom, so ändert sich das Magnetfeld ständig. Dadurch wird in der Sekundärspule eine Wechselspannung induziert.

Spannungs- und Stromübersetzung am Transformator

Spannungsübersetzung am Transformator. Das Experiment 5 (S. 69) hat gezeigt, dass die Induktionsspannung umso größer ist, je größer die Windungszahl der Induktionsspule ist. Es ist deshalb zu vermuten, dass auch bei einem Transformator die induzierte Spannung von der Windungszahl der Sekundärspule abhängt: Je größer die Sekundärwindungszahl ist, umso größer müsste auch die Sekundärspannung sein.

EXPERIMENT 2

1 Stelle aus einer Primärspule, einer Sekundärspule und einem geschlossenen Eisenkern einen Transformator zusammen!
2 Lege an die Primärspule eine bestimmte Wechselspannung U_1 an!
3 Miss die Spannung U_2 an der Sekundärspule!
4 Verändere die Windungszahl N_2 der Sekundärspule!
5 Verändere die Primärspannung!
6 Verändere die Windungszahl N_1 der Primärspule!
7 Bilde die Quotienten aus N_1 und N_2 bzw. U_1 und U_2!

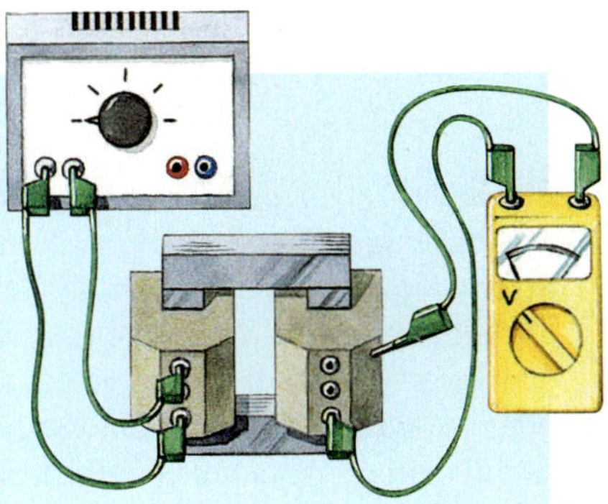
3

Bei dem Experiment kann man z. B. folgende Messergebnisse erhalten:

Primärkreis		Sekundärkreis		Auswertung	
N_1	U_1 in V	N_2	U_2 in V	$N_1 : N_2$	$U_1 : U_2$
600	5,0	300	2,4	2,0	2,08
600	5,0	600	4,8	1,0	1,04
600	5,0	900	7,3	0,67	0,68
600	10,0	900	14,7	0,67	0,68
300	5,0	600	9,8	0,5	0,51

Das Experiment bestätigt die Vermutung. Die Sekundärspannung ist umso größer, je größer die Sekundärwindungszahl ist. Außerdem ist zu erkennen: Wenn die Primärspannung zunimmt, nimmt auch die Sekundärspannung zu. Schließlich hat die Primärwindungszahl Einfluss auf die Sekundärspannung.
Vergleicht man die Quotienten in den beiden letzten Spalten, so erkennt man: Die Primärspannung verhält sich zur Sekundärspannung wie die Primärwindungszahl zur Sekundärwindungszahl. Voraussetzung ist dabei, dass der Transformator nicht belastet ist, d. h., im Sekundärstromkreis kein Strom fließt .

Spannungsübersetzung am unbelasteten Transformator: $\frac{U_1}{U_2} = \frac{N_1}{N_2}$

Beispiel zur Berechnung der Sekundärwindungszahl eines Transformators
Bei der Werbung mit „Neonlicht" ist für die Zündung der Röhren eine Spannung von 4 000 V erforderlich. Der Hochspannungstransformator wird mit 230 V betrieben und besitzt eine Primärwindungszahl von 600 Windungen. Wie groß muss die Sekundärwindungszahl sein?

Gesucht: N_2

Gegeben: $N_1 = 600$

$U_1 = 230\,\text{V}$

$U_2 = 4\,000\,\text{V}$

Lösung: $\frac{U_1}{U_2} = \frac{N_1}{N_2}$

$N_2 = N_1 \cdot \frac{U_1}{U_2}$

$N_2 = 600 \cdot \frac{4\,000\,\text{V}}{230\,\text{V}}$

$\underline{\underline{N_2 = 10\,435}}$

Ergebnis: Die Sekundärspule muss eine Windungszahl von 10 435 besitzen.

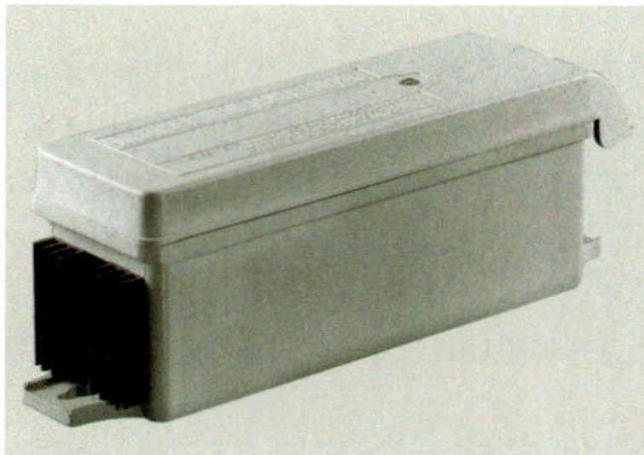

1 Hochspannungstransformator für Leuchtstoffröhren

Stromübersetzung am Transformator. Beim Schweißen mit einem Elektroschweißgerät müssen durch die Schweißelektrode Ströme mit großen Stromstärken fließen, damit die hohen Temperaturen zum Schmelzen des Materials erreicht werden. Man kann ein solches Schweißgerät mit dem Netzwechselstrom betreiben, auch wenn die Leitungen nur für 10 A oder 16 A ausgelegt sind. Das Schweißgerät enthält einen Transformator, in dem die hohen Stromstärken erzeugt werden. Welche Bedingungen müssen dafür erfüllt sein?

EXPERIMENT 3

1 Stelle aus einer Primärspule, einer Sekundärspule, einem U- und einem I-Kern einen Transformator zusammen!
2 Verbinde die Primärspule über einen Strommesser mit einer Wechselspannungsquelle!
3 Belaste die Sekundärspule des Transformators stark, indem du sie über einen Strommesser kurzschließt!
4 Verändere die Sekundärwindungszahl und miss jeweils Primär- und Sekundärstromstärke!

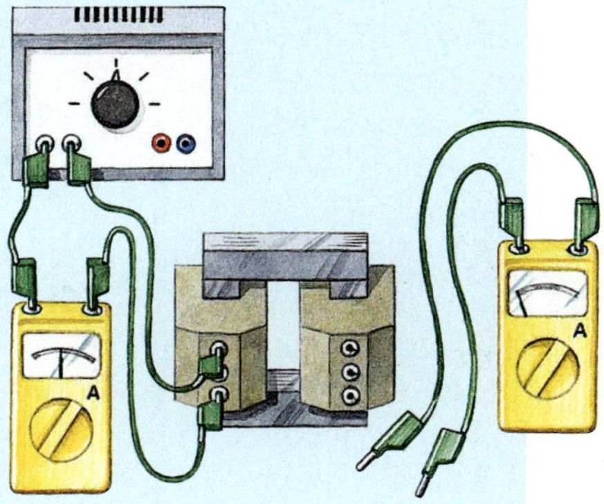

1

In die folgende Tabelle sind als Beispiel die Ergebnisse von 2 Messungen eingetragen:

Primärkreis		Sekundärkreis		Auswertung	
N_1	I_1 in mA	N_2	I_2 in mA	$N_2 : N_1$	$I_1 : I_2$
1200	100	600	190	0,5	0,53
1200	100	300	390	0,25	0,26

Das Experiment führt zu folgenden Ergebnissen: Je kleiner die Sekundärwindungszahl ist, umso größer ist die Sekundärstromstärke. Vergleicht man die Quotienten in den beiden letzten Spalten, so erkennt man: Die Primärstromstärke verhält sich zur Sekundärstromstärke umgekehrt wie die Windungszahlen der beiden Spulen zueinander. Voraussetzung ist dabei, dass der Transformator stark belastet ist.

Stromübersetzung am stark belasteten Transformator: $\frac{I_1}{I_2} = \frac{N_2}{N_1}$

Beispiel zur Berechnung der Sekundärstromstärke eines Transformators
Ein Schweißtransformator wird mit einer Wechselspannung von 230 V betrieben. Seine Primärwindungszahl ist 400, seine Sekundärwindungszahl 75. Welchen Wert kann die Sekundärstromstärke erreichen, wenn die Primärstromstärke 8 A beträgt?

Gesucht: I_2

Gegeben: $N_1 = 400$

$N_2 = 75$

$I_1 = 8\,\text{A}$

Lösung: $\frac{I_1}{I_2} = \frac{N_2}{N_1}$

$I_2 = I_1 \cdot \frac{N_1}{N_2}$

$I_2 = 8\,\text{A} \cdot \frac{400}{75}$

$\underline{\underline{I_2 = 43\,\text{A}}}$

Ergebnis: Die Sekundärstromstärke kann maximal 43 A erreichen.

2
Schweißgerät mit Schweißtransformator

Aus der **Technik**

Fernleitung elektrischer Energie

Ein wesentlicher Vorzug der elektrischen Energie besteht darin, dass sie mit elektrischen Freileitungen übertragen werden kann. Die Drähte dieser Leitungen haben jedoch – wie alle elektrischen Leitungen – einen elektrischen Widerstand. Dieser Widerstand bewirkt, dass ein Teil der elektrischen Energie in thermische Energie umgewandelt wird. Die thermische Energie erwärmt die umgebende Luft. Die Wärmeabgabe ist umso größer, je größer der elektrische Widerstand der Leitungen ist. Außerdem nimmt sie stark mit der elektrischen Stromstärke in den Leitungen zu. Der Widerstand ließe sich verringern, wenn man dickere Leitungen nähme. Doch das wäre sehr teuer. Eine gute Möglichkeit besteht aber darin, die Stromstärke in den Leitungen zu verkleinern. Das ist dadurch möglich, dass man die Elektrizität mit großen Spannungen überträgt.

Die Generatoren in den Kraftwerken erzeugen Spannungen von etwa 20 kV. In einem Umspannwerk wird diese Spannung in Transformatoren auf 220 kV oder 380 kV hochtransformiert. Mit dieser Hochspannung werden dann durch die Freileitungen große Entfernungen überbrückt.

Natürlich kann diese Hochspannung nicht in Haushalten und Fabriken verwendet werden. Sie ist sehr gefährlich, und es würden lange Funken zwischen den Leitungen überspringen. Deshalb wird die Spannung in der Nähe von Städten und Industriebetrieben in mehreren Schritten bis auf 400 V bzw. 230 V heruntertransformiert. Das erfolgt in den Transformatoren der Umspannwerke.

Damit ist bei der Übertragung elektrischer Energie mit Hochspannung ein mehrfaches Transformieren erforderlich. Das erfolgt aber nur mit einem bestimmten Wirkungsgrad. Durch eine sehr gute Konstruktion erreichen solche Transformatoren Wirkungsgrade von 99,9 %.

1

ÜBRIGENS

Die Transformatoren der Umspannwerke müssen für Leistungen bis zu 3 GW ausgelegt werden. Bei solch großen Transformatoren ist es nicht mehr möglich, nur eine Primär- und eine Sekundärspule auf einem Eisenkern anzuordnen. Eine derartige tonnenschwere Anlage ließe sich nicht vom Hersteller zum Einsatzort transportieren. In diesen Fällen ordnet man daher mehrere Transformatoren auf einer „Bank“ an.

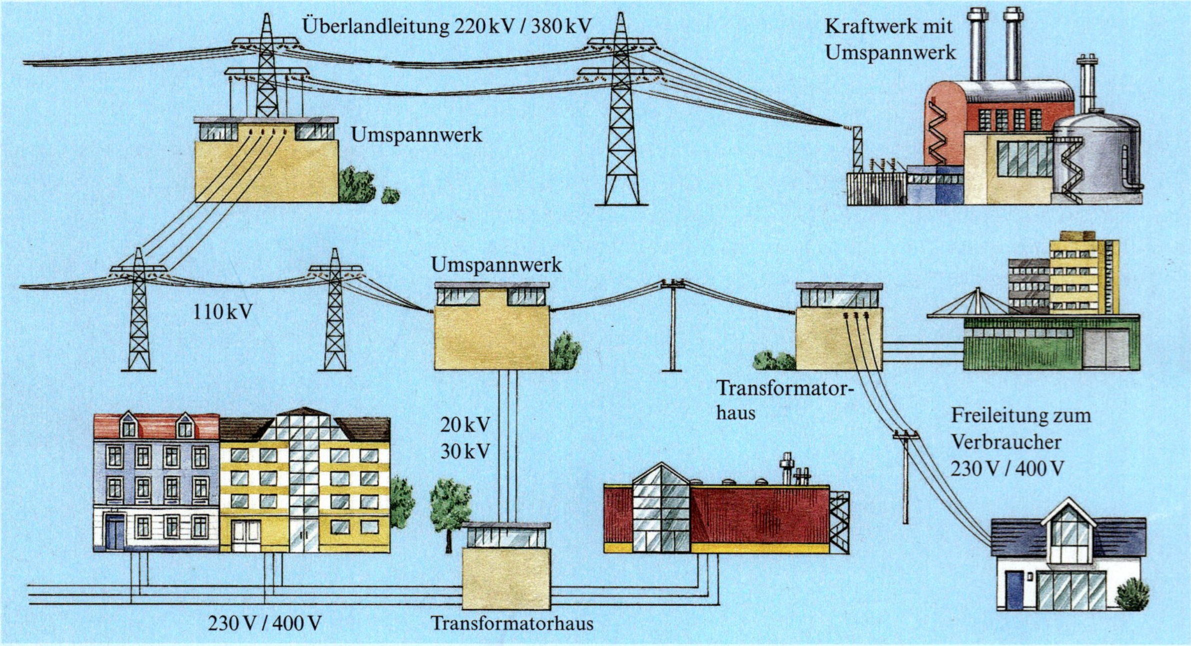

2

Weißt du es ? Kannst du es

1. Beschreibe den Aufbau und erkläre die Wirkungsweise eines Transformators!
2. Nenne Beispiele für die Anwendung von Transformatoren. Ordne sie nach der zu nutzenden Spannung!
3. Ein Kleinschweißtransformator ist für eine Betriebsspannung von 230 V konstruiert. Seine Primärwindungszahl beträgt 260, seine Sekundärwindungszahl 60. Wie groß ist die Sekundärspannung bei unbelastetem Transformator?
4. Bei einem Transformator wird die Primärspannung zunächst verdoppelt und dann halbiert. Wie ändert sich jeweils die Sekundärspannung?
5. Erkläre, warum die Sekundärspannung eines Transformators zunimmt, wenn die Primärspannung größer wird!
6. Eine Kohlebogenlampe wird über einen Transformator mit einer Spannung von 50 V betrieben. Bei einer Netzspannung von 230 V beträgt die Sekundärstromstärke 10 A. Wie groß muss die Stromstärke in der Primärspule mindestens sein?
7. An einem Transformator werden im Leerlauf eine Primärspannung von 230 V und eine Sekundärspannung von 9,2 V gemessen. Bei Kurzschluss beträgt die Primärstromstärke 0,1 A. Gib das Verhältnis der Windungszahlen und die Stromstärke im Sekundärkreis an!
8. Mit einem Transformator soll eine Wechselspannung von 230 V auf 19 V transformiert werden. Für seinen Aufbau stehen ein Eisenkern und Spulen mit 125, 250, 500, 750, 1 500 und 3 000 Windungen zur Verfügung. Gib mögliche Spulenkombinationen für diesen Transformator an!
9. Begründe, dass bei der Fernleitung elektrischer Energie Transformatoren eingesetzt werden müssen!
10. Elektrische Energie soll bei einer Leistung von 500 kW durch ein Fernleitungskabel übertragen werden.
    a) Begründe, dass es sinnvoll ist, für die Übertragung eine möglichst hohe Spannung zu verwenden!
    b) Berechne die Stromstärken, die sich für Spannungen von 230 V, 10 kV und 220 kV ergeben würden!
11. Erkläre, warum die Sekundärspannung eines Transformators größer wird, wenn man die Sekundärwindungszahl vergrößert!
12. Begründe, warum bei der Fernübertragung elektrischer Energie die Spannung zunächst vergrößert und dann wieder schrittweise verringert werden muss! Was würde geschehen, wenn man eine Spannung von 230 V über einige 100 km direkt übertragen wollte?
13. Welche Aufgabe hat der Eisenkern eines Transformators? Warum sollte er in der Regel „geschlossen" sein?

Kurz und knapp !

Transformator

In einem Transformator erfolgt die Induktion ohne Bewegung durch ständiges Ändern des Magnetfeldes in der Induktionsspule.
Ein Transformator besteht aus einer Primärspule (Feldspule) und einer Sekundärspule (Induktionsspule), die sich auf einem geschlossenen Eisenkern befinden. Fließt durch die Primärspule ein Wechselstrom, so ändert sich das Magnetfeld ständig. Dadurch wird in der Sekundärspule eine Wechselspannung induziert.

Spannungsübersetzung am unbelasteten Transformator:

$$\frac{U_1}{U_2} = \frac{N_1}{N_2}$$

Stromübersetzung am stark belasteten Transformator:

$$\frac{I_1}{I_2} = \frac{N_2}{N_1}$$

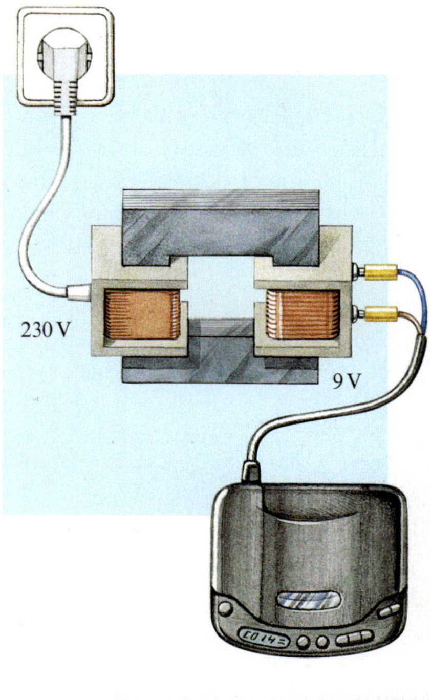

Teste dich!

1 Zeichne das magnetische Feld um einen Stabmagneten und das elektrische Feld zwischen zwei unterschiedlich geladenen Kugeln. Welche gemeinsamen Eigenschaften haben diese Felder?

2 Zwei isoliert befestigte Messingstäbe bilden eine schiefe Ebene, auf der ein Messingrohr rollen kann. Dabei bewegt es sich senkrecht zu den Feldlinien eines Magneten (Bild 1).

a Warum zeigt das Messgerät beim Rollen eine Spannung an? Erkläre.

b Was geschieht, wenn anstelle des Spannungsmessers eine Gleichspannungsquelle von wenigen Volt angeschlossen wird?

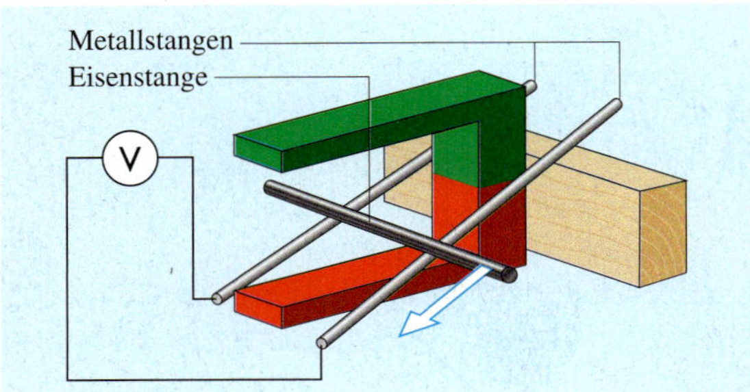

1

3 Ein von einer Turbine angetriebener Generator erzeugt eine Spannung von 22 000 V. Er gibt maximal eine Leistung von 150 MW ab. Über eine Hochspannungsleitung von 50 km Länge gelangt der elektrischen Strom in einen großen Industriebetrieb, nachdem die Spannung durch Transformieren auf 220 000 V erhöht wurde (also auf das Zehnfache). Der Widerstand der Gesamtleitung beträgt für jeden Kilometer Leitung 0,06 Ohm.

a Bestimme, wie viel Prozent des Energiestromes für die Nutzung verloren gehen.

b Wie viel Prozent Verlust würden ohne die Spannungserhöhung auftreten?

4 Die Leiterschleife vom Bild 2 dreht sich im Magnetfeld um 360°. Der Zeiger des angeschlossenen Spannungsmessers befindet sich in der Skalenmitte in Ruhestellung.

a Beschreibe, wie sich der Zeiger bewegt.

b Erkläre seine Bewegung.

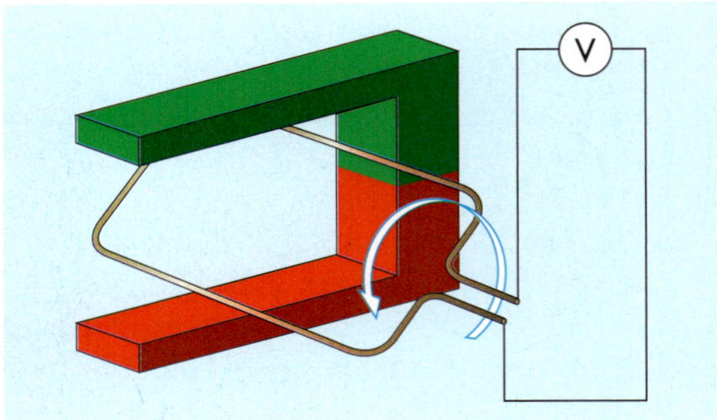

2

5 Kennzeichne die Vorteile eines Wechselstromnetzes gegenüber einem Gleichstromnetz.

6 Wie werden beim Induktionsfeuerzeug die „zündenden Funken“ erzeugt (Bilder 3 und 4)?

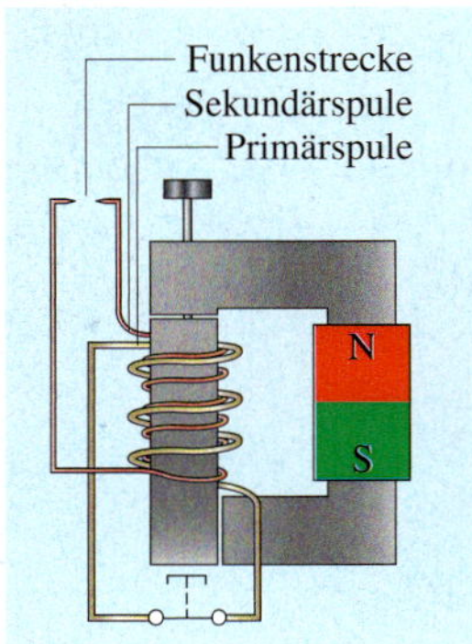

3

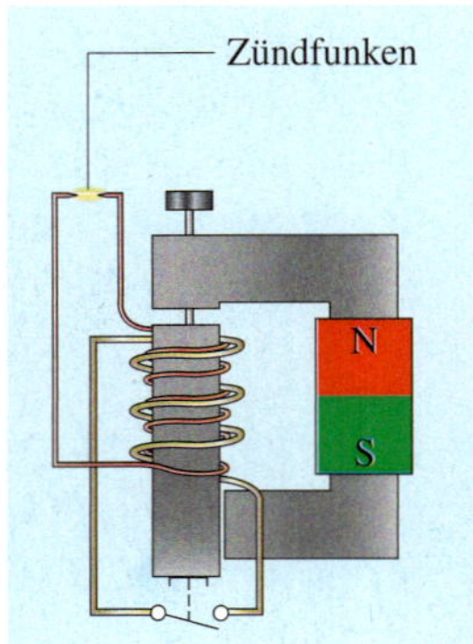

4

Schätze deine Kenntnisse und Fähigkeiten ein!

Ordne dazu deiner Lösung im Heft ein Smiley zu:

☺ Ich konnte die Aufgabe richtig lösen.
😐 Ich konnte die Aufgabe nicht komplett lösen.
☹ Ich konnte die Aufgabe nicht lösen.

Die Lösungen findest du im Anhang.

Aufgabe	Fähigkeit	Hilfe findest du auf Seite …
1	Elektrisches und magnetisches Feld vergleichen.	57
2, 4, 6	Anwenden des Induktionsgesetzes.	68–70
4	Entstehung einer Wechselspannung erklären.	72
3, 5	Bedeutung des Transformators für die Energieübertragung begründen.	79–82

Mechanische Schwingungen und Wellen

Eine besondere Form der Bewegungen sind die mechanischen Schwingungen. Man kann sie bei vielen Vorgängen in Natur und Technik beobachten.
Wellen entstehen durch die Kopplung von schwingungsfähigen Körpern. Eindrucksvolle Meereswellen kommen durch heftigen Sturm zustande.
Die Entstehung von Schall geht auf schwingende Körper zurück. Hören und Sprechen hängen eng mit den Eigenschaften der Schallwellen zusammen.

Mechanische Schwingungen

1

Beim Gitarrespielen bewegen sich die Saiten sichtbar hin und her. Die Ähren eines Getreidefeldes und die Wipfel der Bäume wiegen sich im Wind.
An einem Moped zittert der Rückspiegel bei einer bestimmten Motordrehzahl besonders heftig.
Beim Sprechen vibrieren im menschlichen Kehlkopf die Stimmbänder.
Wie entstehen diese besonderen Bewegungen und wie lassen sie sich beschreiben?

Was versteht man unter einer Schwingung?

Auf der Schaukel im Bild 2 bewegt man sich gleichmäßig vor und zurück. Ganz vorn und ganz hinten kommt man kurz zum Stillstand. An den als Umkehrpunkten der Bewegung bezeichneten Stellen kehrt sich die Richtung der Bewegung um.

2

Die Figur im Bild 3 ist an einer langen Feder aufgehängt. Wenn man an der Feder zieht und anschließend loslässt, führt die Figur eine gleichmäßige Auf- und Abbewegung aus. Auch hier gibt es diese Umkehrpunkte. Sie liegen ganz oben und ganz unten.

Diese beiden Beispiele zeigen eine erste Gemeinsamkeit, die für Schwingungen charakteristisch ist:
Ein schwingender Körper bewegt sich periodisch zwischen zwei Umkehrpunkten.
Eine vollständige Hin- und Herbewegung bezeichnet man als *Periode*.

Schaukel und Figur haben noch eine zweite Gemeinsamkeit in ihrem Schwingungsverhalten.
Beide Bewegungen werden durch Reibung und Luftwiderstand gehemmt. Lässt man sie „auspendeln", so kommen sie in einer bestimmten Position zum Stillstand. Diese Position wird als Ruhelage oder Gleichgewichtslage bezeichnet. *Schwingende Körper bewegen sich also um eine Ruhelage herum.*

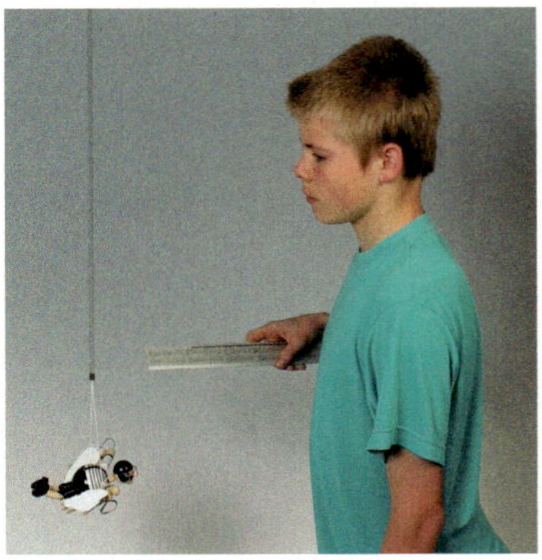
3

Eine mechanische Schwingung ist die periodische Bewegung eines Körpers um seine Ruhelage.

Ursachen für eine Schwingung

Warum kehrt der schwingende Körper immer wieder zur Ruhelage zurück und warum kommt er dort nicht zur Ruhe?

EXPERIMENT 1
1. Baue ein Fadenpendel auf!
2. Lasse das Pendel schwingen und beobachte. Lenke es dabei unterschiedlich weit aus.
3. Versuche herauszufinden, welche Ursachen es für diese Bewegung gibt!

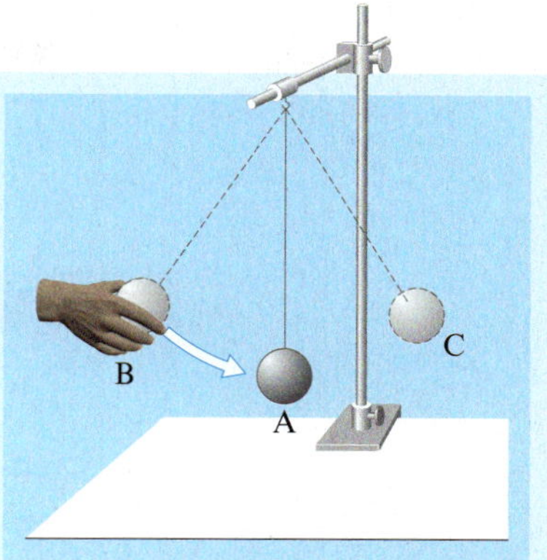

1

Am Anfang der Bewegung wird das Pendel vom Punkt A – der Ruhelage – zum Umkehrpunkt B ausgelenkt. Hierfür ist eine Kraft notwendig. Nach Beginn der Schwingung im Punkt B bewegt sich der Pendelkörper beschleunigt zum Punkt A zurück. Die Ursache dafür ist eine rücktreibende Kraft.
Die Bewegung setzt sich aber bis zum Umkehrpunkt C fort. Dies ist nur möglich, weil der Körper aufgrund seiner Trägheit seinen Bewegungszustand beibehält. Der Körper wird dabei durch die rücktreibende Kraft abgebremst, denn diese ist nun entgegengesetzt zur Bewegung gerichtet. Im Punkt C kehrt sich die Bewegungsrichtung des Körpers um.
Je stärker ein schwingender Körper ausgelenkt wird, umso größer ist auch die rücktreibende Kraft.

Ursachen mechanischer Schwingungen sind die zur Ruhelage rücktreibende Kraft und die Trägheit des schwingenden Körpers.

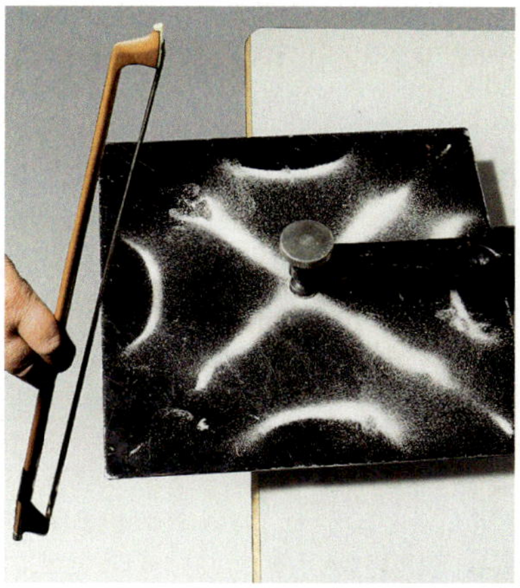
2

Sichtbarmachen von Schwingungen. Der Physiker Ernst Florens Friedrich Chladni (1756–1827) untersuchte das Verhalten von Platten, die mit einem Geigenbogen zum Schwingen gebracht wurden. Zur besseren Beobachtung streute er Sand auf die Platten. Weil der Sand nur in den Bereichen liegen bleibt, die nicht mitschwingen, ergeben sich symmetrische Figuren.

Grundgrößen einer Schwingung

Aufzeichnen von Schwingungen. Oft ist es notwendig, Schwingungen genauer zu untersuchen. Dabei ist es hilfreich, ein Bild vom Ablauf der Bewegung aufzuzeichnen.
Die folgenden Experimente zeigen, wie man die periodische Bewegung eines schwingenden Körpers direkt aufzeichnen kann.

Basiskonzept System ↑S. 231

EXPERIMENT 2
Eine schwingende Stimmgabel mit einer Schreibspitze aus Metall wird geradlinig gleichförmig über eine berußte Glasplatte gezogen.

3

EXPERIMENT 3
Ein Wagen, auf dem sich ein Pendel befindet, fährt mit konstanter Geschwindigkeit über eine Papierbahn. Der Pendelkörper besitzt eine kleine Öffnung und ist mit feinem Sand gefüllt. Das Pendel schwingt senkrecht zur Bewegungsrichtung des Wagens.

2

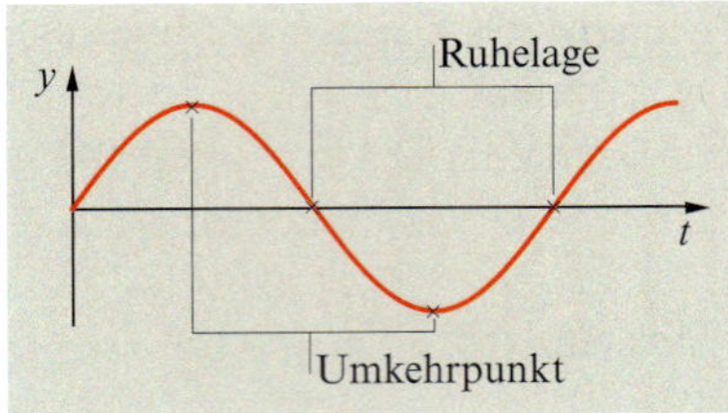

1

Übertragung einer Kurve aus Experiment 3 in ein y-t-Diagramm.

Legt man jetzt das Bild einer Schwingung und ein rechtwinkliges Koordinatensystem übereinander, kann man die Grundgrößen der Schwingung recht einfach bestimmen.

Auslenkung. Jedem Zeitpunkt lässt sich eindeutig ein Abstand des schwingenden Körpers von der Ruhelage zuordnen. Dieser wird als Auslenkung y bezeichnet.

Die Auslenkung y gibt an, wie weit der schwingende Körper zu einem bestimmten Zeitpunkt von seiner Ruhelage entfernt ist.

Amplitude. Die maximale Auslenkung, in der sich ein schwingender Körper während einer Periode befindet, entspricht dem Abstand zwischen Umkehrpunkt und der Ruhelage des Körpers. Dieser Abstand heißt Amplitude y_{max}.

Die Amplitude y_{max} ist der größte Abstand des schwingenden Körpers von der Ruhelage.

Periodendauer. Verschiedene schwingende Körper benötigen für eine Periode unterschiedlich lange Zeiten. Die Hin- und Herbewegung des Pendelkörpers in Experiment 3 dauert z. B. länger als die der Stimmgabelspitze in Experiment 2. Die physikalische Größe Periodendauer T charakterisiert die Schwingung. Sie gibt die Zeit an, die für eine Hin- und Herbewegung benötigt wird.

Die Periodendauer T gibt an, wie lange ein schwingender Körper für eine Hin- und Herbewegung benötigt.

Frequenz. Für viele Zwecke ist es praktisch, nicht die Periodendauer, sondern ihren Kehrwert anzugeben. Dieser Kehrwert wird als Frequenz f bezeichnet. Die Frequenz gibt die Anzahl der Schwingungen in einer Sekunde an. Je höher die Frequenz einer Schwingung ist, desto häufiger schwingt der Körper in einer bestimmten Zeit hin und her.

Die Frequenz f gibt an, wie viele Schwingungen ein Körper in 1 Sekunde ausführt. Es gilt: $f = \frac{1}{T}$.

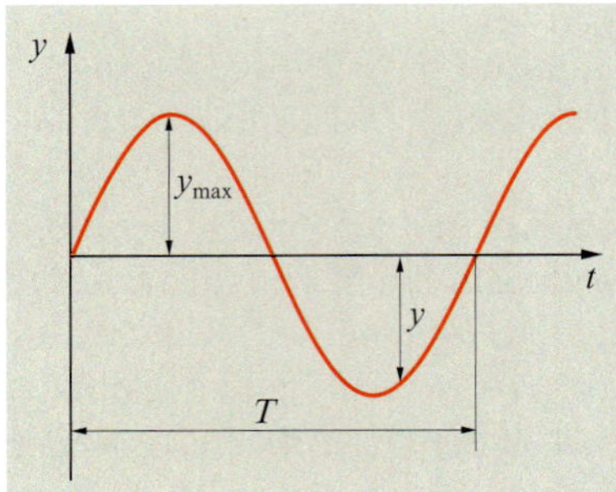

3

Periodendauer und Amplitude im y-t-Diagramm

ÜBRIGENS

Es gibt in Natur und Technik viele schnell ablaufende mechanische Schwingungsvorgänge, die nur mit einem Oszilloskop oder einem Computer ausreichend genau erfasst werden können. Bei einer solchen Auswertung ordnet ein Messwandler der Auslenkung y in jedem Moment eine entsprechende elektrische Spannung zu. Der Ablauf der Bewegung wird dann auf einem Bildschirm sichtbar gemacht.

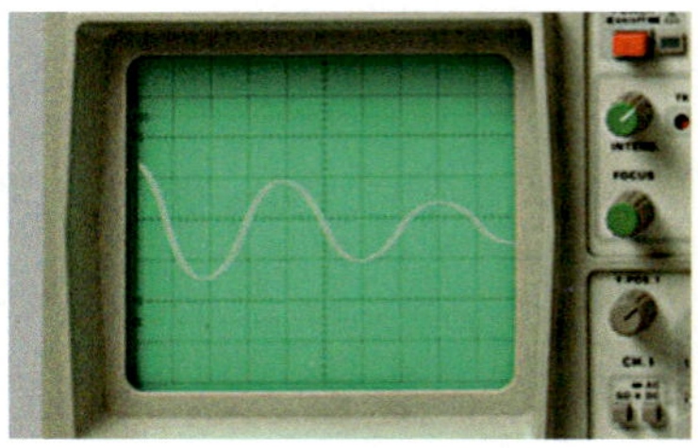
4

Aus der Definitionsgleichung der Frequenz ergibt sich ihre Einheit 1/s. Diese Einheit bezeichnet man als ein Hertz (1 Hz). Sie erhielt den Namen zu Ehren des deutschen Physikers HEINRICH HERTZ.

Beispiel: Wurde in einem Experiment als Periodendauer eine Zeit von 0,2 s ermittelt, so erhält man für die Frequenz:

$$f = \frac{1}{T} = \frac{1}{0{,}2\,\mathrm{s}} = 5\,\frac{1}{\mathrm{s}} = 5\,\mathrm{Hz}.$$

Häufig werden auch Vielfache dieser Einheit verwendet:
Kilohertz: 1 kHz = 1 000 Hz = 10^3 Hz
Megahertz: 1 MHz = 1 000 000 Hz = 10^6 Hz
Gigahertz: 1 GHz = 1 000 000 000 Hz = 10^9 Hz

Beispiel	Frequenz
Kinderschaukel	ca. 0,5 Hz
Unruh einer Armbanduhr	ca. 2 Hz
Drucklufthammer	ca. 5 Hz
Flügel einer Hummel	200 Hz
menschl. Hörbereich	16 Hz bis 20 kHz
Ultraschall	20 kHz bis 1 GHz

Harmonische Schwingung. In unseren Experimenten führen die Pendel und die Spitze der Stimmgabel jeweils *harmonische* Schwingungen aus. Fahrzeugteile, die Saiten einer Violine oder unsere Stimmbänder zeigen ein anderes Schwingungsverhalten (Bild 1). Ihre Schwingungsbilder sind nicht gleichförmig, die Schwingungen sind nicht harmonisch.

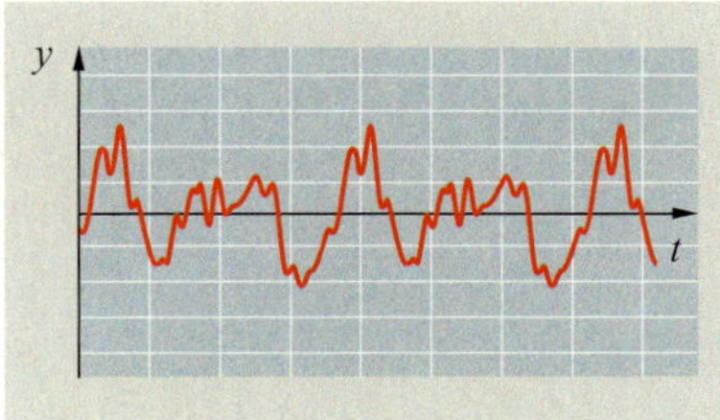

1
y-*t*-Diagramm der nicht harmonischen Schwingung einer Saite

Periodendauer eines Fadenpendels

Pendeluhren waren für mehrere Jahrhunderte die genauesten Zeitmesser. Vielleicht hat der eine oder andere zu Hause auch noch eine mechanisch angetriebene Pendeluhr. Was muss man tun, wenn die Uhr vor- oder nachgeht? Im folgenden Experiment soll untersucht werden, wovon die Periodendauer eines Fadenpendels abhängt.

EXPERIMENT 4
1 Baue das abgebildete Fadenpendel auf!
2 Bestimme für 3 verschieden schwere Körper die Periodendauer ($m_1 = 50$ g, $m_2 = 100$ g, $m_3 = 150$ g)! Die Länge bleibt in diesem Teilexperiment konstant. Tragt die Messwerte in eine Tabelle ein.
3 Bestimme für 3 verschiedene Längen die Periodendauer ($l_1 = 20$ cm, $l_2 = 30$ cm, $l_3 = 40$ cm)! Die Masse bleibt in diesem Experiment konstant. Tragt eure Messwerte in eine Tabelle ein und stellt Vermutungen über den Zusammenhang von T und l auf!
Hinweis: Die Auslenkung des Pendels sollte ca. 10 cm bis 15 cm betragen. Lasse das Pendel 10-mal schwingen. Dividiere die gemessene Zeit durch die Anzahl der Schwingungen. Der Wert der Periodendauer wird so genauer.

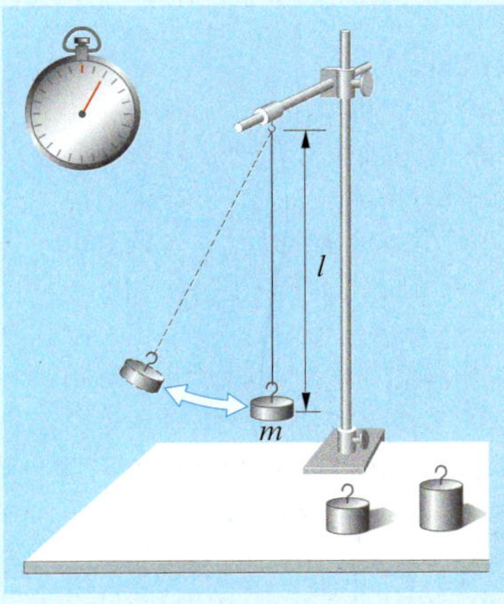

2

Die Periodendauer ist umso größer, je länger das Pendel ist. Sie hängt jedoch nicht von der Masse des angehängten Körpers ab. Wenn die Auslenkung des Pendels nicht zu groß ist und die Reibung (in der Aufhängung und durch die Luft) vernachlässigt wird, gilt folgende Gleichung:

Periodendauer eines Fadenpendels: $T = 2\pi \cdot \sqrt{\frac{l}{g}}$
Dabei ist g die Fallbeschleunigung.

Periodendauer eines Federschwingers

Die Tabelle auf der vorhergehenden Seite macht deutlich, dass mechanische Schwingungen mit sehr unterschiedlichen Periodendauern bzw. Frequenzen ablaufen können. Mit einem kleinen Trampolin kann man feststellen, dass die Periodendauer von der Masse des schwingenden Körpers abhängt (Bild 1). Dazu steigt eine Person auf das Trampolin und versucht, gleichmäßig auf und ab zu schwingen, ohne dabei von der Sprungmatte abzuheben. Wenn zunächst der leichteste und dann der schwerste Schüler der Klasse diese Übung durchführen, wird ein deutlicher Unterschied erkennbar.
In einem Experiment soll untersucht werden, wie die Periodendauer eines Federschwingers von der Masse des schwingenden Körpers abhängt:

1 Bestimmung der Periodendauer auf dem Trampolin

EXPERIMENT 5
1 Hänge an eine vertikale Feder nacheinander unterschiedliche Wägestücke. Miss jeweils die Zeit für 10 Schwingungen und bestimme daraus die Periodendauer!
2 Trage die Messwerte in eine Tabelle ein und stelle die Abhängigkeit der Periodendauer von der Masse in einem Diagramm dar!

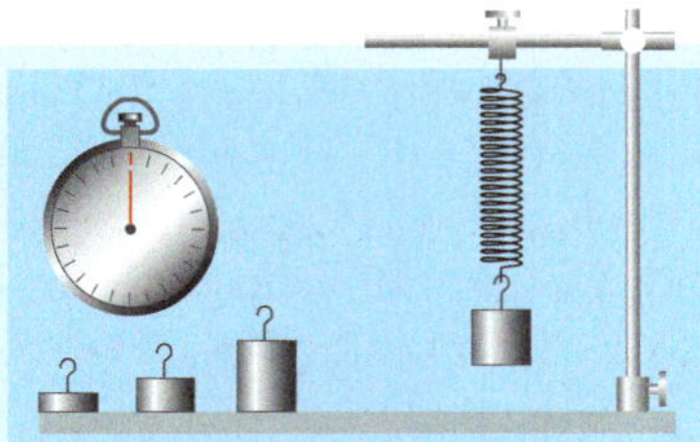
2

Mögliche Messwerte für die Masse und die Periodendauer sind in der folgenden Tabelle zusammengestellt:

Messwertetabelle

m in kg	T in s	$\frac{T}{\sqrt{m}}$ in $s \cdot kg^{-\frac{1}{2}}$
0,050	0,40	1,8
0,100	0,60	1,9
0,150	0,75	1,9
0,200	0,82	1,8
0,250	0,95	1,9
0,300	1,05	1,9

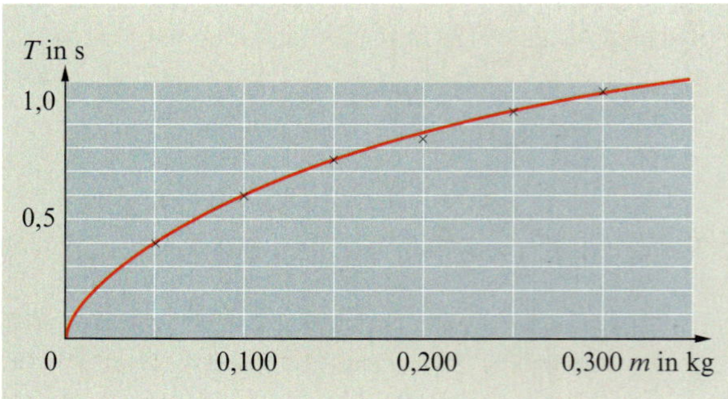

3

Je größer die Masse eines Körpers, je träger also der Körper ist, desto größer ist die Periodendauer des Federschwingers. Der grafischen Darstellung kann man entnehmen, dass die beiden Größen nicht proportional zueinander sind.
Es zeigt sich jedoch, dass der Quotient der Messwerte von T und $\sqrt{m}$ konstant ist. Es gilt daher: $T \sim \sqrt{m}$.
Im Experiment 5 wurde stets dieselbe Feder verwendet. Man kann vermuten, dass die Periodendauer einer Schwingung auch von der Beschaffenheit der Feder abhängt (Bild 4). Zur Charakterisierung der Härte einer Feder dient die **Federkonstante *D***. Die Federkonstante gibt an, welche Kraft F notwendig ist, um die Länge einer Feder um einen bestimmten Betrag s zu ändern.
Für viele Federn ist F proportional zu s; dann gilt die Gleichung $F = D \cdot s$, die auch als **Hooke'sches Gesetz** bezeichnet wird.

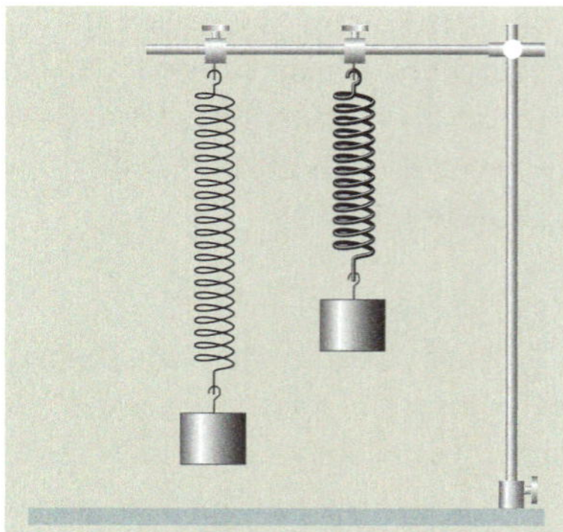
4 Welcher Federschwinger wird die größere Schwingungsdauer haben?

Mit der gleichen Anordnung wie in Experiment 5 kann man untersuchen, welcher Zusammenhang zwischen der Periodendauer T eines Federschwingers und der Federkonstanten D besteht. Dazu werden Federn mit unterschiedlichen Federkonstanten verwendet. Die Masse des schwingenden Körpers bleibt jeweils gleich. Mögliche Messwerte zeigt die folgende Tabelle:

Basiskonzept Energie ↑S. 230

Messwertetabelle

D in $\frac{\text{N}}{\text{m}}$	T in s	$T \cdot \sqrt{D}$ in $\text{s} \cdot \text{N}^{\frac{1}{2}} \cdot \text{m}^{-\frac{1}{2}}$
5,4	1,22	2,8
12	0,84	2,9
22	0,60	2,8
45	0,43	2,9
100	0,30	3,0

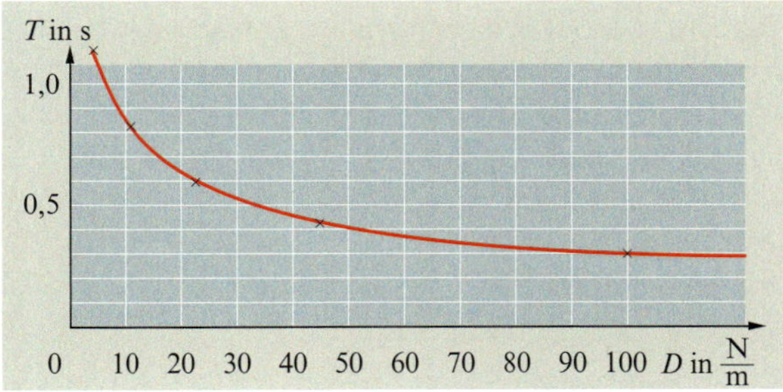

1

Je größer die Federkonstante ist, desto kleiner ist die Periodendauer. Die Periodendauer ist jedoch nicht umgekehrt proportional zur Federkonstanten. Denn dann müsste das Produkt $T \cdot D$ konstant sein. Stattdessen ist das Produkt $T \cdot \sqrt{D}$ konstant, es gilt also $T \sim \frac{1}{\sqrt{D}}$.

Genauere Untersuchungen zeigen, dass die Abhängigkeit der Periodendauer von der Masse und der Federkonstanten durch folgende Gleichung, die auch für horizontale Federschwinger gilt, beschrieben werden kann:

Periodendauer eines Federschwingers: $T = 2\pi \cdot \sqrt{\frac{m}{D}}$

ÜBRIGENS

In der Gleichung $T = 2\pi \cdot \sqrt{\frac{m}{D}}$ wird nur die Masse m des angehängten Körpers berücksichtigt. Die Masse der Feder wird vernachlässigt. Verwendet man eine Feder mit relativ großer Masse, so stellt man fest, dass die Periodendauer etwas größer ist, als der nach der Gleichung berechnete Wert.

Energieumwandlung bei einer Schwingung

Gedämpfte Schwingungen. Eine Pendeltür sollte maximal eine Periode lang schwingen. Es gäbe sonst Schwierigkeiten für nachfolgende Personen, die Tür zu passieren. Dies wird durch einen Dämpfer am oberen Teil der Tür erreicht. In diesem Schwingungsdämpfer wird bewusst Reibung zur Dämpfung eingesetzt.
Ein anderes Beispiel sind die Schwingungsdämpfer (als Stoßdämpfer bekannt) in einem Fahrzeug. Sie verhindern das Weiterschwingen des Fahrzeugs nach Unebenheiten und garantieren so den wichtigen Fahrbahnkontakt der Reifen.

2

EXPERIMENT 6

1 Ein Fadenpendel wird an einem Stativ befestigt und zum Schwingen angeregt. Bestimme die Zeit, in der sich die Amplitude etwa halbiert!
2 An demselben Fadenpendel wird eine Pappscheibe (Postkarte) befestigt. Bestimme wieder die Zeit, bis die Amplitude auf etwa die Hälfte zurückgeht!

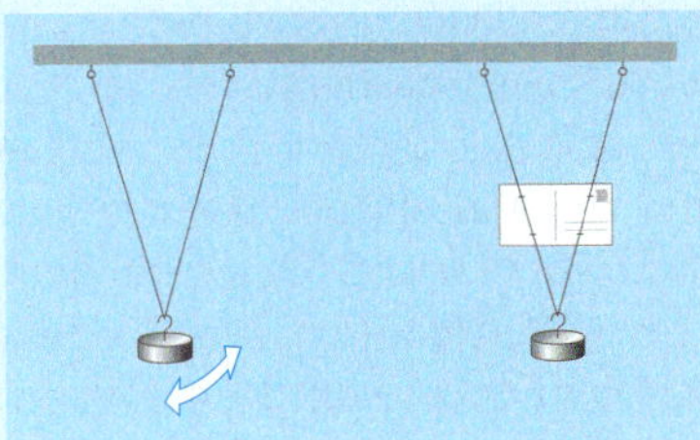
3

Die Pappscheibe am schwingenden Körper bewirkt, dass die Amplitude der Schwingung deutlich schneller abnimmt. Ursache ist die größere Luftreibung. Der Körper kommt schneller zur Ruhe. Eine solche Schwingung wird gedämpfte Schwingung genannt (Bild 1).
Beim Auslenken wird dem Pendelkörper eines Fadenpendels potenzielle Energie zugeführt. Sobald der Körper anfängt zu schwingen, wandeln sich ständig potenzielle Energie und kinetische Energie ineinander um (Bild 2). In den Umkehrpunkten erreicht die potenzielle Energie ihren maximalen Wert. Beim Durchgang durch die Ruhelage ist sie null, dafür hat die kinetische Energie ihren Maximalwert erreicht. Allerdings bleibt die gesamte mechanische Energie nicht konstant. Es wird immer ein Teil der mechanischen Energie in thermische Energie umgewandelt.

Bei einer gedämpften Schwingung wird stets ein Teil der Energie in thermische Energie umgewandelt.
Es gilt: $E_{pot} + E_{kin} \neq$ konstant; $E_{mech} \rightarrow E_{th}$.

Ungedämpfte Schwingungen. Das Pendel einer Uhr darf seine Amplitude nicht verändern. Dies würde die Genauigkeit stark beeinflussen. Will man eine ungedämpfte Schwingung erzeugen, so muss dem schwingungsfähigen System ständig Energie zugeführt werden, um die Verluste durch unerwünschte Energieumwandlungen auszugleichen. Das kennst du vom Schaukeln. Wenn du nicht ständig „Schwung holst“, bleibt die Schaukel stehen. Eine Schwingung mit konstanter Amplitude heißt ungedämpfte Schwingung.

Bei einer ungedämpften Schwingung gilt: $E_{pot} + E_{kin} =$ konstant.
Damit eine Schwingung ungedämpft bleibt, muss periodisch Energie zugeführt werden.

Schwingungsdämpfer an Fahrzeugen. Zwischen den Rädern und der Karosserie eines Kraftfahrzeugs sind starke Federn angebracht, um Erschütterungen von Fahrzeug, Fahrzeuginsassen und Ladung auf holpriger Straße klein zu halten. Damit sich die Schwingungen des Fahrzeugs nicht gefährlich aufschaukeln, werden besondere Schwingungsdämpfer in die Fahrzeuge eingebaut, die eine freie Schwingung des Fahrzeugs bereits nach kurzer Zeit zum Erliegen bringen. Diese Schwingungsdämpfer werden auch als „Stoßdämpfer“ bezeichnet.
In einem Schwingungsdämpfer kann sich ein Kolben in einem mit Spezialöl gefüllten Zylinder bewegen. Dabei strömt das Öl durch enge Kanäle innerhalb des Kolbens und behindert durch die auftretende Reibung dessen Bewegung. Die Auf- und Abbewegung des schwingenden Rades kommt dadurch schnell zum Stillstand.
Defekte Schwingungsdämpfer können nicht nur dazu führen, dass das Auto stärker schwingt. Ist z. B. ein einzelner Schwingungsdämpfer defekt, so können sich am entsprechenden Reifen nach einiger Zeit gefährliche ungleichmäßige Abnutzungen zeigen (Bild 5). Denn nach dem Überfahren einer Bodenunebenheit gerät das Rad in Schwingungen und es verliert periodisch den Kontakt zur Straße. Besonders bei Kurvenfahrten nutzt sich am Reifen dann stellenweise das Profil ab, auch kann das Fahrzeug ins Rutschen oder ins Schleudern geraten.

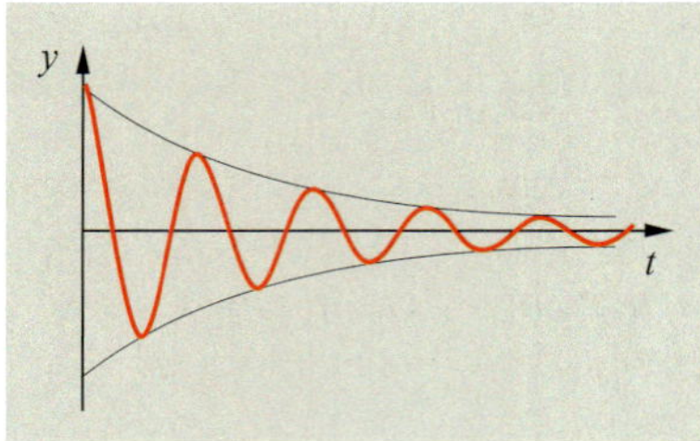

1
Gedämpfte Schwingung. Abnahme der Amplitude mit der Zeit

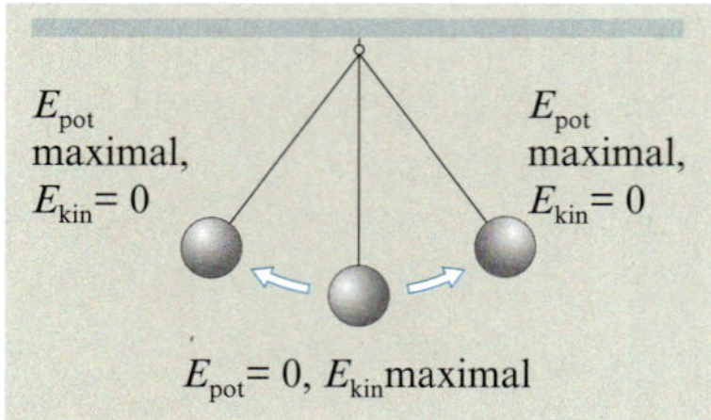

2
Energieumwandlung

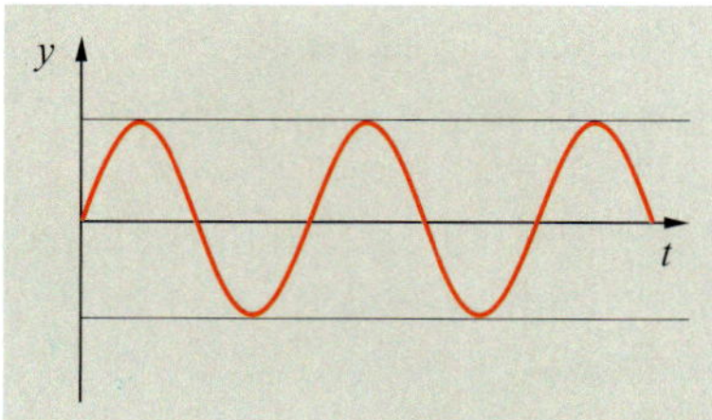

3
Ungedämpfte Schwingung. Konstante Amplitude

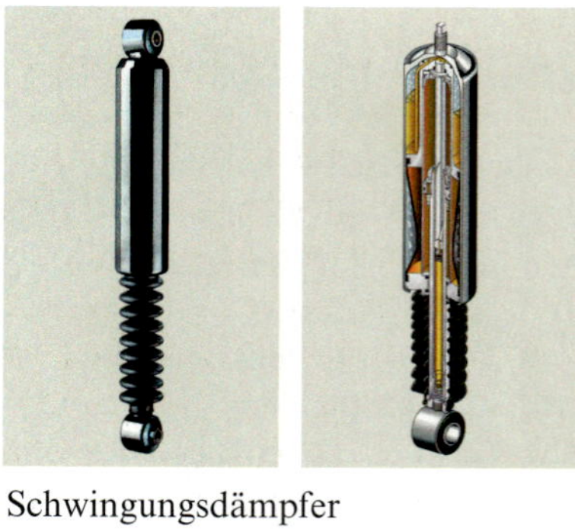
4
Schwingungsdämpfer

5
Ungleichmäßige Reifenabnutzung

Eigenschwingungen, erzwungene Schwingungen und Resonanz

Eine angeregte Stimmgabel schwingt ständig mit der gleichen Frequenz. Auch Fadenpendel und Federschwinger führen nach einmaliger Energiezufuhr Schwingungen mit einer typischen Frequenz aus. Die Frequenz dieser Schwingungen hängt von den Eigenschaften des jeweils schwingenden Systems ab, z. B. der Masse und der Federkonstanten beim Federschwinger. Sie wird als **Eigenfrequenz f_0** bezeichnet.
a) Ein System, das nach einmaliger Anregung mit der Eigenfrequenz schwingt, führt eine **Eigenschwingung** aus. Wird ein schwingungsfähiges System aber periodisch zum Schwingen angeregt, so führt es eine
b) **erzwungene Schwingung** aus. Die Frequenz dieser erzwungenen Schwingung stimmt mit der **Erregerfrequenz f_E** überein.
An einem Schlüsselbund, das an einem Gummiband schwingt (Bild 1), stellt man fest, dass die Amplitude stark von der Erregerfrequenz abhängt. Unter welchen Bedingungen es zu einer besonders wirkungsvollen Energieübertragung kommt, zeigt folgendes Experiment.

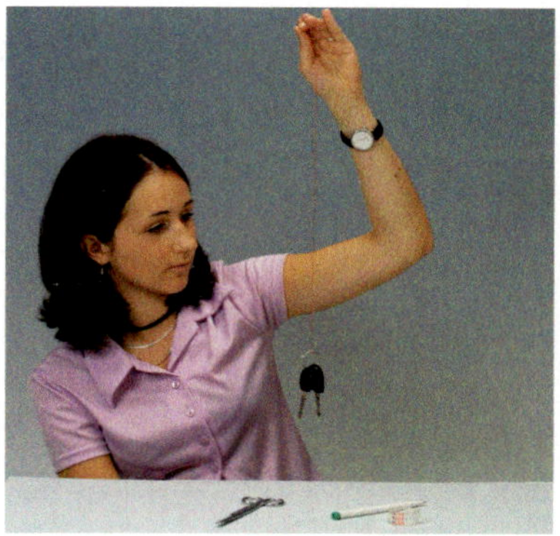
1 Erzwungene Schwingung bei ständiger Anregung

EXPERIMENT 7
Zunächst wird die Eigenfrequenz eines Federschwingers ermittelt.
Der Exzenter eines Motors wird über eine Rolle mit dem Federschwinger verbunden. Der Federschwinger wird zu erzwungenen Schwingungen angeregt. Die Amplitude wird gemessen.
Die Erregerfrequenz f_E wird dabei langsam erhöht. Die zu einer bestimmten Erregerfrequenz gehörende Amplitude wird jeweils gemessen.

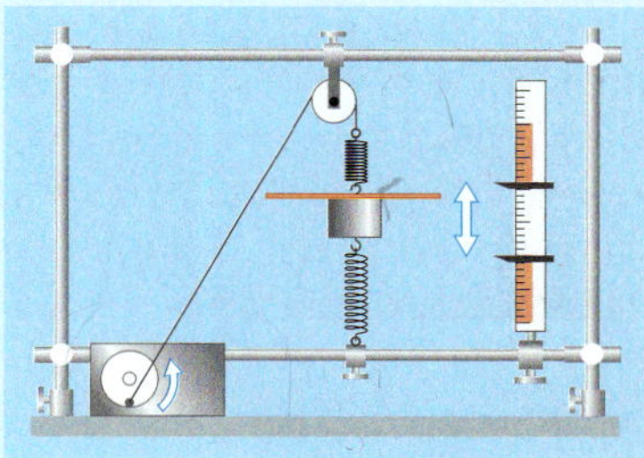
2

Bei kleinen Frequenzen folgt der Federschwinger der Erregung durch den Exzenter, die Amplitude ist jedoch klein. Je mehr sich die Erregerfrequenz f_E der Eigenfrequenz f_0 nähert, desto größer wird die Amplitude. Bei höheren Frequenzen f_E nimmt die Amplitude der erzwungenen Schwingung wieder ab.
Das besonders heftige Mitschwingen eines Körpers bei einer bestimmten Frequenz bezeichnet man als **Resonanz**. Resonanz tritt unter der Bedingung ein, dass die Erregerfrequenz und die Eigenfrequenz des schwingenden Körpers übereinstimmen.
Die Energiezufuhr im Rhythmus der Eigenschwingung ist im Resonanzfall besonders wirkungsvoll. Das heißt, hier kann mit geringstem Energieaufwand der Dämpfung entgegengewirkt, also eine Schwingung angeregt bzw. aufrecht erhalten werden.
Stellt man die Amplitude in Abhängigkeit von der Erregerfrequenz grafisch dar, erhält man die Resonanzkurve. Das Maximum bei der Resonanzfrequenz ist je nach Dämpfung mehr oder weniger stark ausgeprägt. Ist die Dämpfung zu schwach, so kann es zur Resonanzkatastrophe, d. h. zur Zerstörung des schwingenden Systems kommen.

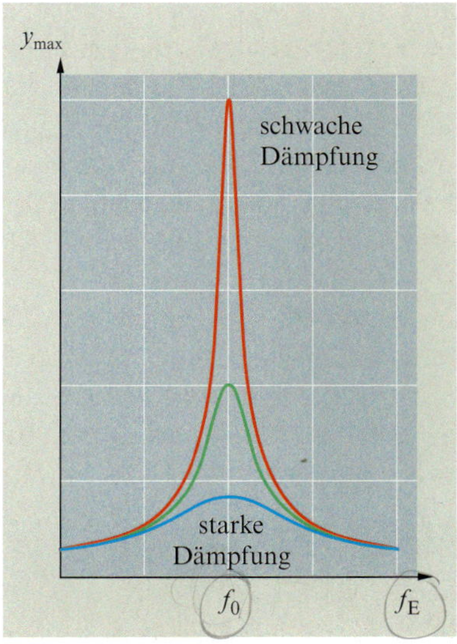

3 Resonanzkurven

Resonanz ist das besonders heftige Mitschwingen eines Körpers bei Übereinstimmung von Erregerfrequenz und Eigenfrequenz.
Resonanzbedingung: $f_E = f_0$

Aus der **Technik**

PHYSIKEXTRA www.cornelsen.de/physikextra

Resonanz

In der Praxis spielt das Schwingungsverhalten vieler Körper eine sehr wichtige Rolle. Starke Schwingungen können die Funktion beeinträchtigen oder sogar zu Zerstörung führen.
Das berühmteste Beispiel ist die Tacoma Narrow Bridge, die sogar als „galoppierende Gertie" bezeichnet wurde. Diese Brücke wurde im Jahre 1939 in den USA über eine sehr windige Meerenge gebaut. Aufgrund des geringen Verkehrsaufkommens wurde sie relativ schmal und leicht konstruiert. Bald nach der Fertigstellung merkte man, dass sie sehr empfindlich auf Seitenwind reagierte. Sie geriet schon bei leichtem Wind ins Schwingen. Diese Schwingungen waren nicht nur in seitlicher Richtung zu verzeichnen, sondern die Fahrbahn bewegte sich auch wellenartig. Am 7. November 1940 führte ein mäßiger Wind zu solch starken Schwingungen, dass die Brücke einstürzte.

1

2

3

4

Obwohl der Wind kontinuierlich aus einer Richtung blies, wurde die Brücke periodisch zum Schwingen angeregt. Denn bei großer Windgeschwindigkeit treten an Hindernissen häufig Verwirbelungen auf (Bild 5). Löst sich eine Wirbelzone vom Hindernis, so ändern sich dort die Strömungsverhältnisse und es kommt zu einem kleinen Stoß. Die Brücke geriet durch die regelmäßigen Wirbelabrisse in Resonanz, denn die Stöße erfolgten in einer Frequenz, die der Eigenfrequenz der Brücke entsprach. Dass die Amplitude der Schwingung so groß werden konnte, lag zum einen in der mangelhaften Aussteifung der Brücke und zum anderen in der unzureichenden Dämpfung auftretender Schwingungen.

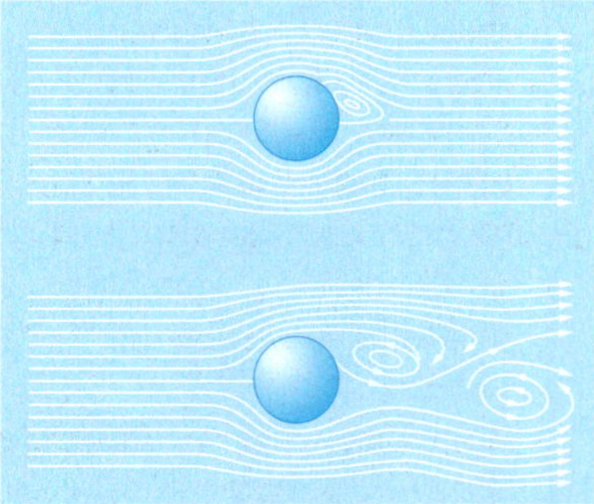
5

Die Resonanz wird natürlich auch genutzt. Im Musikinstrumentenbau spielt sie eine sehr wichtige Rolle. Ohne diese Erscheinung wären viele Instrumente nur sehr leise zu hören (Bilder 6 bis 8). Werden die einzelnen schwingenden Saiten von einem Resonanzkörper unterstützt, wirkt dieser als Verstärker der Töne.

6
Gitarre

7
Geige

8
Geöffnetes Klavier

Weißt du es ? Kannst du es

1. a) Begründe, dass die periodische Bewegung eines Fahrstuhls zwischen Erdgeschoss und Keller keine Schwingung darstellt!
   b) Nenne weitere Beispiele für periodische Bewegungen und gib jeweils an, ob es sich um eine Schwingung handelt!
2. a) Bild 1 zeigt das y-t-Diagramm einer Schwingung. Wie groß sind Amplitude, Periodendauer und Frequenz?
   b) Schildere ein Verfahren, um das y-t-Diagramm einer Schwingung aufzuzeichnen!
3. Ein Körper der Masse 200 g hängt an einer Schraubenfeder. Er dehnt sie um 3 cm aus. Wie groß sind die Federkonstante und die Periodendauer dieses Federschwingers?
4. a) Wie muss die Länge eines Fadenpendels verändert werden, damit sich die Frequenz des Pendels verdreifacht?

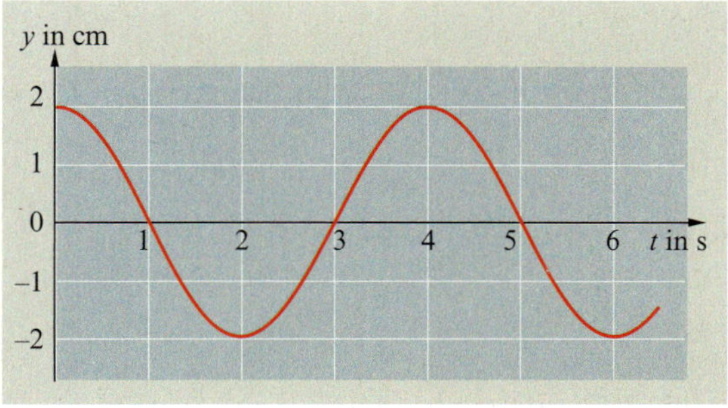

1

   b) Berechne die Länge eines Pendels mit der Periodendauer $T = 2\,\text{s}$!
5. Beschreibe die Energieumwandlungen, die an einer Schaukel bzw. an einem horizontalen Federschwinger auftreten, wenn diese jeweils nur einmal angestoßen werden!
6. a) Erläutere den Begriff Resonanz!
   b) Nenne Beispiele für erwünschte und unerwünschte Resonanz!
   c) Nenne Möglichkeiten, die Amplitude resonanter Schwingungen klein zu halten!

Kurz und knapp !

Mechanische Schwingungen

Periodische Bewegung eines Körpers um seine Ruhelage. Eine Periode ist eine vollständige Hin- und Herbewegung des Körpers. Voraussetzungen für eine Schwingung: eine zur Ruhelage zurücktreibende Kraft sowie die Trägheit des schwingenden Körpers.

Größe	Bedeutung	Formelzeichen	Einheit
Amplitude	größter Abstand des schwingenden Körpers von der Gleichgewichtslage	y_{max}	m
Periodendauer	Dauer einer Hin- und Herbewegung	T	s
Frequenz	Sie gibt an, wie oft ein Körper in einer bestimmten Zeit hin und her schwingt. $f = \frac{1}{T}$	f	Hz

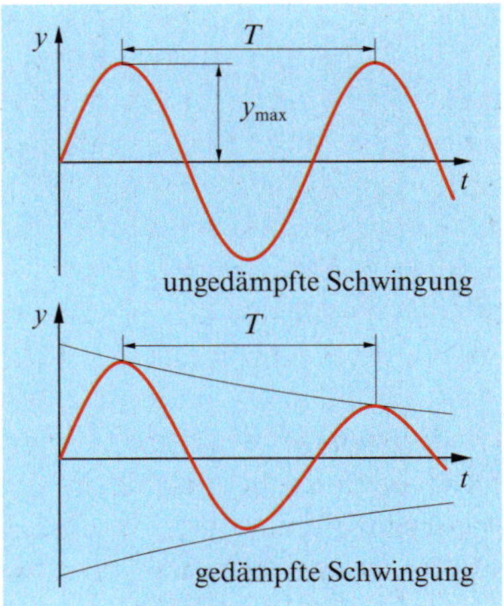

Erzwungene Schwingungen und Resonanz

Ein Schwinger führt nach einmaliger Energiezufuhr Eigenschwingungen mit der Eigenfrequenz f_0 aus. Eine erzwungene Schwingung tritt bei periodischer Energiezufuhr auf. Die Schwingung hat die Erregerfrequenz f_E. Bei Resonanz stimmen Eigenfrequenz und Erregerfrequenz überein. Die Amplitude der erzwungenen Schwingung erreicht ihren Maximalwert.

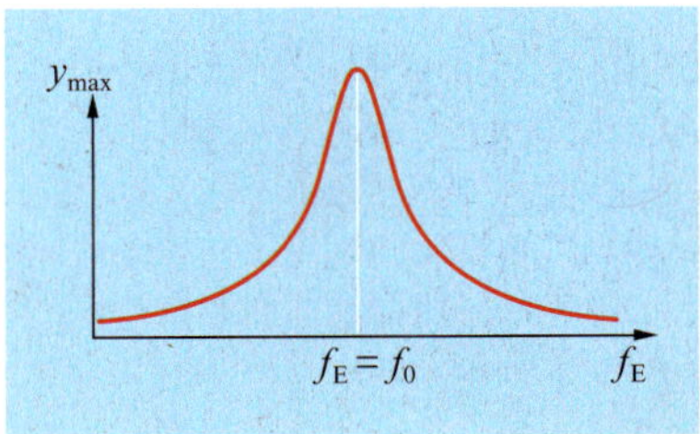

Mechanische Wellen

1

Mächtige Bewegungen an der Wasseroberfläche am Meeresstrand sind ein faszinierendes Naturschauspiel. Wer im Meer badet, wird regelmäßig auf und ab bewegt, auch Boote und Bojen tanzen auf dem Wasser. Auf hoher See aber können die Wellen ernste Gefahren für die Schifffahrt darstellen, nicht selten geraten große Schiffe durch Wellenberge von über 20 m Höhe in Seenot.
Die Meereswellen können jedoch auch für die Stromversorgung genutzt werden: Mit einer besonderen Technik gelingt es in Wellenkraftwerken, den Meereswellen Energie zu entnehmen.

Was versteht man unter einer mechanischen Welle?

2
Kreisförmige Ausbreitung einer einzelnen Erregung

3
Kreisförmige Ausbreitung einer periodischen Erregung

4
Wellenfronten bei einer periodischen Erregung mit einem Brett

An einer zunächst glatten Wasseroberfläche lässt sich gut beobachten, wie Wasserwellen entstehen. Wirft man einen Stein ins Wasser, so breitet sich ein kurzer Wellenzug mit wenigen Wellentälern und Wellenbergen kreisförmig aus. Ähnlich ist es, wenn ein Stab einmal eingetaucht und wieder herausgezogen wird (Bild 2).
Taucht man den Stab jedoch periodisch ein, so geht von der Eintauchstelle eine Kreiswelle mit vielen Wellentälern und Wellenbergen aus (Bild 3). Eine Wasserwelle lässt sich auch mit einem waagerecht eintauchenden Brett erregen. In einem solchen Fall beobachtet man streckenweise geradlinige Wellenfronten (Bild 4).
Wenn man sieht, wie eine Wasserwelle über eine Wasseroberfläche „läuft“, könnte man vermuten, dass sich das Wasser mit der Welle fortbewegt. Ein kleines Stück Holz, das auf dem Wasser schwimmt, bewegt sich jedoch nicht vorwärts, sondern es schwingt lediglich an einem bestimmten Ort auf und ab (Bild 5).

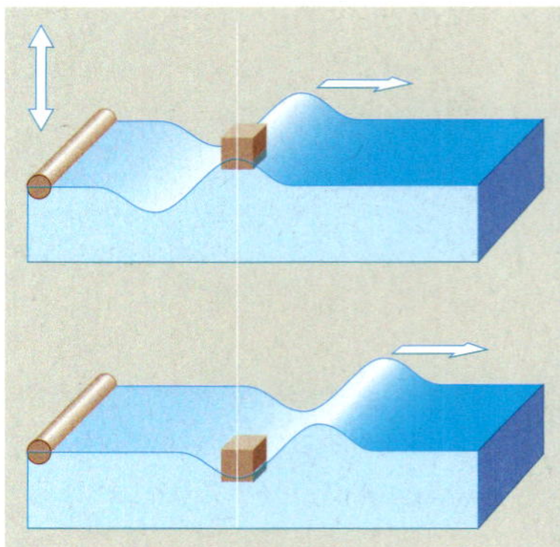
Das Holzstück wird durch die Erregung nicht vorwärts bewegt. 5

Die Bewegung des Holzstückchens auf der Wasseroberfläche entspricht ungefähr der Bewegung der Wasserteilchen. Auch sie werden bei der Ausbreitung der Welle nicht vorwärts bewegt; eine Welle transportiert keinen Stoff.
Durch Wellen wird aber Energie übertragen: Brandungswellen und Flutwellen können an Uferbauten große Schäden anrichten, und in Wellenkraftwerken werden durch die mechanische Energie des Wassers Generatoren angetrieben (Bild 1).

1
Prinzip eines Wellenkraftwerks

Eine mechanische Welle ist die Ausbreitung einer Schwingung, bei der Energie übertragen, jedoch kein Stoff transportiert wird.

Entstehen einer Welle. Stößt man bei einer Anordnung aus zwei gekoppelten Fadenpendeln das eine Pendel an, so gerät auch das andere Pendel in eine Schwingung (Bild 2). Seine Amplitude nimmt mit der Zeit zu, während die Amplitude des Erregerpendels abnimmt. Von dem einen Pendel wird Energie auf das andere übertragen. Danach wiederholt sich der Vorgang in umgekehrter Richtung.
Die Anordnung lässt sich zu einer Kette gekoppelter Pendel erweitern. Dann wird die Energie von einem Schwinger zum nächsten weitergegeben. In einer Wellenmaschine ist eine große Anzahl von Pendeln gekoppelt (Bild 3). An ihnen kann man die Ausbreitung von Schwingungen beobachten. Sobald das erste Pendel angestoßen wird, führt es eine Schwingung aus. Durch die Kopplung wird die Schwingung von einem Pendel zum jeweils nächsten übertragen. Die Pendel beginnen nacheinander zu schwingen, es entsteht eine mechanische Welle.

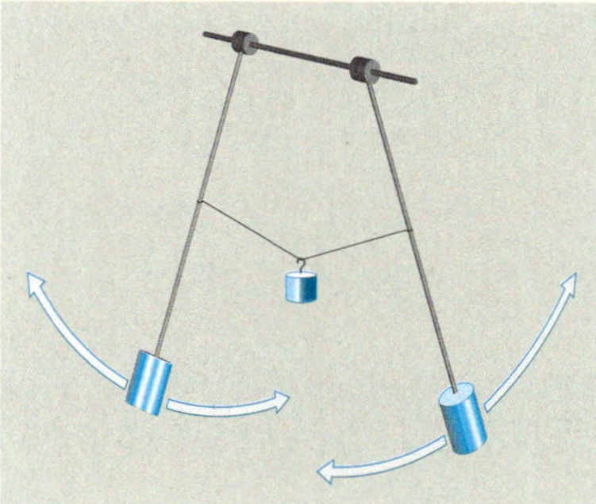
2
Durch die Kopplung wird Energie von einem Pendel auf das andere übertragen.

Beschreibung von Wellen. Eine Wasserwelle lässt sich in einem Wellenkanal erzeugen. Bild 4 zeigt die Momentaufnahme einer Welle mit deutlich erkennbaren Wellenbergen und -tälern. Dieses Foto kann in ein y-s-Diagramm übertragen werden (Bild 5). Ein Wellenberg (und ebenso ein Wellental) ist dadurch charakterisiert, dass sich der betreffende Schwinger gerade in seiner maximalen Auslenkung befindet. Den Abstand von zwei benachbarten Wellenbergen nennt man Wellenlänge. Das Formelzeichen der Wellenlänge ist λ (lambda).

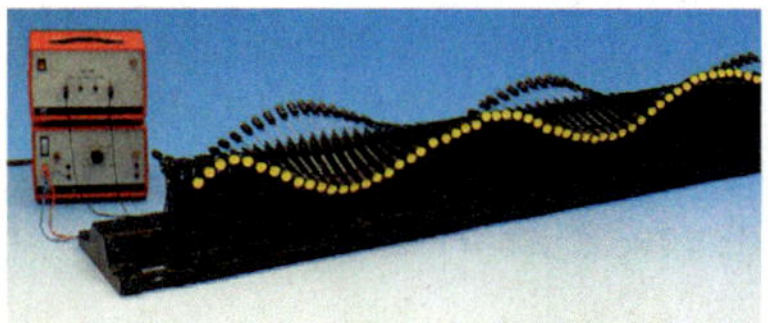
3
In dieser Wellenmaschine sind die Pendel mit elastischen Seilen gekoppelt.

4
Welle in einem Wellenkanal

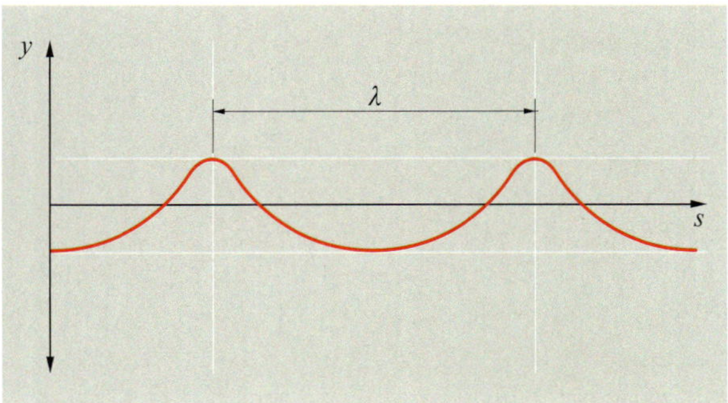

5
y-s-Diagramm einer Welle

**Die Wellenlänge λ ist der Abstand zweier benachbarter Wellenberge.
Die Ausbreitungsgeschwindigkeit v einer Welle ist die Geschwindigkeit, mit der sich ein Wellenberg in Ausbreitungsrichtung bewegt.**

Die Ausbreitungsgeschwindigkeit hängt mit der Wellenlänge und der Frequenz f der einzelnen Schwingungen zusammen. Dies soll am Beispiel einer Seilwelle dargestellt werden, die dadurch entsteht, dass das eine Ende eines Seils regelmäßig auf und ab bewegt wird. Verwendet man in einem Experiment ein besonders schweres Seil, so erkennt man gut, wie sich die Wellenberge langsam weiterbewegen.
Als Schwinger kann man bei einer Seilwelle einzelne kurze Seilstücke betrachten. Der Schwinger am Ort $s=0$ befindet sich zur Zeit $t=0$ in maximaler Auslenkung. Während er sich zurückbewegt, kommt der Nachbarschwinger ins Maximum und so fort.
In dem Moment, in dem der Schwinger am Ort $s=0$ erneut die maximale Auslenkung erreicht, befindet sich auch der Schwinger in der Entfernung Δs im Maximum. Diese Entfernung entspricht gerade der Wellenlänge (Bild 1). Der Wellenberg hat sich also in der Zeit T um die Entfernung λ weiterbewegt.
Die Geschwindigkeit kann als Quotient aus zurückgelegtem Weg und benötigter Zeit berechnet werden. Es gilt also $v=\frac{\lambda}{T}$. Für die Frequenz der Schwingungen gilt: $f=\frac{1}{T}$. Daraus ergibt sich:

Ausbreitungsgeschwindigkeit einer Welle: $v=\lambda \cdot f$.

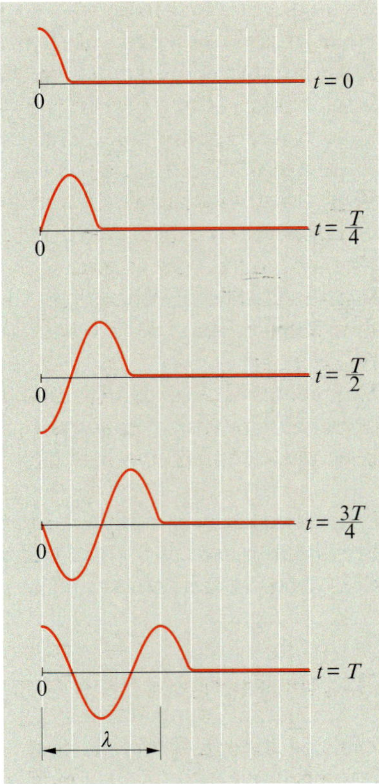

1
Bewegung eines Wellenbergs

Überlagerung von Wellen – Interferenz

Bei Regen kann man auf einer Wasseroberfläche sehen, wie Kreiswellen einander durchdringen (Bild 2). Auch wenn man zwei Steine gleichzeitig an verschiedenen Stellen ins Wasser wirft, kann man beobachten, wie sich kreisförmige Wellenfronten erst immer näher kommen und dann durchdringen, ohne dabei verformt zu werden. Offensichtlich ändert sich weder die Ausbreitungsrichtung noch die Ausbreitungsgeschwindigkeit einer mechanischen Welle, wenn sie mit einer anderen Welle zusammentrifft. Was aber geschieht mit einem Schwinger an dem Ort, wo z.B. zwei Wellenberge zusammentreffen oder wo ein Wellenberg und ein Wellental zusammentreffen?

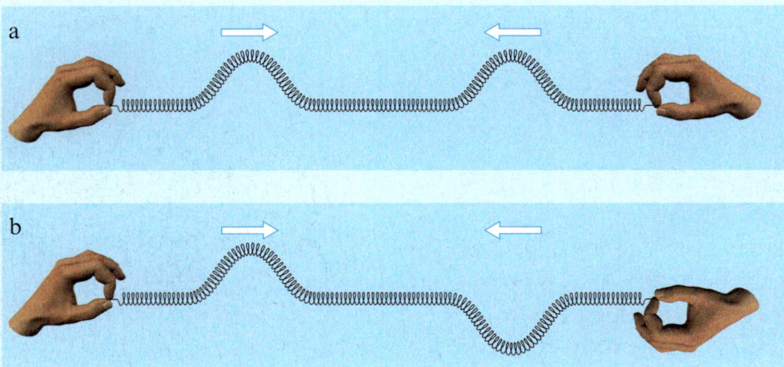

2

EXPERIMENT 1

1 Die Enden einer langen Schraubenfeder werden gleichzeitig nach oben ausgelenkt und schnell wieder in die Ausgangslage zurück bewegt (Bild 3a).
2 Ein Ende der Schraubenfeder wird kurz nach oben ausgelenkt, das andere Ende gleichzeitig nach unten (Bild 3b).

Zunächst kann man beobachten, wie zwei Wellenberge aufeinander zu laufen. Im Augenblick des Aufeinandertreffens wird aus den beiden

Wellenbergen kurzzeitig ein besonders hoher Wellenberg. Dann bewegen sich die beiden Wellenberge in ihrer ursprünglichen Form weiter.
Laufen ein Wellenberg und ein Wellental aufeinander zu, so schwächen sie sich beim Aufeinandertreffen gegenseitig ab. Anschließend bewegen sich Wellenberg und Wellental in ihrer ursprünglichen Form weiter.
Auch in einer Wellenwanne lassen sich mechanische Wellen überlagern: Zwei Stifte tauchen periodisch im gleichen Takt ins Wasser ein und erzeugen zwei Kreiswellen (Bild 1). In der Wellenwanne erkennt man Streifen, auf denen so gut wie keine Bewegung der Wasseroberfläche stattfindet. Hier treffen jeweils Wellenberge auf Wellentäler. An anderen Stellen zeigen sich verstärkte Wellenberge und Wellentäler. Hier treffen Wellenberge auf Wellenberge und Wellentäler auf Wellentäler.
Eine solche Überlagerung von Wellen, bei der es an bestimmten Stellen zu einer Verstärkung und an anderen Stellen zu einer Abschwächung bzw. Auslöschung kommt, nennt man Interferenz.

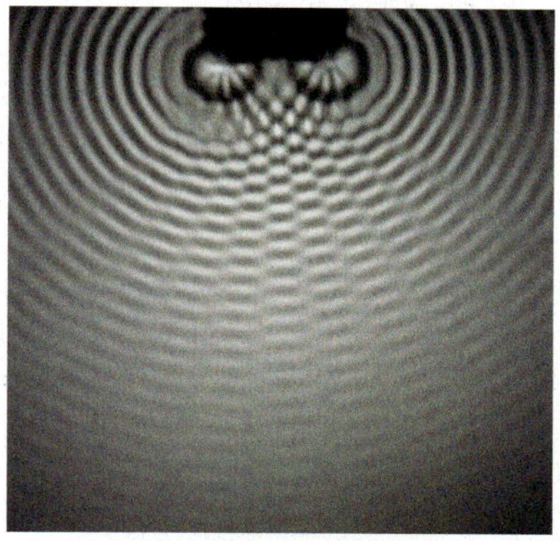
1
Zonen von Auslöschung und Verstärkung bei zwei gleichartigen Kreiswellen

Interferenz ist die ungestörte Überlagerung von Wellen, bei der in bestimmten Bereichen eine Verstärkung, in anderen eine Abschwächung bzw. Auslöschung der Wellen auftritt.

Basiskonzept Struktur der Materie ↑S. 232

Das Huygens'sche Prinzip

Die Entstehung einer kreisförmigen oder einer geraden Wasserwelle (Bilder 3 und 4, S. 96) bei einem periodisch eintauchenden Stab lassen sich damit erklären, dass die Wasserteilchen in der Umgebung des Erregers nach und nach zu Schwingungen angeregt werden. Die in Bild 2 eingetragenen Wellennormalen kennzeichnen die Ausbreitungsrichtung der Welle. Sie verlaufen senkrecht zu den Wellenfronten.
Der holländische Mathematiker, Physiker und Astronom CHRISTIAN HUYGENS (1629–1695) entwickelte eine Vorstellung zur Wellenausbreitung. Er fasste alle Punkte einer Wellenfront als Erreger neuer Kreiswellen, den so genannten Elementarwellen, auf.

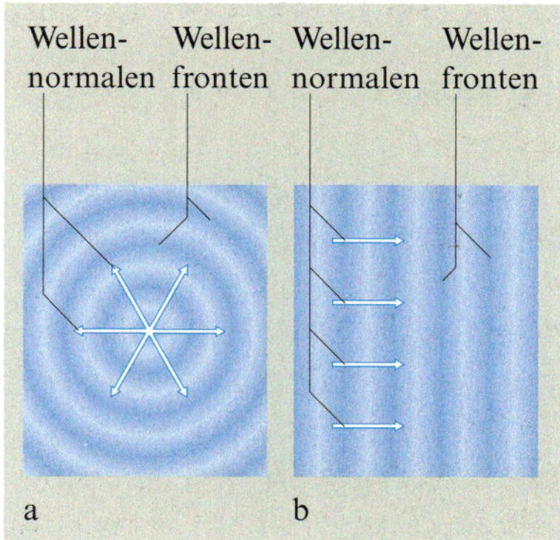

2
Wellenfronten und Wellennormalen bei Kreiswellen und graden Wellen

Huygens'sches Prinzip: Jeder Punkt einer Wellenfront lässt sich als Ausgangspunkt einer Elementarwelle betrachten, die im gleichen Medium die gleiche Ausbreitungsgeschwindigkeit und die gleiche Wellenlänge wie die ursprüngliche Welle hat.
Die neue Wellenfront entsteht durch die Überlagerung von Elementarwellen; sie ist die Einhüllende aller augenblicklichen Elementarwellen.

Bild 3 zeigt, wie man sich nach dem Huygens'schen Prinzip die Wellenausbreitung vorstellen kann:

a) Ein einzelner Erreger am Punkt P schwingt. Nach einer kurzen Zeit schwingen auch die Erreger auf einem Kreis um P herum. Sie schwingen in gleicher Weise und stellen die Ausgangspunkte neuer Elementarwellen dar. Diese überlagern sich und bilden eine kreisförmige Wellenfront.
b) In einer geraden Wellenfront liegen die Wellenerreger auf einer Geraden. Die von ihnen ausgehenden Elementarwellen überlagern sich wiederum zu einer geraden Wellenfront.

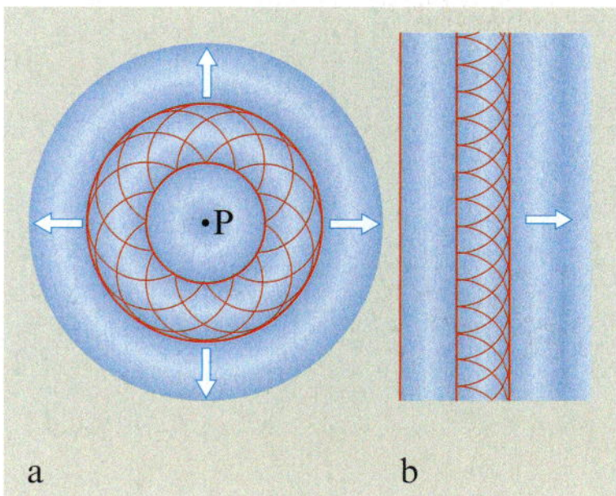

3
Wellenausbreitung nach dem Huygens'schen Prinzip

Reflexion, Brechung und Beugung von Wellen

Reflexion. Fährt ein Schiff durch einen schmalen Kanal, so bewegen sich seine Bugwellen auf die beiden Ufer zu. Wenn sie dort auftreffen, werden sie zurückgeworfen (Bild 1).

1
Reflexion von Bugwellen

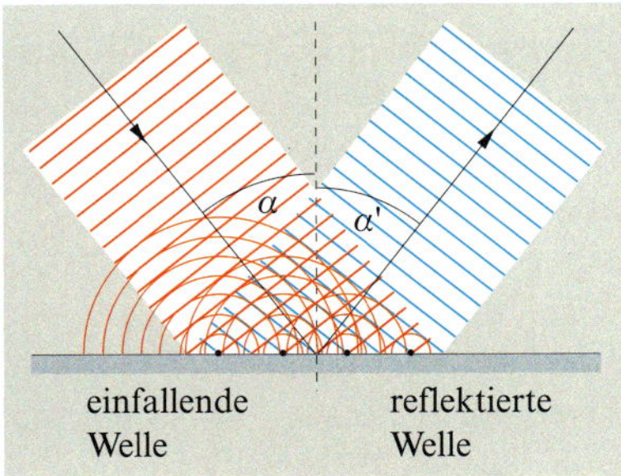

2
Hyugens'sches Prinzip: Reflexion

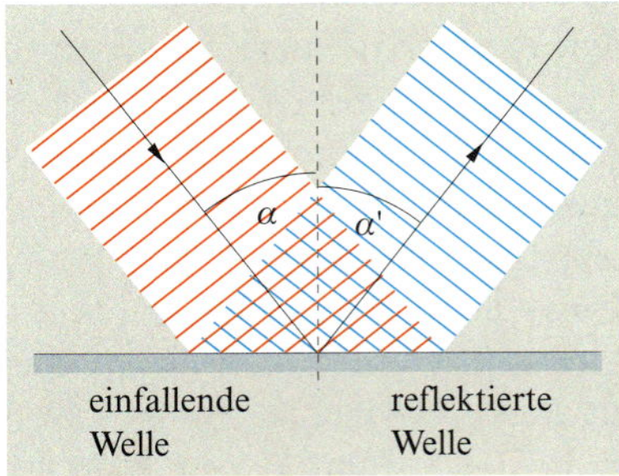

3
Wellenfronten und Wellennormale

Mit dem Huygens'schen Prinzip kann man das folgendermaßen erklären: Trifft eine Wellenfront auf die Kanalwand, wird an der Auftreffstelle eine Elementarwelle erzeugt, die sich in das Wasser zurück ausbreitet. Betrachtet man dieselbe weiterlaufende Wellenfront einen Moment später, so wird eine neue Elementarwelle an einem neuen Auftreffort entstehen usw. (Bild 2) Mehrere Elementarwellen, die von derselben Wellenfront erzeugt werden, überlagern sich nun und die Einhüllende stellt die neue, reflektierte Wellenfont dar.
Die reflektierten Wellenfronten schließen mit dem geraden Hindernis denselben Winkel ein wie die ankommenden Wellenfronten (Bild 3). Das Gleiche gilt für den Einfallswinkel und den Reflexionswinkel der Wellennormalen $\alpha = \alpha'$.

4
Echolot

Mechanische Wellen können an Hindernissen reflektiert werden. Für die Änderung der Ausbreitungsrichtung gilt dabei das Reflexionsgesetz.

Wer im Gebirge aus einiger Entfernung in Richtung einer Felswand ruft, hört kurz darauf das Echo: Die Schallwellen werden von der Felswand reflektiert. Die Laufzeit eines Echos wird auch zur Bestimmung von Wassertiefe und zur Ortung von Fischschwärmen genutzt (Bild 4): Ein Schallsender am Rumpf des Schiffes schickt kurze Schallsignale aus, ein Empfänger registriert das Echo und misst die Laufzeit des Signals. Aus der Laufzeit wird automatisch die Tiefe berechnet.

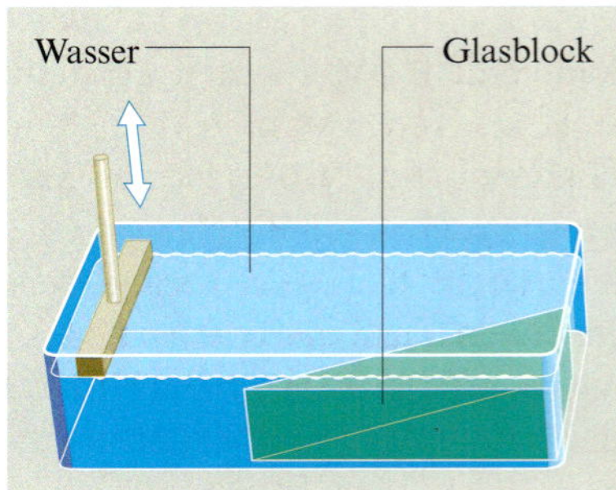

5

Brechung. In eine Wellenwanne wird eine dicke Glasplatte so hineingelegt, dass diese im Wasser vollständig eintaucht und sich darüber ein Flachwasserbereich bildet (Bild 5).
Die Wellenfronten werden schräg auf die Übergangsstelle von tiefem Wasser in flaches Wasser geleitet (Bild 6).
Man beobachtet, wie sich die Ausbreitungsrichtung der Wellenfronten an der Grenzlinie zwischen tiefem und flachem Wasser ändert.
Bei genauem Hinsehen erkennt man auch, dass die Wellenfronten im flachen Wasser etwas dichter zusammen liegen als im tiefen Wasser, die Wellenlänge ist also im flachen Wasser geringer als im tiefen.

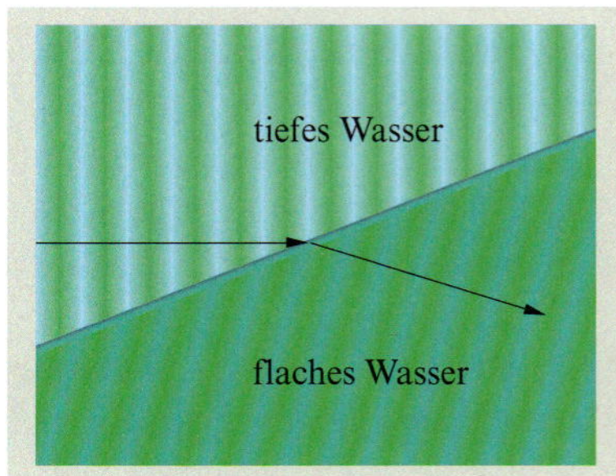

6

Die Abnahme der Wellenlänge beim Übergang zum flacheren Wasser ist damit zu erklären, dass sich die Welle dort langsamer ausbreitet als im tiefen Wasser. Das kann man sehr gut an einem flachen Sandstrand beobachten, wenn eine anlaufende Welle am Boden „gebremst" wird.
Für die Ausbreitungsgeschwindigkeit gilt $v = \lambda \cdot f$. Die Frequenz f ist in beiden Bereichen gleich. Wenn also die Wellenlänge λ kleiner wird, nimmt auch die Ausbreitungsgeschwindigkeit ab.
Mit dem Huygens'schen Prinzip kann man das folgendermaßen erklären: Beim Übergang in ein anderes Medium ändern sich die Ausbreitungsgeschwindigkeit der Elementarwellen. Die neue Wellenfront breitet sich in einer anderen Richtung als die ursprüngliche Wellenfront aus. Diesen Vorgang nennt man Brechung.

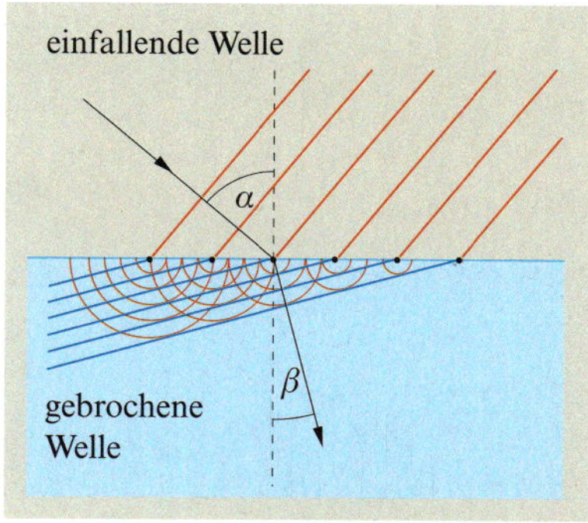

1
Huygens'sches Prinzip: Brechung
Beim Übergang in ein Gebiet mit geringerer Ausbreitungsgeschwindigkeit erfolgt die Brechung der Wellen zum Lot hin.

Trifft eine Welle schräg auf eine Grenzschicht, an der sich die Ausbreitungsgeschwindigkeit ändert, so wird die Welle gebrochen: Ihre Ausbreitungsrichtung ändert sich.

Beugung. In einem weiteren Experiment soll untersucht werden, wie sich Wasserwellen verhalten, wenn sie ein Hindernis mit einer scharfen Kante oder einem engen Spalt passieren.

2

3

EXPERIMENT 2
1 In einer flachen Wanne wird eine Wasserwelle mit geraden Wellenfronten erzeugt, die auf ein Hindernis treffen (Bild 2).
2 In die Wellenwanne werden zwei Hindernisse so eingelegt, dass ein schmaler Spalt entsteht (Bild 3).

Die Wellenfronten werden durch das Hindernis nicht scharf begrenzt, sondern treten auch in den geometrischen Schattenraum hinter dem Hindernis ein. Diesen Vorgang nennt man Beugung.
Mit dem Huygens'schen Prinzip kann man das folgendermaßen erklären: An der Kante eines Hindernisses führt die Entstehung der Elementarwellen dazu, dass die sich bildenden neuen Wellenfronten im geometrischen Schattenraum des Hindernisses fortschreiten. Entscheidend bei der Beugung ist das Verhältnis der Größe des beugenden Hindernisses zur Wellenlänge. Wellen mit kleiner Wellenlänge werden schwächer gebeugt als Wellen mit größerer Wellenlänge. Die Beugung ist besonders stark, wenn das beugende Hindernis und die Wellenlänge die gleiche Größenordnung haben.

Mechanische Wellen dringen in den geometrischen Schattenraum hinter einem Hindernis oder einem Spalt ein: Sie werden gebeugt.

Ähnlich wie Wasserwellen können auch Schallwellen gebeugt werden: Hinter einer Hausecke können wir ein Geräusch hören, auch wenn wir die Schallquelle nicht sehen.

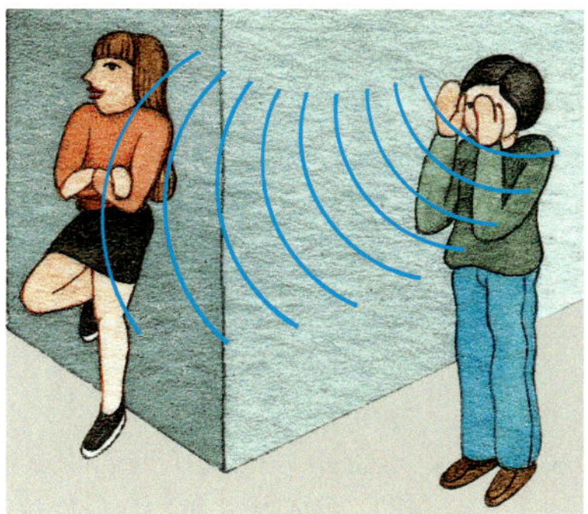
4

Physik erlebt

Tsunami – ein gefürchtetes Naturphänomen

Ein Tsunami (jap., Hafenwelle) besteht aus einer Serie aufeinander folgender Meereswellen und gilt als eines der gefürchtetsten Naturphänomene. Er kann innerhalb weniger Minuten an den nahen Küsten große Zerstörungen anrichten und viele Menschenleben fordern. Er entfaltet seine Wirkung aber auch an weit entfernten Küsten, da er sich im Verlauf von Stunden über ganze Ozeane hinweg ausbreiten kann.
Der Tsunami wird in den meisten Fällen durch gewaltige Seebeben aber auch durch Hangrutschungen, Vulkanausbrüche, Unterwasserlawinen oder durch Losbrechen eines Eisberges verursacht.
Wenn sich bei einem starken Beben unter dem Meeresgrund plötzlich der Meeresboden anhebt, erhalten die sich darüber befindlichen Wassermassen einen gewaltigen Schlag von unten. Große Teile des Meeresbodens werden nach oben gepresst, während andere nach unten absacken. Vergleichbar mit einem Kolben wird das Meer empor gedrückt und mehrfach zu einem Berg aufgebeult, von dem das Wasser nach allen Seiten hin abfließt.

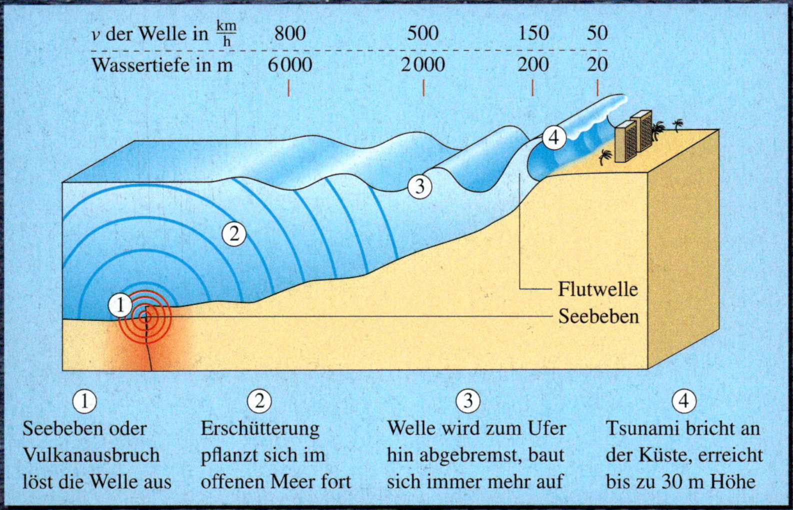

Nicht jedes Seebeben verursacht einen Tsunami. Erst ab einer Stärke von 7 auf der Richter-Skala, wenn das Zentrum nahe unter dem Meeresboden liegt und es eine vertikale Verschiebung des Meeresbodens verursacht, erhöht sich die Wahrscheinlichkeit für die Entstehung eines Tsunamis.

Die sich bildenden Wellen sind im tiefen Wasser zunächst kaum sichtbar. Es sind ungefährliche flache Wellen mit einer Amplitude von bis zu einem Meter aber mit einer Wellenlänge von einigen hundert Kilometern, die somit viel größer als die Wassertiefe ist. Hier breiten sie sich mit einer sehr großen Geschwindigkeit von bis zu 800 km/h aus und transportieren eine riesige Energie. Erst wenn die Welle die Küste erreicht, wird sie zur tödlichen Gefahr, denn ihre ungeheure Kraft macht sich erst im flachen Wasser bemerkbar. Die Amplitude der sich auf 30 bis 50 km/h verlangsamten Welle kann hier auf 30 m anwachsen und die Wellenlänge verringert sich auf nunmehr 10 km.

Im Gegensatz zu den durch Wind aus gelösten Wellen, die nur oberflächlich auftreten, bewegt ein Tsunami die gesamte Wassersäule vom Grund bis zur Oberfläche des Meeres.
In Küstennähe macht er sich deshalb zunächst durch eine starke ablandige Strömung bemerkbar, die zu einer kurzzeitigen Trockenlegung von Küstenregionen führt. Gleichzeitig wächst der kilometerbreite Wasserberg auf dem Meer und schiebt sich dann mit Urgewalt auf das Land.
Anschließend entsteht ein enormer Sog zurück zum Meer, der wiederum vieles mitreißen und verheerende Verwüstungen anrichten kann. Gigantische Wassermassen strömen in eine Senke bevor sich das Zusammenspiel des Absenkens und Aufwölbens mehrfach wiederholt. Die Wellenberge folgen aufeinander in Abständen von 10 Minuten bis zwei Stunden.

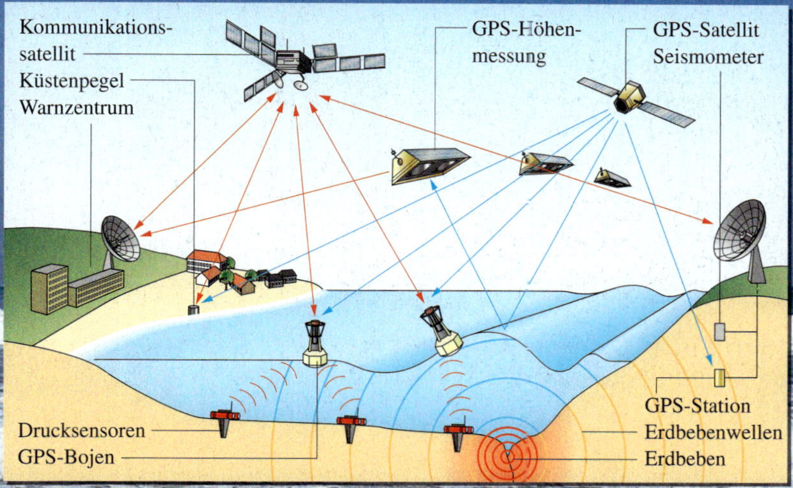

Den durch einen Tsunami ausgelösten Gefahren kann durch Frühwarnung sowie breite Information der Öffentlichkeit begegnet werden. Ein Tsunami-Frühwarnsystem nutzt den Unterschied der Ausbreitungsgeschwindigkeiten von sehr schnellen seismischen Wellen und den Tsunamiwellen. Ist ein dichtes Netz seismischer GPS-Stationen verfügbar, lassen sich bereits nach wenigen Minuten genaue Rückschlüsse über den Ort und die Stärke eines Erdbebens ziehen, das möglicherweise einen Tsunami auslösen kann. Die GPS-Stationen messen sehr genau die Verschiebung der Erdoberfläche und des Meeresbodens. Darüber hinaus misst ein Netz von Bojen die Tsunamiwelle auf hoher See und ermöglichen die Angabe einer Vorwarnzeit.

Als „natürliches" Frühwarnsystem gilt die einheimische Tierwelt. Tiere werden bei drohender Gefahr unnatürlich stark unruhig.
So ist bekannt, dass sich Tiere rechtzeitig vor Eintreffen eines Tsunamis auf höher gelegene Gebiete zurückziehen und dadurch überleben.

Wellenkraftwerk

Saubere Energie aus dem Meer. Seit mehr als 50 Jahren versuchen Wissenschaftler und Techniker elektrischen Strom mithilfe von Wellenkraftwerken aus dem Meer zu gewinnen. Erste nennenswerte Versuchsanlagen hat man in Japan, Indien und Norwegen errichtet. Doch Wellen- und Gezeitenkraftwerke galten bisher als unwirtschaftlich.
Seit Ende 2000 ist das erste kommerzielle Wellenkraftwerk der Welt vor der Küste Schottlands in Betrieb. Tagein tagaus donnern die Wellen des Atlantik an die Klippen. Die raue See ist zu einem willkommenen Energielieferanten geworden. 400 der 1400 Haushalte der Insel Islay versorgt die Anlage LIMPET mit einer Leistung von 500 kW mit elektrischem Strom.

1

2

3

Aufbau. Im Inneren der Anlage befinden sich drei kaminartige Betonröhren. Diese Röhren mit je 56 m² Querschnittsfläche führen 25 m auf die Felsensteilküste hinauf. Die untere Öffnung liegt 2,5 m unter der Wasseroberfläche. Am oberen Ende münden die Röhren in zwei hintereinander geschaltete Turbinen.
Durch die Länge der Betonröhren wird erreicht, dass selbst größte Wellen nicht bis zur empfindlichen Mechanik der Turbinen vordringen und diese zerstören. Der Schutz vor den hohen Wellen war ein wichtiger Aspekt beim Entwurf der Anlage. Denn bereits 1995 wurde das Wellenkraftwerk OSPRAY vor der Küste Schottlands von Schlechtwetter zerstört, noch bevor es in Betrieb gehen konnte.

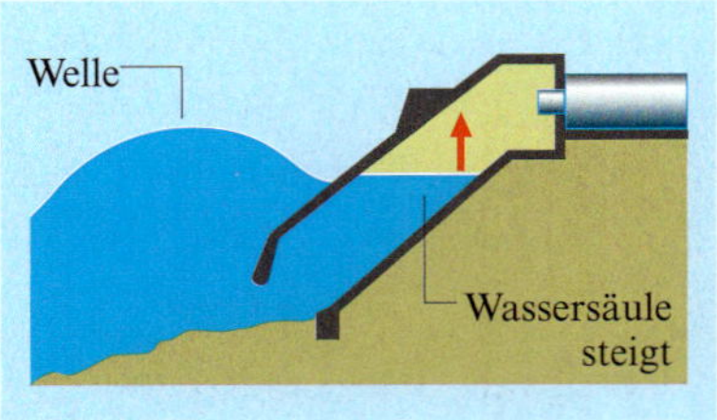

4

Einfaches physikalisches Wirkprinzip. Unterhalb des Meeresspiegels öffnet sich der Hohlraum Richtung Ozean und die Wellen können ungehindert ein- und ausströmen. Eine gewaltige Wassersäule schwingt. Ein Wellenberg komprimiert in der Röhre die Luft und drückt diese durch den Turbinenkanal. Es entsteht ein Luftstrom, der die Turbinen antreibt.
Durch die Druckabnahme während des folgenden Wellentals wird die Luft wieder abgesaugt. Die Energieerzeugung wird jedoch nicht unterbrochen, weil sich die Turbinen durch eine neuartige Konstruktion – nach ihrem Erfinder WELLS-Turbinen genannt – immer in die gleiche Richtung drehen, egal woher die Luft kommt.
LIMPET kann nicht ganzjährig eine konstante Menge Strom an das Netz liefern. Bleibt der Wind (Wellengang) aus, stehen auch die Turbinen still und andere Kraftwerke müssen die Energieversorgung übernehmen.

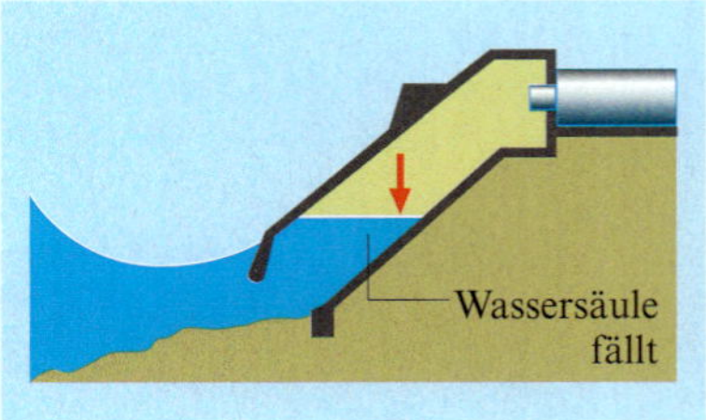

5

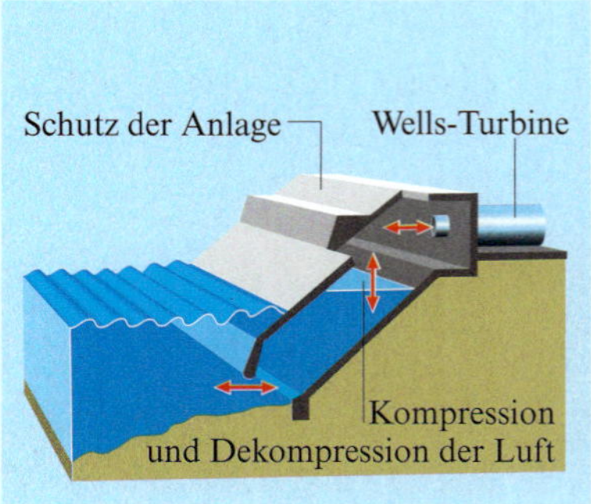

6

Weißt du es ? Kannst du es

1. Beschreibe Vorgänge aus Natur und Technik, bei denen es sich um mechanische Wellen handelt!
2. Wie entstehen mechanische Wellen und wie kann man diese physikalisch beschreiben?
3. Beschreibe ein Experiment, mit dem man nachweisen kann, dass eine mechanische Welle Energie, aber keinen Stoff transportiert!
4. Im Wellenkanal wird eine Welle mit einer Frequenz von 1 Hz entsteht Wellenlänge 20 cm. Berechne die Ausbreitungsgeschwindigkeit!
5. Ein Wellenerreger schwingt in einer Wellenwanne mit Wasser mit einer Frequenz von 6 Hz. Die entstehende Wasserwelle hat eine Ausbreitungsgeschwindigkeit von 40 cm/s. Berechne die Wellenlänge der Wasserwelle!
6. Was beobachtest du, wenn eine Wasserwelle schräg auf eine Wand trifft?
7. Eine Wasserwelle gelangt aus tiefem in flacheres Wasser. Welche Größen zur Beschreibung einer Welle verändern sich bei diesem Vorgang?
8. Eine Wasserwelle mit geraden Wellenfronten trifft auf eine scharfe Kante. Beschreibe den Verlauf der Welle, nachdem sie das Hindernis passiert hat!
9. Fülle eine Schüssel mit Wasser. Tippe mit beiden Zeigefingern im gleichen Takt auf die Wasseroberfläche. Beschreibe deine Beobachtung!
10. Erkläre das Zustandekommen von Zonen der Auslöschung bzw. Verstärkung in Bild 1 auf S. 99!

Kurz und knapp !

Mechanische Welle. Ausbreitung einer mechanischen Schwingung, bei der Energie, jedoch kein Stoff transportiert wird.

Ausbreitungsgeschwindigkeit. Geschwindigkeit, mit der sich ein Wellenberg in Ausbreitungsrichtung der Welle bewegt: $v = \lambda \cdot f$.

Wellenlänge λ. Abstand zweier benachbarter Wellenberge.

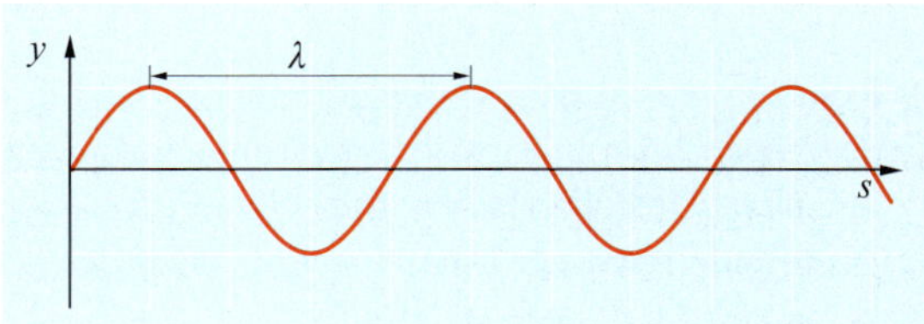

Reflexion. Zurückwerfen einer Welle an einem Hindernis. Für die Änderung der Ausbreitungsrichtung gilt das Reflexionsgesetz $\alpha = \alpha'$.

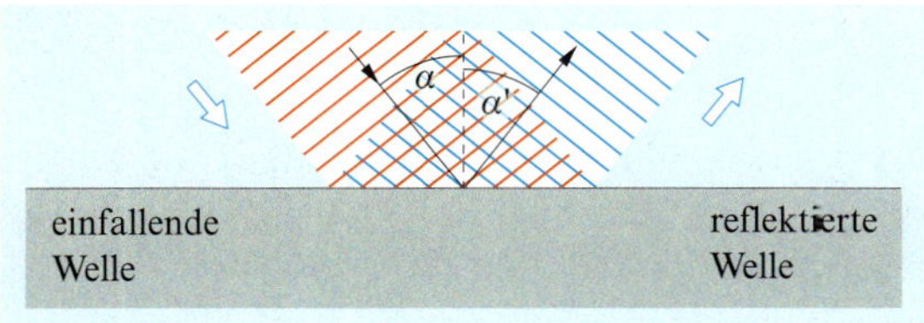

Brechung. Änderung der Ausbreitungsrichtung einer Welle an der Grenze zwischen Bereichen mit unterschiedlicher Ausbreitungsgeschwindigkeit.

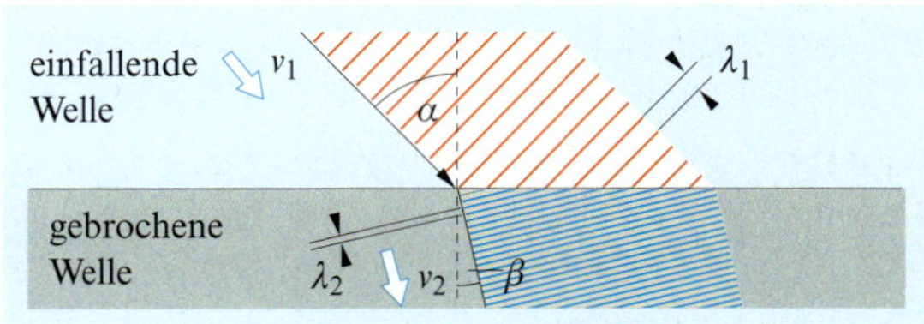

Beugung. Ausbreitung einer Welle im geometrischen Schattenraum hinter einem Hindernis.

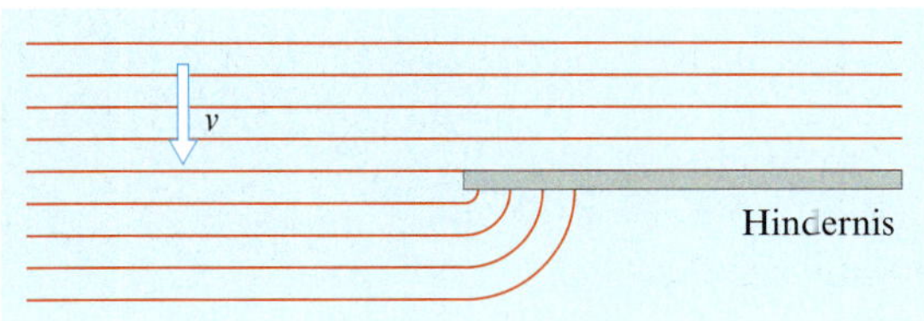

Interferenz. Überlagerung zweier Wellen, die in bestimmten Bereichen zur Verstärkung, in anderen zur Abschwächung der Wellen führt.

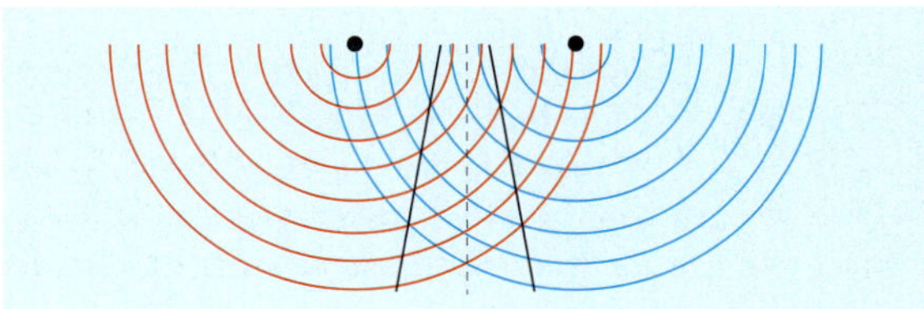

Teste dich!

Aufgaben

1 Eine Schwingung wurde aufgezeichnet (Bild 1). Benenne die physikalischen Größen in A, B und C. Die Frequenz dieses Systems beträgt 2 Hz. Wie berechnet man diesen Wert? Welche Bedeutung hat er?

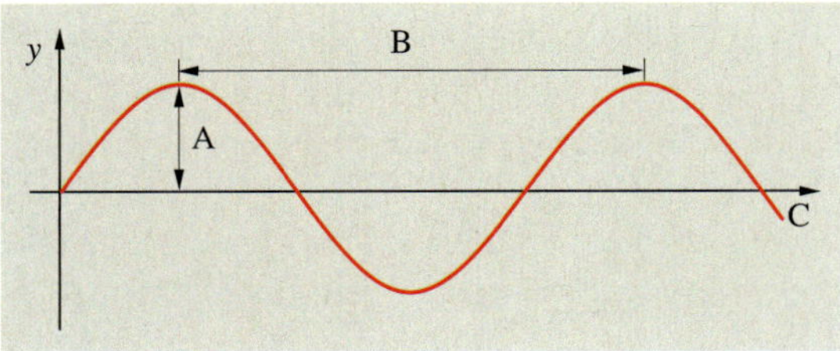

1

2 Astronauten messen die Fallbeschleunigung mithilfe eines Fadenpendels auf dem Mond. Sie ermitteln zunächst die Periodendauer $T_1 = 3\,s$. Nach Verlängerung des Fadens um $\Delta l = 1{,}11\,m$ wird die doppelte Periodendauer $T_2 = 6\,s$ festgestellt. Ermittle mit den gegebenen Messdaten die Fallbeschleunigung auf dem Mond.

3 Eine an einer Schraubenfeder hängende Kugel der Masse $m_1 = 2{,}0\,kg$ wird nach unten ausgelenkt und sich selbst überlassen. Sie schwingt bei kleiner Amplitude mit einer Frequenz von $f = 4{,}0\,Hz$.

a Berechne die Federkonstante D.

b Um welches Wegstück dehnt sich die Feder, wenn die Kugel vor Beginn der Schwingung an die ruhende Feder gehängt wird?

c Nun wird an dieselbe Feder ein weiteres Massestück $m_2 = 1{,}0\,kg$ gehängt. Berechne, um wieviel Prozent sich die Periodendauer ändert.

4 Erläutere, was man unter den Begriffen freie Schwingung, erzwungene Schwingung, Eigenfrequenz und Erregerfrequenz versteht.

5 Beschreibe das Phänomen der Resonanz an einem Beispiel. Gib die Resonanzbedingung an. Nenne Beispiele für erwünschte und unerwünschte Resonanz. Unter welcher Bedingung kann es zur Resonanzkatastrophe kommen?

6 Skizziere in einem y-f-Diagramm zwei Resonanzkurven verschiedener Dämpfung.

7 Eine mechanische Welle kann u.a. mithilfe der physikalischen Größen Auslenkung (Elongation), Amplitude, Wellenlänge, Frequenz und Ausbreitungsgeschwindigkeit beschrieben werden. Erläutere diese Begriffe. Verwende ggf. grafische Darstellungen. Formuliere einen Zusammenhang zwischen der Wellenlänge, der Frequenz und der Ausbreitungsgeschwindigkeit.

8 Erläutere die Ausbreitungseigenschaften Reflexion, Brechung und Beugung von Wellen.

9 Beschreibe die Reflexion von Wasserwellen an einer geraden Wand mithilfe des Huygens'schen Prinzips.

Schätze deine Kenntnisse und Fähigkeiten ein!

Ordne dazu deiner Lösung im Heft ein Smiley zu:

☺ Ich konnte die Aufgabe richtig lösen.
😐 Ich konnte die Aufgabe nicht komplett lösen.
☹ Ich konnte die Aufgabe nicht lösen.

› Die Lösungen findest du im Anhang.

Aufgabe	Fähigkeit	Hilfe findest du auf Seite ...
1	Kenngrößen einer Schwingung benennen und berechnen.	87, 88
2	Fallbeschleunigung auf dem Mond berechnen.	89
3	Federkonstante, Ausdehnung und Periodendauer einer Schraubenfeder berechnen.	90, 91
4–6	Schwingungsarten und Frequenzen erläutern, Resonanz beschreiben, Resonanzkurven skizzieren.	93
7	Kenngrößen einer mechanischen Welle kennen.	97, 98
8	Ausbreitungseigenschaften von Wellen kennen.	100, 101
9	Reflexion von Wellen mithilfe des Huygens'schen Prinzips beschreiben.	99, 100

Natur des Lichtes

In der Natur trifft das Licht auf unterschiedlichste Grenzflächen. Dabei kann es reflektiert und gebrochen werden. Unter bestimmten Bedingungen wird es gebeugt oder gestreut und es können Interferenzen entstehen.
Die Zerlegung von Licht in seine farbigen Bestandteile spielt in der Forschung eine wichtige Rolle: Man erhält genaue Informationen über die Zusammensetzung von Substanzen oder von Sternen, die das Licht aussenden.
Zur Erklärung der vielfältigen Phänomene mit Licht und Farben kann man unterschiedliche Modellvorstellungen verwenden.

Das Strahlenmodell des Lichtes

1

Daten sollen auf immer weiter reichenden Verbindungen immer schneller und in immer größeren Mengen übertragen werden. Um das zu erreichen, vertraut man diese Informationen dem Medium mit der höchsten Ausbreitungsgeschwindigkeit an – dem Licht.
In der modernen Datenkommunikation werden zunehmend Lichtleiter für die Informationsübertragung, eingesetzt. Wie funktioniert ein Lichtleiter?
Die Ausbreitung von Licht beschreibt man in der Physik mithilfe einer Modellvorstellung – den Lichtstrahlen.

Lichtstrahlen

Basiskonzept Wechselwirkung ↑S. 233

Das Licht von einer Lichtquelle breitet sich nach allen Seiten geradlinig aus. Den Verlauf von Licht kann man vereinfacht durch Strahlen darstellen. Man darf die Lichtstrahlen aber nicht mit dem Licht selbst verwechseln. Ein wesentlicher Unterschied besteht darin, dass das Licht einer Lampe den Raum vollkommen erfüllt. Die Strahlen sind nur ein Modell, das ausgewählte Lichtbündel kennzeichnet. Mit dem Modell Lichtstrahl lassen sich viele optische Phänomene beschreiben und erklären. Neben der Ausbreitung von Licht und der Schattenbildung sind auch Reflexion, Brechung und die Bildentstehung an einfachen optischen Geräten mit dem Modell Lichtstrahl zu verstehen.

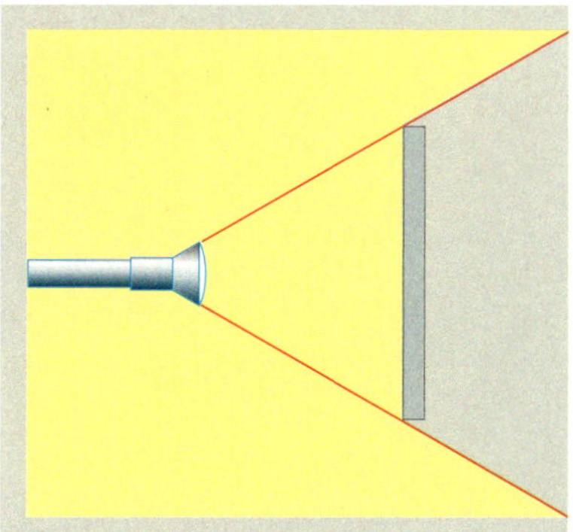

2

Schattenbildung

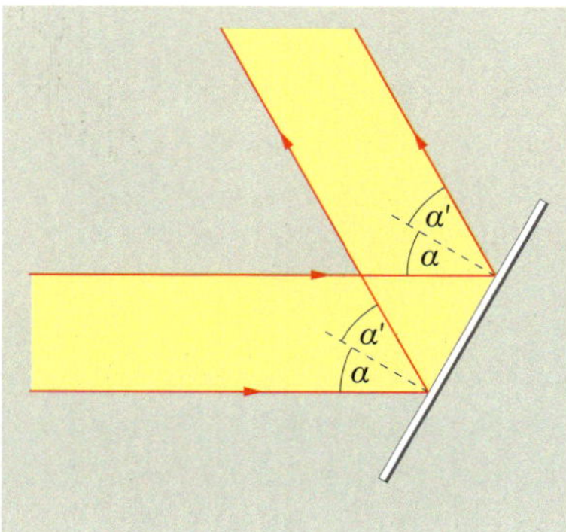

3

Reflexion von Licht

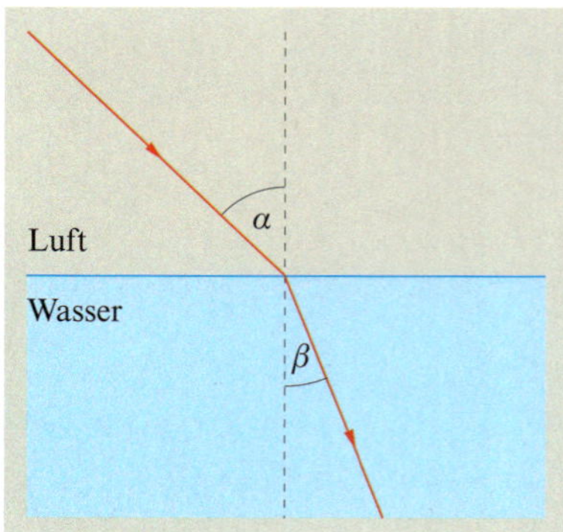

4

Brechung von Licht

Mithilfe von Lichtstrahlen wird der Verlauf von Lichtbündeln dargestellt. Der Lichtstrahl ist ein Modell für das Licht.

Brechung des Lichtes

Wenn man mit einem schmalen Lichtbündel schräg von oben in eine Flüssigkeit leuchtet, dann erkennt man, dass das Licht an der Grenzfläche zwischen der Luft und der Flüssigkeit einen Knick macht. Es ändert also beim Übergang von einem Medium in ein anderes Medium seine Ausbreitungsrichtung.
Im folgenden Experiment soll die Richtungsänderung genauer untersucht werden.

1

EXPERIMENT 1

1 Lenke das Lichtbündel für verschiedene Einfallswinkel α auf den Mittelpunkt der Kreisscheibe!
2 Miss den jeweils dazugehörigen Brechungswinkel β und trage die Werte in eine Tabelle ein!
3 Vergleiche den jeweiligen Betrag von Einfallswinkel und dazugehörigem Brechungswinkel!

2

Man erkennt, dass beim Übergang eines Lichtbündels von Luft in Glas der Brechungswinkel stets kleiner ist als der Einfallswinkel. Das Licht wird zum Lot hin gebrochen. Ursache für diese Richtungsänderung ist die unterschiedliche Ausbreitungsgeschwindigkeit des Lichts in beiden Stoffen.

Von zwei Stoffen ist derjenige, in dem sich das Licht schneller ausbreitet, das optisch dünnere Medium. Der Stoff, in dem sich das Licht langsamer ausbreitet, heißt optisch dichteres Medium.

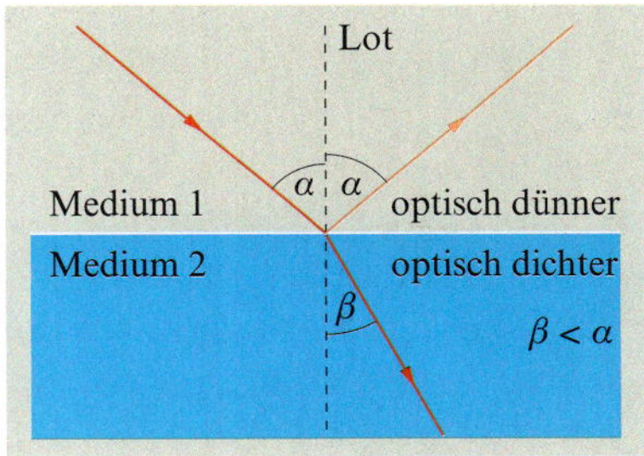

3

Aus den Messwerten von Experiment 1 erkennt man auch, dass sich das Verhältnis von Einfallswinkel und Brechungswinkel ändert, α und β sind nicht proportional zueinander. Um zu einer Gesetzmäßigkeit zu gelangen, kann man jedoch für jedes Wertepaar das Verhältnis $\sin\alpha : \sin\beta$ berechnen. Man erhält im Mittel 1,50. Auch das Verhältnis der Lichtgeschwindigkeiten in Luft $c_L = 299\,711$ km/s und in Kronglas $c_K = 200\,000$ km/s beträgt 1,50.

Messwertetabelle für den Übergang von Luft in Kronglas

α_{Luft}	$\beta_{Kronglas}$	$\frac{\alpha}{\beta}$	$\frac{\sin\alpha}{\sin\beta}$
10°	6,6°	1,51	1,54
20°	13,4°	1,49	1,48
30°	19,6°	1,53	1,43
40°	25,1°	1,59	1,52
50°	30,7°	1,63	1,51
60°	35,0°	1,71	1,52
70°	38,9°	1,80	1,49
80°	41,4°	1,93	1,49

Führt man das Experiment mit anderen Stoffpaaren durch, dann stehen immer die Sinuswerte von Einfallswinkel und Brechungswinkel in demselben Verhältnis zueinander wie die Lichtgeschwindigkeiten vom optisch dichteren Medium (c_1) und vom optisch dünneren Medium (c_2). Es gilt das Brechungsgesetz:

Tritt Licht von einem optisch dünneren Medium in ein optisch dichteres Medium ein, so erfolgt eine Brechung zum Einfallslot hin.
Tritt Licht unter einem Einfallswinkel α (verschieden von 0°) von einem optisch dünneren in ein optisch dichteres Medium ein, so erfolgt eine Brechung mit dem Winkel β.

Es gilt: $\frac{\sin\alpha}{\sin\beta} = \frac{c_1}{c_2}$.

Basiskonzept Struktur der Materie
↑S. 232

Der Knick an der Grenze der beiden Medien lässt sich mithilfe eines Gedankenexperiments veranschaulichen: Ein Radfahrer will von A nach Z. Er kann auf Asphalt mit einer Geschwindigkeit von $v_A = 10\,\text{m/s}$ und auf einer Wiese mit einer Geschwindigkeit von $v_W = 5\,\text{m/s}$ fahren. Welches ist der schnellste Weg (Bild 1)?

Berechnung der Zeit für einige Strecken:

$$t_{ABZ} = \frac{100\,\text{m}}{10\,\text{m/s}} + \frac{200\,\text{m}}{5\,\text{m/s}} = 50\,\text{s} \qquad t_{ACZ} = \frac{200\,\text{m}}{10\,\text{m/s}} + \frac{100\,\text{m}}{5\,\text{m/s}} = 40\,\text{s}$$

$$t_{AZ} = \frac{132\,\text{m}}{10\,\text{m/s}} + \frac{132\,\text{m}}{5\,\text{m/s}} = 39{,}6\,\text{s}$$

Der gerade Weg ist jedoch nicht der schnellste Weg. Der Radfahrer ist schneller, wenn er eine etwas längere Strecke auf dem Asphalt zurücklegt und eine kürzere auf der Wiese, z. B. den Weg über den Punkt X:

$$t_{AXZ} = \frac{150\,\text{m}}{10\,\text{m/s}} + \frac{117\,\text{m}}{5\,\text{m/s}} = 38{,}4\,\text{s}$$

Der Weg, für den der Radfahrer die kürzeste Zeit braucht, lässt sich mit besonderen mathematischen Hilfsmitteln berechnen. Man erhält: $\alpha = 52°$ und $\beta = 23°$. Die benötigte Zeit beträgt dann 38,2 s.

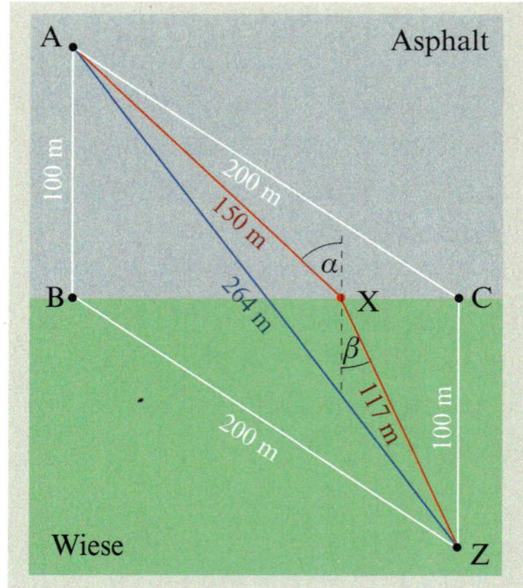

1

Brechung am Prisma. Hat ein durchsichtiger Körper zwei nicht parallele Grenzflächen, so nennt man ihn Prisma. Ein einfallendes Lichtbündel wird zweimal gebrochen (Bild 2). Beide Male gilt das Brechungsgesetz. Beim Übergang vom optisch dünneren in das optisch dichtere Medium wird das Lichtbündel zum Lot hin gebrochen. Beim Übergang vom optisch dichteren in das optisch dünnere Medium wird das Lichtbündel vom Lot weg gebrochen. Insgesamt wird das Licht in seiner Richtung durch die zweimalige Brechung stärker abgelenkt als bei einmaliger Brechung. Und je größer der Winkel zwischen Eintrittsfläche und Austrittsfläche beim Prisma ist, desto stärker wird das Licht abgelenkt.

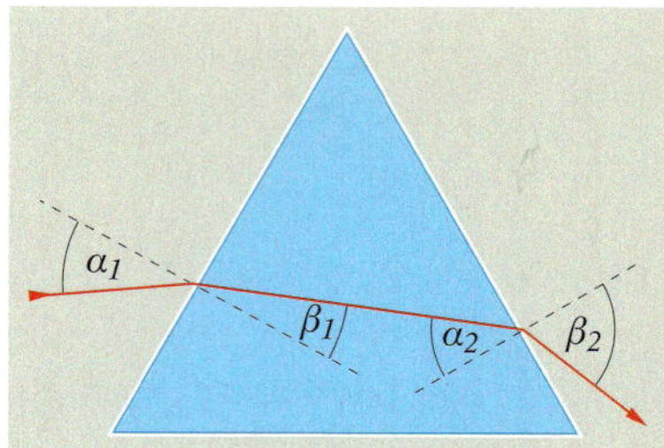

2

Zweimalige Brechung am Prisma

Bildentstehung an Sammellinsen. Man kann sich eine Sammellinse im Prinzip aus Prismen zusammengesetzt denken (Bild 5). Parallel einfallende Lichtstrahlen werden durch unterschiedlich starke Brechung in einem Punkt vereint. Diesen Punkt nennt man Brennpunkt F.
Es gibt zwei Möglichkeiten, Bilder mit einer Sammellinse zu erzeugen. Befindet sich ein Gegenstand außerhalb der Brennweite der Linse, so entsteht ein Bild, das auf einem Schirm aufgefangen werden kann (Bild 4). Solche Bilder sind wirkliche oder *reelle* Bilder.

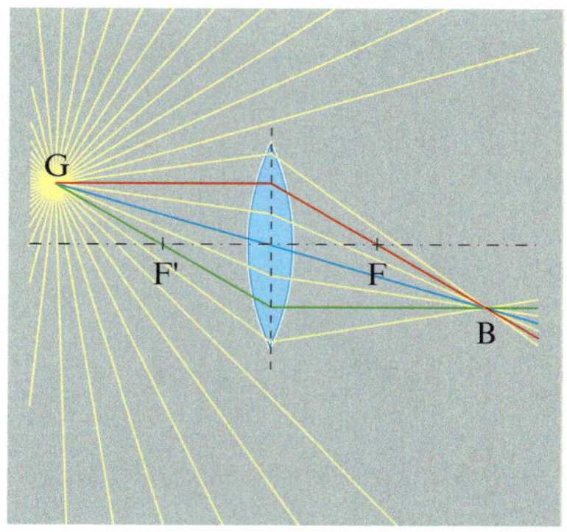

3

Von einer Lichtquelle G lassen sich Lichtstrahlen in alle Raumrichtungen zeichnen. Einige davon fallen auf die abbildende Linse. Parallelstrahl (rot), Mittelpunktstrahl (blau) und Brennpunktstrahl (grün) eignen sich zur Konstruktion von Bildern.

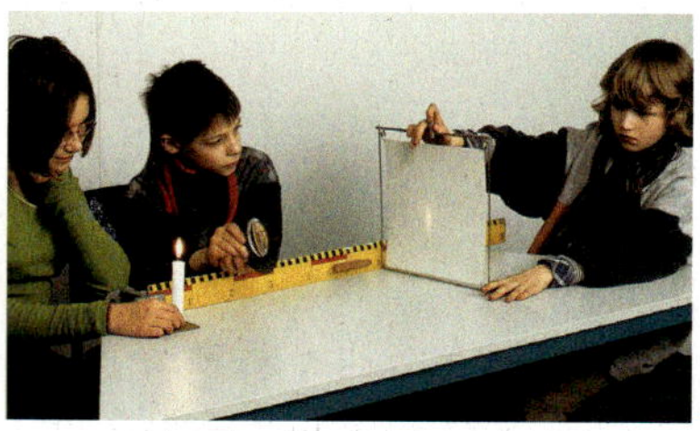
4

Die Sammellinse erzeugt ein Bild der Kerze.

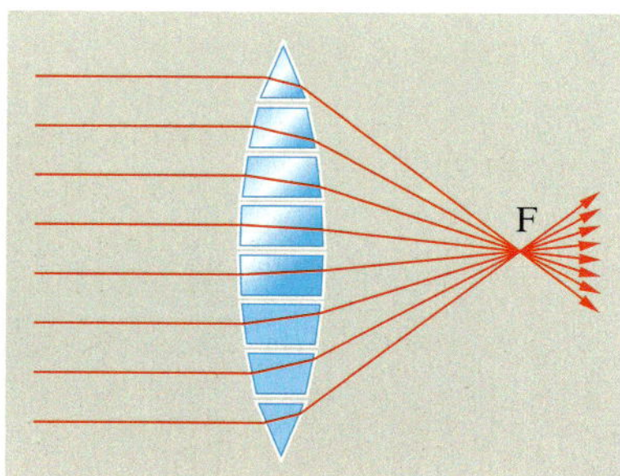

5

Sammellinse aus Prismen zsammengesetzt

Totalreflexion

Wenn man aus dem Wasser unter bestimmten Winkeln herausschaut, sieht die Flüssigkeit oft silbrig – wie verspiegelt – aus (Bild 3). Wie kann man das erklären? Was passiert beim Übergang von Licht von einem optisch dichterem Medium zum optisch dünneren Medium?
Besonders deutlich kann man den Weg den Lichtes mithilfe der Experimentierleuchte in Bild 1 verfolgen. Stets wird an der Wasseroberfläche ein Teil des Lichtes reflektiert, der Rest gelangt gebrochen nach draußen. Aber von einem bestimmten Winkel an wird das Licht vollständig reflektiert, nichts gelangt mehr hinaus.

1

EXPERIMENT 2

1. Lenke das Lichtbündel auf den Mittelpunkt der Kreisscheibe. Verändere den Einfallswinkel α!
2. Miss den zugehörigen Brechungswinkel β!
3. Trage α und β in eine Tabelle ein!
4. Bestimme den Winkel, bei dem das Licht gerade nicht mehr das dichtere Medium verlassen kann!

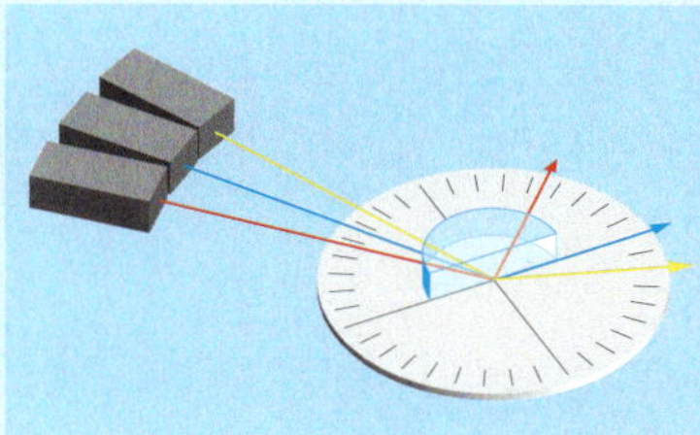
2

Licht kann nur dann von einem optisch dichteren in ein optisch dünneres Medium gelangen, wenn der Einfallswinkel einen bestimmten Betrag nicht überschreitet. Je größer der Einfallswinkel ist, umso mehr Licht wird reflektiert. Ist der Einfallswinkel größer als der Grenzwinkel α_G, wird das Licht total reflektiert.

Den Winkel, bei dem das einfallende Licht gerade nicht mehr in das optisch dünnere Medium übertreten kann, nennt man den Grenzwinkel der Totalreflexion α_G.

3

Die Luftblase im Wasser sieht von unten betrachtet wie eine Silberkugel aus (Bild im Spiegel rechts unten).

Licht in Glasfasern

Mit einem Lichtleitkabel kann man gleichzeitig Millionen von Telefongesprächen übertragen. In einem solchen Kabel fließt nicht – wie bei herkömmlichen Telefonleitungen – ein elektrischer Strom. Die Informationen werden durch Licht übertragen. Auf welche Weise erreicht man, dass das Licht auch dann ungehindert durch das Kabel gelangt, wenn dieses gebogen ist?
Ein Lichtleitkabel besteht – wie eine Kupferlitze – aus vielen einzelnen Adern (Bild 4). Das Prinzip eines Lichtleitkabels kann man leicht mit einem gebogenen Kunststoffstreifen demonstrieren (Bild 5).

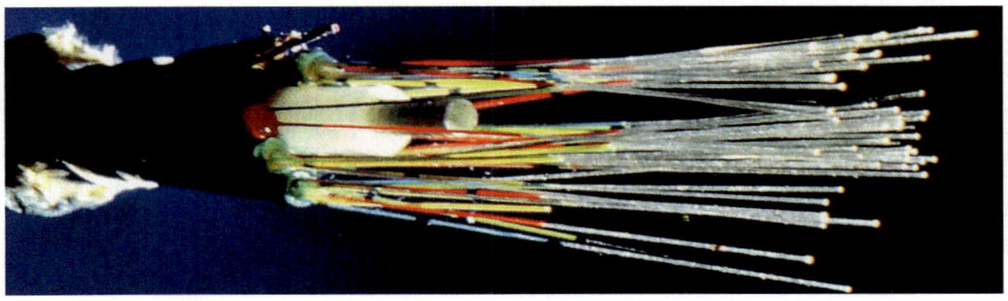
4

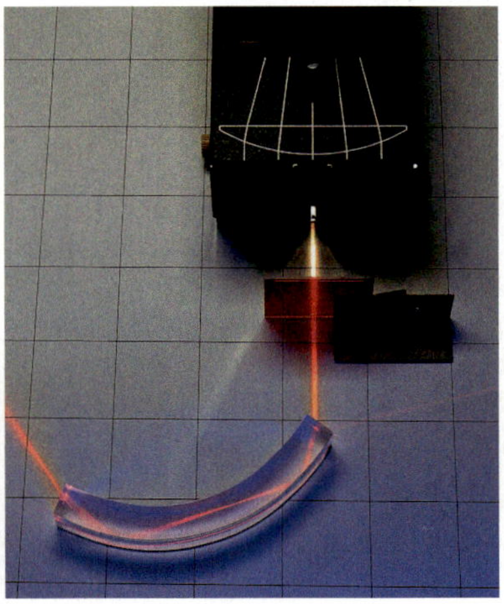
5

Modell eines Lichtleiters

Wie in den Glasstab, so dringt das Licht in jede Glasfaser durch die Stirnfront ein. Da das nie ganz parallel zum Kabel erfolgt und das Kabel gebogen ist, so trifft es irgendwann auf die Begrenzung der jeweiligen Glasfaser. Man verwendet Fasern, deren optische Dichte nach außen hin allmählich abnimmt (Bild 2). Dadurch wird das Licht wieder ins Innere der Faser total reflektiert.
Dieser Vorgang wiederholt sich sehr oft, sodass das Licht die Ader erst am Ende des Kabels wieder verlassen kann. Auf diese Weise folgt es jeder Biegung der Ader bzw. des Kabels.
Eine wichtige Voraussetzung besteht darin, dass das Glas sehr rein ist. Nur dann wird das Licht durch Absorption wenig geschwächt.

1
Glasfasern sind so flexibel wie z. B. Seide oder Wolle.

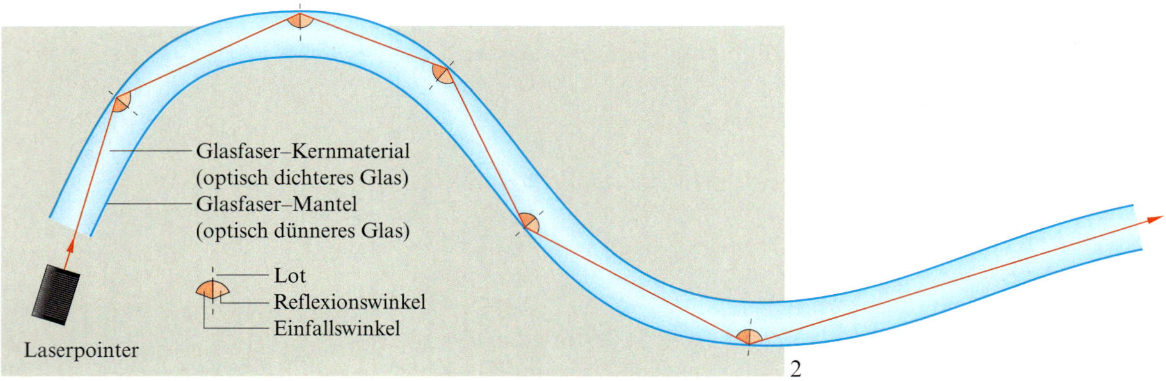

2

Glasfaserkabel werden bei der Nachrichtenübertragung für Telefon, Fernsehen und Internet verwendet und lösen die alten Telefonnetze mit Kupferkabeln ab.
Um Sprache oder Zeichen durch Lichtleitkabel zu senden, werden sie in elektrische Signale und dann in Lichtblitze umgewandelt. Beim Empfänger werden die Informationen wieder zurückverwandelt. In modernen Glasfasernetzen können bis zu 80 Milliarden Signale pro Sekunde übertragen werden. Bei größeren Entfernungen müssen die Lichtblitze unterwegs mithilfe weiterer Lichtquellen – optischen Verstärkern – erneuert und verstärkt werden.
Der große Vorteil der Lichtleitkabel gegenüber den bisher verwendeten Kupferkabeln, z. B. bei der Übertragung von Telefongesprächen, besteht in den kleineren Abmessungen, dem geringeren Gewicht und dem preiswerteren Material. Außerdem können keine Störungen durch elektromagnetische Felder auftreten.

3
Laserlicht im Wasserstrahl

Auch in der Medizin werden Glasfaserkabel eingesetzt, um z. B. mithilfe eines **Endoskops** in den Magen zu schauen (Bild 4). Das Wort Endoskop bedeutet so viel wie „innen Sehen“. Früher musste man mit großen Operationen den Körper öffnen, um den Zustand innerer Organe beurteilen zu können. Da ein Endoskop klein ist, genügen auch kleine Öffnungen des Körpers. In einem Endoskop gibt es zwei Faserbündel. Das eine dient zur Beleuchtung der Organe und das zweite liefert ein Bild des Organs, das der Arzt durch eine eingebaute Lupe betrachten kann. Dadurch können krankhafte Veränderungen festgestellt und Operationen mit geringerem Aufwand durchgeführt werden.

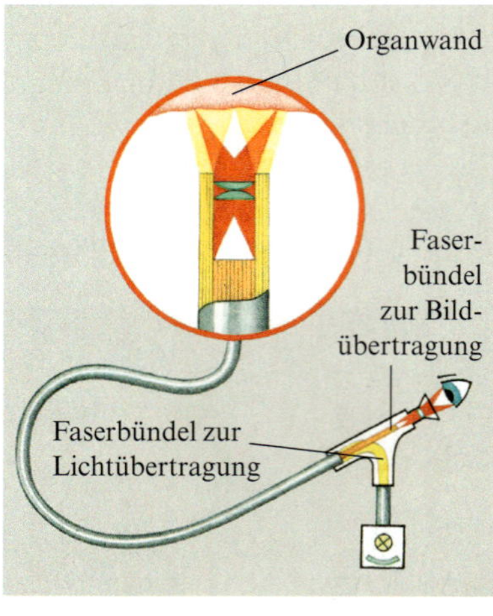

4

Lichtgeschwindigkeit

Bei Gewitter entstehen Blitz und Donner an einer Stelle gleichzeitig. Das kann man feststellen, wenn ein Blitz in unmittelbarer Nähe einschlägt. Je größer die Entfernung zum Blitz, desto stärker verzögert hört man den Donner. Schall benötigt also eine bestimmte Zeit zu seiner Ausbreitung. Aber wie schnell breitet sich das Licht aus?

1

GALILEIS Experiment zur Bestimmung der Lichtgeschwindigkeit

Schon der italienische Physiker GALILEO GALILEI (1564–1642) wollte experimentell nachweisen, dass sich das Licht mit einer bestimmten Geschwindigkeit ausbreitet. GALILEI postierte seinen Assistenten in großer Entfernung (Bild 1). Er beauftragte ihn, seine Lampe in dem Moment aufblitzen zu lassen, in dem er die aufblitzende Lampe GALILEIS sehe. Eine Verzögerung des Rücksignals konnte GALILEI nicht feststellen. Damit hielt er aber seine Annahme, dass das Licht sich mit einer bestimmten Geschwindigkeit ausbreitet, nicht für widerlegt. Die Geschwindigkeit könnte so groß sein, dass die Zeit zum Zurücklegen des Weges sehr klein und damit nicht mit einfachen Mitteln messbar ist.
Der Franzose HIPPOLYTE FIZEAU (1819–1896) hat 1848 zum ersten Mal die Lichtgeschwindigkeit auf der Erde bestimmt. Dazu verwendete er eine raffiniert ausgedachte Apparatur (Bild 2):

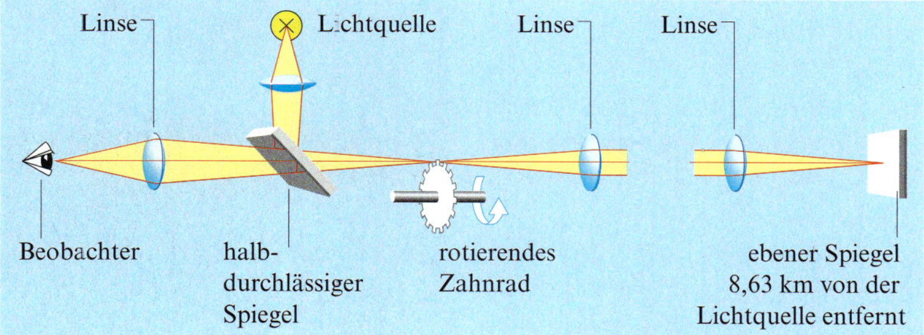

2

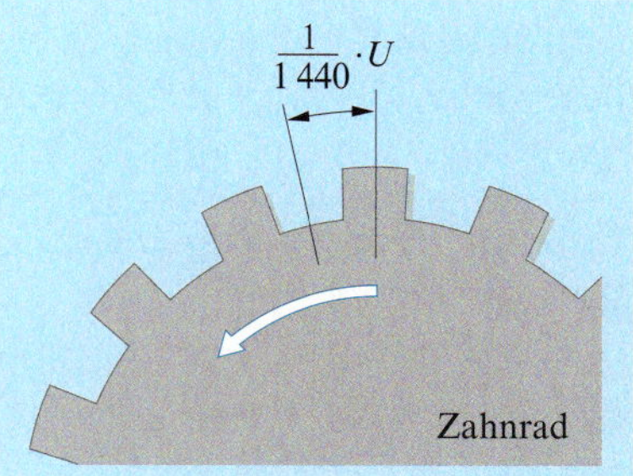

3

Ein Lichtbündel wird über einen halbdurchlässigen Spiegel zwischen zwei Zähnen eines Zahnrades zu dem weit entfernten Spiegel geschickt. Nach Reflexion legt das Lichtbündel die Strecke noch einmal zurück. Durch die Zahnradlücke und den halbdurchlässigen Spiegel gelangt das Licht ins Auge des Beobachters. Dreht man nun das Zahnrad allmählich schneller, so tritt bei einer bestimmten Geschwindigkeit Dunkelheit beim Beobachter auf. Das Licht trifft nun statt auf die Ausgangslücke auf den folgenden Zahn. FIZEAUS Zahnrad hatte je 720 Zähne und Lücken. Von einer Lücke zum nächsten Zahn wird also 1/1 440 des Umfangs zurückgelegt (Bild 3). Die Drehzahl betrug $n = 12{,}6\,\text{s}^{-1}$, was einer Umlaufzeit von $T = 0{,}0794\,\text{s}$ entspricht. So beträgt die Zeit, die von Zahn zu Lücke vergeht, 0,000 055 s. Die Entfernung zwischen Spiegel und Zahnrad betrug 8,633 km. Damit ergibt sich für die Lichtgeschwindigkeit: $c = 2 \cdot 8{,}633\,\text{km} / 0{,}000\,055\,\text{s} = 313\,927\,\text{km/s}$.
Genauere Messungen zeigen heute:
Licht legt im Vakuum in einer Sekunde etwa 299 792 km zurück:
$c = 299\,792\,\text{km/s}$.
Das Licht breitet sich in unterschiedlichen Medien unterschiedlich schnell aus.

Medium	Lichtgeschwindigkeit c in km/s
Vakuum	299 792
Luft	299 711
Wasser	224 000
Kronglas, leicht	197 000
Polystyrol	189 000
Flintglas, leicht	186 000
Diamant	122 000

Fotoapparat

Das Angebot an Fotoapparaten ist außerordentlich vielfältig. Fotoapparate werden automatisiert und mit Computertechnik ausgestattet. Nur noch ein Knopfdruck und alles läuft automatisch ab. Aber das Grundprinzip bleibt bei allen Apparaten gleich. Ein Modell eines Fotoapparats kannst du selbst bauen:

AUFTRAG 1

1 Befestige auf einem Stativstab eine Sammellinse (als Objektiv der Kamera) und einen Schirm (als Film). Bringe direkt hinter der Linse eine Halterung für unterschiedlich große kreisförmige Löcher als Blende an!
2 Richte die Modellkamera auf ein möglichst helles Objekt, z. B. ein Fenster, eine Kerze oder eine Lampe!
3 Stelle durch Verschieben der Linse die „Entfernung“ so ein, dass ein scharfes Bild auf dem Schirm erscheint!
4 Was stellst du fest, wenn du nun kleinere Blenden einschiebst?

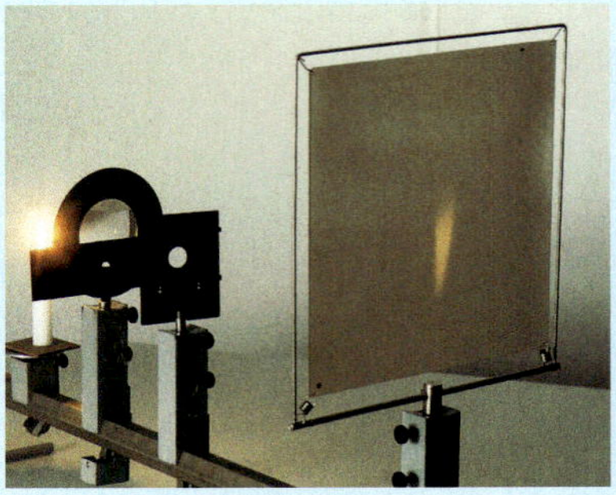
1

Beim Fotografieren muss eine richtige Menge an Licht auf den Film gebracht werden. Fällt zu viel oder zu wenig Licht auf den Film, so sind die Fotos hinterher über- oder unterbelichtet und damit unbrauchbar. Eine richtige Fotokamera, mit dem Film im Inneren, ist absolut lichtdicht verschlossen. Nur für eine bestimmte Belichtungszeit wird die Blende zum Fotografieren geöffnet. Ist es sehr hell, wählt man kurze Belichtungszeiten 1/500 bis 1/125 Sekunden, ist es dunkler, nimmt man z.B. 1/30 s.
Bei den meisten Kameras besteht das Objektiv, so wie bei den meisten optischen Geräten, aus einer Kombination mehrerer Linsen. Das Normalobjektiv einer Kleinbildkamera hat eine Brennweite von $f = 50$ mm. Es bildet die Umgebung ähnlich ab wie wir sie mit dem Auge sehen. Für Fotos in engen Räumen eignen sich Weitwinkelobjektive (f: 24 mm bis 35 mm). Wie durch ein Fernglas kann man durch Teleobjektive fotografieren (f: 80 mm bis 300 mm).
Wie du im Auftrag 1 erfahren konntest, lässt sich die Lichtmenge auch durch die Wahl der Blende beeinflussen.
Für eine bestimmte Lichtmenge gibt es mehrere Kombinationen von Blende und Belichtungszeit (siehe Tabelle). Je kleiner die Blendenzahl ist, umso weiter ist die Blende geöffnet.
Welche der Einstellungen man jeweils wählt, hängt unter anderem davon ab, ob sich das Objekt schnell bewegt oder welche Bereiche des Fotos scharf abgebildet werden sollen. Dazu findet ihr viele Informationen in speziellen Sachbüchern zur Fotografie.

2
Weitwinkel-Aufnahme

3
Tele-Aufnahme

Blende	Belichtungszeit
2,8	1/1000
4	1/500
5,6	1/250
8	1/125
11	1/60
16	1/30

AUFTRAG 2

Mit einem Fotoapparat, bei dem Entfernung, Blende und Belichtungszeit einstellbar sind, könnt ihr für das gleiche Motiv unterschiedliche Kombinationen wählen.
Fotografiert einmal ein vorbeifahrendes Auto mit unterschiedlichen Belichtungszeiten und eine Straßenszene mit unterschiedlichen Blenden. Vergleicht die Ergebnisse miteinander.

Weißt du es? Kannst du es

1. Lege eine Münze so in eine Tasse, dass sie gerade hinter dem Rand verschwindet. Fülle die Tasse vorsichtig mit Wasser, ohne den Kopf dabei zu bewegen! Schildere und erkläre deine Beobachtung!
2. a) Erläutere das Begriffspaar „optisch dünner – optisch dichter“!
   b) Stelle den Weg eines Lichtbündels dar, das schräg auf eine Glasplatte auftrifft. Trage auch die Begriffe „optisch dünner“ und „optisch dichter“ ein!
   c) Ein Lichtbündel fällt schräg auf eine Wasserschicht, die sich auf einer Glasplatte befindet. Zeichne das Lichtbündel ein! *Hinweis:* Glas ist optisch dichter als Wasser.
3. In Bild 1 trifft Licht auf eine 1 cm dicke Glasplatte. Übertrage die Abbildung in dein Heft und zeichne den weiteren Verlauf des Lichtes. Berücksichtige dabei die Brechung an beiden Grenzflächen!
4. Erkläre das Zustandekommen der Totalreflexion!
5. Informiere dich über die Anwendung von Lichtleitern. Fertige eine Präsentation an!

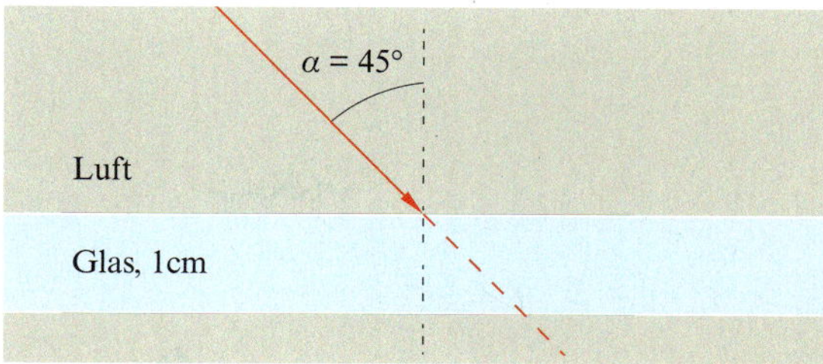

1

6. Licht, das von Luft in Wasser übergeht, wird zum Einfallslot hin gebrochen. Eine schräg ins Wasser gehaltene Stricknadel scheint geknickt zu sein. Sie wird unter Wasser scheinbar vom Einfallslot weg gebrochen. Wie kommt das? Löse die Aufgabe auch zeichnerisch.
7. Warum sieht man den Kopf der Biene durch den gekrümmten Lichtleiter hindurch (Bild 2)?

2

Kurz und knapp!

Brechungsgesetz
Tritt Licht von einem optisch dünneren Medium in ein optisch dichteres Medium ein, so erfolgt eine Brechung zum Lot hin. Es gilt:

$$\frac{\sin\alpha}{\sin\beta} = \frac{c_1}{c_2} \quad (\alpha \neq 0°)$$

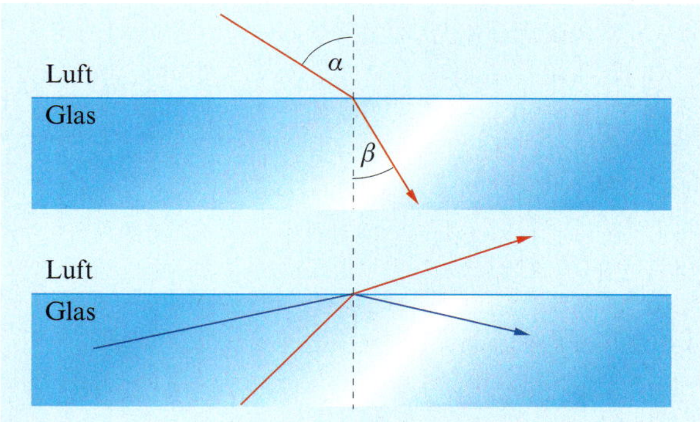

Totalreflexion
Ist der Einfallswinkel am Übergang von optisch dichteren zum optisch dünneren Medium größer als der Grenzwinkel α_G, so wird das Licht total reflektiert.

Informationsübertragung mit Licht
Mit Lichtleitern können Informationen übertragen werden. Das Licht wird durch Totalreflexion weitergeleitet.

Fata Morgana – ein Trugbild?

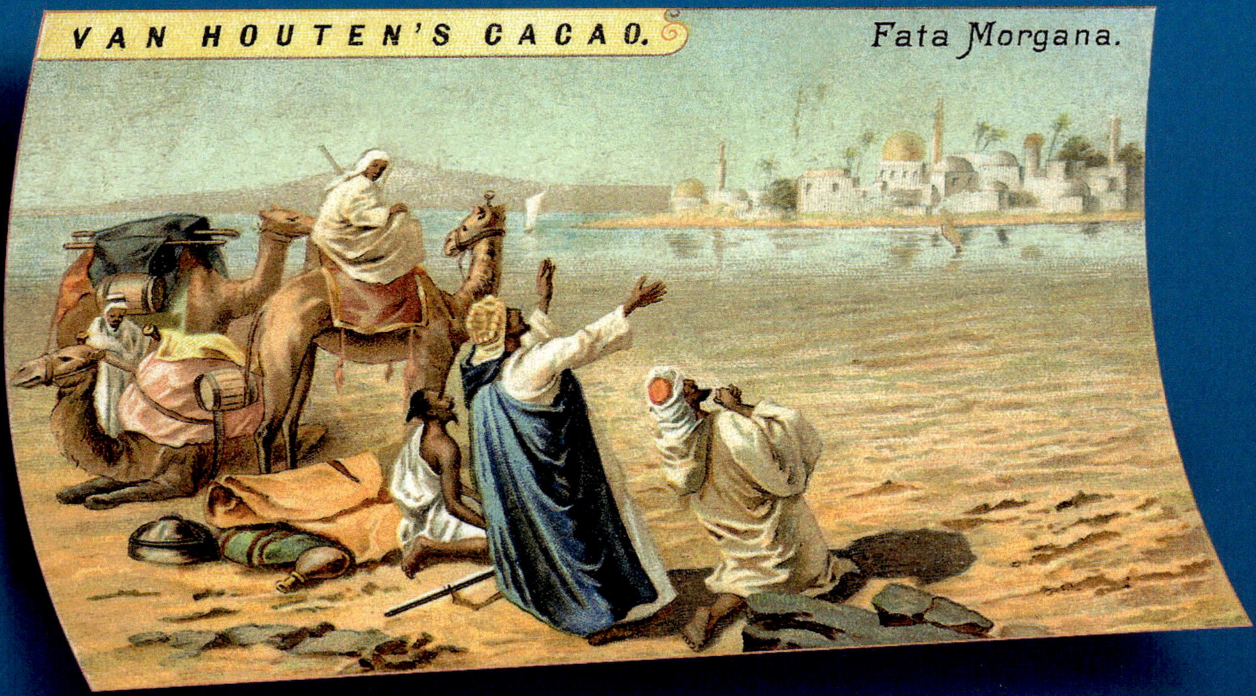

Das Phänomen Fata Morgana zeigt, dass auch die Physik uns in die Irre führen kann. Sie gaukelt Gegenstände an Orten vor, wo sie sich nicht befinden.
Im oben stehenden Bild taucht vor den durstenden Wüstenwanderern verheißungsvoll eine Oase auf – doch sie bleibt eine Täuschung. Dennoch entspringt diese optische Täuschung nicht unbedingt dem Wahn der Durstenden, denn eine Fata Morgana ist eine physikalische Erscheinung – eine Luftspiegelung.

Auftrag
Informiere dich über Ursprung und Bedeutung des Begriffs Fata Morgana.

1

An warmen Sommerabenden scheinen ferne Inseln schwerelos zu werden – sie schweben über dem Meer.

2

Häufig kann man Luftspiegelungen an heißen Tagen über asphaltierten Straßen beobachten. Wie also kommt eine solche Luftspiegelung zustande?

Bild 1 zeigt das Prinzip einer Fata Morgana – hier über einem Meer. Wichtig ist, dass Luftschichten verschiedener Temperatur übereinander liegen. Diese Schichten unterscheiden sich dann auch in ihrer optischen Dichte, denn warme Luft ist optisch dünner als kalte Luft.

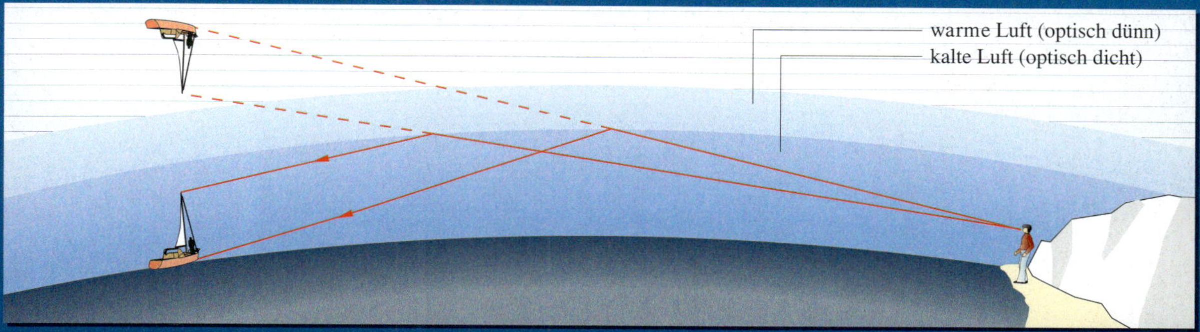

1

An diesen Luftschichten wird das Licht gebrochen und im Extremfall kommt es zur Totalreflexion. Voraussetzung für eine Totalreflexion ist, dass das Licht von einer optisch dichteren Luftschicht auf eine optisch dünnere Luftschicht trifft und dabei den Grenzwinkel der Totalreflexion überschreitet. Das Licht in Bild 1 kann durch die Totalreflexion in das Auge des Beobachters fallen und für ihn schwebt das Bild des Gegenstandes in der Luft. So kann man sogar Schiffe sehen, die eigentlich aufgrund der Erdkrümmung unsichtbar wären (Bild 2).

2

Bei kalter Polarluft hat sich dieses Containerschiff in ein Luftschloss verwandelt.

EXPERIMENT

Eine Fata Morgana lässt sich sogar nachstellen: Stelle hinter einen mit Wasser gefüllten Glasbehälter zunächst eine Abdeckpappe und dahinter eine brennende Kerze. Sieh durch den Glasbehälter und suche die „Fata Morgana“ der Kerze. Erkläre, wie das Bild in diesem Experiment entsteht!

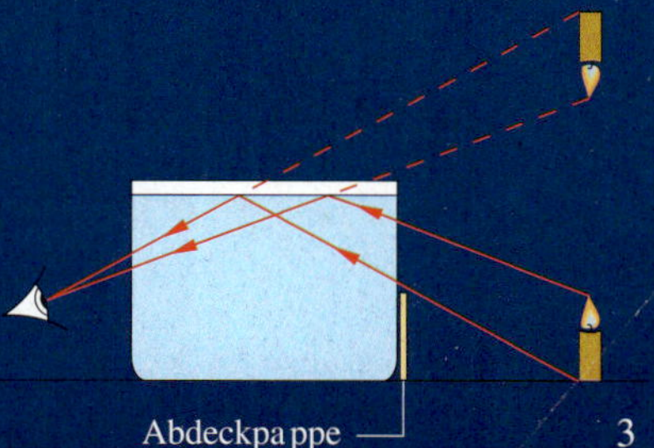

3

Das Wellenmodell des Lichtes

1

Mit dem Strahlenmodell des Lichtes ist es gelungen, zahlreiche optische Erscheinungen zu erklären, wie z.B. die Schattenbildung oder die Bildentstehung an Linsen.
Allerdings gibt es Experimente, bei denen dieses Modell an seine Grenzen kommt. Dieses Bild zeigt eine einzige Kerzenflamme, die hinter einem optischen Gitter steht. Mit dem Strahlenmodell des Lichtes lässt sich nicht erklären, weshalb hier mehrere Flammen mit farbigen Rändern erscheinen. Um das zu erklären, verwendet man das Wellenmodell des Lichtes.

Farbzerlegung des Lichtes

Wenn weißes Licht durch Wasser oder Glas fällt, kann man häufig Farberscheinungen beobachten. Schaut man beispielsweise durch ein Prisma auf eine Kerzenflamme, so zeigt sich am einen Rand der Flamme ein gelbroter und am anderen ein vom Grün über das Blau bis ins Violett reichender Farbsaum (Bild 2).
Fällt Sonnenlicht durch geschliffenes Glas, so kann man oft an den Wänden oder an der Decke des Zimmers bunte Flecken sehen, die alle Regenbogenfarben enthalten.
Die Farbentstehung lässt sich im Experiment untersuchen.

2

EXPERIMENT 1

1. Richte in einem abgedunkelten Raum ein schmales Lichtbündel aus weißem Licht auf ein Glasprisma!
2. Betrachte das Bündel sowohl beim Durchgang durch das Glas als auch hinter dem Glas!
3. Lenke das Bündel auf einen weißen Schirm!

3

Das weiße Licht wird beim Durchgang durch das Prisma aufgefächert und dabei in farbige Bestandteile zerlegt. Auf dem Schirm ist ein farbiges Band zu beobachten, das **Spektrum** des Lichtes. Es reicht von Rot, Orange und Gelb über Grün und Blau bis zum Violett.

Basiskonzept Struktur der Materie ↑S. 232

Weißes Licht ist aus farbigen Anteilen zusammengesetzt. Diese Anteile können mithilfe eines Prismas voneinander getrennt werden. Das entstehende Farbband heißt Spektrum.

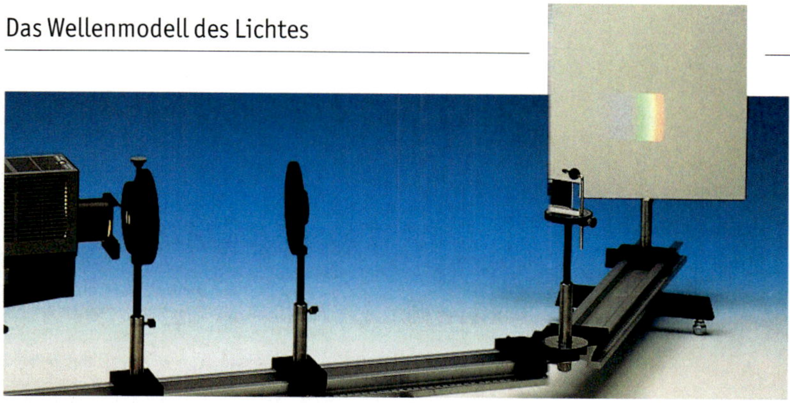

1

Entstehung eines Spektrums

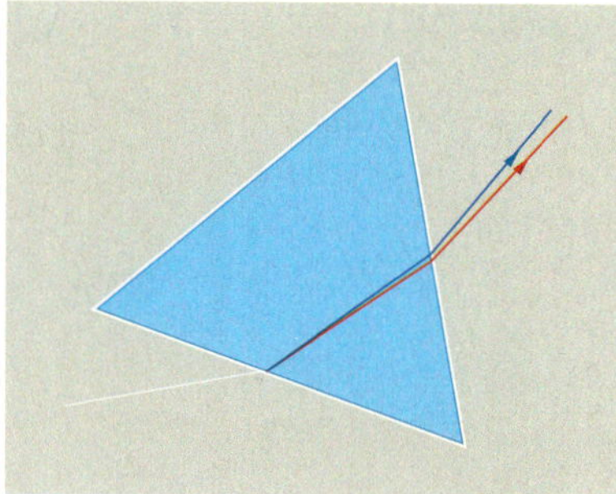

2

Wege von rotem und blauem Licht

Die Zerlegung des Lichtes am Prisma kommt dadurch zustande, dass blaues Licht stärker gebrochen wird als rotes. Dies lässt sich auch beobachten, wenn man anstelle von weißem Licht farbiges Licht unter einem bestimmten Einfallswinkel auf ein Prisma richtet.

Wenn man versucht, mit einem zweiten Prisma das Licht einer bestimmten Spektralfarbe (z. B. Grün) noch weiter zu zerlegen, stellt man fest: Durch das zweite Prisma wird zwar die Richtung des Lichtweges verändert, aber das grüne Licht wird nicht noch einmal in andere Farben zerlegt (Bild 3). Das Gleiche kann man auch bei den anderen Spektralfarben feststellen.

3

Die einzelnen Farben eines Spektrums lassen sich mithilfe eines Prismas nicht weiter zerlegen.

Beim Eintritt in das Prisma wird das Licht gebrochen. Nach dem Brechungsgesetz ist dabei der Brechungswinkel abhängig von der Lichtgeschwindigkeit im Glas. Bei gleichem Einfallswinkel unterscheiden sich die Brechungswinkel von rotem und blauem Licht. Daraus kann man schließen, dass die Ausbreitungsgeschwindigkeiten für die einzelnen Farben im Glas unterschiedlich groß sind. Genaue Messungen ergeben Werte wie in der Tabelle rechts.

Der Unterschied der Lichtgeschwindigkeiten für die einzelnen Farben in einem Medium ist jedoch recht klein. Bild 4 zeigt die Abhängigkeit des Brechungswinkel β in Abhängigkeit vom Einfallswinkel α. Der Unterschied für die Ablenkung von Blau und Rot ist umso größer, je größer der Einfallswinkel ist. Der Unterschied beträgt maximal 0,4°.

Lichtgeschwindigkeiten in km/s für verschiedene Farben

	Kronglas	Wasser
Rot	198 407	225 408
Orange	198 014	225 069
Gelb	197 883	224 901
Grün	197 362	224 564
Blau	197 102	224 228
Violett	196 328	223 559

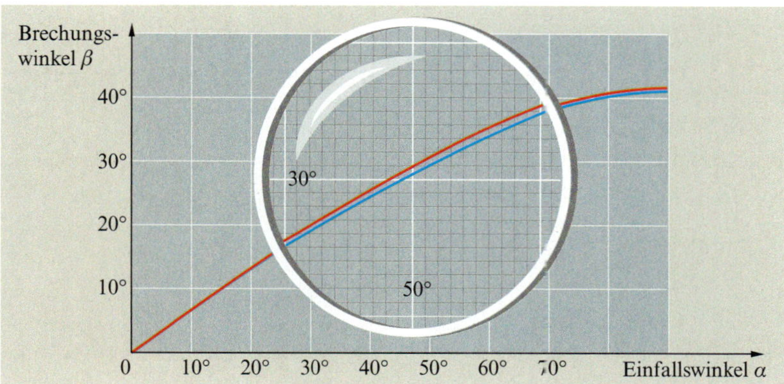

4

Brechungswinkel für Rot und Blau beim Übergang von Luft nach Kronglas

Spektrum des Sonnenlichtes

Infrarote Strahlung. In der Nähe einer Heizung und über einer Herdplatte spürt man die Wärmestrahlung. Auch in der Nähe einer Glühlampe bemerkt man, dass diese Wärme abstrahlt. Wird die Wärme mit dem sichtbaren, farbigen Licht „mitgeliefert"?

EXPERIMENT 2
Mit einer leistungsstarken Experimentierlampe und einem Prisma wird auf einem etwa 3 m entfernten Schirm ein Spektrum erzeugt. Mit einer Thermosäule wird das Spektrum langsam abgetastet.
Bei welchen Farben zeigt die Thermosäule Wärmestrahlung an? Untersuche auch die Bereiche seitlich neben dem Spektrum!

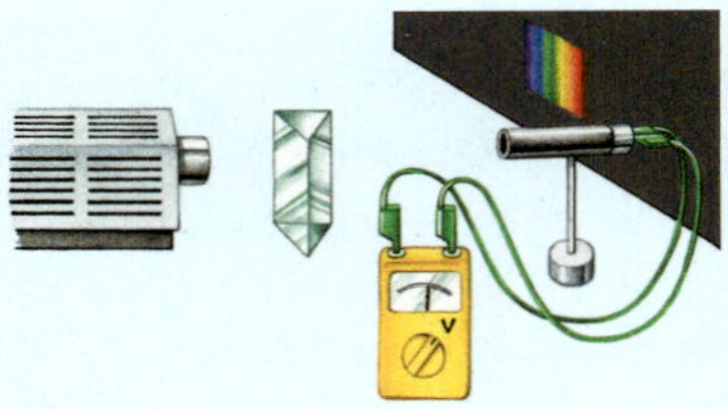
1

Im sichtbaren Bereich wird der Zeigerausschlag des Messinstruments vom Violetten zum Roten immer größer. Aber auch jenseits des Rots kann im Spektrum der Glühlampe Strahlung registriert werden. Sie wird Infrarotstrahlung genannt.

2

Durch Reflexion kann man seine eigene Infrarotstrahlung spüren.

Ultraviolette Strahlung. Das Licht der Sonne wärmt uns nicht nur, es kann uns auch bräunen oder sogar einen schmerzhaften Sonnenbrand verursachen. Hierfür ist die ultraviolette Strahlung verantwortlich, die sich auf der anderen Seite an das farbige Lichtspektrum anschließt.

EXPERIMENT 3
Das Licht einer Quecksilberdampf-Lampe wird mit einem Prisma in ein breites Spektrum zerlegt. Jenseits des Violett wird ein schneeweißes Blatt Papier oder ein spezieller Leuchtschirm neben das Spektrum gehalten.

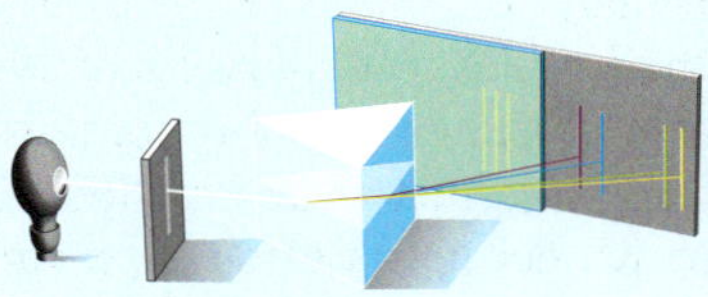
3

Auf dem Schirm sind deutlich neben dem Violett helle Linien zu erkennen. Der Leuchtschirm oder die Weißmacher im Papier leuchten bläulich, wenn sie von ultravioletter Strahlung getroffen werden. Ultraviolette Strahlung wird auch als UV-Strahlung bezeichnet.

Im Spektrum der Sonne und anderer Lichtquellen gibt es jenseits des Rot die Infrarotstrahlung und jenseits des Violett die ultraviolette Strahlung. Beide Strahlungsarten sind für das menschliche Auge unsichtbar.

Fraunhofer'sche Linien. Untersucht man das Sonnenspektrum genauer, so stellt man fest, dass es Absorptionslinien enthält. Schon 1814 hatte JOSEPH V. FRAUNHOFER (1787–1826) diese nach ihm benannten dunklen Linien beobachtet.

4

Sonnenspektrum mit Linien (Zeichnung von VON FRAUNHOFER)

5

JOSEPH VON FRAUNHOFER

Wellenlänge und Farbe des Lichtes

Physikalisch kann Licht mit dem Wellenmodell erklärt werden. Die Farben unterscheiden sich in ihren Wellenlängen. Dabei hat blaues Licht kurze und rotes Licht lange Wellenlängen.
Farben können in Wassertropfen oder Prismen gebrochen werden. Diese Brechung beruht auf unterschiedlichen Lichtgeschwindigkeiten in Medien wie Glas und Wasser und führt zur Farbzerlegung. Diese Dispersion von Lichtwellen in Gläsern wird in der optischen Spektroskopie ausgenutzt um Licht in Farben zu zerlegen.
Jeder Wellenlänge kann auch eine Frequenz zugeordnet werden. Das Produkt aus Wellenlänge λ und Frequenz f ergibt die Ausbreitungsgeschwindigkeit. Es gilt: $c = \lambda \cdot f$.

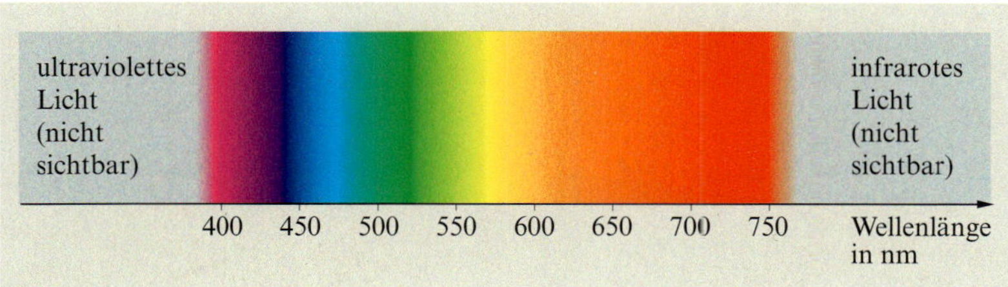

1

Beugung und Interferenz von Licht

Beugung. In der bisher behandelten Optik konnten Experimente mit dem Strahlenmodell des Lichtes beschrieben werden: Licht breitet sich geradlinig aus, zu einer Richtungsänderung kommt es nur an der Grenzfläche zwischen unterschiedlichen Medien. Bild 2 zeigt, was nach diesem Modell zu erwarten ist, wenn man Licht durch einen Spalt schickt: Auf dem Schirm hinter dem Spalt erscheint ein schmaler heller Streifen. Je enger der Spalt ist, desto schmaler ist der Streifen.
In einem Experiment soll untersucht werden, was geschieht, wenn der Spalt, den ein Lichtbündel passieren soll, immer enger gemacht wird.

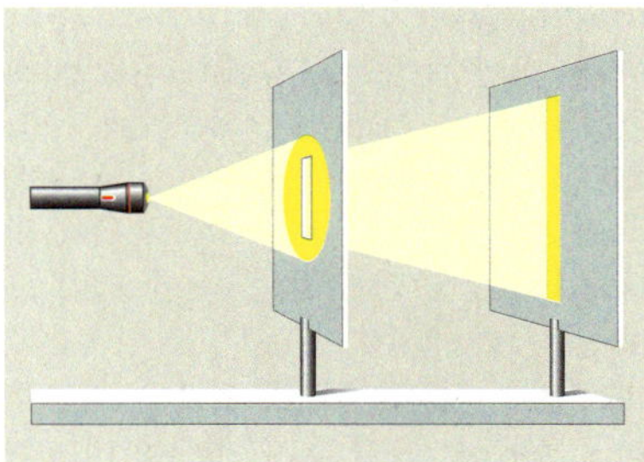
2

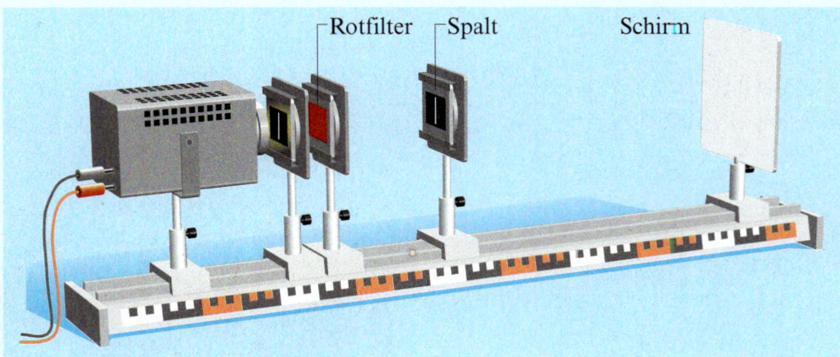

3

EXPERIMENT 4
Ein einfarbiges Lichtbündel aus einer Lampe oder einem Laser fällt auf eine Spaltblende. Das Bild auf dem Schirm dahinter wird beobachtet.
Der Spalt wird nach und nach immer enger gemacht.

Auf dem Schirm erscheint zunächst ein schmaler Streifen. Wird der Spalt immer enger gemacht, so erscheinen links und rechts neben dem ursprünglichen Streifen weitere Streifen. Es entsteht ein Muster aus hellen und dunklen Streifen (Bild 4). Das Licht gelangt also nicht nur auf

4
Beugungsbild hinter einem Spalt

geradem Weg von der Lichtquelle zum Schirm, sondern es kann in den geometrischen Schattenraum hinter der Spaltblende eindringen. Ein solches Eindringen in den geometrischen Schattenraum lässt sich auch bei der Ausbreitung von mechanischen Wellen beobachten. Dort wird es als Beugung bezeichnet. Ebenso spricht man von der Beugung des Lichtes, und tatsächlich kann man dieses Phänomen mithilfe eines Wellenmodells beschreiben.

Interferenz. Der Aufbau von Experiment 4 kann verändert werden, indem Licht durch zwei Spalten geschickt wird (Bild 1).

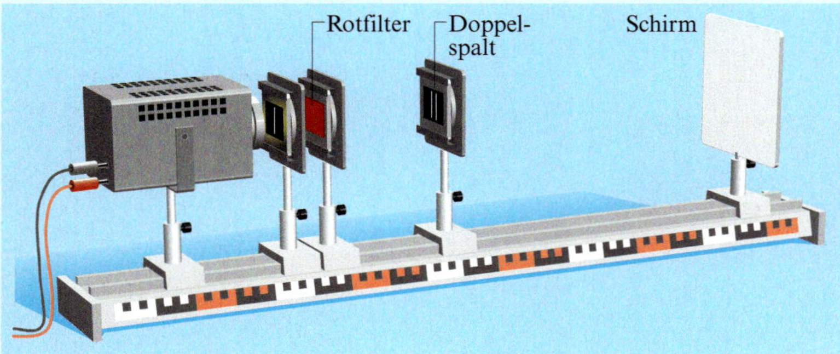

1

EXPERIMENT 5
Ein einfarbiges Lichtbündel aus einer Lampe oder einem Laser fällt auf eine Blende mit zwei sehr engen Spalten. Das Bild auf dem Schirm dahinter wird beobachtet.

Auch hier erkennt man auf dem Schirm hinter den Spalten ein breites Muster aus abwechselnd hellen und dunklen Streifen (Bild 2).
Etwas vereinfacht kann man sich die beiden Spalte in diesem Experiment als Ausgangspunkte für zwei kreisförmige Wellensysteme vorstellen. Bild 3 zeigt zwei solche Wellensysteme, die einander überlagern. Treffen diese überlagerten Wellensysteme auf einen Schirm, so gibt es dort Zonen, in denen die Wellen einander verstärken und Zonen, in denen sie sich gegenseitig schwächen oder gar auslöschen. In den Zonen der Verstärkung überlagern sich Wellenberge mit Wellenbergen bzw. Wellentäler mit Wellentälern. In den Zonen der Auslöschung überlagern sich Wellenberge mit Wellentälern.

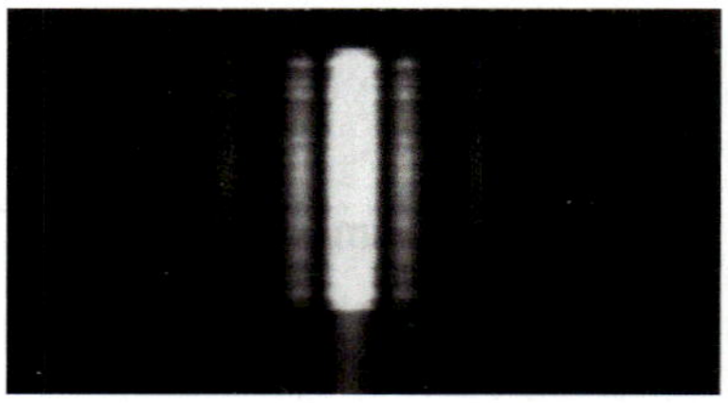

2

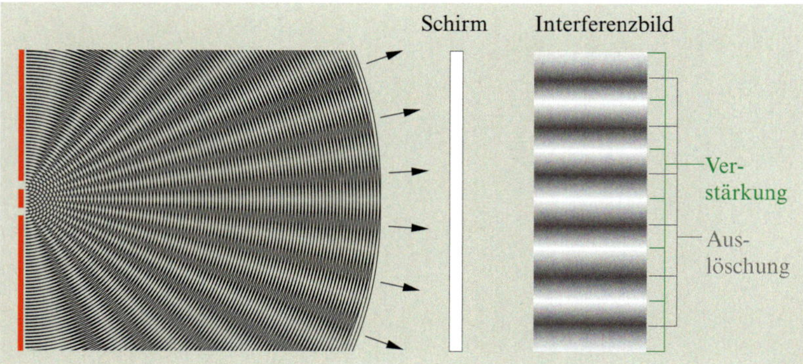

3

Zonen von Verstärkung und Auslöschung bei zwei Kreiswellensystemen

ÜBRIGENS
Interferenzerscheinungen bei Licht kann man oft sehen.
So gibt es farbige Ringe auf der Asphaltstraße, wenn sich auf dieser eine dünne Ölschicht befindet. Auch Seifenblasen zeigen oft wechselnde Farben.

4

An engen Spalten kann Licht gebeugt werden. Es tritt in den geometrischen Schattenraum hinter Spalten ein. Auf einem Schirm hinter zwei Spalten können Interferenzmuster beobachtet werden.

Experimentalvortrag

AUFTRAG
Halte einen Experimentalvortrag zu einem Experiment deiner Wahl! Nebenstehend findest du einige Themen zur Anregung. Weitere Ideen kannst du aus deinen Physikbüchern und aus Experimentierbüchern in der Bibliothek oder aus dem Internet entnehmen.
Im Mittelpunkt des Vortrages soll das Experiment stehen. Das heißt aber nicht, dass es nur gezeigt wird, sondern deine Zuhörer sollen es am Ende verstehen.

Folgende Fragen können dir bei der Vorbereitung helfen:

- Welche Fragestellung oder welches Experimentierziel habe ich? Welche Erwartungen habe ich zum Verlauf des Experiments und seinem Ergebnis?
- Welches physikalische Wissen braucht man, um das Experiment zu verstehen?
- Wie ist das Experiment aufgebaut und wie wird es durchgeführt?
- Welche Materialien brauche ich und welche Messschritte sind notwendig?
- Welche Sicherheitsaspekte müssen berücksichtigt werden?
- Was kann man beobachten? Welche Messergebnisse stellen sich ein?
- Wie kann man das Experiment auswerten oder deuten?
- Welche Fehler oder Unsicherheiten treten bei dem Experiment auf?

- **„Antrieb durch Rückstoß“** (Raketenauto)
- **„Löcher zeichnen Bilder“** (Lochkamera, Camera obscura)
- **„Von der Lochkamera zum Fotoapparat“** (Lochkamera, Bildentstehung an Linsen)
- **„Lichtleiter“** (Totalreflexion, Demonstration mit einem Wasserstrahl)
- **„Farbzerlegung von weißem Licht“** (Prisma, Regenbogen)
- **„Optische Täuschungen“**
- **„Flüstertüte und Schallschutzwand“** (Reflexion von Schall)
- **„Das Prinzip des Archimedes“**
- **„Fliegen“** (Auftrieb in Luft, Heißluftballon)

1

Worauf ist bei der Vorbereitung eines Referats noch zu achten?
- Gliederung erstellen, Zeitplan überlegen und prüfen.
- Vorführung des Experiments vorher üben und auf Sichtbarkeit achten.
- Fachbegriffe trainieren.
- Wichtige Stichworte auf Karteikarten schreiben, aber keine Texte formulieren.
- Überlegen, wie die Zuhörer aktiviert werden können.
- Eventuell Handout erstellen.
- Zum Präsentieren Power-Point-Folien, Overhead-Folien oder die Tafel benutzen, eventuell Animationen oder ein Modell zeigen.
- Einen Probevortrag halten.

TIPP
Besonders wichtig ist bei einem Vortrag natürlich die Art und Weise, wie gesprochen und präsentiert wird. Sprich frei, laut und deutlich, mache bewusst Pausen und schau deine Zuhörer an. Du kannst sie einbeziehen, indem du Fragen stellst oder um Vermutungen bittest, ihnen Dinge zeigst und in die Hand gibst. Achte auf deine Körperhaltung: mach dich nicht klein und versteck dich nicht!

Ozon und ultraviolette Strahlung

Häufig kann man in der Zeitung Berichte über Ozon lesen. Mal wird im Sommersmog vor zu viel Ozon in der Luft gewarnt, mal wird darüber geklagt, dass ein Ozonloch in der Atmosphäre gefährliche UV-Strahlung zur Erde gelangen lässt. Wie kann von ein und demselben Stoff gleichzeitig zu viel und zu wenig vorhanden sein?
Ozon ist ein Gas. Wenn Blitze einschlagen oder Funken überspringen, tritt ein eigentümlicher Geruch auf. Der Chemiker CHRISTIAN F. SCHÖNBEIN hat ein ebenso riechendes Gas isoliert, dem er den Namen Ozon (griech. *ozien:* riechen) gab. Da das Gas bei der Elektrolyse an der Elektrode entstand, an der auch der Sauerstoff gebildet wird, lag es nahe, dass auch Ozon aus den Sauerstoffatomen (O) besteht. Der Sauerstoff unserer Luft besteht aus Molekülen, die von zwei Sauerstoffatomen gebildet werden (O_2), Ozon besteht aus drei Sauerstoffatomen (O_3).

Ozon in der Atmosphäre. Wenn man das Spektrum des Sonnenlichts, das hier auf der Erde ankommt, vergleicht mit dem Spektrum des Lichts, das die Sonne verlässt, dann fehlt auf der Erde viel von der ultravioletten Strahlung. Das ist auch gut so, denn diese Strahlung ist sehr energiereich und würde Hautschäden verursachen. Bereits 1880 konnte der Chemiker WALTER N. HARTLEY zeigen, dass Ozon genau diese energiereiche UV-Strahlung absorbiert, also abfängt und in Wärme umwandelt. So konnte man verstehen, warum unsere Atmosphäre in etwa 20 km bis 50 km Höhe wieder recht warm ist, obwohl die Temperatur zunächst nach oben hin abnimmt: In dieser Höhe herrscht die höchste Konzentration von Ozon (Bild 2).
Seit etwa 1975 weiß man, dass die Fluorchlorkohlenwasserstoffe (FCKW) aus Kühlmittel- und Spraydosengasen bis in die Stratosphäre gelangen und dort im Einfluss der energiereichen UV-Strahlung Chlor- und Fluor-Atome freisetzen. Diese Atome zerstören das Ozon und wandeln es in gewöhnlichen Sauerstoff um. Die Schutzschicht aus Ozon wird dabei dünner, ein „Ozonloch" entsteht und gefährliche UV-Strahlung erreicht die Erde.
In einigen Ländern wurde die FCKW-Produktion reduziert, um die Zerstörung unseres UV-Schutzschildes aufzuhalten. Inzwischen wird die Ozonschicht überwacht, um vor Schäden warnen zu können.

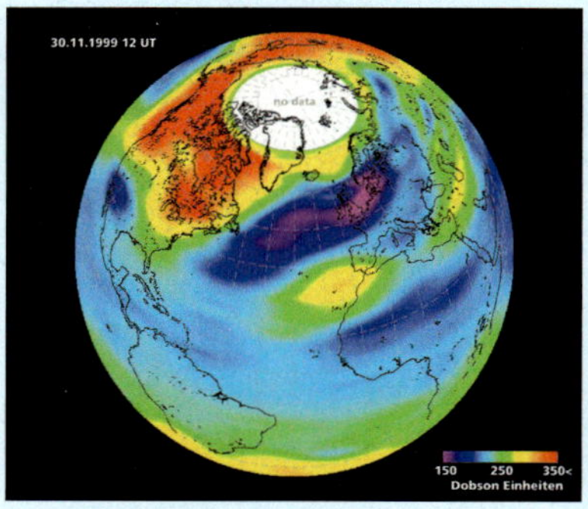

3

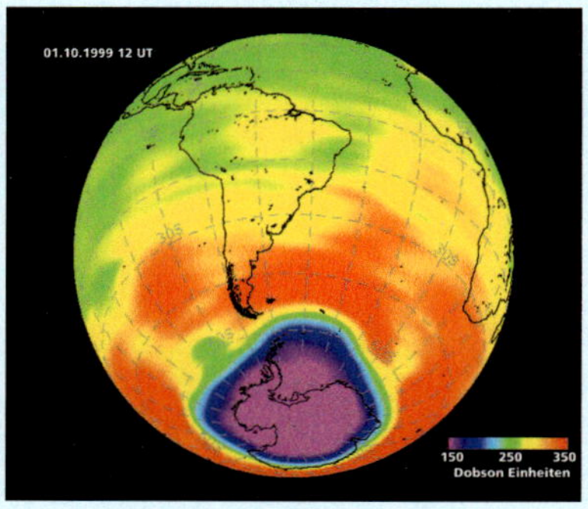

4

Die Ozonmenge in der Atmosphäre wird in der Einheit Dobson angegeben. Bei einer Ozonmenge von unter 200 Dobson spricht man von einem Ozonloch. Das Ozonloch ist über der Südhalbkugel stärker ausgeprägt.

1

Funkenüberschlag

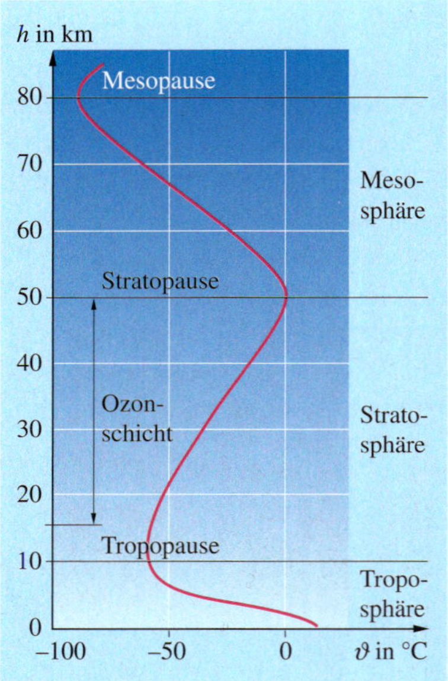

2

Temperaturverlauf in der Atmosphäre

SCHON GEWUSST?

Die UV-Strahlung, die die Sonne abstrahlt und die im Solarium von Quarzlampen erzeugt wird, wird in drei Gruppen eingeteilt. Die UV-A-Strahlung ist dem sichtbaren Violett sehr nahe, für die Haut ungefährlich und lässt Weißmacher bläulich-weiß leuchten. UV-B-Strahlung rötet und bräunt die Haut. UV-C-Strahlung ist sehr energiereich. Sie wird vom Ozon in der Atmosphäre absorbiert und darf nicht im Solarium auftreten.

Der UV-Index. Jeden Tag gibt das Bundesamt für Strahlenschutz bekannt, wie groß in verschiedenen Gebieten die Einstrahlung von UV-Strahlung ist. Hierfür spielt die Ozonsituation in der Atmosphäre eine wichtige Rolle. Der UV-Index (UVI) beschreibt den am Boden erwarteten Tagesspitzenwert der UV-Strahlung. An unbewölkten Tagen wird dieser Wert zur Mittagszeit erreicht. Je höher der UVI ist, desto höher ist das Sonnenbrandrisiko.

UVI	Belastung	Sonnenbrand (Hauttyp II)	Schutzmaßnahmen
8 und mehr	sehr hoch	in weniger als 20 Minuten möglich	unbedingt erforderlich
5 bis 7	hoch	ab 20 Minuten möglich	erforderlich
2 bis 4	mittel	ab 30 Minuten möglich	empfehlenswert
0 bis 1	niedrig	unwahrscheinlich	nicht erforderlich

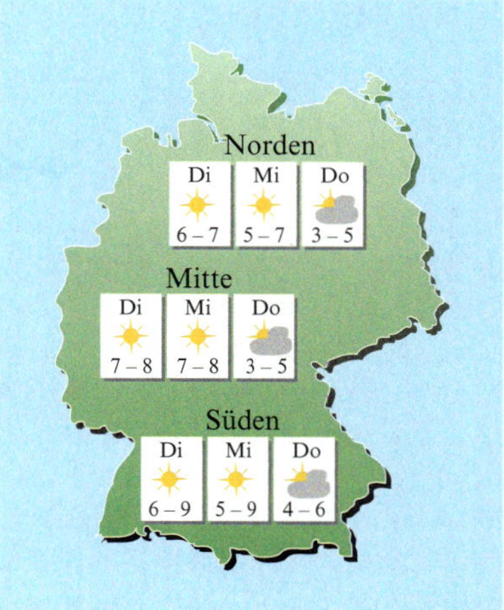

1

Das Risiko hängt vom Hauttyp ab. Zwar finden wir sonnengebräunte Haut meist schön, aber sie birgt doch ein großes Risiko: Jeder Sonnenbrand erhöht die Gefahr, später an Hautkrebs zu erkranken.
Hellhäutige Menschen bekommen meist schneller einen Sonnenbrand, als Menschen mit dunklerer Haut. Man unterscheidet vier Hauttypen:

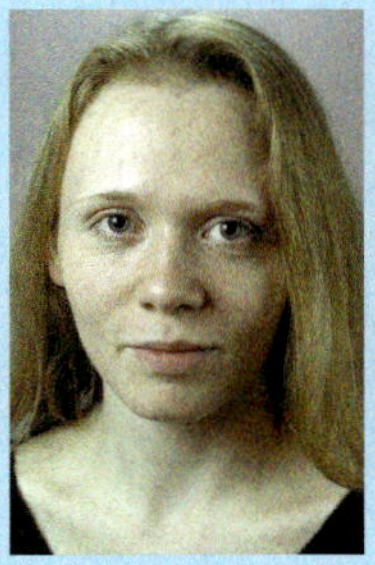
Hauttyp I: Sehr helle Haut, Sommersprossen, rötliches Haar; wird niemals braun.

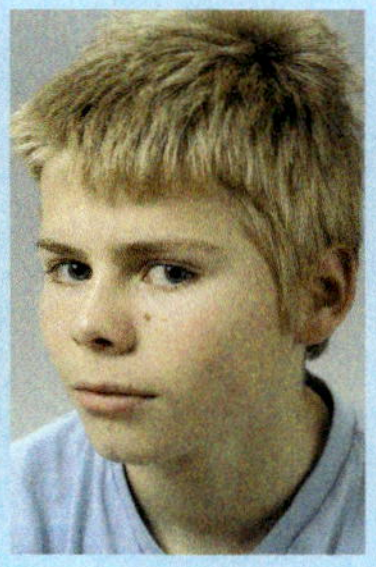
Hauttyp II: Helle Haut, blond; rötet schnell, wird aber mit der Zeit mäßig braun.

Hauttyp III: Dunkelblond; wird nach mehrfachem Sonnenbad immer dunkler.

Hauttyp IV: Dunkles Haar; bleibt vom Sonnenbrand weit gehend verschont.

Tipps zum Schutz vor Sonnenbrand

- Gewöhne deine Haut langsam an längere Sonnenbestrahlung; verbringe in den ersten Tagen die Zeit zwischen 12 Uhr und 15 Uhr im Schatten.
- Nimm nicht öfter als 50-mal pro Jahr ein intensives Sonnenbad.
- Kleinkinder sind besonders gut vor starker Sonnenstrahlung zu schützen. Die UV-Dosis, die man in den ersten Lebensjahren erhält, erhöht das Risiko der Entstehung von Hauttumoren.
- Trage Sonnenschutzmittel mit ausreichendem Schutzfaktor mindestens 30 Minuten vor dem Sonnenbad auf.
- Benutze keine Kosmetika, Deodorants oder Parfüms beim Sonnenbaden. Es besteht die Gefahr bleibender Pigmentierung (Farbveränderung der Haut).

Sonnenlichtmangel. Auch ein Mangel an Sonnenlicht kann die Gesundheit gefährden: Die Ultraviolett-Anteile der Sonnenstrahlung werden benötigt, um das lebenswichtige Vitamin D aus seinen Vorstufen (Provitaminen) aufzubauen. Vitamin-D-Mangel beziehungsweise ungenügende Sonnenbestrahlung führen vor allem bei Säuglingen und Kleinkindern zu fehlerhafter Knochenbildung (Rachitis).

Aufgaben

1. Für welchen Hauttyp hältst du dich? Was bedeutet das für dich?
2. Warum ist die Sonneneinstrahlung in der Mittagszeit am höchsten?
3. Was kannst du selbst tun, damit das Ozonloch nicht so schnell wächst?
4. Beschreibe den Temperaturverlauf der Atmosphäre!

Licht als Welle

Bereits seit vielen Jahrhunderten ist es üblich, in Zeichnungen den Weg des Lichtes durch Linien bzw. Strahlen darzustellen (Bild 1). Mithilfe des Modells Lichtstrahl lassen sich die Gesetze der geradlinigen Ausbreitung des Lichtes, der Reflexion und der Brechung sehr gut grafisch darstellen. Auch die Wirkungsweise der Bauelemente in optischen Geräten (Linsen, Spiegel) lässt sich gut beschreiben und erklären.
1661 machte der italienische Mathematiker und Physiker FRANCESCO MARIA GRIMALDI (1618 bis 1663) jedoch Beobachtungen, die er nicht mit dem Modell Lichtstrahl erklären konnte. GRIMALDI ließ Sonnenlicht durch eine kleine, runde Öffnung in ein verdunkeltes Zimmer fallen. In den Weg des Lichtbündels brachte er einen kleinen Körper, sodass ein Schatten entstand. An der Grenze des Schattens beobachtete er helle und dunkle Linien und nannte die Erscheinung Beugung.
Obwohl er die Beugung des Lichtes nicht erklären konnte, formulierte er dennoch als erster die Hypothese vom Wellencharakter des Lichtes. Dabei verglich er die Lichtausbreitung mit der Ausbreitung von Wellen im Wasser. Nach ihm untersuchten ROBERT HOOKE (1635 bis 1703) und ISAAC NEWTON (1643 bis 1727) die farbigen Erscheinungen, die bei der Interferenz an dünnen Plättchen auftreten. Unter dem Mikroskop fand HOOKE bei Glimmerplättchen die Farben in der Reihenfolge: rot, gelb, grün, blau, violett, dann wieder rot, gelb usw. HOOKE vertrat die Ansicht, dass Licht eine schnelle Schwingungsbewegung mit sehr kleinen Amplituden ist. Er nahm an, dass sich die Lichtschwingung wie Schall in der Luft ausbreitet. 12 Jahre später entwickelte CHRISTIAN HUYGENS (1629 bis 1695) dazu eine wissenschaftlich begründete Theorie. An der Wende zum 19. Jahrhundert erschien ein Aufsatz von THOMAS YOUNG (Bild 2), in dem ein Abschnitt die Überschrift trug „Über die Analogie zwischen dem Schall und dem Licht". YOUNG entdeckte das Prinzip der Interferenz und übertrug es von den Schallwellen auf das Licht. Damit konnte er erklären, warum sich Lichtwellen bei Überlagerung nicht nur verstärken, sondern sich unter bestimmten Bedingungen auch bis zur Auslöschung hin abschwächen können. Auf diese Weise deutete er die von GRIMALDI beobachteten hellen und dunklen Streifen. YOUNG formulierte auch die notwendigen Bedingungen für die optische Interferenz: Es interferieren nur zwei Anteile „ein und desselben Lichtes" (kohärente Lichtbündel). Er erklärte das Auftreten verschiedener Farben bei der Interferenz von weißem Licht und ermittelte erstmals die Wellenlänge von Licht verschiedener Farben.
YOUNG konnte seine Ergebnisse nicht ausreichend mathematisch beschreiben. Deshalb wurde seine Theorie nicht anerkannt, sondern als „leere Phantasie" abgelehnt, auch weil sie der damals allgemein anerkannten Newton'schen Auffassung vom Licht widersprach. NEWTON nahm an, dass das Licht aus kleinsten Teilchen besteht.
Wenige Jahre später schuf AUGUSTIN JEAN FRESNEL (Bild 3) eine geschlossene Theorie der Beugung und Interferenz. Die mathematische Darstellung ermöglichte die Beschreibung und Erklärung aller Interferenzerscheinungen. Man war davon überzeugt, dass damit das Wesen des Lichtes erforscht war. Die historische Entwicklung widerlegte diese Auffassung.

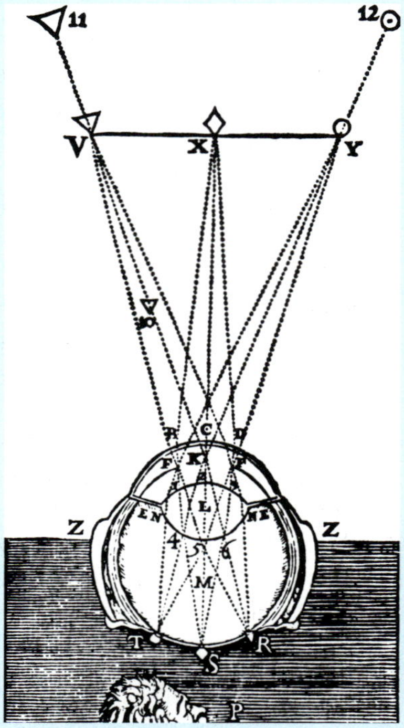

1

Historische Abbildung mit Strahlengang von DESCARTES

2

THOMAS YOUNG

3

AUGUSTIN JEAN FRESNEL

Weißt du es ? Kannst du es

1. a) Zeichne ein Spektrum, das beim Zerlegen von weißem Licht mit einem Prisma entsteht!
   b) Ergänze die Bereiche der infraroten und ultravioletten Strahlung!
   c) Markiere im Infrarotbereich Strahlung von einem sehr heißen und einem weniger heißen Körper!
2. Konstruiere den Verlauf von einem roten und von einem violetten Lichtbündel durch ein gleichseitiges Prisma aus Kronglas! Der Einfallswinkel soll jeweils 50° betragen.
3. Benenne die für uns Menschen positiven und negativen Eigenschaften von Ultraviolett- und Infrarotstrahlung!
4. Wie könntest du zwei Autos durch Fotografieren unterscheiden, von denen eines schon lange geparkt steht und das andere gerade erst angekommen ist?
5. Welche Strahlung erzeugt den Sonnenbrand?
6. Beschreibe eine Beobachtung, die mit dem Strahlenmodell des Lichtes nicht zu erklären ist!
7. Beschreibe ein Experiment, bei dem sich die Beugung von Licht beobachten lässt!
8. Vergleiche die Interferenz von Lichtwellen mit der Interferenz von Wasserwellen!
9. Welche optische Erscheinung kann man sehen, wenn man eine Kerze oder eine kleine Glühlampe durch einen Regenschirm betrachtet? Beschreibe und erkläre die Beobachtung!
10. Erkläre Verstärkung und Auslöschung bei der Interferenz zweier Wellen mithilfe einer Skizze!
11. a) Beobachte eine kleine weiße Lichtquelle durch ein optisches Gitter! Welche Farben erscheinen bei der Zerlegung des Lichtes weiter außen, welche weiter innen?
    b) Betrachte dieselbe Lichtquelle aus einiger Entfernung durch ein enges Gewebe, z. B. von einem Regenschirm oder einem Nylonstrumpf. Beschreibe deine Beobachtung!
12. Beschreibe die wesentlichen Beiträge von NEWTON, HUYGENS, YOUNG und FRESNEL zum Wellenmodell des Lichtes!

Kurz und knapp !

Farbzerlegung des Lichtes. Licht kann durch Brechung in farbige Bestandteile zerlegt werden. Dabei entsteht ein Spektrum.

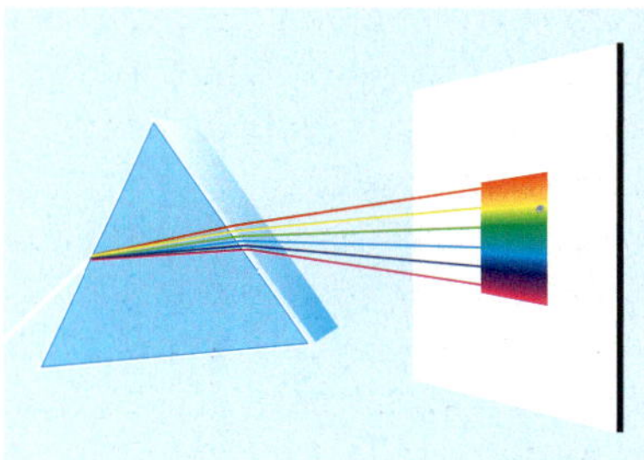

Licht hat Welleneigenschaften. Mit dem Wellenmodell lassen sich Interferenzerscheinungen erklären.
Den unterschiedlichen farbigen Bestandteilen des sichtbaren Lichtes werden unterschiedliche Wellenlängen zugeordnet.

Beugung. Licht kann gebeugt werden: Es kann in den geometrischen Schattenraum hinter einem oder mehreren Spalten eindringen.

Interferenz. Interferenzmuster hinter Spalten oder Gittern lassen sich mithilfe des Wellenmodells vom Licht erklären.

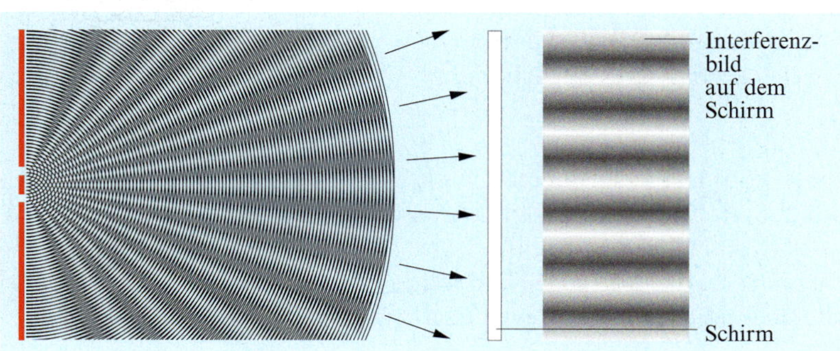

Farben

1

Wie viele Farben gibt es eigentlich? Jeder kann eine ganze Reihe aufzählen. Und wenn man Farben mischt, gibt es immer viele Zwischentöne. Wer einmal versucht hat, einen Fleck an der Wand mit genau der richtigen Farbe auszubessern, weiß, wie schwierig es ist, den richtigen „Farbton" zu treffen. Es soll etwa eine Million unterscheidbare Farben geben.

Additive Farbmischung

Bei manchen Konzerten begeistern sich die Zuschauer nicht nur an der Musik, sondern auch an den Lichteffekten. Die Musiker, Sänger und Tänzer werden von vielen Scheinwerfern mit farbigen Lichtern angestrahlt. Auf der Bühne fallen die verschiedenfarbigen Lichtkegel aufeinander und mischen sich zu neuen Farben. Wie entstehen diese Farbmischungen?
In einem Experiment kannst du erkennen, wie sich die Lichtfarben verschiedener Lampen mischen.

2

EXPERIMENT 1

1 Drei Schüler erzeugen jeweils mit einer Experimentierleuchte und einem Farbfilter (rot, grün und blau) auf einem weißen Bildschirm ein farbiges Rechteck. Die drei farbigen Rechtecke sollen sich anfangs noch nicht überdecken.
2 Verdreht jeweils eine Lampe so, dass sich auf dem Bildschirm die Farben zweier Lampen zum Teil überlagern! Was beobachtet ihr?
3 Stellt die drei Lampen so ein, dass sich auf dem Bildschirm die Farben aller drei Lampen teilweise überdecken! Was beobachtet ihr?

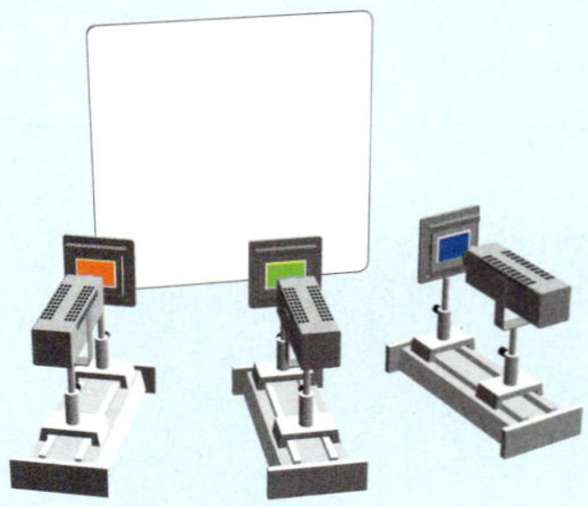
3

Mischt man die Lichtfarben zweier Lichtquellen, so ergibt sich eine Mischfarbe (Bild 1, folgende Seite). Diese Art der Farbentstehung nennt man **additive Farbmischung**.
Mischt man jeweils Licht mit zwei der drei Farben Rot, Grün und Blau, erhält man als Mischfarbe die anderen drei Hauptfarben Cyan (Blaugrün), Gelb und Magenta (Purpur).

Basiskonzept Wechselwirkung ↑S. 233

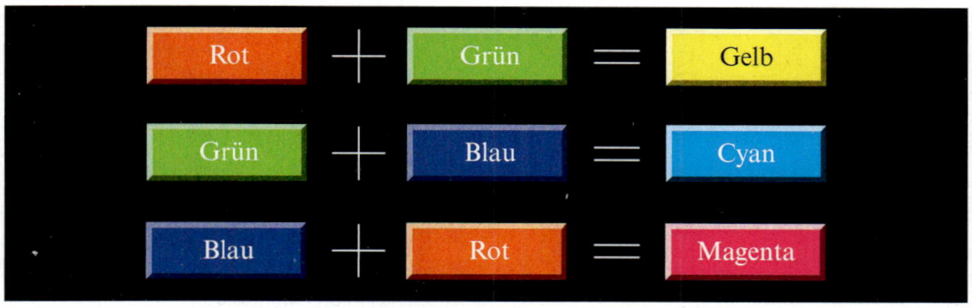

1

2
Additive Farbmischung

Ändert man bei der Mischung die Intensität der einzelnen Lichtfarben, erhält man alle anderen Farben.
Die Farben Rot, Grün und Blau nennt man die drei Grundfarben der additiven Farbmischung. Sie selbst können nicht aus anderen Lichtfarben gemischt werden.

Bei der additiven Farbmischung wird farbiges Licht gemischt. Aus den drei Grundfarben Rot, Grün und Blau können alle Farben entstehen.

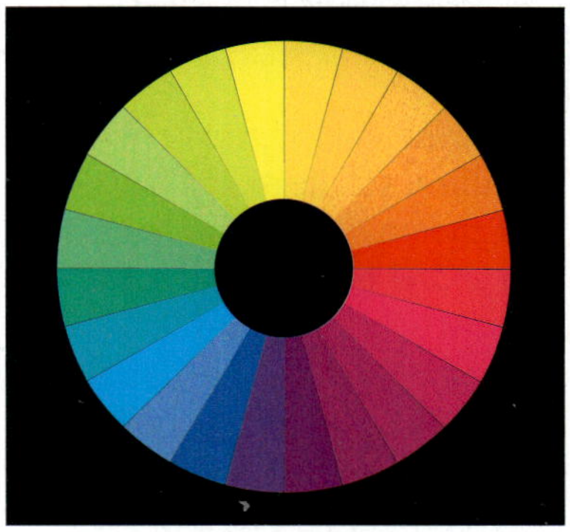
3
Newton'scher Farbenkreis

Farbenkreis. Der englische Physiker Isaac Newton (1642–1727) war der Erste, der die Zerlegung des Sonnenlichtes in seine farbigen Bestandteile beim Durchgang durch ein Prisma planmäßig untersuchte.
Es gab viele Forscher, die versuchten, ein Ordnungssystem für die Farben zu schaffen. Sehr oft wurde dazu ein Farbenkreis genutzt. Newton ordnete erstmalig die Farben des Sonnenlichtes in einem Kreis an (Bild 3). Zum Schließen des Kreises hat er noch die Farbe Purpur aufgenommen. Purpur entsteht als Mischfarbe aus Rot und Violett.

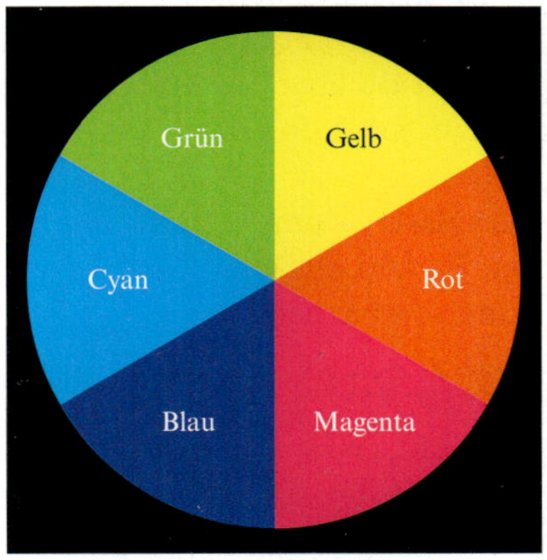

4
Sechsteiliger Farbenkreis

Der Farbenkreis in Bild 4 zeigt die 6 Hauptfarben bei der additiven Farbmischung. Mit ihm lassen sich alle Experimente zur additiven Farbmischung einfach beschreiben und die Ergebnisse von Farbadditionen vorhersagen:
- Mischt man zwei Grundfarben, ergibt sich eine Mischfarbe, die zwischen den zwei Grundfarben liegt:
  Rot + Grün = Gelb.
- Mischt man zwei Farben, die sich im Farbenkreis gegenüberstehen, entsteht Weiß.
  Gelb + Blau = Weiß
- Mischt man zwei benachbarte Farben, entsteht eine Farbe, die zwischen beiden liegt.
  Gelb + Rot = Orange

EXPERIMENT 2
Stelle dir verschiedene Farbenkreisel her!
Zeichne auf steifes weißes Papier einen Kreis mit einem Durchmesser von etwa 4 cm bis 6 cm! Unterteile den Kreis in 2 bis 6 Sektoren und male sie mit verschiedenen Deckfarben aus! Stecke einen spitzen Bleistift durch die Mitte und lass den Farbenkreisel rotieren!
Male dieselben Farben in einer anderen Reihenfolge! Was geschieht?
Wähle ganz andere Farben! Was stellst du fest?

5

Farbfernsehen. Die additive Farbmischung kannst du täglich bei einem Fernsehgerät oder einem Farbmonitor erleben. Man spricht dort von den RGB-Farben, was nichts anderes bedeutet als Licht in den Farben R(ot), G(rün) und B(lau).
Betrachtet man ein weiß flimmerndes Standbild des Fernsehers mit der Lupe, sieht man viele Streifen aus kleinen Farbstäbchen. Diese leuchten blau, grün oder rot. Die leuchtenden Farbstäbchen sind in noch kleinere, schwarze, nicht leuchtende Stäbchen eingebettet.

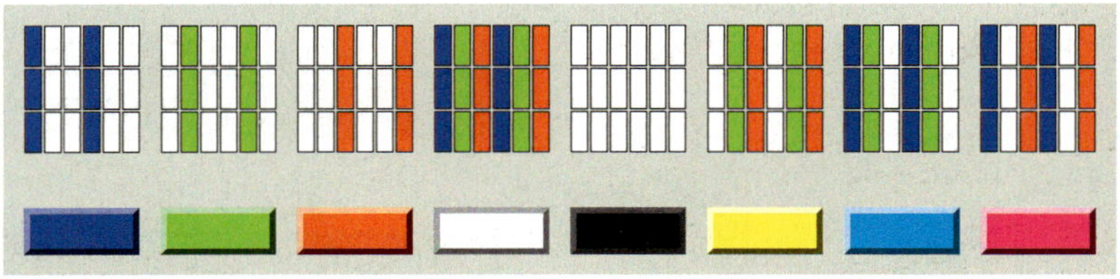
1

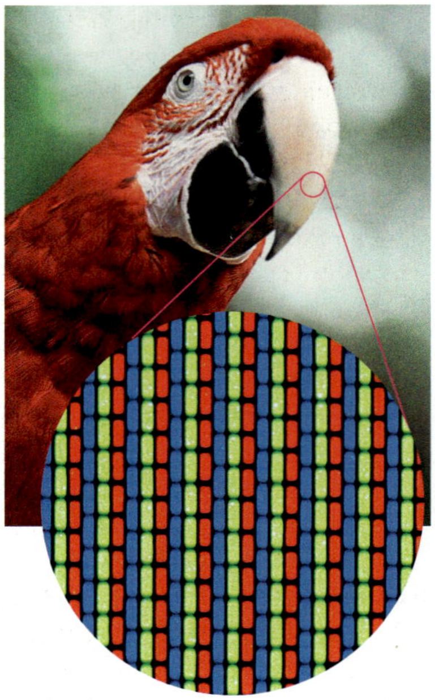
2

Auf einem Bildschirm befinden sich je nach Größe des Schirms mehr als 1 Million solcher Stäbchen. Jedes kann einzeln (!) an- und ausgestellt und zudem noch in seiner Helligkeit verändert werden. Die Farblichter von je drei benachbarten, farbig leuchtende Stäbchen addieren sich zu einer Mischfarbe und bilden einen Lichtpunkt. Das farbige Fernsehbild setzt sich aus mehr als 300 000 solcher Lichtpunkte zusammen.

Subtraktive Farbmischung

Wenn du auf einem weißen Schirm das Licht einer blau leuchtenden Lampe und einer gelb leuchtenden Lampe mischst, erhältst du Weiß. Mischst du aber aus deinem Tuschkasten die Farben Gelb und Blau, dann erhältst du Grün! Wie kann man diesen Widerspruch erklären?

Farbgläser. Zum Aufdecken des Geheimnisses der Farbmischung mit den Farben aus dem Tuschkasten, untersuchen wir zunächst die Wirkung von Farbgläsern.

EXPERIMENT 3
Auf einem Tageslichtprojektor liegen drei Farbgläser in den Farben Cyan, Magenta und Gelb. Die Farbgläser werden so verschoben, dass sie sich teilweise überdecken.
Die Farben, die auf der Projektionswand entstehen, werden beobachtet.

3

Das Experiment zeigt:
Wenn sich Magenta und Gelb überdecken, ergibt das hindurch gelassene Licht auf dem Schirm Rot.
Wenn sich Cyan und Gelb überdecken, ergibt sich Grün.
Wenn sich Magenta und Cyan überdecken entsteht Blau.
Wenn sich alle drei Farben überdecken, entsteht auf dem Schirm Schwarz.

Aus dem Spektrum des weißen Lichtes werden von den Farbgläsern verschiedene Farben weggenommen (oder subtrahiert). Die Restfarben vereinigen sich zu einer Mischfarbe. Diese Form der Farbentstehung nennt man **subtraktive Farbmischung**.

Und wie entsteht der schwarze Bereich in der Mitte von Bild 3 auf der vorhergehenden Seite?
Ein Cyan-Farbglas subtrahiert aus dem Spektrum die Farben Rot, Orange und Gelb. Es lässt nur Grün, Blau und Violett hindurch.
Ein Magenta-Farbglas subtrahiert Gelb, Grün und Blau. Es lässt nur Rot und Violett hindurch.
Ein Gelb-Farbglas subtrahiert Blau und Violett. Es lässt nur Rot, Orange, Gelb und Grün hindurch.
Wenn also alle drei Farbgläser übereinander liegen, gelangt kein Bereich des Spektrums zum Schirm und es entsteht Schwarz (Bild 1).

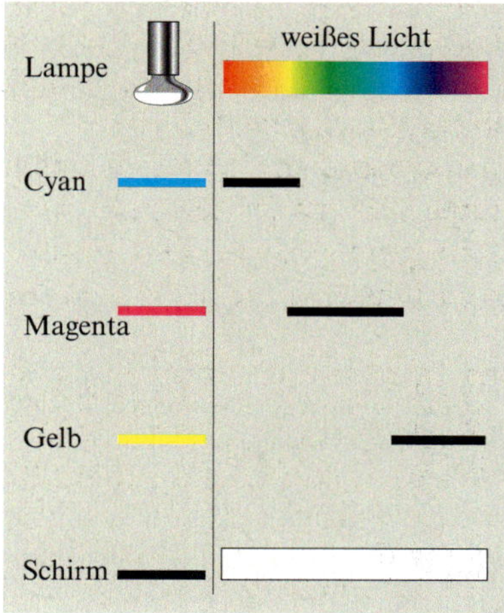

1

Farben aus dem Tuschkasten. Auch die Farben aus einem Tuschkasten nehmen aus dem weißen Licht ganz bestimmte Spektralfarben weg. Die restlichen Lichtfarben werden reflektiert und ergeben eine Mischfarbe. So subtrahiert gelber Farbstoff wie ein gelbes Farbglas die Spektralfarben Blau und Violett. Nur Rot, Orange, Gelb und Grün werden reflektiert und rufen in unserem Auge einen gelblichen Farbeindruck hervor. Je nachdem ob in diesen vier reflektierten Farben Rot, Orange, Gelb oder Grün überwiegt, entsteht ein anderes Gelb.
Bild 3 zeigt, wie beim Mischen von Cyan und Gelb aus dem Tuschkasten in unserem Auge die Farbe Grün entsteht:

2

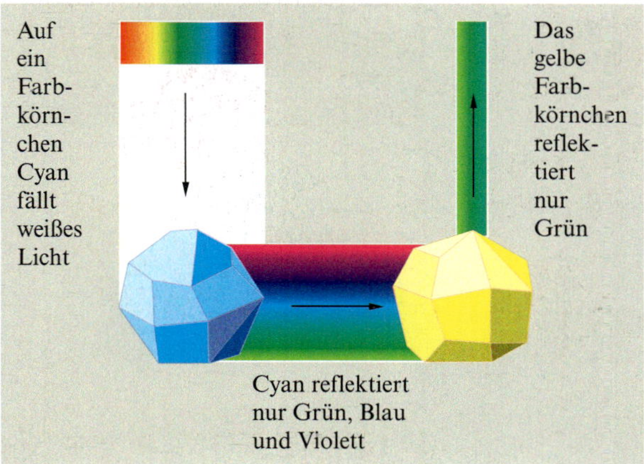

3

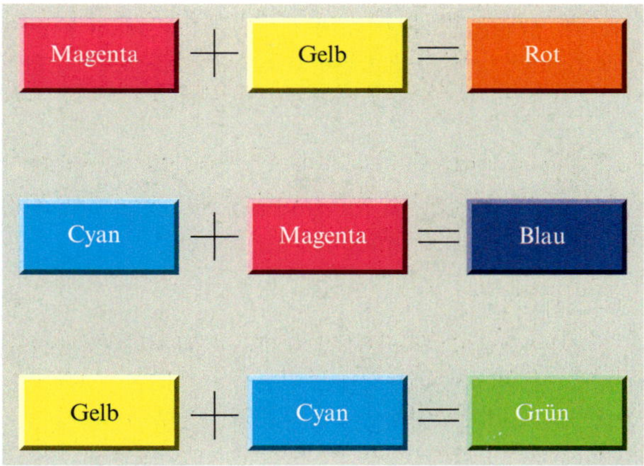

4

Magenta, Gelb und Cyan sind die Grundfarben der subtraktiven Farbmischung. Mit ihnen können alle anderen Farben gemischt werden; sie selbst können nicht aus anderen Farben gemischt werden.

Auch dieses Buch wurde mit den Farben Cyan, Magenta und Gelb gedruckt. Das sind die Farben, die du von einem Farbdrucker kennst. Diese Farben werden auch als CMY-System bezeichnet: C für Cyan, M für Magenta und Y für Yellow.
Damit die Kontraste stärker werden und ein tiefes Schwarz entsteht, benutzt man beim Drucken auch noch reines Schwarz.

ÜBRIGENS

Das ausgeblendete Licht und das verbleibende Mischlicht bilden ein Paar von Komplementärfarben (lat. *complementum*: Ergänzung). Das Mischlicht aus zwei Komplementärfarben enthält das ganze Spektrum und ist daher weiß.

„Unbunte" Farben im Tuschkasten. Im Tuschkasten gibt es noch die zwei „unbunten" Farben Weiß und Schwarz. Weiße Farbkörperchen reflektieren alle Lichtfarben aus dem weißen Licht, sie vereinigen sich für unser Auge wieder zu Weiß. Schwarze Farbkörperchen nehmen alle Lichtfarben aus dem weißen Licht weg. Von schwarzen Körpern kommt kein Licht in unser Auge. Das kannst du auch experimentell überprüfen, indem du das Spektrum des weißen Lichtes nicht auf weißem Papier, sondern auf nicht glänzendem schwarzen Papier erzeugst.

Körperfarben

Warum erscheint eine Hose eigentlich rot oder blau? Die Farbe, in der wir einen lichtundurchlässigen Körper im Sonnenlicht sehen, heißt Körperfarbe. Sie entsteht durch subtraktive Farbmischung.
Scheint die Sonne zum Beispiel auf einen blauen Körper, dann nimmt er alle Farben des Spektrums weg, außer Grün, Blau und Violett. Diese drei Farben reflektiert der Körper und sie ergänzen sich zu einem blauen Mischlicht (Bild 1). Wird der blaue Körper mit gelbem Licht bestrahlt, sieht er schwarz aus (Bild 2). Im gelben Licht ist kein blaues vorhanden. Der Körper kann keine Farbe reflektieren.
Gleiche Körperfarben erscheinen also nicht immer gleich. Das kannst du im folgenden Experiment untersuchen.

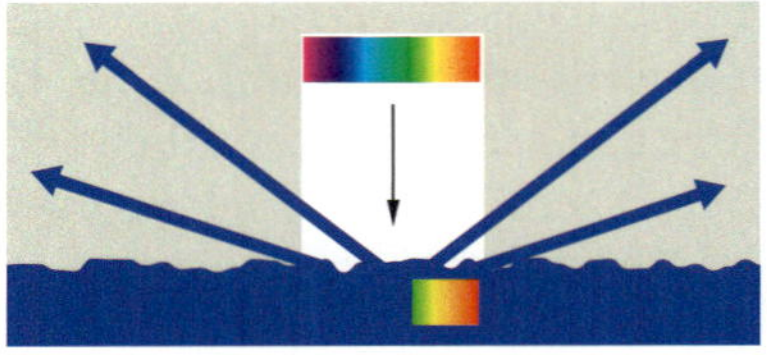
1

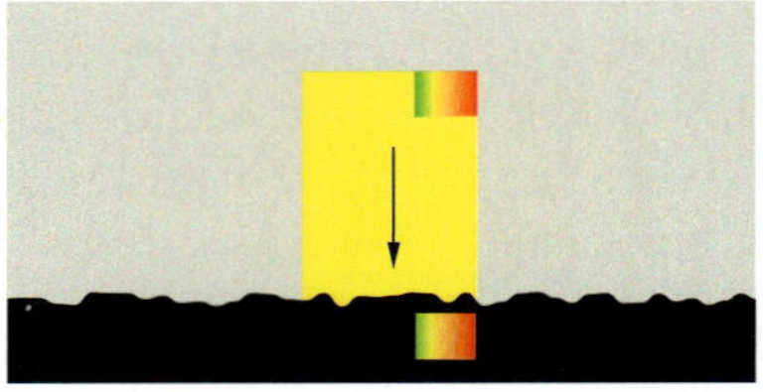
2

EXPERIMENT 4
Beleuchte in einem abgedunkelten Raum unterschiedliche farbige Dinge mit unterschiedlich farbigen Lampen (rot, gelb, grün, blau, weiß). Trage in eine Tabelle ein, in welcher Farbe die Gegenstände erscheinen und welche Helligkeit sie haben. Du kannst für dieses Experiment auch farbige Pappen verwenden.

3

Wenn also ein Körper mit unterschiedlichem Licht beleuchtet wird, so kann er ganz unterschiedlich aussehen.
Kaufst du ein T-Shirt oder einen Apfel, dann ist die wahrgenommene Farbe stets abhängig von der Farbe des Lichtes, mit dem der Gegenstand bestrahlt wird und von dem Reflexionsvermögen des Gegenstandes für verschiedenfarbiges Licht.
Diese Tatsache wird beim Verkauf von Waren oft ausgenutzt, indem die Waren mit farbigem Licht angestrahlt werden und nicht mit weißem. Deshalb sollten Produkte vor dem Kauf möglichst bei normalem Tageslicht betrachtet werden. In Verkaufsvitrinen kann man z. B. durch geschickte Beleuchtung die Farben von Fleisch und Gemüse verschönen.

4

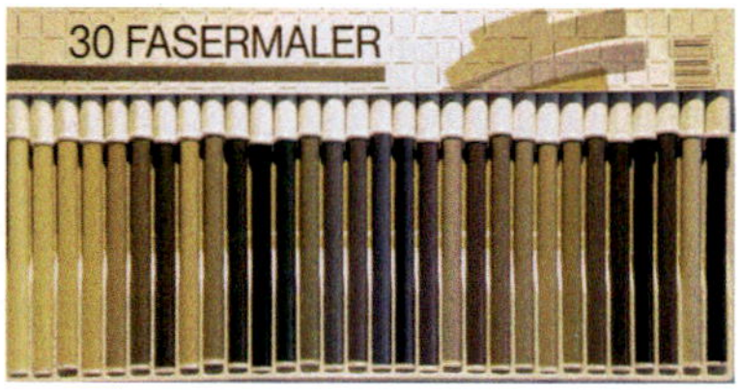

5

Im Licht einer Natriumdampf-Lampe sieht unsere bunte Welt ziemlich blass aus. Die Gegenstände erscheinen nicht farbig wie im weißen Licht, sondern nur unterschiedlich hell.

Wie Farben auf den Menschen wirken

In diesem kleinen Projekt geht es um Aspekte des Themas „Farben“, die mit Physik im engeren Sinn wenig zu tun haben:
Wie wirken Farben auf den Menschen?
Lassen wir uns durch Produktfarben beeinflussen?
Weitere Ideen fallen euch sicher selbst ein.

Farben und Gefühle

1 Bittet eure Mitschüler, zu Farben, die ihr nennt, in jeweils 20 s die Begriffe (Stichworte) aufzuschreiben, die ihnen spontan einfallen.
2 Vergleicht anschließend, welche Begriffe bei einer Farbe mehrfach vorkamen.
3 Die Wirkung verschiedener Farben kann man miteinander vergleichen, indem man sie durch ein Muster von Merkmalen beschreibt. In einem *Polaritätsprofil* wird eine Reihe von gegensätzlichen Adjektivpaaren gesammelt. Die Farbe muss bei jedem Paar zwischen den beiden Gegensätzen eingeordnet werden.
Stellt eine Liste von Farben auf und lasst jede von euren Mitschülern und Mitschülerinnen im Polaritätsprofil einordnen. Untersucht, welche Eigenschaften einer Farbe am häufigsten zugeordnet werden.
Aufgabe: In der Tabelle findest du 11 gegensätzliche Adjektive (Gegensatzpaare). Beurteile die Farbe mithilfe dieser Gegensatzpaare.
Beispiel: Bist du der Meinung, dass die Farbe eher mit „warm“ zusammenhängt, machst du das Kreuz bei 1 oder 2. Bei „kalt“ machst du das Kreuz eher bei 4 oder 5.

	1	2	3	4	5	
warm						kalt
hell						dunkel
süß						sauer
schwer						leicht
freundlich						bedrohlich
schön						hässlich
aufregend						langweilig
weich						hart
tot						lebendig
anregend						beruhigend
sanft						wild

Wirkung von Farben auf den Geschmack

Beeinflusst die Farbe von Lebensmitteln den Geschmackseindruck?
1 Färbt Plätzchen mit geschmacklosen Lebensmittelfarben und führt Geschmackstests durch. Wonach schmecken die Plätzchen?
2 Färbt Lebensmittel (z. B. Nudeln) mit verschiedensten Lebensmittelfarben und befragt eure Mitschüler und Mitschülerinnen, welche Variante sie wählen würden.
3 Beleuchtet Speisen mit verschiedenfarbigen Spotstrahlern und untersucht, wie sich die Farbe auf das Aussehen auswirkt.
Ihr könnt auch Fotos machen und deren Farben am Computer mit einem Fotobearbeitungsprogramm verändern (Bild 1).

1

Wirkung von Farben auf das Aussehen von Personen

1 Macht wechselseitig Fotos von euren Gesichtern und verändert die Farben mit einem Fotobearbeitungsprogramm oder fotografiert durch farbige Folien.

Persönliche Farbvorlieben

1 Welche Farben trage ich am liebsten, welche lehne ich ab?
2 Welche Farben bevorzuge ich in meinem Zimmer, bei meinen Gebrauchsgegenständen wie Fahrrad, Schultasche, Stifte usw.?
3 Versucht für die Farbwahl Begründungen anzugeben. Vergleicht mit dem Polaritätsprofil.

GOETHES Farbenlehre

JOHANN WOLFGANG VON GOETHE (1749–1832) war nicht nur ein großer Dichter, sondern ebenso Jurist, Staatsminister und Generalintendant des Hoftheaters. Auch als Naturforscher hat er viel geleistet. So entdeckte er den menschlichen Zwischenkieferknochen und er schuf eine eigene Farbenlehre. Er schätzte sie sogar höher ein als sein dichterisches Werk und glaubte, ISAAC NEWTON einen Fehler nachweisen zu können. GOETHES Farbenlehre wird bis heute geachtet und diskutiert.

GOETHE trat für ein ganzheitliches Natur- und Wissenschaftsverständnis ein, er verabscheute mathematisch formulierte Naturgesetze. Er wollte herausfinden, wie Farben entstehen. Dazu versuchte er, mit einem Prisma die optischen Experimente von NEWTON zu wiederholen. Statt aber ein Lichtbündel durch das Prisma zu leiten und zu untersuchen, schaute er direkt durch das Prisma. Zunächst blickte er auf eine weiße Wand und war enttäuscht, weil er keine Farben sah. Als er aber das Fachwerk eines gegenüberliegenden Hauses betrachtete, entdeckte er am Rande der Balken wunderschöne farbige Ränder (Bild 1).

GOETHE hat beim Betrachten von Hell-Dunkel-Grenzen durch ein Prisma zwei Farbabstufungen mit entsprechenden Übergängen entdeckt: Weiß-Gelb-Rot-Schwarz und Schwarz-Violett-Blau-Weiß (Bild 2).

Bei genauerer Betrachtung der Ränder wird deutlich, dass sich der Rot-Gelb-Saum dort zeigt, wo es ohne Prisma weiß wäre. Es geschieht eine *Abdunkelung von Hellem*. Der Blau-Violett-Saum hingegen erscheint im Schwarzen. Es tritt eine *Aufhellung von Dunklem* ein (Bild 2).

In der Natur gibt es gleichartige Farberscheinungen. Abendrot tritt auf, wenn die tief stehende Sonne durch Staub und Nebel getrübt wird. Die Sonne ist vom Weltraum aus betrachtet blendend hell, sie erscheint weiß. Auf der Erde wirkt sie gelb. Blicken wir durch ein trübes Medium auf etwas Helles, so erscheint es uns verdunkelt, gelb bis rot.

Das Himmelblau erscheint uns beim Blick durch die Lufthülle auf den schwarzen Weltraum. Im Hochgebirge, wo die Luft bereits dünner ist, wird das Blau immer kräftiger und geht ins Violett über.

Die Farben beim Prisma und in der Natur sind also von ähnlicher Art. Das Blaue als aufgehelltes Dunkles und das Gelbe als verdunkeltes Helles bilden einen Gegensatz, den GOETHE Polarität nannte.

Betrachtet man zwei Hell-Dunkel-Grenzen, etwa schwarze Pappen vor weißem Hintergrund mit einem Prisma, so erkennt man die Randfarben (Bild 3a). Schiebt man sie aufeinander zu, so erscheint bei einem bestimmten Abstand die Farbe Grün (Bild 3b). Wir sehen das bekannte Spektrum. Die Spektralfarben lassen sich als Kreis anordnen. Jeweils einander gegenüberliegend findet man die Gegenfarben. Als Gegenfarbe des Grün findet man Purpur, das den Farbenkreis vollendet. GOETHE verwendete einen Farbenkreis mit sechs Farben (Bild 4). Jede Farbe lässt sich als Mischung ihrer beiden Nachbarfarben herstellen.

GOETHE hat es verstanden, das Phänomen Farbe aus physikalischer und aus ästhetischer Sicht vielfältig zu bearbeiten und Experimente vorgeschlagen. Seine Farbenlehre ist keine physikalische Theorie, die das Wesen des Lichtes beschreibt, sie ist vielmehr eine Theorie der Sinneswahrnehmung von Licht und Farben.

1

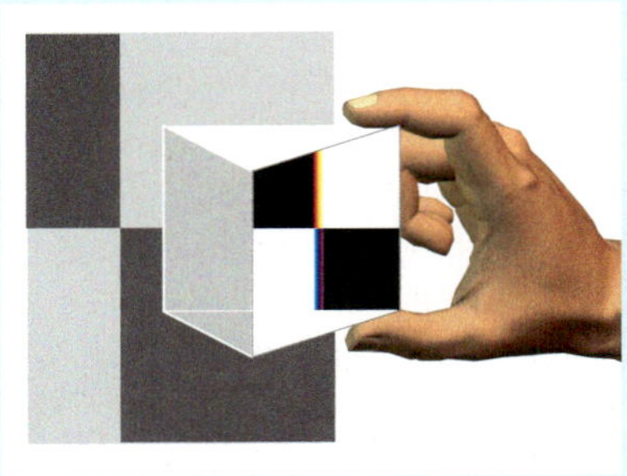
2

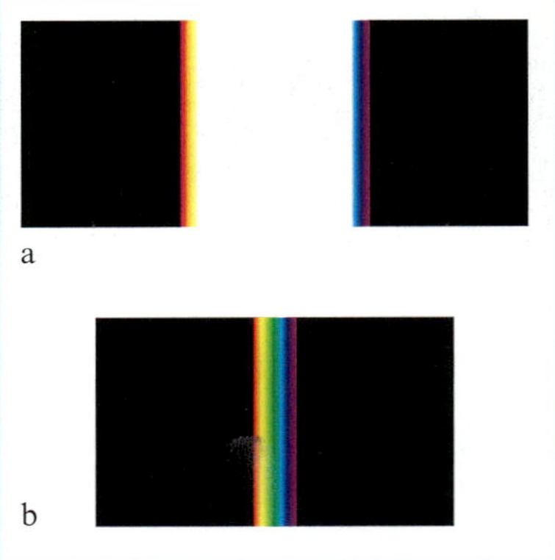

3

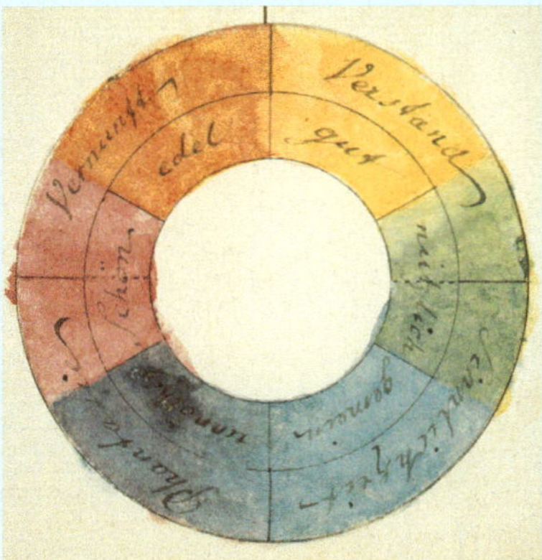

4

GOETHES Farbenkreis

Weißt du es ? Kannst du es

1. Erkläre den Unterschied zwischen additiver und subtraktiver Farbmischung!
2. Prüfe, ob du durch Mischen von Magenta, Gelb und Cyan alle bunten Farben erzeugen kannst!
3. Erkläre anhand einer Zeichnung wie im Bild 3 auf S. 131, dass auch dann Grün entsteht, wenn das weiße Licht zuerst auf das gelbe Farbkörnchen und erst danach auf das cyanfarbene Farbkörnchen trifft!
4. Welche Farbe zeigt ein gelbes Kleidungsstück, wenn es in gelbem, rotem bzw. blauem Licht betrachtet wird?
5. Jede Lampe in Bild 1 sendet Licht einer der sechs Farben Rot, Grün, Blau, Cyan, Magenta und Gelb aus. Welche Farbe hat dann die Fläche mit dem Fragezeichen?
6. Halte ein Stück rote Pappe vor einen weißen Hintergrund und betrachte es etwa 15 Sekunden mit fixiertem Blick. Ziehe die Pappe weg und schaue weiter an die Stelle. Was siehst du nach wenigen Sekunden? Probiere es mit anderen Farben! Welche Farbe erscheint jeweils?
7. Für welche Farben sind die schwarzen Streifen zwischen den blauen, grünen und roten Farbstäbchen einer Bildröhre notwendig?
8. Erzeuge auf dem Bildschirm eines Computers Flächen in unterschiedlichen Farben. Untersuche mit einer Lupe, welche Farben die Leuchtpunkte haben, aus denen die farbigen Flächen zusammengesetzt sind!
9. Beschreibe, wie sich aus den additiven Grundfarben Rot, Grün und Blau die subtraktiven Grundfarben Gelb, Cyan und Magenta herstellen lassen!
10. Wie muss man eine Fleischvitrine oder eine Obstauslage beleuchten, damit das Fleisch oder das Obst besonders appetitlich aussieht?

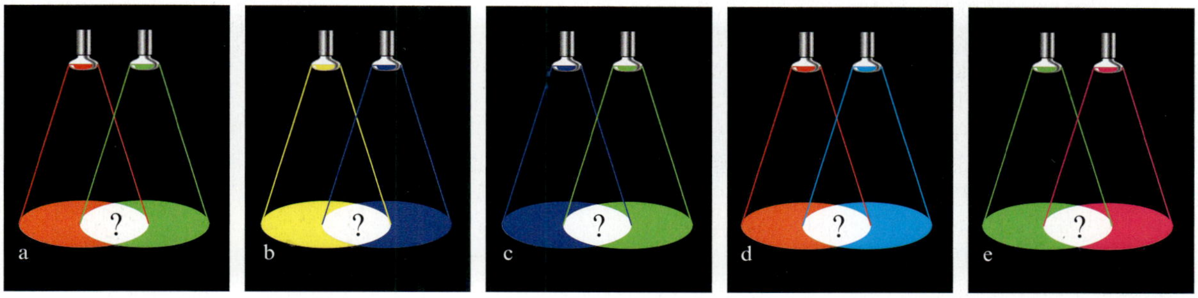

1

Kurz und knapp !

Additive Farbmischung
Bei der additiven Farbmischung wird farbiges Licht gemischt. Aus den drei Grundfarben Rot, Grün und Blau können alle Farben entstehen.

additive Farbmischung

Subtraktive Farbmischung
Magenta, Gelb und Cyan sind die Grundfarben der subtraktiven Farbmischung. Mit ihnen können alle anderen Farben gemischt werden; sie selbst können nicht aus anderen Farben gemischt werden.

Körperfarben
Die Farbe, in der wir einen lichtundurchlässigen Körper im Sonnenlicht sehen, heißt Körperfarbe. Sie entsteht durch subtraktive Farbmischung.

subtraktive Farbmischung

Teste dich!

1 Beschreibe, welche Eigenschaften Licht nach dem Strahlenmodell und dem Wellenmodell jeweils hat. Nenne Phänomene, die sich jeweils mit den Modellen erklären lassen.

2 Zeige anhand einer Skizze, warum wir Gegenstände hinter dem Spiegel sehen, obwohl sie vor dem Spiegel stehen.

3 Was könnte sich im Inneren des Kastens verbergen (Bilder 1 und 2)? Begründe.

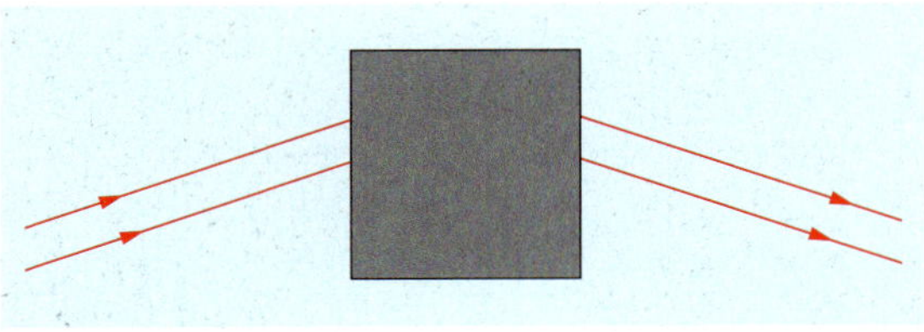

1

2

4 Licht trifft mit einem Einfallswinkel von 25° auf eine durchsichtige Oberfläche. In dem Medium breitet sich das Licht unter einem Winkel von 16,6° weiter aus. Berechne die Ausbreitungsgeschwindigkeit in dem Medium.

5 Erläutere anhand einer Skizze, wie das Prisma weißes Licht in seine farbigen Bestandteile zerlegt.

6 Erkläre, weshalb eine Fensterscheibe mal wie ein Spiegel und dann wieder ganz durchsichtig erscheint.

7 Berechne die Wellenlänge von Licht mit einer Frequenz von $4 \cdot 10^{14}\ \text{s}^{-1}$. Welche Farbe hat das Licht?

8 Durch das Vermischen unterschiedlicher Farbpigmente sowie das Mischen verschiedenfarbigen Lichtes erzeugt man neue Mischfarben.

a Welche Farbe entsteht, wenn weißes Licht zuerst auf ein gelbes Farbkörnchen und danach auf ein Magenta-Farbkörnchen trifft?

b Welche Farbe entsteht, wenn gelbes und rotes Licht gemischt werden?

9 Wie gelingt es, auf dem Fernsehbildschirm Millionen verschiedener Farben zu erzeugen?

10 Warum gibt es Totalreflexion nur beim Übergang des Lichtes vom optischen dichteren zum optisch dünneren Medium?

11 Beschreibe das Blickfeld eines Tauchers beim Blick nach oben. Fertige hierzu eine Skizze mit Lichtwegen an und kennzeichne die Bereiche, in denen es zur Totalreflexion kommt.

Schätze deine Kenntnisse und Fähigkeiten ein!

Ordne dazu deiner Lösung im Heft ein Smiley zu:

☺ Ich konnte die Aufgabe richtig lösen.
😐 Ich konnte die Aufgabe nicht komplett lösen.
☹ Ich konnte die Aufgabe nicht lösen.

› Die Lösungen findest du im Anhang.

Aufgabe	Fähigkeit	Hilfe findest du auf Seite …
1	Modelle des Lichtes unterscheiden	108, 118, 121,
2, 3, 10, 11	Reflexions- und Brechungsgesetz anwenden	108, 109
4	Ausbreitungsgeschwindigkeit mit dem Brechungsgesetz berechnen	109, 110
5	Brechung am Prisma und Farbzerlegung erklären	119
6, 10, 11	Totalreflexion anwenden	111
7	Wellenlänge von Licht bestimmen	121
8	Additive und subtraktive Farbmischung anwenden	129, 131
9	Farbentstehung erklären	130

Kernphysik

In diesem riesigen Beschleuniger schicken die Forscher winzige Bausteine der Atome – Protonen – auf eine 27 km lange Kreisbahn, bis sie sehr, sehr schnell sind. Dann lassen sie sie aufeinanderprallen: ein Crashtest für Protonen, wobei deren Bestandteile auseinanderfliegen, in empfindlichen Messkammern aufgefangen und von schnellen Computern analysiert werden. Zwar versteht nur ein kleiner Kreis von Physikern genau, was in dem *Large Hadron Collider* (LHC) geschieht, aber alle Physiker wollen wissen, „... was die Welt im Innersten zusammenhält", wie das Goethe seinen Dr. Faust fragen lässt. Und darauf geben auch solche riesigen Messapparaturen eine Antwort.

Natürliche Radioaktivität

1

Radioaktivität empfinden viele Menschen als etwas Bedrohliches. Tatsächlich sind wir auf der Erde dieser Erscheinung ständig ausgesetzt. Uran in Gesteinen, Kalium oder Iod in der Nahrung, Radon in Gebäuden oder die kosmische Strahlung in größeren Höhen führen zu einer natürlichen Strahlenexposition (Einwirkung ionisierender Strahlung auf den menschlichen Körper). Woher kommt diese Strahlung? Wie wirken unterschiedliche Strahlungsarten auf den Organismus? Wie gefährlich ist die Radioaktivität wirklich?

Der Atomkern

Basiskonzept Struktur der Materie ↑S. 232

Nach unserer heutigen Vorstellung besteht ein Atom aus einem Atomkern und einer Atomhülle, in der sich Elektronen befinden. Der Atomkern ist sehr stabil und besteht aus Protonen und Neutronen. Zur Entwicklung dieser Vorstellung hat der englische Physiker RUTHERFORD beigetragen. Beim Beschuss von dünnen Goldfolien mit positiven geladenen „α-Teilchen" stellte er fest, dass die meisten die Folie ungehindert durchdringen und ihre Ausbreitungsrichtung nicht ändern. Wenige Teilchen werden stark abgelenkt oder sogar zurückgeworfen (Bild 3). Aufgrund dieser unerwarteten Ergebnisse kann die Goldfolie nicht aus dicht gepackten Atomen bestehen. Die Atome müssen vielmehr zum großen Teil aus einem fast leerem Raum bestehen. Fast die gesamte Masse des Atoms konzentriert sich im Inneren auf einem sehr kleinen Raum. RUTHERFORD nannte diesen Bereich Atomkern.

2

ERNEST RUTHERFORD (1871–1937)

Kernbausteine und Ladung. Es war bekannt, dass Atome *Elektronen,* die Träger negativer elektrischer Ladungen, enthalten. Im Rutherford-Experiment wurden nun wenige positiv geladene Teilchen abgelenkt bzw. zurückgeworfen. Da sich gleichnamige Ladungen abstoßen, folgerte RUTHERFORD daraus, dass ein Atomkern positive Ladung trägt. Die Anzahl der positiven Ladung im Kern stimmt mit der Anzahl der negativen Ladung in der Hülle überein. Deshalb ist ein Atom nach außen hin elektrisch neutral. Im Atomkern befinden sich neben den *Protonen* p elektrisch neutrale Teilchen, die *Neutronen* n.

Die Atome verschiedener chemischer Elemente unterscheiden sich in der Anzahl der Protonen im Kern. Heliumatome haben z. B. zwei Protonen im Kern. Kohlenstoffatome haben sechs Protonen im Kern.

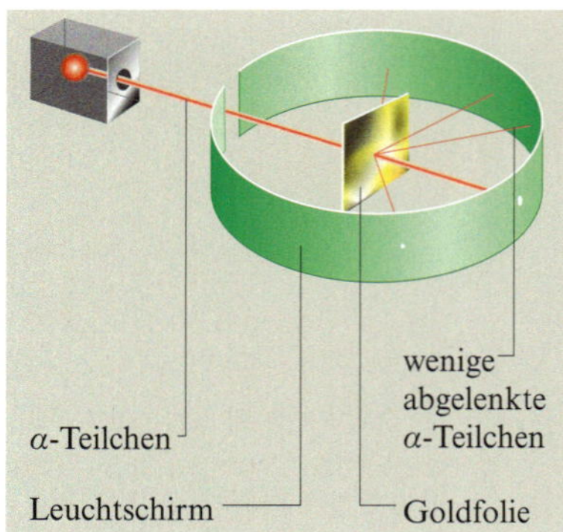

3

Prinzip des Rutherford-Experiments

Größe. Da im Rutherford-Experiment nur sehr wenige positive Teilchen die Richtung ändern, muss der Atomkern im Vergleich zum ganzen Atom sehr klein sein. Der Durchmesser des Atoms ist 10 000-mal größer als der Durchmesser des Atomkerns. Nehmen wir die Höhe der Frauenkirche in Dresden als Durchmesser eines Atoms, dann wäre die Größe eines Kirschkerns vergleichbar mit der des Atomkerns (Bild 1).

Masse. Die Masse eines Protons bzw. eines Neutrons beträgt jeweils rund $1{,}67 \cdot 10^{-27}$ kg. Damit ist ein Proton bzw. ein Neutron etwa 1 836-mal schwerer als ein Elektron ($9{,}11 \cdot 10^{-31}$ kg). Der größte Teil der Masse eines Atoms ist deshalb im Atomkern konzentriert.

Ein Atom besteht aus der Atomhülle und dem Atomkern. Der Kern nimmt nur einen sehr kleinen Anteil des Gesamtvolumens eines Atoms ein. Im Atomkern befinden sich als Kernbausteine die Protonen und Neutronen.

1

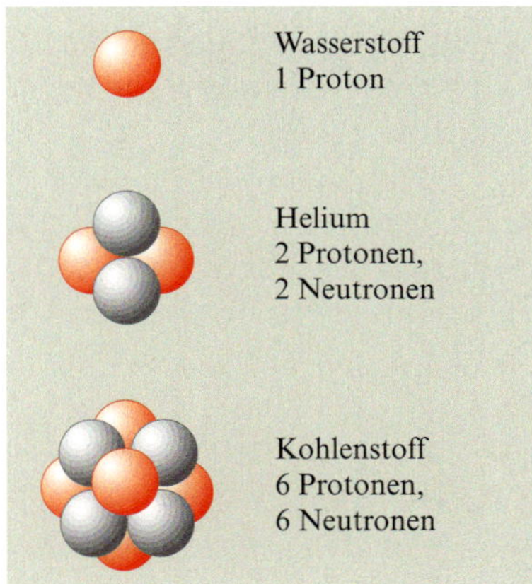

2

Kernbindungskräfte. Gleichnamig geladene Körper stoßen einander ab. Zwischen den positiv geladenen Protonen wirken solche Abstoßungskräfte. Trotzdem sind Atomkerne sehr stabil.
Wie ist das möglich?
Es muss außerdem noch eine starke Anziehungskraft zwischen allen Kernbausteinen geben. Diese ist stärker als die abstoßende elektrische Kraft zwischen den Protonen. Man kann sie mit einem Klettverschluss oder mit dem Aneinanderhaften von klebrigen Bonbons vergleichen, da diese Kräfte erst wirken, wenn die Teilchen ganz eng beieinander sind.

Nuklide und isotope Kerne

Unser Periodensystem umfasst heute 116 chemische Elemente. Diese sind nach ihrer Ordnungszahl in einer bestimmten Reihenfolge in Haupt- und Nebengruppen angeordnet (Bild 3). Die Ordnungszahl entspricht dabei der Anzahl der Protonen Z im Atomkern. Sie wird auch als Kernladungszahl bezeichnet.

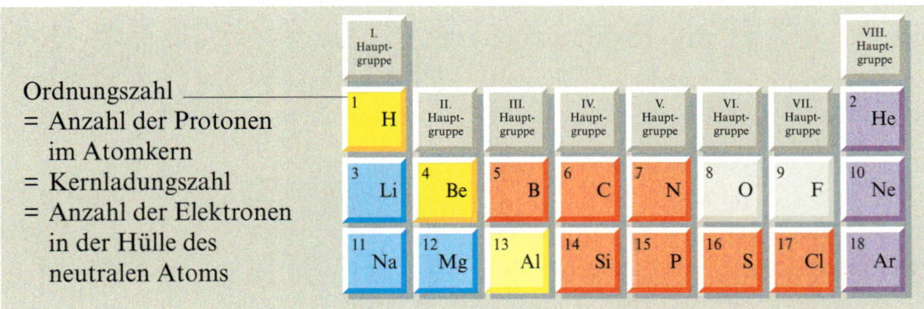

3

Ausschnitt aus dem Periodensystem der Elemente

Nuklide. Jede Atomkernart, man sagt auch Nuklid, wird durch die Anzahl der Protonen Z und die Anzahl der Neutronen N eindeutig charakterisiert. Für die Anzahl der Kernbausteine A gilt: $A = Z + N$. Man bezeichnet A auch als Massenzahl des Nuklids. Zur eindeutigen Kennzeichnung eines Elements X verwendet man die Schreibweise ${}^{A}_{Z}\mathrm{X}$. Die Massenzahl A wird oben links, die Protonenanzahl Z unten links neben das chemische Symbol gesetzt.

ÜBRIGENS

${}^{12}_{6}\mathrm{C}$ bezeichnet einen Kohlenstoffkern mit der Massenzahl 12. Von den 12 Nukleonen sind 6 Protonen und 6 Neutronen. In der Atomhülle des neutralen Kohlenstoffatoms befinden sich genauso viele Elektronen wie Protonen im Kern, also 6.

Isotope Kerne. Atomkerne, die zu einem Element gehören, haben immer dieselbe Protonenanzahl, sie können aber eine unterschiedliche Anzahl von Neutronen besitzen. Ein einfaches Beispiel dafür ist das Wasserstoffatom. Ein Wasserstoffkern enthält immer genau ein Proton ($Z = 1$).

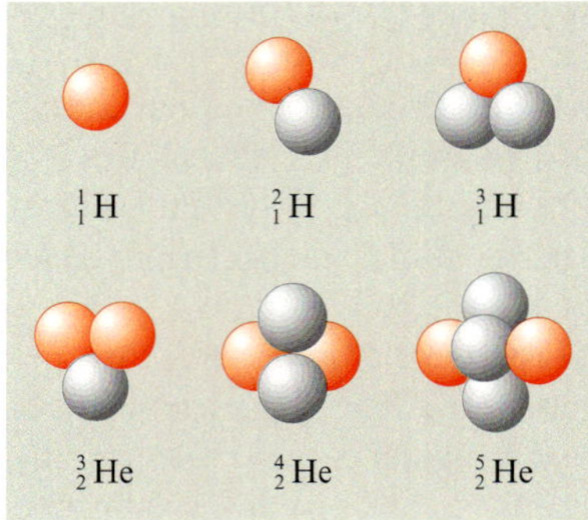

1
Kerne und ihre Kennzeichnung

Radioaktivität

Der französische Physiker BECQUEREL entdeckte 1896 zufällig eine bis dahin unbekannte Art von Strahlung: die Kernstrahlung. MARIE und PIERRE CURIE untersuchten Mineralien, die solche Strahlung aussenden, genauer und fanden 1898 die Elemente Polonium und Radium (s. S. 145). Die Strahlungserscheinung bezeichneten sie als „Radioaktivität".
Heute ist bekannt, dass Radioaktivität ihren Ursprung in den Atomkernen hat. Wenn Kerne Strahlung aussenden, wandeln sie sich in andere Kerne um, die auch wieder radioaktiv sein können. Die radioaktiven Atomkerne werden *Radionuklide* genannt. Die Eigenschaft der spontanen Umwandlung (Spontanzerfall) von in der Natur vorkommenden Radionukliden heißt *natürliche Radioaktivität.*
Es gibt drei wichtige Arten von Kernstrahlung: Alpha-, Beta- und Gammastrahlung.

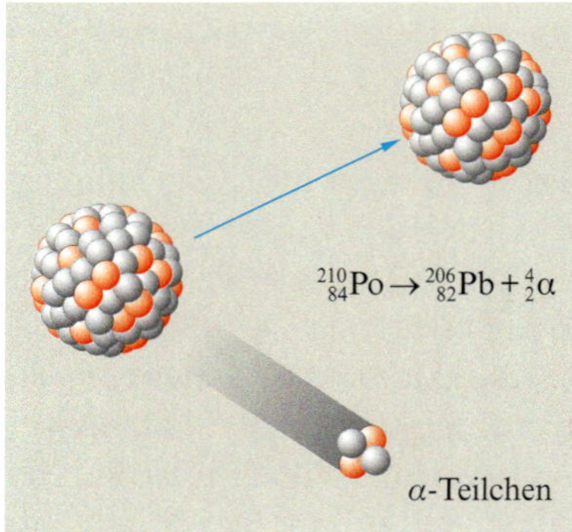

2
Beispiel für α-Strahlung

Alphastrahlung. Die α-Strahlung besteht aus doppelt positiv geladenen Heliumkernen. Bei einem α-Zerfall verringert sich die Kernladungszahl des Radionuklids um den Wert 2 und seine Massenzahl um den Wert 4. Polonium-210 wandelt sich zum Beispiel in Blei um (Bild 2).

Für einen Zerfall kann man eine so genannte *Zerfallsgleichung* angeben. Für Polonium-210 lautet sie: $^{210}_{84}Po \rightarrow ^{206}_{82}Pb + ^{4}_{2}\alpha$.

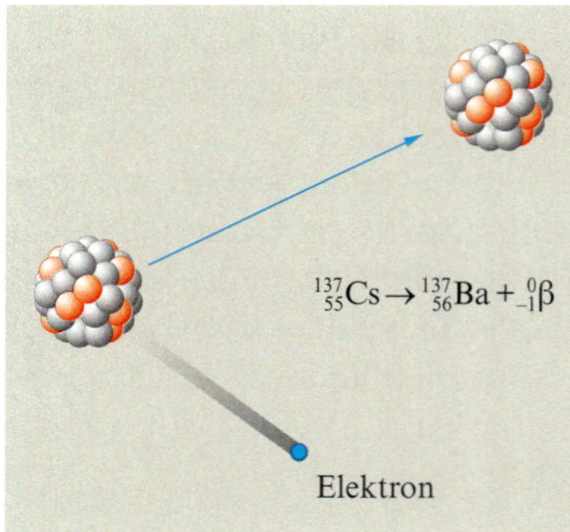

3
Beispiel für β-Strahlung

Betastrahlung. Bei der β-Strahlung werden Elektronen aus dem Atomkern abgegeben. Ein Elektron entsteht im Atomkern, wenn sich ein Neutron in ein Proton und ein Elektron umwandelt. Das Elektron wird abgestrahlt. Da das entstandene Proton im Kern verbleibt, erhöht sich die Kernladungszahl des neu entstandenen Nuklids um den Wert 1. Die Massenzahl bleibt erhalten, weil sich die Anzahl der Kernteilchen insgesamt nicht verändert hat.
Cäsium-137 wandelt sich beispielsweise unter Aussendung eines Elektrons in Barium um (Bild 3).

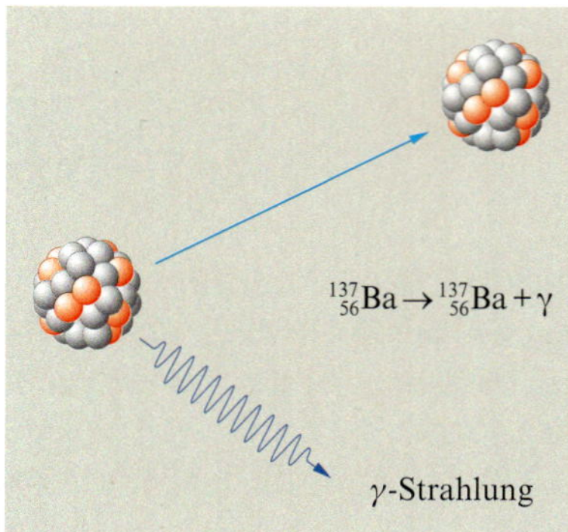

4
Beispiel für γ-Strahlung

Gammastrahlung. Die γ-Strahlung ist eine energiereiche elektromagnetische Strahlung, die in einzelnen „Energieportionen" abgegeben wird. Auch das sichtbare Licht ist von Natur aus elektromagnetische Strahlung, hat aber eine viel geringere Energie.
Bei der Abgabe von γ-Strahlung ändert sich der Energiezustand des Atomkerns, Kernladungs- und Massenzahl bleiben gleich (Bild 4). Die γ-Strahlung tritt häufig gleichzeitig mit der α- und β-Strahlung auf.

Einige Atomkerne wandeln sich spontan in andere Atomkerne um. Dabei senden sie Alpha-, Beta- oder Gammastrahlung aus. Diese Eigenschaft bezeichnet man als natürliche Radioaktivität.

Nachweis der Radioaktivität

Radioaktivität ist mit den menschlichen Sinnesorganen nicht wahrnehmbar. Sie ist an ihren Wirkungen erkennbar. Wenn die Strahlung in einem Stoff registrierbare Veränderungen hervorruft, ist ein Nachweis oder eine Messung möglich. Bis heute wurden immer genauere Nachweis- und Messmethoden entwickelt.

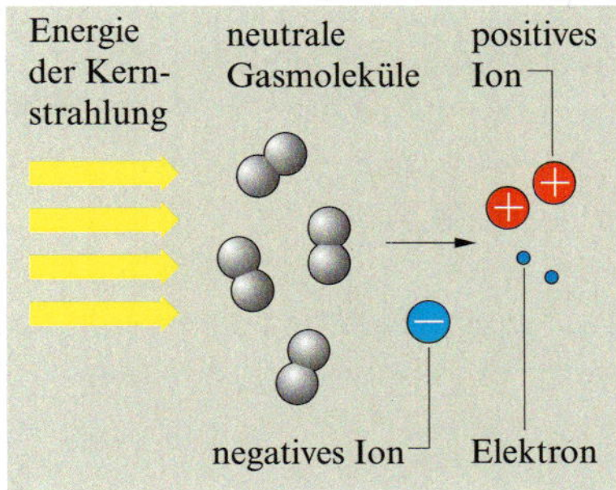

1 Ionisation von Gasmolekülen

Ionisation. Trifft Kernstrahlung auf einen beliebigen Stoff, so können sich bei einem Atom ein oder mehrere Elektronen aus der Atomhülle lösen. Es entstehen neben ungebundenen Elektronen positiv und negativ geladene Ionen. Kernstrahlung wird daher auch als *ionisierende Strahlung* bezeichnet. Die Atom- bzw. Molekülveränderungen können zum Nachweis und zur Messung der Kernstrahlung genutzt werden.

2 Fotoplatte

Nachweismethoden. Das historisch erste Nachweismittel war die **Fotoplatte**. In einer lichtempfindlichen Schicht kommt es beim Auftreffen von Kernstrahlung zu chemischen Veränderungen in Kristallen. Bei der Entwicklung der Platte oder des Films werden diese Veränderungen als Schwärzung sichtbar (Bild 3). Heute werden Fotoemulsionen in Filmplaketten als **Personendosimeter** im Strahlenschutz verwendet. Filmdosimeter dienen der Dosisermittlung von Gamma-, Röntgen- und energiereicher Betastrahlung. Sie enthalten z. B. einen lichtdicht verpackten Fotofilm, Blei- und Kupferabsorber und ein freies Fenster. Personen, die in ihrem Beruf mit Strahlung in Berührung kommen können, werden so durch regelmäßige Kontrolle des Filmmaterials überwacht.

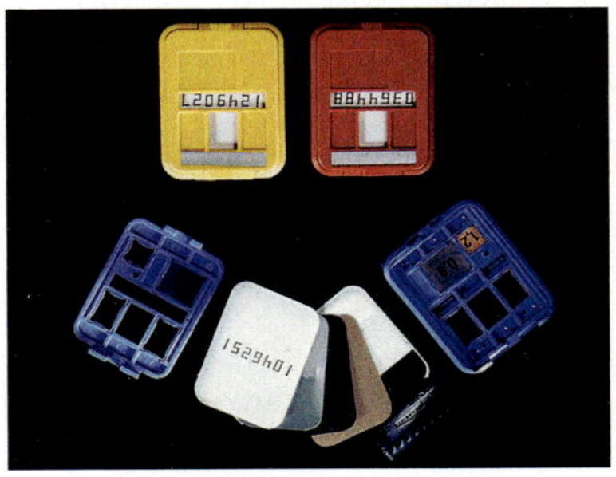
3 Filmdosimeter

Das **Geiger-Müller-Zählrohr** (Bild 4) ist das bekannteste Nachweisgerät. Es besteht aus einem zylinderförmigen Mantel, in dessen Achse ein dünner Draht angebracht ist. Das Rohr ist mit einem Edelgas unter geringem Druck gefüllt. Dringt Kernstrahlung in den Innenraum des Zählrohrs ein, so werden dort Gasatome ionisiert. Dadurch entstehen Ladungsträgerlawinen, die als kurze Stromstöße registriert werden. Das Zählrohr ist an einen Verstärker angeschlossen. Dieser steuert ein Zählwerk und/oder einen Lautsprecher. Die Stromstöße können so als „Knacksignale“ hörbar gemacht werden. Jedes Knacksignal entspricht einem Ionisationsprozess.

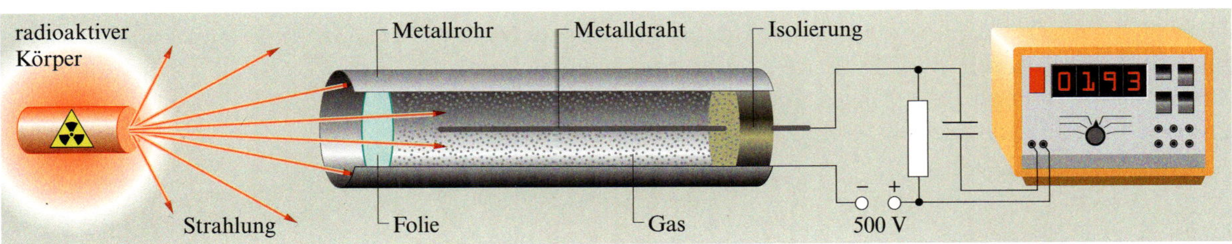

4

Die **Nebelkammer** besteht aus einem Glaszylinder, in dem sich Luft, Wasser- und Alkoholdampf und ein radioaktives Präparat befinden. Die Luft wird entlang der Bahn der Strahlungsteilchen ionisiert. Wird der Druck im Zylinder plötzlich verringert, kühlt sich die Luft ab und der Dampf kondensiert an den Ionen. Es bilden sich Kondensstreifen. An der Form der Spur kann man die Strahlungsart erkennen (Bild 5).

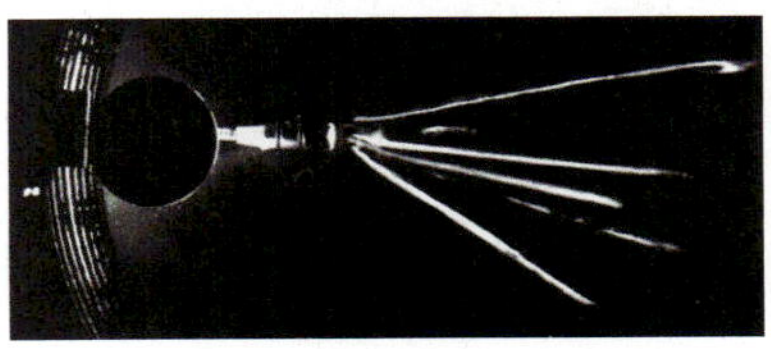
5 Alphastrahlung in der Nebelkammer

Eigenschaften von Kernstrahlung

Werden die drei Strahlungsarten untersucht, so stellt man unterschiedliche Eigenschaften fest. Ohne Beeinflussung breitet sich Kernstrahlung geradlinig aus. Aber kann Kernstrahlung durch bestimmte Stoffe abgeschwächt oder gestoppt werden? Und wie beeinflusst z. B. ein magnetisches Feld die Strahlung? Solche Fragestellungen sind auch von Interesse, wenn es darum geht, sich vor Kernstrahlung zu schützen.
Im folgenden Experiment soll die Durchdringungsfähigkeit von Kernstrahlung untersucht werden.

1
Warnzeichen für Radioaktivität

EXPERIMENT 1
Zwischen γ-Strahlungsquelle und Zählrohr werden bei konstantem Abstand Platten aus Blei gebracht. Die Anzahl der Platten wird schrittweise erhöht. Die Anzahl der Impulse wird jeweils registriert.

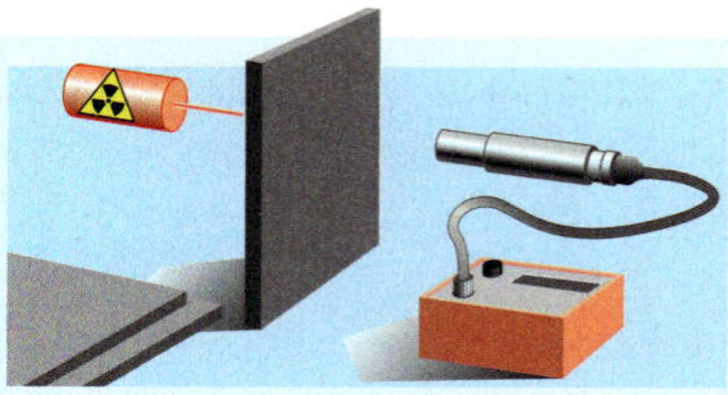
2

Die Intensität der Strahlung verringert sich nach der ersten Bleiplatte. Fügt man eine weitere Platte ein, verringert sich die Intensität erneut. Verwendet man α- oder β-Strahlungsquellen und unterschiedliche Materialien, dann stellt man fest: Betastrahlung wird bereits durch Aluminiumplatten von einigen Millimetern Dicke fast vollständig absorbiert. Das Durchdringungsvermögen von Alphastrahlung ist gering. Die Strahlung wird bereits durch ein Blatt Papier absorbiert. Selbst in Luft beträgt die Reichweite der Alphastrahlung nur wenige Zentimeter.

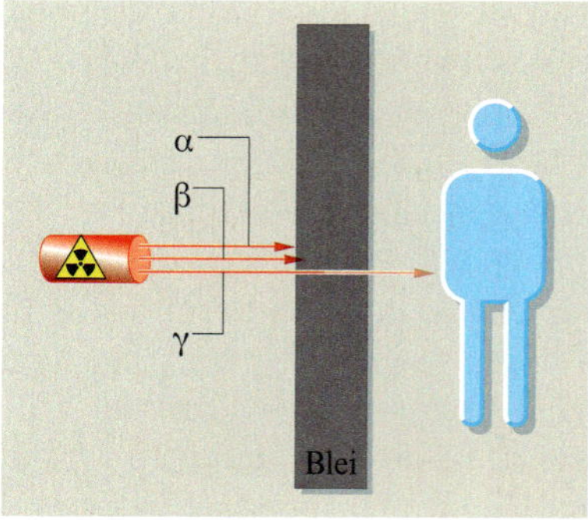

3

In einem Magnetfeld wirkt auf geladene Teilchen eine Kraft. Sie werden abgelenkt. Welchen Einfluss hat ein Magnetfeld auf Kernstrahlung?

EXPERIMENT 2
Zwischen Zählrohr und einer β-Strahlungsquelle wird ein Magnet so aufgestellt, dass die Strahlung senkrecht zur Richtung des Magnetfeldes in das Feld eindringt. Mit einem Zählrohr wird die Bahn der Strahlungsteilchen verfolgt.

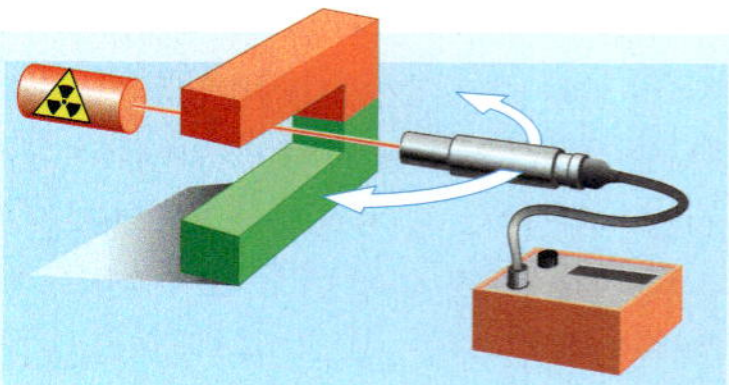
4

Die negativ geladenen Elektronen der β-Strahlung werden im Magnetfeld abgelenkt. α-Strahlung besteht aus positiv geladenen Heliumkernen und wird entgegengesetzt dazu abgelenkt. γ-Strahlung wird nicht abgelenkt, da sie nicht aus elektrisch geladenen Teilchen besteht.

Basiskonzept Wechselwirkung
↑S. 233

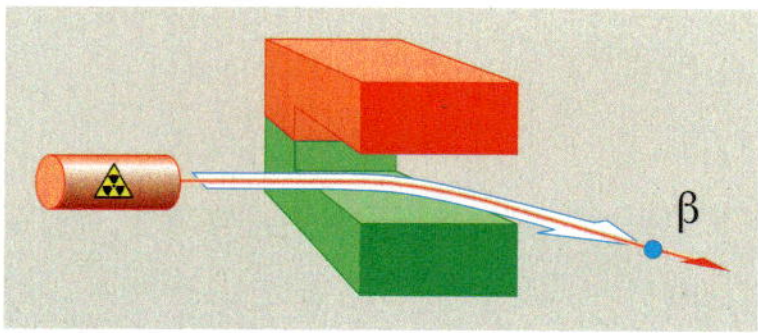

5

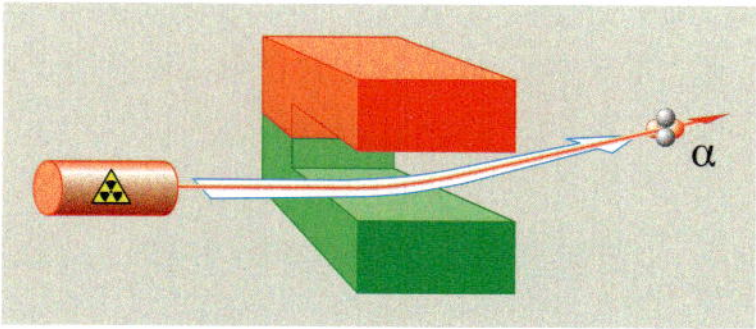

6

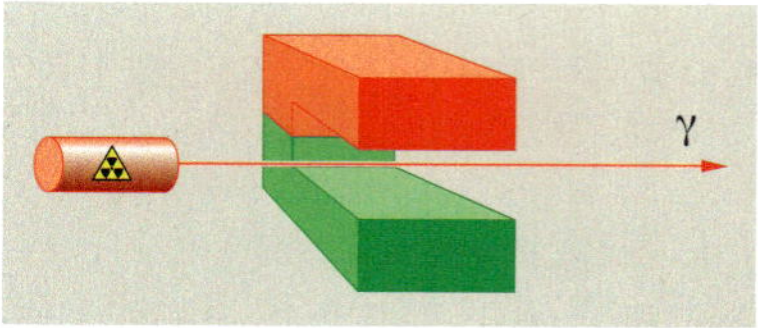

7

Gammastrahlung wird beim Durchdringen von Stoffen viel weniger abgeschwächt als Alpha- und Betastrahlung. In einem Magnetfeld werden Alpha- und Betastrahlung abgelenkt, Gammastrahlung nicht.

Halbwertszeit

Basiskonzept Struktur der Materie
↑S. 232

Spontanzerfall. In der Natur entsteht beim Zerfall eines Atomkerns unter Aussendung von Kernstrahlung ein neuer Atomkern, der selbst wieder radioaktiv und damit instabil sein kann. Der Zerfall setzt sich solange fort, bis ein stabiler Kern entstanden ist. Vom spontanen radioaktiven Zerfall spricht man auch deshalb, weil der Zeitpunkt des Zerfalls von einzelnen radioaktiven Atomkernen nicht vorhersehbar ist. Man kann diesen Zeitpunkt auch nicht durch die Veränderung von äußeren Bedingungen wie Luftdruck oder Temperatur beeinflussen.
Die Zufälligkeit des Zerfalls einzelner Kerne lässt sich durch folgendes Modellexperiment veranschaulichen. Darin stellen die Spielwürfel die radioaktiven Atomkerne dar. Die Würfel, die eine 1 zeigen, sollen zerfallen sein.

EXPERIMENT 3

1 Füllt eine große Schachtel mit Deckel mit 100 Würfeln, schüttelt sie gut durch und sortiert nach dem Öffnen alle Würfel aus, die die 1 zeigen. Notiert die Anzahl der noch in der Schachtel vorhandenen Würfel. Wiederholt diese Prozedur so lange, bis sich keine Würfel mehr in der Schachtel befinden!

2 Stellt in einem Diagramm die Anzahl der noch vorhandenen Würfel in Abhängigkeit von der Anzahl der Versuchsdurchführungen dar. Wie viele Durchgänge werden jeweils benötigt, bis sich die Anzahl der Würfel halbiert hat?

1

In der grafischen Darstellung erkennt man einen charakteristischen Verlauf für die Anzahl der verbliebenen Würfel in der Schachtel. Nach durchschnittlich 4 Durchgängen befindet sich jeweils etwa noch die Hälfte der zuvor vorhandenen Würfel in der Schachtel.
So wie beim Spontanzerfall von Atomkernen der Zerfall eines einzelnen Kerns konnte das Ausscheiden eines ganz bestimmten Würfels nicht vorhergesehen werden. Die Abnahme einer Gesamtheit von vielen Würfeln erfolgt jedoch nach einem typischen Gesetz.

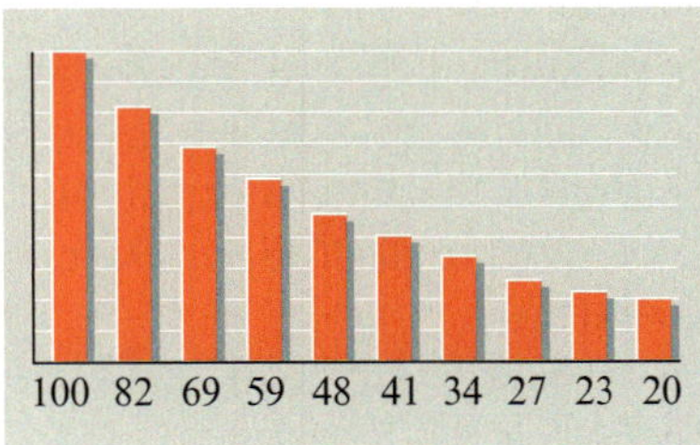

2

Abnahme der Würfelanzahl

Halbwertszeit. Bei einer großen Anzahl von Atomkernen zu Beginn eines Zerfallszeitraumes kann genau vorhergesagt werden, wann die Hälfte der Atomkerne zerfallen sein wird. Diese Zeit bezeichnet man als **Halbwertszeit $T_{1/2}$**. Wenn für das Element Radium-226 eine Halbwertszeit von 1600 Jahren angegeben wird, dann haben sich nach 1 600 Jahren die Hälfte der am Anfang vorhandenen instabilen Atomkerne umgewandelt. Nach weiteren 1 600 Jahren ist wiederum die Hälfte vom Rest zerfallen. Nach 3 200 Jahren sind dann drei Viertel der ursprünglich vorhandenen Atomkerne umgewandelt. Die Halbwertszeiten verschiedener Radionuklide können zwischen wenigen Sekunden und mehreren Milliarden Jahren betragen.

Die Anzahl der Kerne eines radioaktiven Nuklids halbiert sich in immer derselben Zeit. Diese Zeit heißt Halbwertszeit $T_{1/2}$, sie ist eine charakteristische Größe des radioaktiven Nuklids.

Halbwertszeiten einiger Nuklide

Bor-12	0,02 Sekunden
Radon-220	55,6 Sekunden
Radon-222	3,825 Tage
Iod-131	8,04 Tage
Zink-65	250 Tage
Cobalt-60	5,3 Jahre
Radium-226	1 600 Jahre
Kohlenstoff-14	5 730 Jahre
Plutonium-239	24 390 Jahre
Uran-235	700 Mio. Jahre
Uran-238	4,5 Mrd. Jahre

Wirkungen der Kernstrahlung auf den Organismus und Strahlenschutz

Radioaktivität aus natürlichen Quellen und kosmische Strahlung aus dem Weltraum sorgen unter anderem dafür, dass der Mensch ständig einer gewissen Kernstrahlung ausgesetzt ist.
Die Folgeerscheinungen des Uranbergbaus, von Kernwaffenversuchen oder von Stör- bzw. Unfällen in Kernkraftwerken (z. B. Reaktorexplosion im ukrainischen Atomkraftwerk Tschernobyl 1986) haben zusätzlich Auswirkungen auf lebende Organismen.
Radioaktive Substanzen können von außen aus der Luft; der Erde oder dem All den menschlichen Körper erreichen. Sie gelangen auch durch die Atmung und mit der Nahrung in den Körper.

Biologische Strahlenwirkungen. Kernstrahlung kann bei einem Organismus physikalische und in der Folge chemische und biologische Veränderungen in den Körperzellen bewirken. Es entstehen neue oder veränderte Molekülstrukturen. Auswirkungen auf die DNS oder Chromosomen sind möglich. Das biologische Verhalten der Zelle kann sich verändern oder sie funktioniert gar nicht mehr. Der menschliche Organismus besitzt einen Reparaturmechanismus. Geschädigte oder funktionsuntüchtige Zellen können erkannt und bekämpft werden.
Ob Strahlenschäden eintreten, hängt u.a. von folgenden Faktoren ab:
- Art der Strahlung;
- Intensität und Dauer der Strahlungseinwirkung;
- Menge und Energie der im Körper aufgenommenen Substanz;
- Empfindlichkeit der betroffenen Organe.

Strahlenschäden. Man unterscheidet somatische und genetische Schäden. **Somatische Schäden** entstehen unmittelbar am betroffenen Organismus. Besonders empfindlich sind die Blutbildungsorgane, die Schleimhäute des Magen-Darm-Traktes und der Luftwege sowie die Keimdrüsen.
Die Zellschädigungen können zu Krebserkrankungen führen, zu den häufigsten gehören dabei Leukämie, Lungen-, Haut- und Brustkrebs. Bei sehr hoher Strahlungsbelastung kann der Zelltod und in der Folge der schnelle Tod des Organismus eintreten.
Genetische Schäden sind Erbschäden, die bei den direkten Nachkommen, aber auch in späteren Generationen auftreten können. Sie entstehen durch Veränderungen des Erbgutes. Daher sind die Keimzellen der Eierstöcke und Hoden besonders gefährdet. Das Gleiche gilt für Embryonen.

Strahlenschutz. Um die Auswirkungen der Radioaktivität auf Menschen und auf andere Lebewesen möglichst gering zu halten, sollten folgende Regeln beachtet werden:
1. Die Entfernung zur Strahlungsquelle sollte so groß wie möglich sein.
2. Zwischen Strahlungsquelle und Lebewesen sollten sich geeignete Materialien zur möglichst vollständigen Abschirmung befinden.
3. Die Strahlung sollte so kurz wie möglich einwirken.
4. Radioaktive Nuklide dürfen nicht in den Körper gelangen.

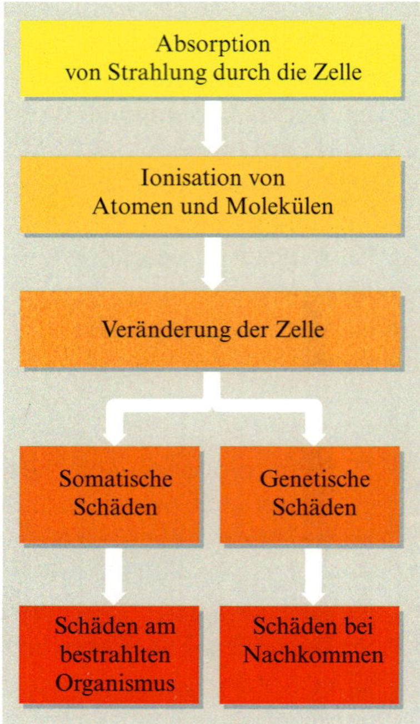

1 Biologische Wirkung der Kernstrahlung

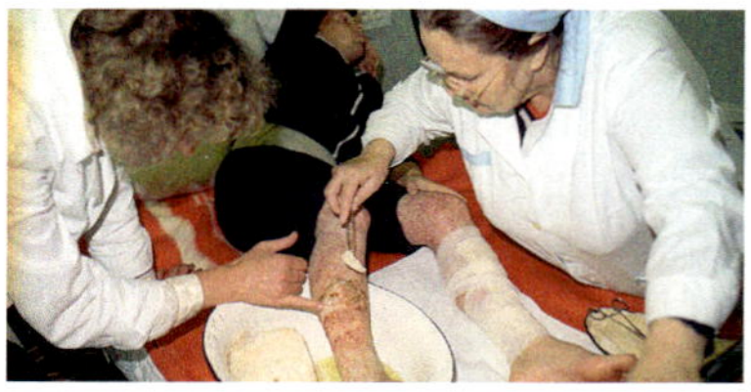

2 Strahlenschäden

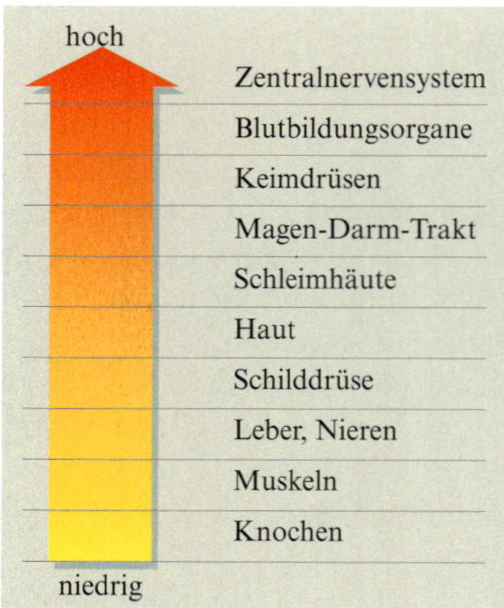

3 Strahlenempfindlichkeit verschiedener Organe

Entdeckung der Radioaktivität

Am Ende des 18. Jahrhunderts untersuchte ANTOINE HENRY BECQUEREL die Floureszenz von Uransalz. Er legte mehrere Schichten Uransalz auf Fotoplatten, die in schwarzes Papier eingewickelt waren und setzte diese der Sonnenbestrahlung aus. Die vom Uransalz ausgehenden Strahlung durchdrangen sowohl das schwarze Papier, als auch eine dünne Schicht Kupfer in Form eines Kreuzes. Durch Zufall fand BECQUEREL 1896 heraus, dass diese Schwärzungen auch erfolgten, ohne dass das Uransalz durch Licht angeregt wurde. Die Strahlung ging vom Uransalz selbst aus und wurden Uran- oder **Becquerelstrahlung** genannt.

1 HENRI BECQUEREL (1852–1908)

2 Originalaufnahme BECQUERELS als Ergebnis der Einwirkung von Uransalz auf eine in schwarzes Papier eingehüllte Fotoplatte.

Den Bericht von BECQUEREL über diese Entdeckung las auch MARIE CURIE. Bei der Untersuchung aller zum damaligen Zeitpunkt bekannten Elemente fand sie heraus, dass nur die Elemente Uran und Thorium „strahlten". Für diese Strahlungstätigkeit verwendete sie fortan den lateinischen Begriff „Radioaktivität".
Weiterhin analysierte sie Mineralien auf den Gehalt der Elemente Thorium und Uran. Dabei entdeckte sie in der Pechblende (pechschwarzes Uranerz-Gestein) zwei neue chemische Elemente, die bis zu diesem Zeitpunkt noch völlig unbekannt waren. Sie nannte das erste Element Polonium (nach ihrem Heimatland Polen) und das zweite Radium (das Strahlende). Unter äußerst primitiven Arbeitsbedingungen analysierte MARIE CURIE gemeinsam mit ihrem Mann PIERRE CURIE riesige Mengen an Erz. Um etwa 1 Gramm Radium zu gewinnen, waren 7 Tonnen Erz zu verarbeiten.

ÜBRIGENS

Becquerel ($1\,Bq = 1\,s^{-1}$) ist heute die international verwendete Einheit (SI-Einheit) für die Aktivität A. Bis zum 01.01.1980 konnte als Einheit auch Curie ($1\,Ci = 3{,}7 \cdot 10^{10}\,Bq$) verwendet werden.
HENRI BECQUEREL und das Ehepaar CURIE erhielten im Jahr 1903 gemeinsam den Nobelpreis für Physik.

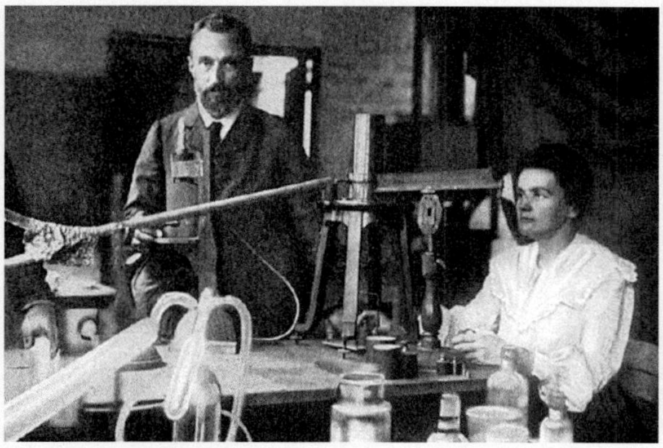

3 MARIE und PIERRE CURIE

4 Der Schuppen – das „Labor" zur Gewinnung von Radium

Altersbestimmung mit Kohlenstoff

Alle Lebewesen enthalten Verbindungen des Elements Kohlenstoff. Pflanzen nehmen Kohlenstoffdioxid aus der Atmosphäre auf. Menschen und Tiere erhalten Kohlenstoffverbindungen über die Nahrungskette. Entsprechend findet sich Kohlenstoff auch in allen Produkten, die vom Menschen unter Verwendung von Pflanzen und Tieren hergestellt wurden: in Holzbalken, Leder, Fellen, Papyrusrollen usw.

1

Gletschermumie „Ötzi“: ca. 5 000 Jahre

Kohlenstoff existiert dabei immer als Gemisch isotoper Kerne. Das Gemisch besteht aus stabilen Kernen des C-12 (ca. 98,89 %) und C-13 (ca. 1,11 %) und aus den radioaktiven Kernen des C-14 (ca. $3 \cdot 10^{-11}$ %). C-14 entsteht in den oberen Atmosphärenschichten ständig neu, sodass das Mischungsverhältnis der isotopen Kerne konstant bleibt.
In einem lebenden Organismus entspricht das Verhältnis der Nuklide dem in der Atmosphäre. Stirbt aber der Organismus, so werden keine Kohlenstoffatome mehr mit der Umwelt ausgetauscht. Aufgrund des radioaktiven Zerfalls nimmt der Anteil des C-14 im Organismus ab. Wie lässt sich aus der Abnahme des C-14 z. B. das Alter von Mammuthaaren oder der Gletschermumie „Ötzi“ bestimmen?

ÜBRIGENS

Die physikalische Größe zur Beschreibung der „Stärke“ der Strahlung einer radioaktiven Probe ist die Aktivität A. Sie gibt an, wie viele Kerne einer Probe innerhalb einer bestimmten Zeit zerfallen. Die Einheit ist 1 Becquerel (1 Bq). Beträgt die Aktivität einer Probe 1 Bq, so findet in dieser Probe ein radioaktiver Zerfall in einer Sekunde statt. Es gilt also: $1\,\text{Bq} = 1\,\text{s}^{-1}$.
Registriert man zum Beispiel an einer radioaktiven Probe in einer Minute 600 Zerfälle so beträgt die Aktivität 10 Bq.

Die C-14-Methode. Die Abnahme von C-14 lässt sich für die Altersbestimmung eines Fundstücks ausnutzen. Bei dem natürlichen Verhältnis von C-14 und C-12 beträgt die Aktivität von 1 mol Kohlenstoff 2,7 Bq. Eine frische Probe, die 1 mol Kohlenstoff enthält, strahlt also zunächst mit der gleichen Aktivität. Die Halbwertszeit von C-14 beträgt 5 730 Jahre. Daraus lässt sich das Alter eines Fundstücks berechnen.

Beispiel:
Bei der Untersuchung einer Holzprobe stellt man fest, dass die Aktivität der Kohlenstoffkerne auf 1/8 des Anfangswertes abgesunken ist.
Nun weiß man, dass sich die Anzahl der radioaktiven Kohlenstoffkerne während der ersten 5 730 Jahre halbiert haben muss.
Nach 11 460 Jahren war noch 1/4 der C-14-Kerne vorhanden, nach weiteren 5 730 Jahren 1/8.
Das Alter der Holzprobe kann daher mit ca. 17 000 Jahren angegeben werden.

2

Sarkophag und Totenmaske des Tut-anch-Amun: ca. 3 300 Jahre

3

Mammuthaare: ca. 11 000 Jahre

Strahlenbelastung des Menschen

Wir sind ständig Kernstrahlung ausgesetzt. Die Einwirkung von Strahlung auf den Menschen heißt Strahlenbelastung oder Strahlenexposition. Man unterscheidet natürliche und künstliche Strahlenbelastung.

Natürliche Strahlenbelastung. Natürliche Radioaktivität hat ihre Ursache zum einen in radioaktiven Stoffen, die in der Erde oder in der Atmosphäre (terrestrische Strahlung) auftreten. Zum anderen sind wir kosmischer Strahlung ausgesetzt, die aus dem Weltraum auf die Erde trifft. Die natürliche radioaktive Belastung ist stark unterschiedlich und abhängig vom Ort auf der Erde an dem man sich befindet. Die Stadt Guarapari in Brasilien z. B. ist berühmt für ihre Monazit-Sandstrände. Der Monazit-Sand besitzt einen sehr hohen Thoriumgehalt. Die gemessene Radioaktivität ist an den Stränden, bezogen auf ein Jahr, etwa 1 000-mal so hoch wie in Brandenburg.

Wie hoch ist die Strahlenbelastung tatsächlich? Welche Grenzwerte dürfen nicht überschritten werden?
Konkrete Quellen für die Radioaktivität in unserer unmittelbaren Umgebung können beispielsweise sein:
- das in der Atemluft enthaltene Edelgas Radon,
- die kosmische Höhenstrahlung,
- verschiedene Baumaterialien,
- das in Nahrungsmitteln (Bohnen, Waldpilze) und Düngemitteln enthaltene Kalium-40,
- Emission durch Kohlekraftwerke.

Das Radonproblem. Radon ist ein radioaktives Edelgas. Es tritt als unmittelbares Zerfallsprodukt des Radium-226 in allen natürlichen Zerfallsreihen des Uran auf. Als geruch- und geschmackloses Gas kann es aus dem Erdboden austreten und gelangt in die Atmosphäre. Die Radonkonzentrationen sind im Freien unterschiedlich hoch.
Durch Spalten und Risse in Gestein und Mauerwerk gelangt Radon auch in Gebäude (Bild 2). Ob sich die Radonkonzentration in Gebäuden erhöht, hängt davon ab, wie viel Radon im Baugrund vorkommt, wie durchlässig der Baugrund ist, wie abgedichtet das Bauwerk im Erdbereich ist und wie das Gebäude belüftet wird.

Künstliche Strahlenbelastung. Im Verlauf der letzten 100 Jahre fanden radioaktive Stoffe in der Industrie, Forschung, Medizin und leider auch im Militärwesen zunehmend Verbreitung. Daher sind die Menschen neben der natürlichen Strahlenbelastung auch einer künstlichen, der so genannten zivilisatorischen Strahlenbelastung ausgesetzt. Der größte Anteil resultiert aus Anwendungen in der Medizin. Da dabei auch die Röntgenstrahlung hinzugerechnet wird, ergibt sich eine durchschnittliche Belastung von 1,5 mSv pro Jahr für jeden Menschen in Deutschland. Kernkraftwerke im Normalbetrieb liefern nur einen geringen Beitrag von 0,01 mSv pro Jahr.
Nach Reaktorunfällen, bei denen Radioaktivität in die Umgebung gelangt, kann die Strahlenbelastung regional stark erhöht sein.

Monazit 1

ÜBRIGENS

Die Äquivalentdosis H gibt die einem Körper bei Bestrahlung zugeführte Energie pro Kilogramm unter Berücksichtigung der Strahlungsart an. Die Einheit ist Sievert (1 Sv = 1 J/kg). Für den Strahlenschutz werden die Anteile einzelner Quellen der Strahlenbelastung sowie Grenzwerte durch die Äquivalentdosis in der Einheit Millisievert (mSv) angegeben.

2

Beispiele für Strahlenbelastung durch natürliche Radioaktivität (Mittelwerte)

Radioaktive Quelle	Belastung in mSv/Jahr
Radon	1,000
Kalium-40	0,360
kosm. Str. – Helgoland	0,300
kosm. Str. – Zugspitze	10,200
Kohlekraftwerke	0,002
Monazit-Sand (Guarapari)	125,000

Selbst **erforscht**

Kernstrahlung in der Umwelt

Nullrate. Ein Zählrohr zählt bereits Impulse, wenn keine radioaktive Probe in der Nähe ist. Diese Radioaktivität stammt aus unserer Umgebung und wird als Nullrate oder Nulleffekt bezeichnet. Bei der Messung der Zählraten radioaktiver Quellen muss zunächst die Nullrate gemessen und ihr Betrag anschließend vom Messwert subtrahiert werden.

1 Steinpilz

Messung der Radioaktivität. Da radioaktive Kerne unregelmäßig zerfallen, schwankt die jeweils gemessene Anzahl der Impulse in kurzen Zeitintervallen stark. Erst bei längeren Messzeiten bleibt die Anzahl der Impulse für gleiche Zeiträume in etwa konstant.

AUFTRAG 1

Führe in einem unbelüfteten Kellerraum deiner Schule Messungen der natürlichen Radioaktivität durch. Ziehe aus den Messergebnissen Schlussfolgerungen über eine eventuell erhöhte Radonkonzentration.

1 Bestimmt zunächst durch wiederholte Messung mit einem Geiger-Müller-Zählrohr die Nullrate!
2 Spannt einen etwa 5 m langen Kupferdraht (0,3 mm Ø) im Kellerraum zwischen zwei Isolierstützen auf! Danach wird für mindestens 10 Minuten eine Spannung von 5 kV (von Lehrerin oder Lehrer) eingestellt.
3 Nach dieser Zeit wird der Draht mit einem Wattebausch abgewischt und mit einem Geiger-Müller-Zählrohr die Zählrate bestimmt.
4 Interpretiere das Ergebnis! Beachte die vorher gemessenen Nullrate!

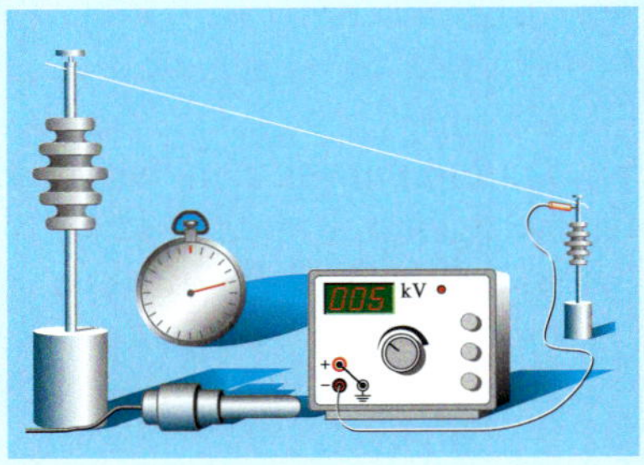

2

AUFTRAG 2

1 Erkunde deine Umwelt. Sammle verschiedene Gegenstände und Materialien in deiner Umgebung (z. B. Gesteinsproben, Baustoffe (Ziegel, Fliesen), Grillasche, Wildpilze, Düngemittel u. ä.)!
2 Untersuche diese mit einem Geiger-Müller-Zählrohr. Beachte, dass du von den gemessenen Zählraten die Nullrate subtrahieren musst!
3 Dokumentiere die Ergebnisse in geeigneter Form!

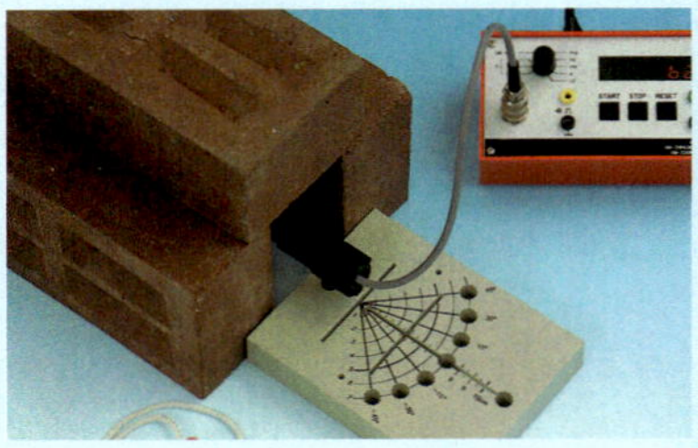
3

AUFTRAG 3

Das Bundesamt für Strahlenschutz ist in Deutschland unter anderem für die Sicherheit beim Umgang mit radioaktiven Stoffen in der Kerntechnik und den Schutz vor erhöhter natürlicher Radioaktivität zuständig. Dort erhältst du auch aktuelle Informationen zur Strahlenbelastung.

1 Informiere dich im Internet (http://www.bfs.de) über aktuelle Messergebnisse zur Radioaktivität. Interpretiere die Darstellungen insbesondere für deine Heimatregion!
2 Informiere dich weiterhin über die Größenordnung der Strahlenbelastung ausgewählter natürlicher Strahlungsquellen!
3 Fasse die Ergebnisse deiner Recherchen in einer anschaulichen Präsentation zusammen!

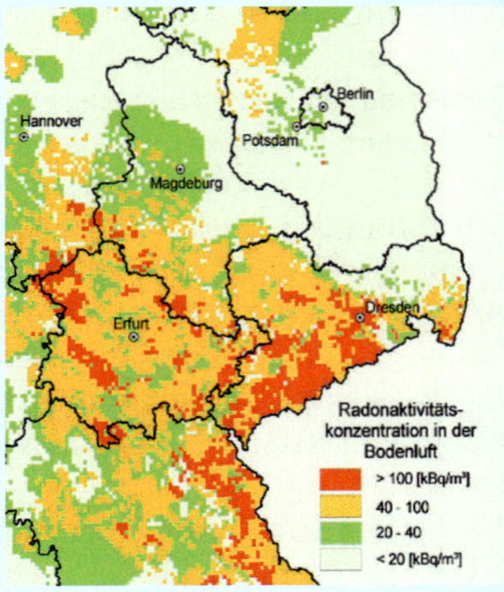

4

Weißt du es? Kannst du es

1. Beschreibe den Aufbau des Atoms. Vergleiche Atomkern und Atomhülle!
2. Warum unterscheidet sich die Masse eines Stickstoffatoms nur unwesentlich von der Masse eines Stickstoffatomkerns?
3. Der Radius eines Heliumatomkerns beträgt etwa $2 \cdot 10^{-15}$ m, seine Masse etwa $6{,}6 \cdot 10^{-27}$ kg.
   a) Berechne die Dichte des Kerns!
   b) Welche Masse hätte ein Würfel der Kantenlänge 1 mm, der aus einem Material der gleichen Dichte bestünde?
4. Erläutere am Beispiel des Elements Helium, was man unter isotopen Kernen versteht!
5. Bestimme mithilfe des Periodensystems die Kernladungszahl von Wasserstoff, Beryllium, Kohlenstoff, Cobalt, Nickel, Zinn und Platin!
6. Aus wie vielen Protonen, Neutronen und Elektronen bestehen die neutralen Atome, deren Kerne durch die folgenden Symbole gekennzeichnet sind? $^{1}_{1}H$, $^{14}_{6}C$, $^{27}_{13}Al$, $^{208}_{82}Pb$, $^{209}_{83}Bi$, $^{235}_{92}U$
7. Bei der Umwandlung von Atomkernen kann Kernstrahlung ausgesendet werden. Beschreibe, wie sich ein Kern beim Aussenden von α-, β- und γ-Strahlung verändert!
8. Erläutere die Gleichung $^{226}_{88}Ra \rightarrow ^{222}_{86}Rn + ^{4}_{2}\alpha + \gamma$!
9. Das Kohlenstoffisotop C-14 wandelt sich unter Aussendung von β-Strahlung in Stickstoff um. Stelle die Kernreaktionsgleichung auf!
10. Erläutere den Begriff Halbwertszeit!
11. Wie viel Kerne des Zn-65 sind nach 750 Tagen noch vorhanden, wenn es ursprünglich 1 Milliarde Kerne waren?
12. Wie kann die ionisierende Wirkung der Kernstrahlung zum Nachweis genutzt werden?
13. Nenne die wichtigsten Strahlenschutzmaßnahmen!

Kurz und knapp!

Das Atom besteht aus Atomkern und Atomhülle. Im Atomkern ist fast die gesamte Masse des Atoms konzentriert. Sein Durchmesser beträgt aber nur ein Zehntausendstel des Atomdurchmessers.
Kernbausteine: Protonen und Neutronen.
Anzahl der Protonen = Anzahl der Elektronen in der Atomhülle

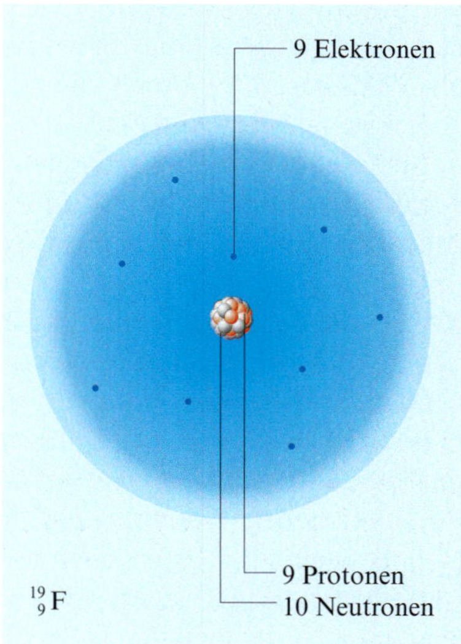

Eine Atomkernart bezeichnet man auch als Nuklid. Die Kennzeichnung erfolgt durch die Symbolschreibweise: $^{A}_{Z}X$.

Nuklide mit gleicher Protonenanzahl aber unterschiedlicher Neutronenanzahl heißen isotope Kerne.

Die Eigenschaft bestimmter Nuklide, sich von selbst unter Aussendung von Strahlung in ein anderes Nuklid umzuwandeln, bezeichnet man als natürliche Radioaktivität.
Wir unterscheiden:

α-Strahlung	besteht aus Heliumkernen	$^{4}_{2}\alpha$
β-Strahlung	besteht aus Elektronen	$^{0}_{-1}\beta$
γ-Strahlung	ist elektromagnetische Strahlung	γ

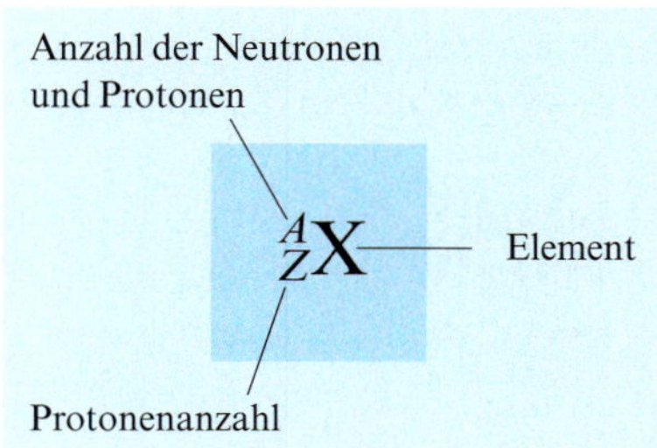

Die ionisierende Wirkung der Strahlung kann zum Nachweis genutzt werden. Für lebende Organismen ist sie gefährlich.

Für den Spontanzerfall eines Radionuklids gibt die Halbwertszeit an, in welcher Zeit die Hälfte der vorhandenen Kerne zerfällt.

Energie der Atomkerne

1

Im Jahr 1938 gelang erstmals die Spaltung von Atomkernen. OTTO HAHN, FRITZ STRAßMANN und LISE MEITNER entdeckten, dass dabei Energie frei wird.
Heute nutzen in der Europäischen Union 13 Staaten Kernenergie. In Deutschland betrug 2005 der Anteil an der Elektroenergieerzeugung 29%, in Frankreich sogar 77 %.
Die Schadstoffbelastung durch Kernkraftwerke ist gering. Da aber bei der Kernspaltung Kernstrahlung auftritt, ist der Betrieb mit Risiken verbunden. Die Nutzung der Kernenergie ist daher umstritten.

Künstliche Kernumwandlungen

Am Anfang des 18. Jahrhunderts versuchten Alchimisten, Kerne umzuwandeln und so zum Beispiel aus Eisen Gold zu machen. Ein berühmtes Nebenprodukt dieser Bemühungen war das Porzellan, das so genannte „weiße Gold“, von JOHANN FRIEDRICH BÖTTGER. Aber chemische Reaktionen haben keinen Einfluss auf den Atomkern. Nur mit kernphysikalischen Mitteln könnte man Gold herstellen. Das Verfahren ist jedoch zu teuer und zu aufwändig und wird nicht praktiziert.

Künstlichen Kernumwandlungen sind Kernreaktionen, die durch äußere Einwirkungen ausgelöst werden. Im Jahre 1917 beobachtete ERNEST RUTHERFORD erstmals eine künstliche Kernumwandlung: Er hatte Stickstoffatome mit α-Teilchen beschossen und dabei Sauerstoff und freie Protonen ($^1_1$p) erzeugt (Bild 3).
Bei künstlichen Kernumwandlungen können auch freie Neutronen ($^0_1$n) entstehen. Neutronenstrahlung ist radioaktiv. Der Engländer CHADWICK wies als Erster 1932 beim Beschuss von Beryllium mit α-Teilchen freie Neutronen nach (Bild 4). Freie Neutronen entstehen auch in höheren Atmosphärenschichten beim Zusammenstoß von kosmischen Teilchen mit Luftmolekülen. Von großer Bedeutung ist die Erzeugung von Neutronen bei der Kernspaltung.

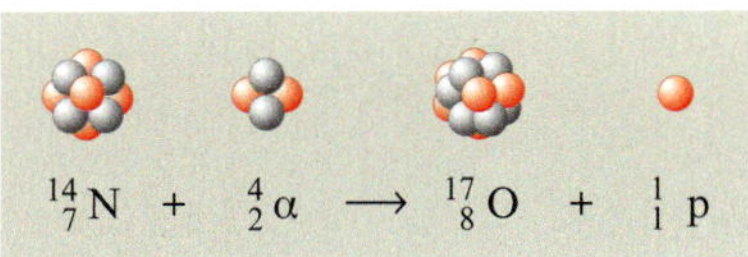

3
Umwandlung von Stickstoff

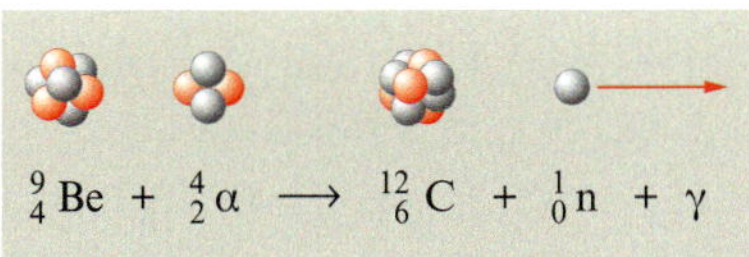

Nachweis freier Neutronen 4

2
Alchimistenlabor

Basiskonzept Struktur der Materie ↑S. 232

Basiskonzept Energie ↑S. 230

Kernspaltung

Im Jahr 1938 machten OTTO HAHN, FRITZ STRAßMANN und LISE MEITNER eine für die Menschheit folgenreiche Entdeckung. HAHN und STRAßMANN hatten Uranatome mit langsamen Neutronen beschossen. Bei der Untersuchung der Reaktionsprodukte fanden sie Spuren der Elemente Barium und Krypton. In einem Gedankenaustausch mit der 1938 wegen der Judenverfolgung in Deutschland nach Schweden emigrierten LISE MEITNER gelangte man zu der Überzeugung, dass Urankerne gespalten worden waren.

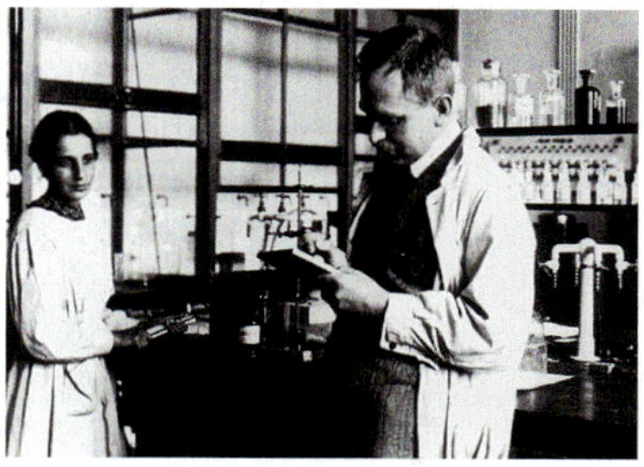

1 LISE MEITNER und OTTO HAHN

In der Natur kommen die Uranisotopen U-234 (0,005 %), U-235 (0,720 %) und U-238 (99,275 %) vor. Die Spaltung mit langsamen Neutronen gelingt am leichtesten bei Uran-235. Der Urankern zerfällt in zwei mittelschwere Kerne mit Massenzahlen zwischen 70 und 160. Das Verhältnis der Massenzahlen beträgt häufig ungefähr 2 : 3. Eine genaue Vorhersage der Spaltprodukte ist nicht möglich. Zusätzlich entstehen bei jeder Spaltung 2 bis 3 Neutronen. Bei der Spaltung eines Urankerns wird außerdem eine Energie von ungefähr $3 \cdot 10^{-11}$ J frei.

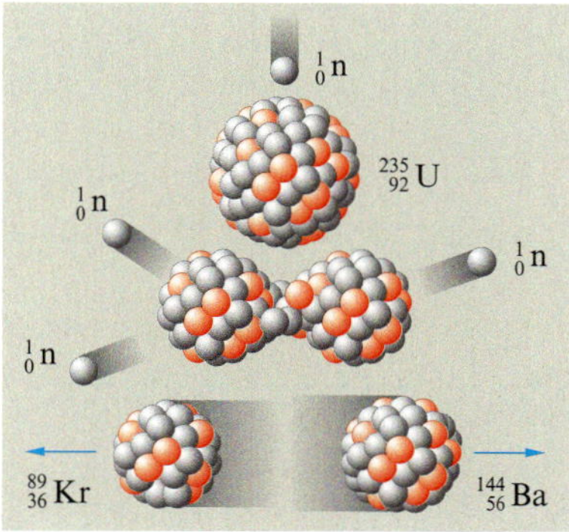

2 Modellvorstellung zur Spaltung von $^{235}_{92}$U: Uran-235 wandelt sich nach dem Auftreffen eines langsamen Neutrons zunächst in den Zwischenkern Uran-236 um. Dieser zerfällt nach nur sehr kurzer Lebensdauer von ungefähr 10^{-14} s in Krypton-89 und Barium-144 sowie drei Neutronen.

Kettenreaktion. Bei der Spaltung eines Urankernes entstehen z. B. 2 Neutronen. Jedes dieser Neutronen ist selbst wieder in der Lage einen Urankern zu spalten. Dabei entstehen insgesamt 4 Neutronen, in der nächsten Stufe 8 usw. Die Anzahl der Kernspaltungen erhöht sich lawinenartig, wobei eine sehr große Energie in kürzester Zeit freigesetzt wird. Es entsteht eine *ungesteuerte Kettenreaktion* (Bild 3).

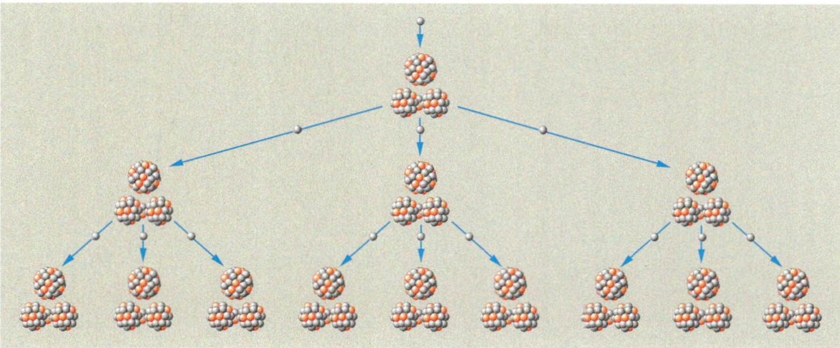

3

Damit so eine Kettenreaktion überhaupt ausgelöst wird, dürfen nur wenige Neutronen entweichen. Dafür ist eine genügend große, möglichst kugelförmige Masse spaltbaren Materials erforderlich. Diese Mindestmasse wird *kritische Masse* genannt. Bei Uran-235 beträgt die kritische Masse für eine homogene unkomprimierte Kugel mit dem Radius 8,5 cm ungefähr 50 kg, wenn die Neutronen ungebremst sind und nicht wieder in das Spaltmaterial zurück reflektiert werden.

4 Eine Vorstellung von der kritischen Masse kann man im folgenden Beispiel erhalten. Ein Fußballer schießt den Ball (Neutron) in eine Baumgruppe (Spaltmaterial). Die Wahrscheinlichkeit einen Baum (Atomkern) zu treffen, ist bei der Baumgruppe am größten, in der viele Bäume sehr dicht beieinander stehen. Diese Baumgruppe entspricht dann der kritischen Masse.

Bei der Kernspaltung wird ein schwerer Atomkern in zwei mittelschwere Atomkerne unterschiedlicher Masse und zwei oder drei Neutronen umgewandelt. Die Neutronen können in einer Kettenreaktion weitere Kernspaltungen auslösen. Voraussetzung dafür ist eine genügend große Masse an spaltbarem Material.

Bereits kurz nach der Entdeckung waren Überlegungen zu Möglichkeiten der Nutzung der bei der Spaltung frei werdenden Energie angestellt worden.
Mit dem Beginn des 2. Weltkrieges stellte sich jedoch mehr die Frage nach dem militärischen Einsatz dieser neuen Energiequelle. So hatte dann auch die erste „Anwendung" der Kernspaltung – der Abwurf der Atombomben auf die japanischen Städte Hiroshima und Nagasaki im Jahr 1945 – verheerende Auswirkungen. Etwa 70 000 Menschen kamen dabei sofort ums Leben, weitere 130 000 starben in den nächsten Tagen, Jahren und Jahrzehnten an den Folgen.

1
Trinity-Test: die erste Atombombenexplosion des US-Militärs am 16. Juli 1945

Kernenergie

Energie des Atomkerns. Im Laufe der Entstehung unseres Sonnensystems sind Atomkerne durch Verschmelzung von Protonen und Neutronen entstanden. Addiert man die Einzelmassen der Kernbausteine und vergleicht sie mit der Masse des Kerns, so stellt man fest: Atomkerne sind immer leichter als die Summe ihrer Bestandteile (Bild 3). Diese Erscheinung nenn man *Massendefekt*.
Der Massendefekt stellt scheinbar eine Verletzung des Gesetzes von der Erhaltung der Masse dar, welches besagt, dass in allen Prozessen die Summe der Massen der beteiligten Teilchen erhalten bleibt. Die Lösung für diesen Widerspruch fand ALBERT EINSTEIN 1905 mit der Beziehung $E = \Delta m \cdot c^2$. Vereinfacht kann man sagen, dass Energie und Masse ineinander umgewandelt werden können.
Angewendet auf den Atomkern bedeutet das: Beim Zusammenschluss der Kernbausteine wird ein Teil ihrer Masse in Energie umgewandelt. Will man einen solchen Kern wieder in seine Kernbausteine zerlegen, muss genau diese Energie aufgewendet werden. Man bezeichnet daher diese Energie als *Kernbindungsenergie*.

2
Atombombenexplosion am 9. August 1945 in Nagasaki

Kernenergie bei der Kernspaltung. Bei jeder Kernspaltung ist die Gesamtmasse der Spaltprodukte und der Neutronen danach kleiner als die Gesamtmasse von Kern und Neutron vor der Spaltung. Es ergibt sich also auch bei der Kernspaltung ein Massendefekt.
Ein Gramm Uran-235 besteht aus etwa $2{,}6 \cdot 10^{26}$ Atomkernen. Bei der vollständigen Spaltung aller dieser Atomkerne wird etwa so viel Energie frei wie beim Verbrennen von 2 500 kg Steinkohle.

Mit dieser Energie bewegen sich die Spaltprodukte und die freigesetzten Neutronen sehr schnell. Sie geben ihre Energie bei Zusammenstößen mit anderen Teilchen ab.
Kinetische Energie wird somit in thermische Energie der Umgebung umgewandelt. Die entstehende Gammastrahlung ist ebenfalls Träger von Energie.

Bei der Verbindung der Nukleonen zum Atomkern wird Kernbindungsenergie frei.
Bei der Kernspaltung kann ein Teil der Kernbindungsenergie als Kernenergie u.a. in Form von Wärme und Gammastrahlung freigesetzt werden.

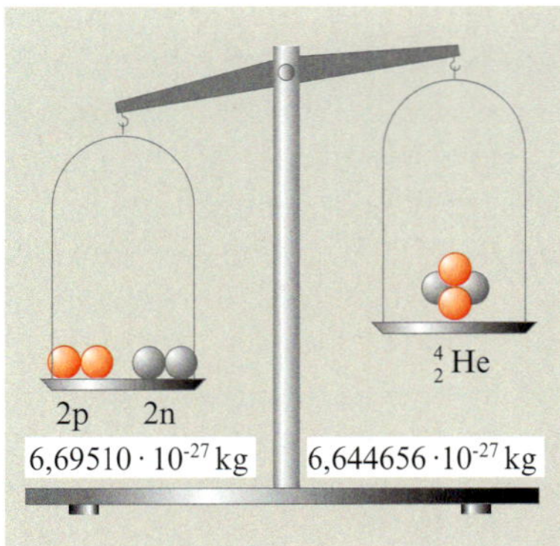

3
Massendefekt des Heliumatomkerns

Kernreaktoren

Kernreaktoren dienen den Wissenschaftlern zu Forschungszwecken. Vor allem aber werden sie in Kernkraftwerken verwendet, um aus der Kernenergie elektrische Energie zu gewinnen.

In Kernreaktoren können unter folgenden Bedingungen gesteuerte Kettenreaktionen ablaufen:

Spaltbares Material. Der Anteil von spaltbarem Uran-235 im natürlichen Uran beträgt nur ungefähr 0,7 %. Die Neutronen treffen deshalb im natürlichen Uran nur sehr selten auf spaltbare Kerne. Es wird ein Anteil von etwa 2 % bis 4 % Uran-235 benötigt. Die Anreicherung erfolgt durch chemische Verfahren in Urananreicherungsanlagen.
Das spaltbare Material wird in Tablettenform als Urandioxid (UO_2) in Brennstoffstäbe gebracht. Etwa 100 Brennstoffstäbe ergeben zusammen gefasst ein Brennelement (Bild 1).

„Langsame" Neutronen. Neutronen, die bei der Kernspaltung entstehen, haben eine große kinetische Energie. Mit ihrer Geschwindigkeit von ungefähr 2000 km/s sind sie viel zu schnell, um einen Kern spalten zu können.
Durch ein geeignetes Bremsmittel, den so genannten *Moderator,* muss die Geschwindigkeit auf etwa 2 km/s verringert werden.
Die Neutronen geben bei Zusammenstößen mit den Atomkernen des Moderators einen Teil ihrer Energie ab. Die nun „langsamen" Neutronen können Spaltungen auslösen. Meistens wird Wasser oder Grafit als Moderator verwendet.

Kritische Masse. Damit die „langsamen" Neutronen wirksam werden und die Kernspaltungen kontinuierlich ablaufen können, muss eine Mindestmasse an spaltbarem Material (kritische Masse) vorhanden sein.

„Einfang" von Neutronen. In einem Kernrektor muss eine gesteuerte Kettenreaktion ablaufen. Dem Prozess werden immer soviel Neutronen entzogen, dass nur durchschnittlich ein weiterer Kern gespalten wird. Der freigesetzte Energiebetrag kann so kontrolliert werden. Dazu befinden sich in einem Reaktor Steuerstäbe z. B. aus Bor oder Cadmium (Bild 3). Diese Stoffe können Neutronen gut absorbieren.

Die Steuerstäbe werden nach Bedarf durch Regeleinrichtungen mehr oder weniger tief in den Reaktorkern eingefahren.
Durch vollständiges Einfahren der Steuerstäbe zwischen die Brennstäbe, hört die Kettenreaktion ganz auf. Der Reaktor kann so innerhalb kürzester Zeit abgeschaltet werden.

Energieumwandlung. Die freigewordene Kernenergie wird zunächst in kinetische Energie der Spaltprodukte umgewandelt. In einem Kühlsystem kann diese Energie durch Wechselwirkung z. B. mit Wasser als thermische Energie abtransportiert werden.

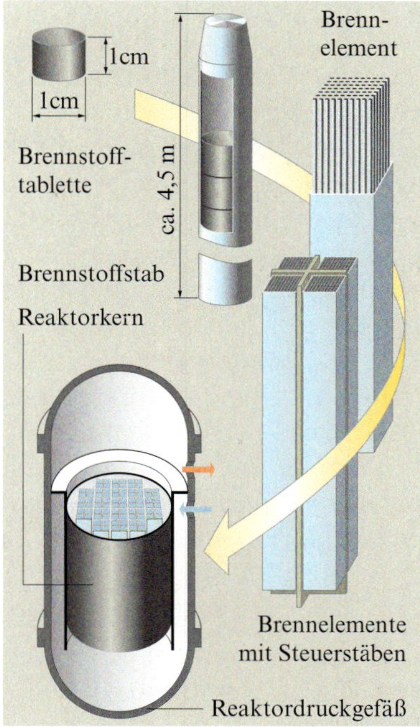

1

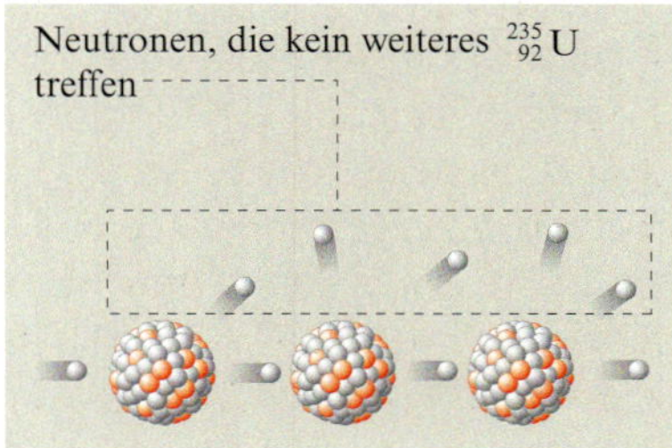

2

Kontrollierte Kettenreaktion: Von den durchschnittlich 2,5 Neutronen, die bei einer Spaltung frei werden, führt genau ein Neutron zu einer weiteren Spaltung.

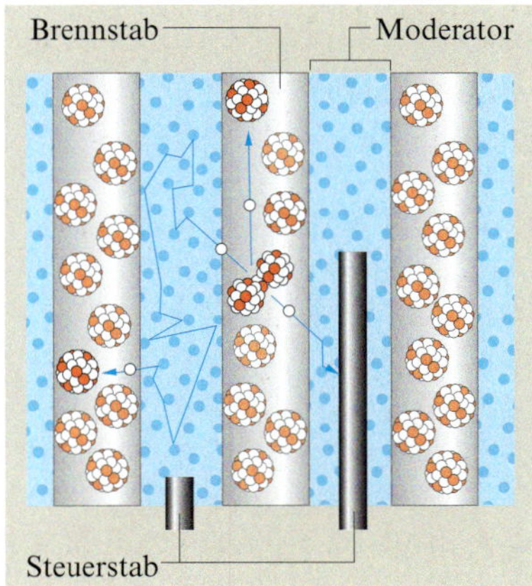

3

Steuerstäbe zur Regelung des Reaktors

Kernkraftwerk

Kernkraftwerke sind Wärmekraftwerke. Im Kohlekraftwerk wird in einem Kessel durch Verbrennung fossiler Rohstoffe chemische Energie in thermische Energie umgewandelt. Im Kernkraftwerk befindet sich an der Stelle des Kessels der Kernreaktor. In ihm wird ein Teil der Energie, die in den Atomkernen „gespeichert“ ist, über die kinetische Energie der Spaltprodukte in thermische Energie umgewandelt.
Am meisten verbreitet sind Siedewasser- und Druckwasserreaktoren. Im Siedewasserreaktor (Bild 3) verdampft das Wasser infolge der Umwandlung von Kernenergie in thermische Energie. Der Frischdampf treibt die Turbine an. Im Generator wird dann die kinetische Energie in elektrische Energie umgewandelt. Der Kondensator verflüssigt den aus der Turbine austretenden Dampf. Das erforderliche Kühlwasser entnimmt man einem Gewässer aus der Umgebung. Das Speisewasser wird dem Reaktor wieder zugeführt. Ein großer Teil der durch Kernspaltung freigesetzten Energie geht als Abwärme in die Umgebung. Daher beträgt der Wirkungsgrad etwa 32 % bis 34 %.

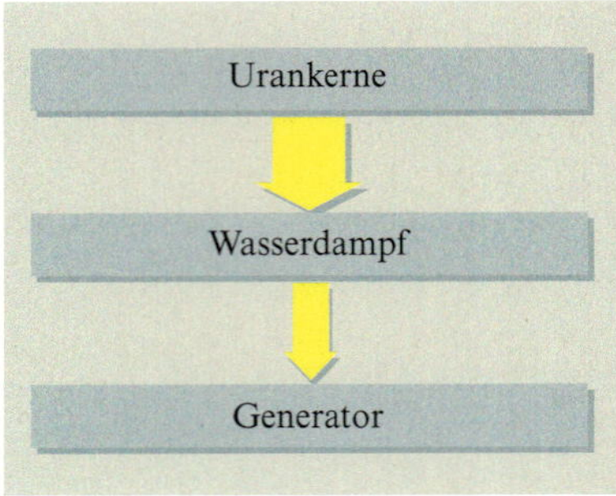

1

2
Sicherheitsbehälter eines Siedewasserreaktors

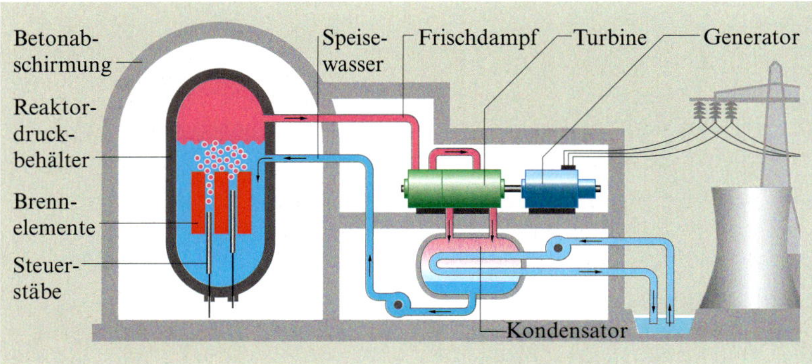

3

Sicherheit. Um eine radioaktive Belastung der Umwelt zu vermeiden, ist der Reaktorkern durch ein System von Barrieren umgeben. Diese sollen verhindern, dass radioaktive Stoffe in die Umgebung austreten und Strahlung aus dem Reaktor nach außen dringt. Die Hülle der Brennstäbe und das umströmende Wasser schirmen die Spaltprodukte sowie die α- und β-Strahlung ab. Der Reaktordruckbehälter und eine bis zu 2 m dicke Stahlbetonabschirmung verhindern das Austreten der γ-Strahlung. Der kugelförmige Sicherheitsbehälter und eine diesen umgebende Stahlbetonhülle sollen Schutz gegen stärkste Belastungen von innen und außen bieten.

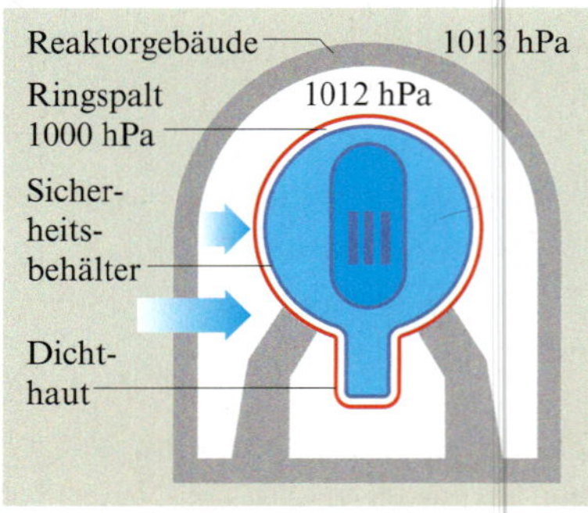

4

Im Reaktorgebäude herrscht ein geringer Unterdruck gegenüber der Außenwelt. Es gibt also stets einen geringen Luftzug von außen nach innen, niemals aber von innen nach außen.

Beim Betrieb könnten Störungen auftreten. Arbeitet beispielsweise der Kühlkreislauf nicht richtig, wären eine Zunahme der Reaktorkerntemperatur und ein Durchschmelzen der Sicherheitsbarrieren nicht ausgeschlossen. Entsprechende Sicherheitstechniken aktivieren dann das Notkühlsystem oder sorgen durch vollständiges Einfahren der Steuerstäbe für eine automatische Abschaltung des Reaktors.
Wichtige Sicherheitssysteme werden zudem mehrfach angeordnet (Redundanz). Es sind mindestens zwei Systeme mehr vorhanden als eigentlich benötigt werden (Bild 5).

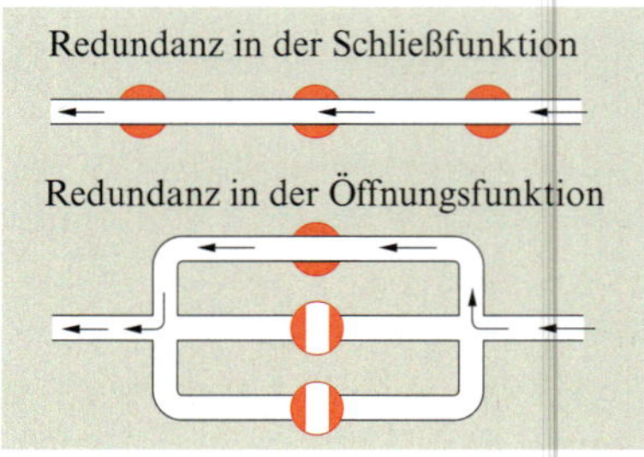

5

Brennstoffkreislauf

Damit in einem Kernkraftwerk über einen längeren Zeitraum aus Kernenergie elektrische Energie erzeugt werden kann, ist eine kontinuierliche Versorgung mit spaltbarem Material (Brennstoff) sowie eine saubere und sichere Entsorgung der abgebrannten Brennelemente notwendig. Alle Arbeitsschritte und Prozesse, die dieser Versorgung und Entsorgung dienen, werden als Brennstoffkreislauf bezeichnet.
Zur Versorgung gehören der Abbau von Uranerz und dessen Aufbereitung, die Anreicherung des spaltbaren U-235, die Fertigung der Brennelemente und deren Transport zum Kraftwerk.

Uranerzabbau und Aufbereitung. Eine Tonne Gestein in der Erdrinde enthält durchschnittlich 3 g Uran. Der Abbau von Erzen ist wirtschaftlich, wenn der Urangehalt zwischen 0,1 % und 0,5 % beträgt. Solche Lagerstätten befinden sich heute z. B. in Amerika, Australien, Frankreich, Schweden und Russland. Nach dem Abbau wird durch physikalische und chemische Verfahren Uran vom übrigen Gestein getrennt und es entsteht ein Konzentrat mit 70 % bis 80 % Urangehalt.

Anreicherung von U-235. Natürliches Uran enthält die isotopen Kerne U-235, U-238 und U-239. Der Anteil an U-235 muss auf 2% bis 4% angereichert werden. Da die isotopen Kerne unterschiedliche Massen besitzen, ist eine physikalische Trennung möglich. Das feste Uran wird in Uranhexafluorid umgewandelt (gasförmiger Zustand). In Zentrifugen sammeln sich die Moleküle mit den schweren Nukliden weiter außen. Bei der Diffusion sind die Moleküle mit U-235 die schnellsten, da sie eine kleine Masse haben und deshalb weniger träge sind.

Fertigung von Brennelementen. Angereichertes Uran wird in Uranoxid umgewandelt. Daraus werden Brennstäbe gefertigt. Im Reaktor können die Brennelemente bis zu sieben Jahre bis zum optimalen Abbrennen eingesetzt werden.

Zwischenlagerung. Für eine Übergangszeit werden „abgebrannte" Brennelemente in mit Wasser gefüllten Becken innerhalb eines Kernkraftwerkes gelagert. Ihre Aktivität geht währenddessen auf etwa 1 % des Ausgangswertes zurück.

Wiederaufarbeitung. In einem aufwändigen Prozess werden Uran-235 und Plutonium-239 aus dem Stoffgemisch zurückgewonnen; daraus können neue Brennelemente hergestellt werden. Dabei dürfen keine gasförmigen und flüssigen radioaktiven Substanzen entweichen.

Endlagerung. Die nicht weiter nutzbaren radioaktiven Nuklide bleiben zum Teil sehr lange hochradioaktiv. Hochaktive Abfälle geben zudem eine Wärmeleistung bis zu 1 kW pro Kilogramm ab. Abfälle werden deshalb z. B. in Glasblöcke eingeschmolzen, die mit Edelstahl verkleidet sind. Für die Endlagerung wird nach stabilen geologischen Formationen gesucht. In Schweden sind Granitblöcke vorgesehen. In Deutschland nimmt man an, dass Salzstöcke als Endlagerstätte infrage kommen.

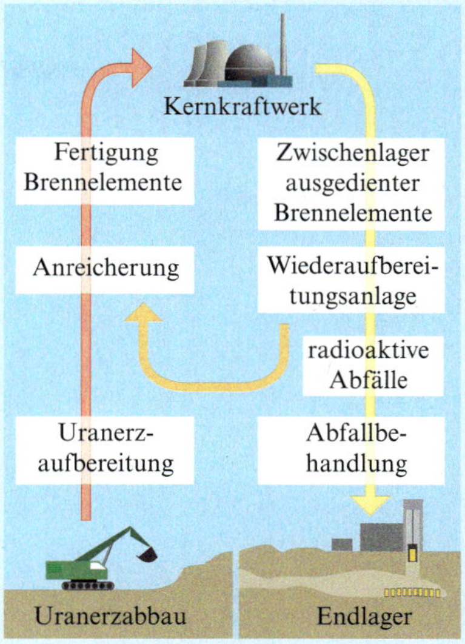

1
Brennstoffkreislauf

ÜBRIGENS
Von 1946 bis zur Stilllegung 1990 wurde durch die WISMUT in Sachsen und Teilen Thüringens etwa 220 000 t Uran produziert. Um 1 Tonne Uran zu erzeugen mussten 1 100 t Erz abgebaut werden. Noch heute ist man mit der Beseitigung von etwa 300 Mio. m³ Abraum und mehr als 150 Mio. m³ Rückständen aus der Aufbereitung sowie ökologischer Schäden infolge einer erhöhten Strahlungsbelastung beschäftigt.

2

3
Lagerung in einem Salzstock

Physik erlebt

Anwendung der Kernstrahlung in der Medizin

Seit nunmehr über 50 Jahren hat sich in der Medizin das Fachgebiet der Nuklearmedizin entwickelt. Sie bietet heute eine Vielzahl von Untersuchungs- und Behandlungsverfahren. Die Nuklearmedizin verwendet radioaktive Arzneimittel. Diese bestehen aus einem radioaktiven Stoff mit einer sehr kurzen Halbwertszeit und einem zweiten Stoff (Tracer), der sich im Körper an einen bestimmten Zelltyp bindet. Dieser zweite Stoff gelangt über den Blutkreislauf, den Stoffwechsel oder die Atemwege genau dorthin, wo das Radionuklid wirken soll.

Radionuklide in der Medizin

Nuklid	Halbwertszeit
Technetium-99m	6 Stunden
Iod-131	8 Tage
Kohlenstoff-11	20 Minuten
Sauerstoff-15	2 Minuten
Fluor-18	110 Minuten

Nuklearmedizinische Untersuchungen (Diagnostik) Zur Diagnose bestimmter Organe, z. B. der Schilddrüse, werden dem Patienten radioaktive Arzneimittel verabreicht. Die gesamte Schilddrüse wird „abgerastert“ und ein Computer erzeugt ein Bild, das die Strahlungsintensität aus jedem Punkt der Schilddrüse darstellt. Der Arzt kann aus einem solchen Szintigramm Aufschluss über den Zustand der Schilddrüse gewinnen.

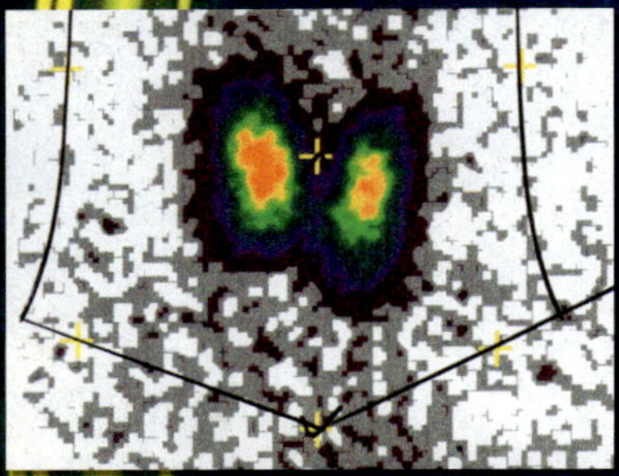

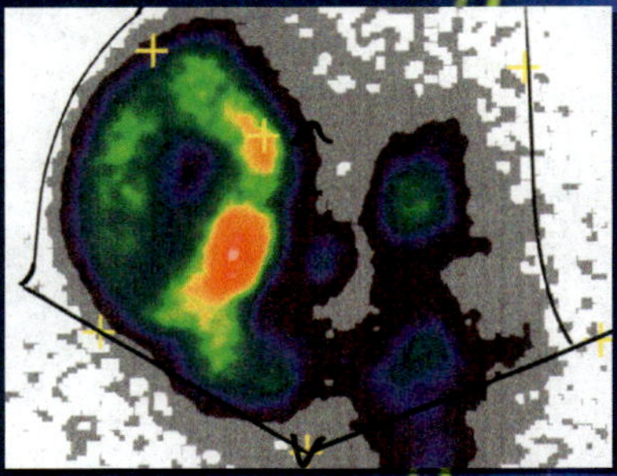

Das Bild links zeigt eine homogene Verteilung des Technetiums in einer normal großen Schilddrüse. Im rechten Bild erkennt man ein buntes Verteilungsgebiet einer rechts deutlich vergrößerten Schilddrüse („Schwarzwälder Kropf“).

Positronen-Emissions-Tomografie Ein modernes bildgebendes Verfahren zur Krebsdiagnose ist die Positronen-Emissions-Tomografie (PET).

Krebszellen haben gegenüber gesunden Zellen einen erhöhten Traubenzuckerverbrauch. Deshalb verwendet man bei der PET ein mit Fluor-18 markiertes Traubenzuckermolekül. Nach dem Zerfall des Fluor-18 wird Gammastrahlung in zwei Richtungen im Winkel von 180° frei. Eine ringförmig um den Körper des Patienten angeordnete Kamera registriert beide Strahlungen und kann so den Ort des Zerfalls sehr genau lokalisieren. PET zeichnet sich gegenüber anderen Verfahren durch eine etwa 100-fach höhere Empfindlichkeit und eine erhöhte Ortsauflösung aus.

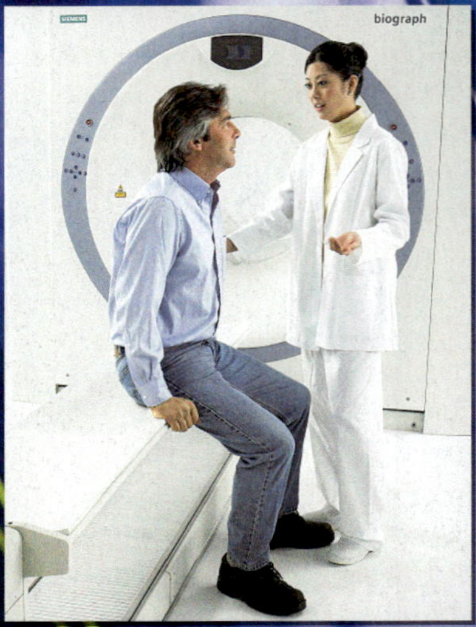

PET

Nuklearmedizinische Behandlung (Therapie)
In der Nuklearmedizin verwendet man Kernstrahlung auch zur Therapie, also zur Heilbehandlung von Krankheiten. Ein Beispiel ist die Radioiodtherapie. Krankhafte Veränderungen an der Schilddrüse können durch die Verabreichung von radioaktivem Iod-131 behandelt werden. Dabei zerstört die vom Iod-131 ausgehende Betastrahlung die kranken Zellen. Da Betastrahlung eine kurze Reichweite hat und außerdem die Halbwertszeit nur 8 Tage beträgt, bleiben die umliegenden gesunden Zellen weitestgehend verschont.

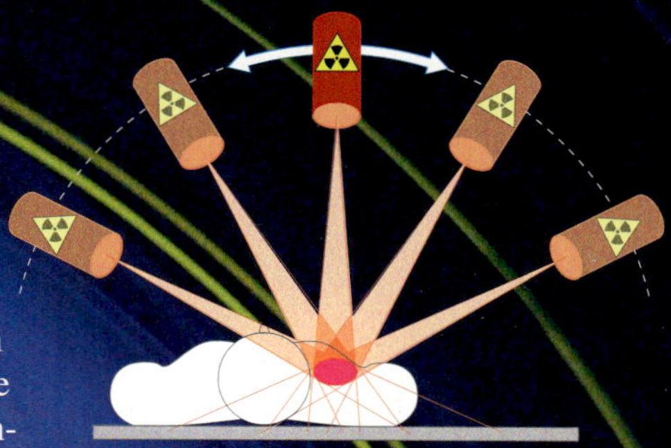
Verteilung der Intensität durch Rotation des Strahlers

Radiologische Strahlentherapie Tumore werden von außen einer hochenergetischer Strahlung ausgesetzt. Die Quelle dieser Strahlung kann z. B. radioaktives Cobalt-60 sein. Damit die gesunden Zellen nicht durch die Strahlung geschädigt werden, richtet man die Strahlung zunächst möglichst genau auf den Bereich der erkrankten Stellen aus. Mit einer speziellen Vorrichtung wird dann die Quelle der Kernstrahlung ständig auf einem Kreisbogen um diese Stelle herum bewegt.
Mittlerweile werden zunehmend Linearbeschleuniger eingesetzt. Im Linearbeschleuniger wird eine „ultraharte" Röntgenstrahlung erzeugt. Diese kann viel tiefer in den Körper eindringen als die Cobaltstrahlung. Die Eindringtiefe wird durch Energiestufen eingestellt und der Ort der Bestrahlung mit größerer Präzision getroffen.

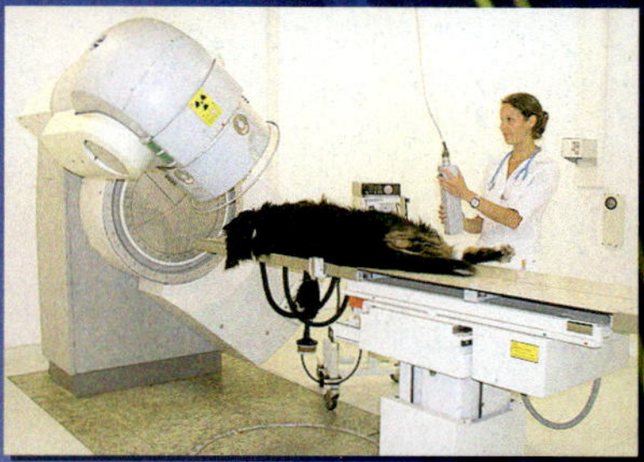
Cobalt-Strahlentherapiegerät

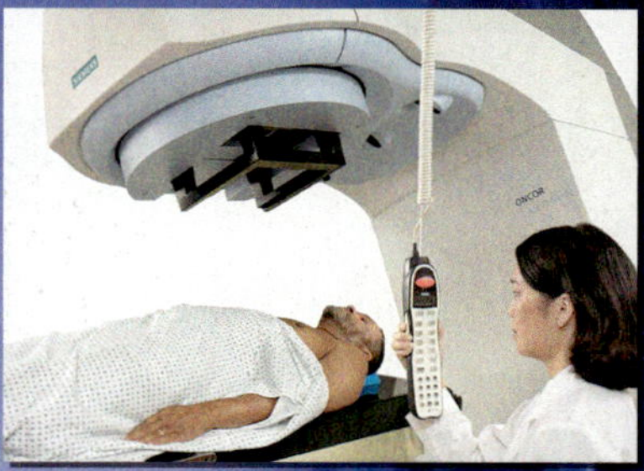
Moderner Linearbeschleuniger

Sterilisierung von Gegenständen Die Materialeigenschaften vieler medizinischer Artikel erlauben keine Sterilisierung durch Hitzeeinwirkung. Solche Artikel werden häufig durch Einsatz von Kernstrahlung sterilisiert. Indem die Gegenstände der Kernstrahlung eines Präparats ausgesetzt werden, lassen sich Viren und Bakterien unwirksam machen.

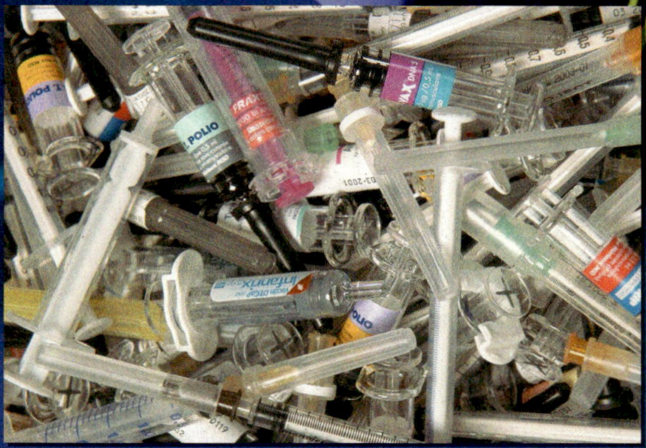

Selbst erforscht

Chancen und Risiken der Atomenergie

1

Aktivisten der Umweltorganisation Greenpeace besteigen die Kuppel des Atomreaktors im niederländischen Borssele. Um auf die Gefahren der Atomkraft aufmerksam zu machen, malen die Umweltschützer einen überdimensionalen Riss (Bild 1).
Immer wieder finden Protestaktionen wie diese statt. In intensiven Diskussionen geht es außerdem um einen möglichen Verzicht auf die Kernenergie für die Energieversorgung, obwohl zurzeit in Deutschland knapp ein Drittel der elektrischen Energie aus Kernenergie gewonnen wird.

AUFTRAG 1 Kernkraftwerke gehören neben den fossil gefeuerten Kraftwerken zu den Wärmekraftwerken

1 Stelle in übersichtlicher Form Gemeinsamkeiten, Unterschiede sowie Vor- und Nachteile von fossil gefeuerten Kraftwerken und Kernkraftwerken zusammen. Vergleiche auch die Wirkungsgrade.

2 Welche Chancen siehst du, Wärmekraftwerke langfristig durch die Nutzung regenerativer Energien zu ersetzen?

AUFTRAG 2 Pro und Contra Kernenergie

Bildet eine PRO- und eine CONTRA-Arbeitsgruppe. In der PRO-Gruppe erarbeiten die Mitglieder Argumente für die Erhaltung von Kernkraftwerken zur Energieerzeugung. Die CONTRA-Arbeitsgruppe hat die Aufgabe, Nachteile und Risiken der Kernenergie zu analysieren. Beide Gruppen tragen ihre Ergebnisse jeweils in einem 10-minütigen Vortrag Zuhörern aus der Klasse oder einem anderen Kreis vor. Danach wird noch eine festgelegte Anzahl Fragen an jede Gruppe zugelassen. Eine Beurteilung könnte auf der Grundlage eines vorher erarbeiteten Fragebogens erfolgen.
Am Ende solltet ihr die Ergebnisse übersichtlich zusammenstellen.

AUFTRAG 3

Seit mehreren Milliarden Jahren versorgt die Sonne die Erde mit Energie in Form von Licht und Wärmestrahlung. Auch diese Energie hat ihren Ursprung in der Umwandlung von Atomkernen. Im Inneren der Sonne verschmelzen leichte zu schwereren Atomkernen. Diesen Vorgang bezeichnet man als Kernfusion.
Mit ITER ist im Jahr 2005 ein Gemeinschaftsprojekt von Forschern aus Europa, Japan, den USA und der russischen Föderation auf den Weg gebracht worden, welches die Planung und den Bau eines ersten Experimentalreaktors zum Ziel hat. ITER könnte 10 Jahre nach Baubeginn ein brennendes und für längere Zeit energielieferndes Plasma erzeugen.

1 Erläutere den Vorgang der Kernfusion.

2 Wie können die Bedingungen, unter denen auf der Sonne Kerne verschmelzen, technisch in einem Fusionsreaktor geschaffen werden?

3 Kann die Kernfusion unser Energieproblem lösen?

Fasse die Ergebnisse deiner Recherchen in einer anschaulichen Präsentation zusammen!

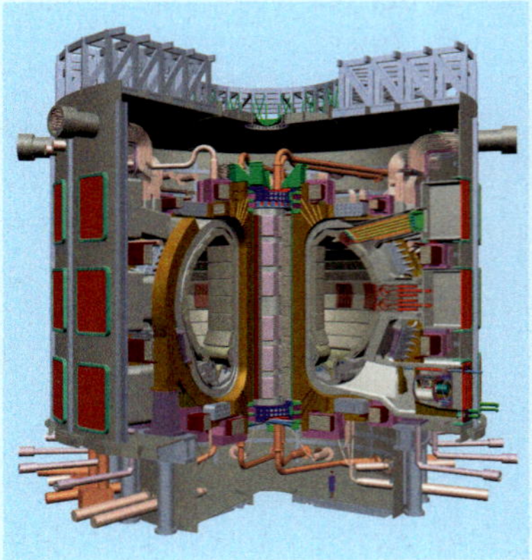
2

Experimentalreaktor ITER

Weißt du es ? Kannst du es

1. Uran-235 wandelt sich bei Beschuss mit einem langsamen Neutron zunächst in das sehr kurzlebige Uran-236 um. Neben der durch die Entdeckung historisch bedeutenden Spaltung in Barium und Krypton sind noch andere Reaktionen möglich. Stelle die vollständige Kernreaktionsgleichung für den Fall auf, dass bei der Reaktion als ein Folgekern Lanthan-147 und zwei Neutronen entstehen!
2. Warum ist die Kernspaltung ein geeigneter physikalischer Vorgang zur Energiegewinnung?
3. Erläutere den Unterschied zwischen gesteuerter und ungesteuerter Kettenreaktion!
4. Wie unterscheiden sich natürliches und angereichertes Uran?
5. Erläutere die Bedeutung eines Moderators für das Zustandekommen einer Kernspaltung!
6. Wozu werden in einem Reaktor Steuerstäbe benötigt?
7. Welche Maßnahmen sind notwendig, damit beim Betrieb eines Kernkraftwerkes keine Kernstrahlung und keine radioaktiven Stoffe in die Umwelt gelangen?
8. „Kernkraftwerke sind umweltfreundlich." Setze dich mit dieser These auseinander!
9. Neben Siedewasserreaktoren sind Druckwasserreaktoren in Kernkraftwerken am weitesten verbreitet. Beschreibe die Energieumwandlungen im Kernkraftwerk mit Druckwasserreaktor (Bild 1)!

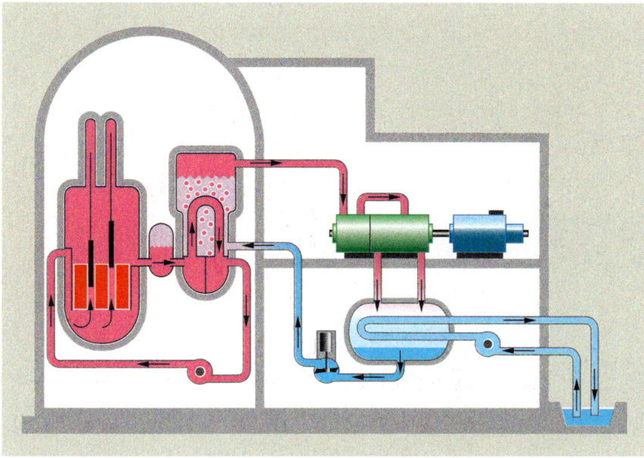

1

Kurz und knapp !

Kernspaltung ist die Umwandlung eines schweren Atomkerns bei Beschuss mit langsamen Neutronen in zwei mittelschwere Atomkerne. Dabei werden wiederum 2 bis 3 Neutronen frei, welche eine Kettenreaktion auslösen können.

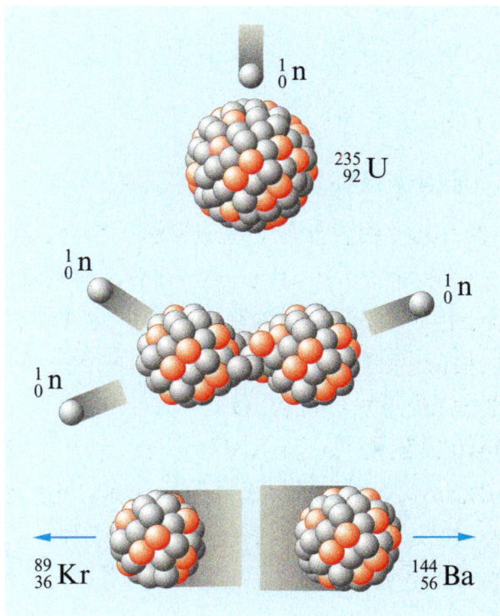

Bei der Kernspaltung wandelt sich Kernbindungsenergie in kinetische Energie um.

Für die Nutzung dieser Energie müssen in einem Kernreaktor:
- eine ausreichende Masse an spaltbarem Uran;
- ein Stoff (Moderator) zur Abbremsung der Neutronen;
- Steuerstäbe zur Regulierung der Anzahl der Neutronen;
- ein Medium zur Übertragung der thermischen Energie;
- Sicherheitssysteme zum Schutz vor Strahlung und radioaktiven Materialien

vorhanden sein.

Im Kernkraftwerk wird durch kontrollierte Kettenreaktion zunächst Kernenergie in thermische Energie umgewandelt. Der erhitzte Wasserdampf treibt über Turbinen Generatoren für die Erzeugung elektrischer Energie an.

Teste dich!

1 Beschreibe und skizziere den Atomaufbau des Elements Kohlenstoff.

2 Alle Atome bestehen aus Protonen, Neutronen und Elektronen. Welche Ladung haben diese Bausteine? Welche von ihnen sind am schwersten? Was kann man über die Anzahl der Bausteine im Atom aussagen?

3 Welche Aussagen stimmen?
a Ein Atom ist etwa so schwer wie sein Kern.
b Protonen und Elektronen sind gleich schwer.
c Der Durchmesser des Atoms ist 10 000-mal größer als der Durchmesser des Kerns.
d Atomkerne, die zu einem Element gehören, können eine unterschiedliche Anzahl von Neutronen besitzen.
e Der Atomkern ist weitestgehend leer.
f Jede Atomsorte hat eine typische Farbe.

4 Beim Zerfall radioaktiver Elemente wird Strahlung frei. Nenne und charakterisiere die drei wichtigsten Strahlungsarten. Mache jeweils Aussagen zur Reichweite, Durchdringungsfähigkeit, Ablenkung im magnetischen Feld und biologischen Wirkung.

5 Nenne Nachweismöglichkeiten für Radioaktivität und beschreibe sie kurz. Welche Eigenschaften werden dabei benutzt?

6 Was versteht man unter Halbwertszeit?

7 In der Archäologie wird das Alter von Fundstücken mithilfe der C-14-Methode bestimmt. Beschreibe die Vorgehensweise der Wissenschaftler.

8 Wie kannst du dich vor Kernstrahlung schützen?

9 Zur Behandlung bestimmter Krebsarten wird Kernstrahlung genutzt. Welche Strahlungseigenschaft spielt dabei eine Rolle? Nenne Vor- und Nachteile dieser Behandlungsmethode.

10 Beschreibe den Ablauf einer Kernspaltung am Beispiel von Uran-235.

11 Nenne die wichtigsten Bestandteile eines Kernreaktrors und gib deren Bedeutung an.

12 Beschreibe die Energieumwandlungen in einem Kernkraftwerk.

1

Schätze deine Kenntnisse und Fähigkeiten ein!

Ordne dazu deiner Lösung im Heft ein Smiley zu:
☺ Ich konnte die Aufgabe richtig lösen.
😐 Ich konnte die Aufgabe nicht komplett lösen.
☹ Ich konnte die Aufgabe nicht lösen.

› Die Lösungen findest du im Anhang.

Aufgabe	Fähigkeit	Hilfe findest du auf Seite ...
1–3	Aufbau des Atoms erkennen und erklären.	138–140
4, 5, 9	Kernstrahlung kennen und Eigenschaften beschreiben und auf Nachweismethoden anwenden.	140–142, 156, 157
6, 7	Physikalische Größe Halbwertszeit erklären. Kenntnisse über den Zerfall von Nukliden anwenden.	143, 146
8	Strahlenschutzmaßnahmen kennen.	144
10	Kernspaltung beschreiben.	151
11	Aufbau des Kernreaktors beschreiben und erklären.	153
12	Energieumwandlungen im Kernkraftwerk erkennen und beschreiben.	152–154

Vertiefungen zur Mechanik

Schneller, höher, weiter! Nicht nur im Leistungssport, auch im Sportunterricht geht es darum, die eigenen Leistungen zu verbessern und sich mit anderen zu vergleichen.

Während der Olympiade oder der Weltmeisterschaft verfolgen wir gespannt das Ringen um immer neue Rekorde.

Worin besteht das Geheimnis, mit dem die Sportler immer größere Weiten, immer bessere Zeiten erreichen? Hartes Konditionstraining, aber vor allem auch eine ausgefeilte Technik des Werfens und des Springens helfen den Profis und uns.

Stell dir in Gedanken einen Weitsprung oder einen Weitwurf, einen Kugelstoß oder einen Skisprung vor. Dann merkst du, dass sich die Bahn des Sportlers oder des Balles von den Bewegungen unterscheidet, die wir bisher betrachtet haben. Aber das Wissen über gleichförmige und gleichmäßig beschleunigte Bewegungen können wir jetzt anwenden: Die Bewegung eines Körpers kann man sich zusammengesetzt denken aus mehreren Teilbewegungen, die sich zu einer resultierenden Bewegung überlagern.

Zusammengesetzte Bewegungen

1

In Container-Terminals großer Häfen sorgen Krananlagen dafür, dass das Be- und Entladen effektiv und reibungslos verläuft. Solche Anlagen ermöglichen unterschiedliche Bewegungen.
Der Kran selbst bewegt sich auf Schienen längs des Kais.
Die Laufkatze am Kran bewegt sich quer zum Kai. Außerdem ermöglicht ein Seilzug, der an der Laufkatze angebracht ist, eine vertikale Bewegung zum Heben und Senken von Lasten.

Basiskonzept System
↑S. 231

Überlagerung von Bewegungen

Um einen Container vom Lagerplatz zur Schiffsluke zu befördern, gibt es verschiedene Möglichkeiten (Bild 2): Man kann ihn zunächst durch eine Fahrt auf den Schienen am Kai entlang bewegen und ihn dann mithilfe des Laufkatzenmotors an das Schiff heranbefördern. Die Reihenfolge der Bewegungen könnte auch umgekehrt sein: erst quer zum Kai und dann den Kai entlang. Der kürzeste Weg ist eine Gerade, die man durch gleichzeitigen Betrieb beider Motoren erreicht.

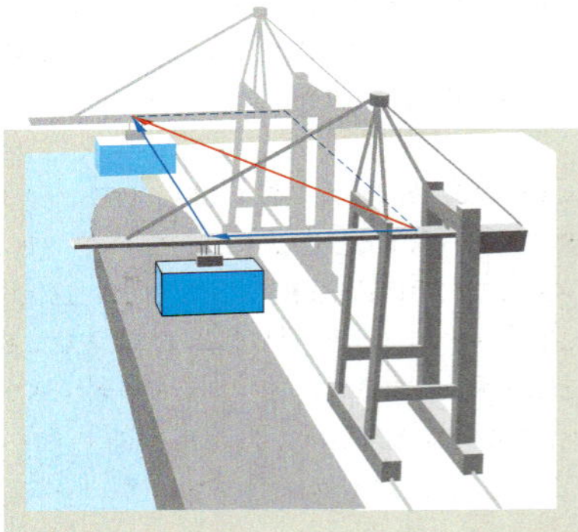
1

Möglichkeiten zum Transport eines Containers

Die Bewegung eines Körpers kann man sich zusammengesetzt denken aus mehreren Teilbewegungen. Die Bewegungen überlagern sich zu einer resultierenden Bewegung.

Welche Bewegung führt ein Paddler aus, der mit seinem Boot einen Fluss überqueren will und sich auf dem strömenden Wasser senkrecht zur Strömungsrichtung bewegt?
Das Boot bewege sich mit der gleich bleibenden Geschwindigkeit v_1 quer zur Strömung. Dann erreicht er das gegenüberliegende Ufer nach der Zeit $t = s_1 / v_1$, wobei s_1 die Breite des Flusses ist.
Bei seiner Bewegung senkrecht zur Strömung wird er jedoch flussabwärts getrieben, und zwar mit der Strömungsgeschwindigkeit des Wassers v_2. Nach der Zeit t legt er dabei den Weg $s_2 = v_2 \cdot t$ flussabwärts zurück. Wenn der Paddler auf das Wasser schaut, nimmt er nur seine Bewegung senkrecht zur Strömung wahr. Es könnte ihn am Ende der Fahrt wundern, dass er nicht im Punkt Z, sondern in Z′ ankommt. Ein Beobachter, der die Bewegung von oben betrachtet, sieht dagegen, wie sich der Paddler auf direktem Weg von P nach Z′ bewegt.

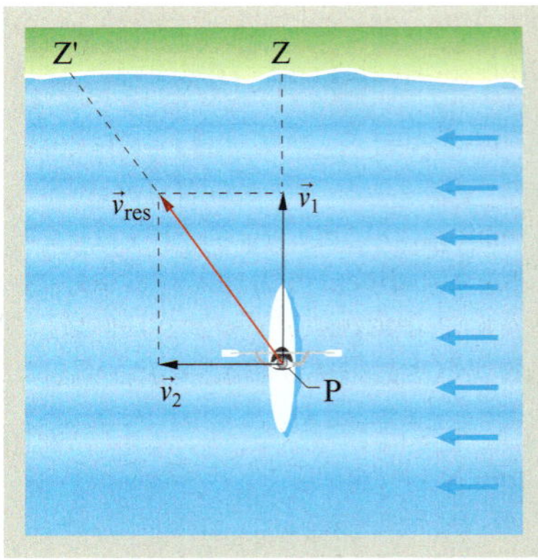

2

Überquerung eines strömenden Flusses

Wie groß ist bei der tatsächlichen Bewegung die Geschwindigkeit? Da sich das Boot auf dem geraden Weg von P nach Z′ bewegt, legt es während der Überfahrt den Weg s_{res} zurück. Also gilt: $v_{res} = \frac{s_{res}}{t}$.

Die Geschwindigkeit ist eine gerichtete physikalische Größe. Man kann sie, ähnlich wie die Kraft, mithilfe eines Pfeils darstellen. Die Länge des Pfeils gibt dann den Betrag der Geschwindigkeit an, die Richtung des Pfeils stimmt mit der Richtung der Bewegung überein.

Bild 1 zeigt, wie man die resultierende Geschwindigkeit des Bootes aus den beiden Geschwindigkeiten $\vec{v}_1$ und $\vec{v}_2$ zusammengesetzt darstellen kann. Der Pfeil für $\vec{v}_{res}$ entspricht der Diagonalen in einem Rechteck. $\vec{v}_1$ und $\vec{v}_2$ stehen in diesem Beispiel senkrecht aufeinander. Daher kann man den Betrag der Geschwindigkeit $\vec{v}_{res}$ mit dem Satz des PYTHAGORAS berechnen.

Die Berechnung der resultierenden Geschwindigkeit ist nicht ganz so einfach, wenn $\vec{v}_1$ und $\vec{v}_2$ nicht senkrecht aufeinander stehen. Dies ist z. B. der Fall, wenn sich ein Flugzeug bei schrägem Rückenwind durch die Luft bewegt. Die resultierende Geschwindigkeit der Einzelbewegungen lässt sich als Diagonale in einem Parallelogramm ermitteln, das man durch Parallelverschiebung der Pfeile für die Einzelgeschwindigkeiten erhält (Bild 2).

Die Geschwindigkeit einer Bewegung, die aus zwei Bewegungen mit $\vec{v}_1$ und $\vec{v}_2$ zusammengesetzt ist, kann als Diagonale des von $\vec{v}_1$ und $\vec{v}_2$ aufgespannten Parallelogramms dargestellt werden.

Besonders einfach lässt sich die Geschwindigkeit einer zusammengesetzten Bewegung bestimmen, wenn die beiden Einzelbewegungen die gleiche Richtung haben oder einander genau entgegengesetzt gerichtet sind. Dies ist der Fall, wenn ein Boot mit der Geschwindigkeit $\vec{v}_1$ relativ zum Wasser stromabwärts oder stromaufwärts fährt. Der Betrag der resultierenden Geschwindigkeit ergibt sich dann als Summe bzw. als Differenz der Einzelgeschwindigkeiten (Bild 3).

Beispiel

Ein Paddler will einen 50 m breiten Fluss *senkrecht* zur Strömung überqueren. Seine Geschwindigkeit gegenüber dem Wasser beträgt 2 m/s, die Strömungsgeschwindigkeit des Wassers 1 m/s. Nach welcher Zeit erreicht der Paddler sein Ziel?

Gesucht: t *Gegeben:* $v_1 = 2\,\text{m/s}$, $v_2 = 1\,\text{m/s}$

Lösung:

Der Paddler muss sich schräg zum strömenden Wasser bewegen. Seine Geschwindigkeit gegenüber dem Wasser muss so gerichtet sein, dass die Strömungsgeschwindigkeit von 1 m/s ausgeglichen wird.

$$v_{res} = \sqrt{v_1^2 - v_2^2} = \sqrt{(2\,\text{m/s})^2 - (1\,\text{m/s})^2} = \sqrt{3}\,\text{m/s} = 1{,}73\,\text{m/s}$$

$$t = \frac{s}{v_{res}} = \frac{50\,\text{m}}{1{,}73\,\text{m/s}} = \underline{\underline{28{,}9\,\text{s}}}$$

Ergebnis: Der Paddler benötigt etwa 29 s zur Überquerung des Flusses.

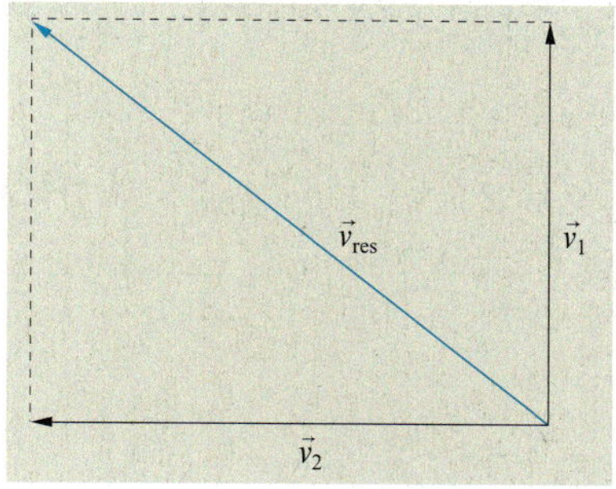

1 Resultierende Geschwindigkeit bei zueinander senkrechten Bewegungen

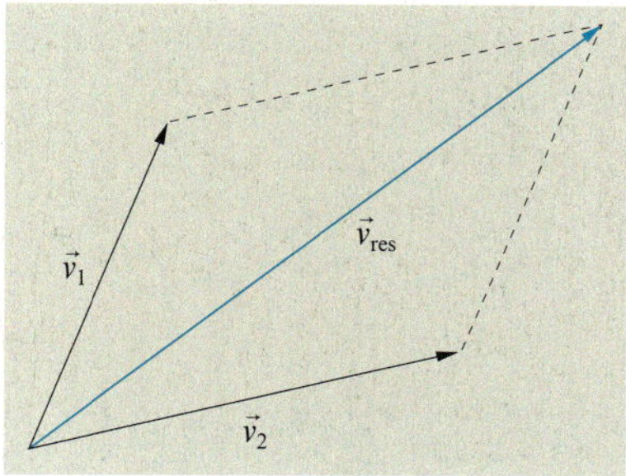

2 Resultierende Geschwindigkeit bei Bewegungen, die nicht senkrecht aufeinander stehen

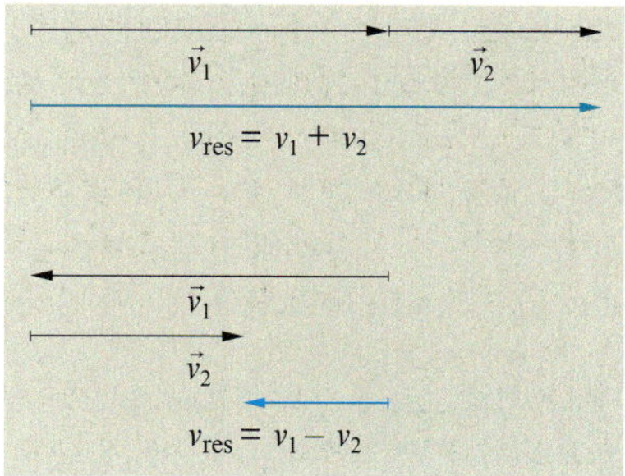

3 Resultierende Geschwindigkeit bei gleich bzw. entgegengesetzt gerichteten Bewegungen

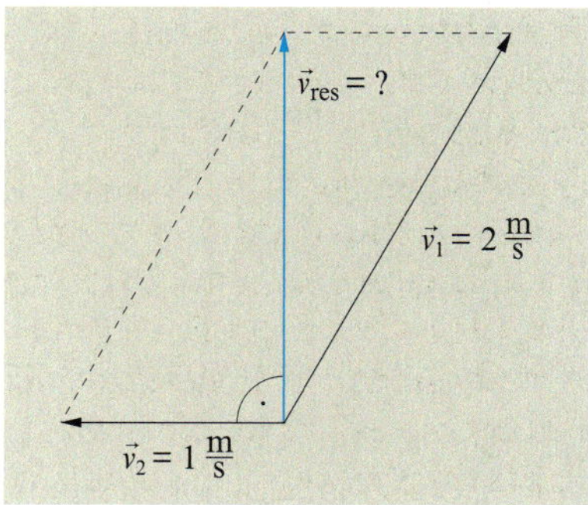

4 v_{res} lässt sich mit dem Satz des PYTHAGORAS berechnen.

Senkrechter Wurf

Wirft man einen Körper, etwa einen Ball, senkrecht nach oben, erreicht er eine bestimmte Höhe (Bild 1). Beim Verlassen der Hand hat der Ball eine Geschwindigkeit v_0 senkrecht nach oben. Mit dieser Geschwindigkeit würde der Ball seine Bewegung aufgrund der Trägheit fortsetzen, wenn die Schwerkraft nicht vorhanden wäre.
Die Schwerkraft bewirkt eine gleichmäßig beschleunigte Bewegung nach unten. Die Geschwindigkeit des Balls wird ständig kleiner, bis zum höchsten Punkt, wo sie null ist.

1

Der senkrechte Wurf kann als Überlagerung zweier Bewegungen betrachtet werden: der nach oben gerichteten gleichförmigen Bewegung und der nach unten gerichteten gleichmäßig beschleunigten Fallbewegung.

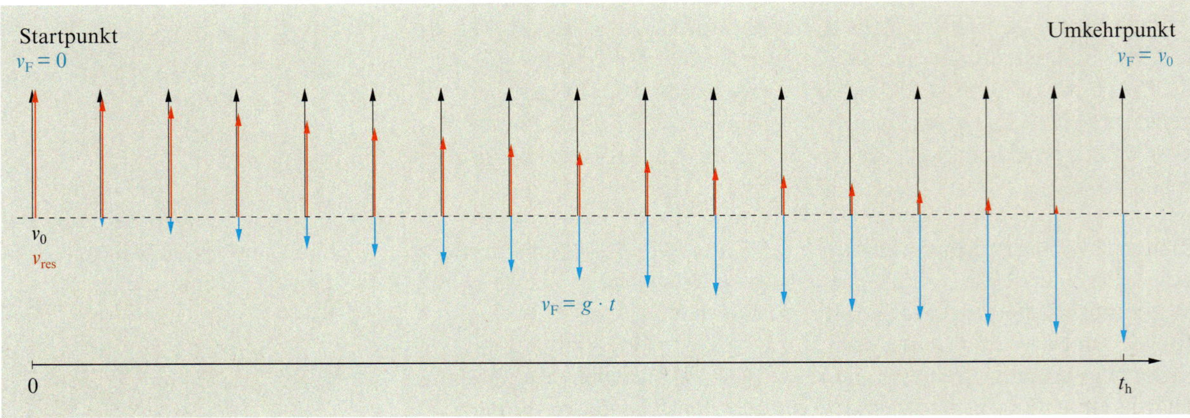

2

Die resultierende Geschwindigkeit zu verschiedenen Zeitpunkten während des senkrechten Wurfes

Die Geschwindigkeitspfeile beider Teilbewegungen sind einander entgegengesetzt gerichtet (Bild 2). Während v_0 zu jedem Zeitpunkt den gleichen Betrag hat, wird die Geschwindigkeit der Fallbewegung v_F immer größer: $v_F = g \cdot t$. Die resultierende Geschwindigkeit v_{res} zur Zeit t ergibt sich als Differenz der Einzelgeschwindigkeiten: $v_{res} = v_0 - g \cdot t$.
Wenn die Fallgeschwindigkeit v_F so groß ist wie v_0, ist die resultierende Geschwindigkeit null, der Körper befindet sich in Ruhe und fällt gleich darauf wieder nach unten.
Im Umkehrpunkt der Bewegung ist $v_{res} = 0$, also gilt $g \cdot t = v_0$. Damit lässt sich die Steigzeit t_h berechnen: $t_h = \frac{v_0}{g}$.
Das Geschwindigkeit-Zeit-Diagramm gleicht dem eines Bremsvorgangs, die Fläche unter dem Graphen entspricht der Steighöhe s_h des geworfenen Körpers (Bild 3).
Also gilt für die Steighöhe: $s_h = \frac{1}{2} v_0 \cdot t_h = \frac{1}{2} \cdot \frac{v_0^2}{g}$.
Beim senkrechten Wurf nach unten überlagern sich ebenfalls zwei Bewegungen, allerdings haben hier beide dieselbe Richtung. Daher gilt für die resultierende Geschwindigkeit: $v_{res} = v_0 + g \cdot t$. Die Fallgeschwindigkeit ist also stets um v_0 größer, als beim Fall aus der Ruhelage.

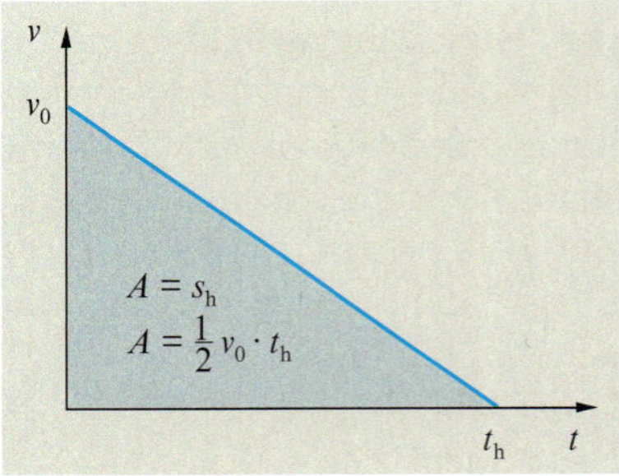

3

Geschwindigkeit-Zeit-Diagramm des senkrechten Wurfs nach oben

ÜBRIGENS

Nach Erreichen der Steighöhe fällt der Körper (bei Vernachlässigung des Luftwiderstandes) frei nach unten. Der freie Fall kann als zeitliche Umkehrung der Steigbewegung betrachtet werden. Nach $t = \sqrt{2 s_h / g}$ kommt der Körper wieder bei der Abwurfhöhe an.

Waagerechter Wurf

Beim waagerechten Wurf ist die Abwurfrichtung horizontal. Der geworfene Gegenstand lässt sich jedoch mit bloßem Auge nur schwer in seiner Bahn verfolgen. Mithilfe eines Wasserstrahls lässt sich der Wurf simulieren (Bild 1). Alle Wassertröpfchen verhalten sich wie geworfene Bälle. Wenn man den Wasserstrahl entlang einer Tafel streifen lässt, kann man die Bahn der „geworfenen Tropfen" festhalten (Bild 2).
Die Bewegung lässt sich wie der senkrechte Wurf als Überlagerung zweier Einzelbewegungen betrachten: einer gleichförmigen horizontalen Bewegung und der nach unten gerichteten gleichmäßig beschleunigten Fallbewegung.

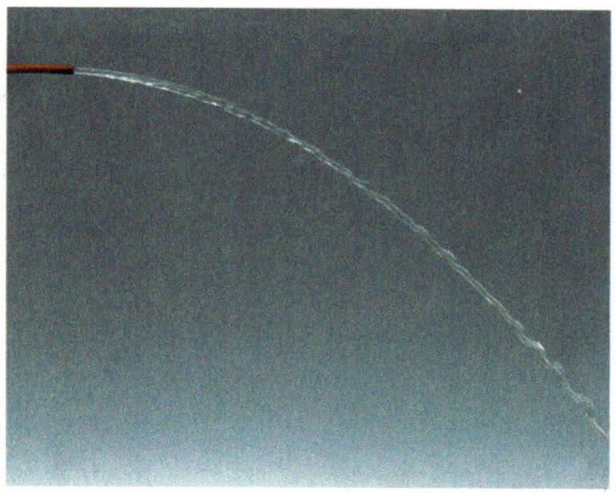
1

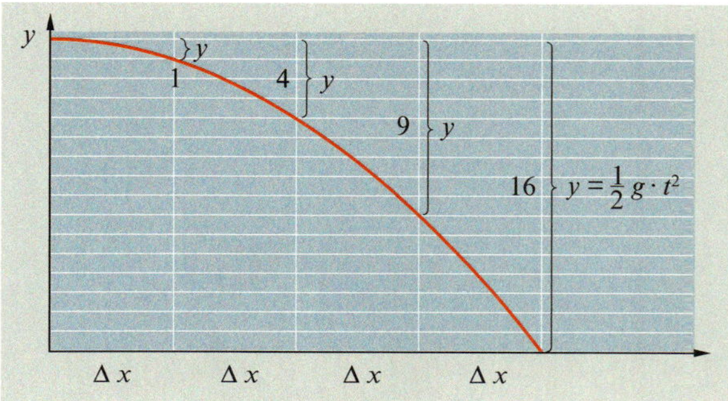

2

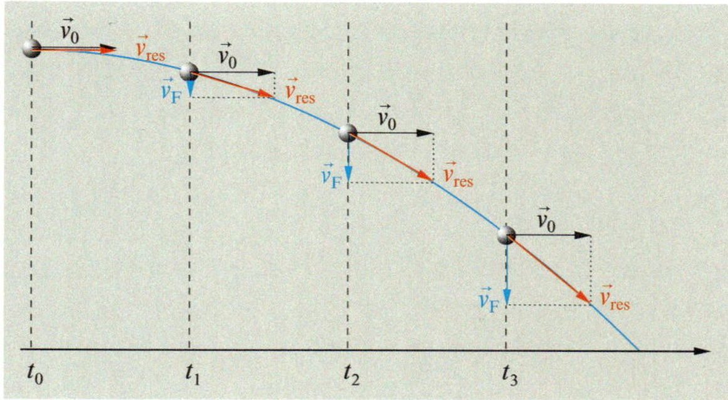

3

Wie lässt sich die Wurfbahn mathematisch beschreiben?
Für den in horizontaler Richtung zurückgelegten Weg gilt: $x = v_0 \cdot t$.

Für den in vertikaler Richtung zurückgelegten Weg gilt: $y = \frac{1}{2} g \cdot t^2$.

Mit $t = \frac{x}{v_0}$ ergibt sich $y = \frac{1}{2} \cdot \frac{g}{v_0^2} \cdot x^2$, also $y \sim x^2$.

Die Wurfbahn beim horizontalen Wurf entspricht einer Parabel.

Zur Zeit $t = 0$ ist die Bewegung noch horizontal, v_F ist null (Bild 3). v_F wird dann immer größer gemäß der Gleichung $v_F = g \cdot t$. Dadurch ändern sich ständig Betrag und Richtung von v_{res}.
Die Unabhängigkeit der beiden Bewegungen lässt sich auch durch zwei Experimente mit rollenden Kugeln zeigen:

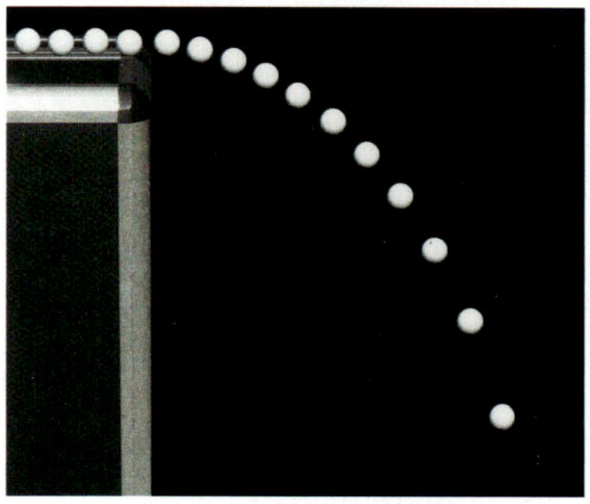
4

Mit einer Stroboskopaufnahme lässt sich die Wurfparabel sichtbar machen.

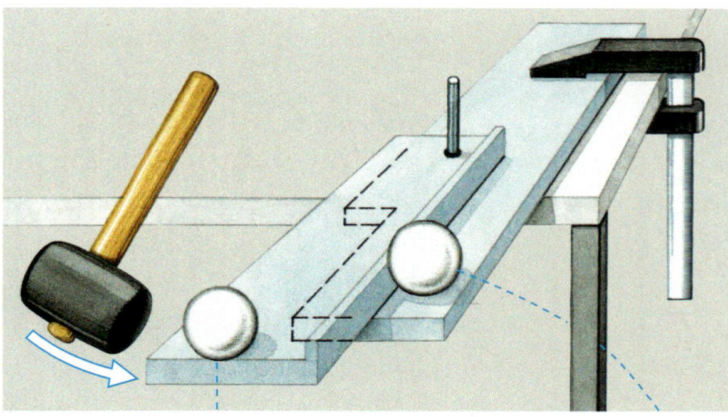
5

Das Fallen wird durch das Werfen nicht gestört: Beide Kugeln kommen gleichzeitig am Boden an.

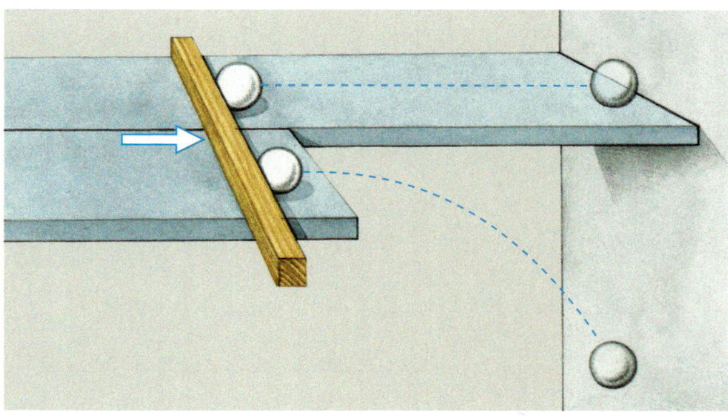
6

Das Werfen wird durch das Fallen nicht gestört: Beide Kugeln kommen gleichzeitig an der Wand an.

Schräger Wurf

Basketball ist ein athletisches und schnelles Spiel. Die Varianten der Korbwürfe sind sehr vielfältig. Am spektakulärsten sind Treffer mit Sprüngen direkt zum Ring, die Dunkings. Aber in der Regel wird von unterschiedlichen Positionen aus dem Feld auf den Korbring gezielt.
Um beim Basketball einen Korb zu erzielen, muss man sehr exakt werfen. Mit viel Training gelingt es den Spielerinnen und Spielern fast intuitiv, selbst aus großen Distanzen erfolgreich zu sein. Dazu müssen sie eine geeignete Kombination aus Abwurfwinkel und Anfangsgeschwindigkeit wählen.

1

Wurfweite. Die Wurfweite hängt beim schrägen Wurf, wie beim waagerechten, von der Anfangsgeschwindigkeit ab. Im folgenden Experiment soll untersucht werden, welchen Einfluss der Abwurfwinkel auf die Wurfweite hat. Dabei soll der Endpunkt der Bewegung stets in derselben Höhe wie der Abwurfpunkt sein.

EXPERIMENT 1
Neben einem Wurfgerät wird eine horizontale Platte in Höhe der Mündung aufgestellt. Auf der Platte werden eine Schicht Papier und eine Schicht Kohlepapier ausgelegt, sodass beim Aufschlag einer Kugel eine schwarze Markierung zurückbleibt.
Die Wurfweite wird für verschiedene Abwurfwinkel gemessen.

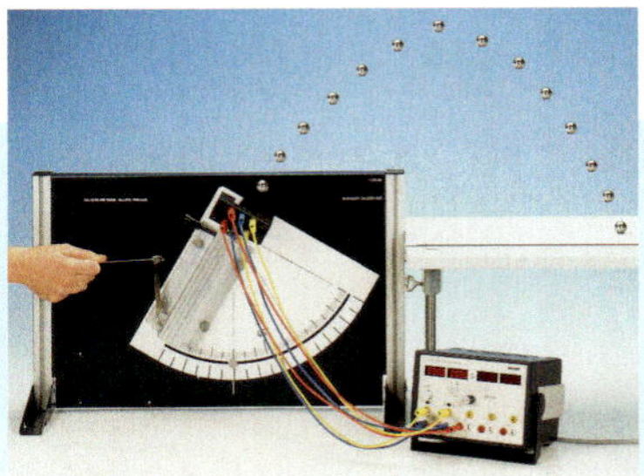

2

Ein solches Experiment lässt sich auch im Garten mit einem Wasserschlauch wiederholen. Hier sind die Abwurfgeschwindigkeiten und die Wurfweiten des Wassers deutlich größer.
Die maximale Wurfweite wird im Experiment 1 bei einem Abwurfwinkel von $\alpha = 45°$ erzielt. Außerdem stellt man fest, dass die Wurfweite bei 30° genauso groß ist wie die bei 60°, ebenso gleichen sich die Wurfweiten bei 75° und 15°.

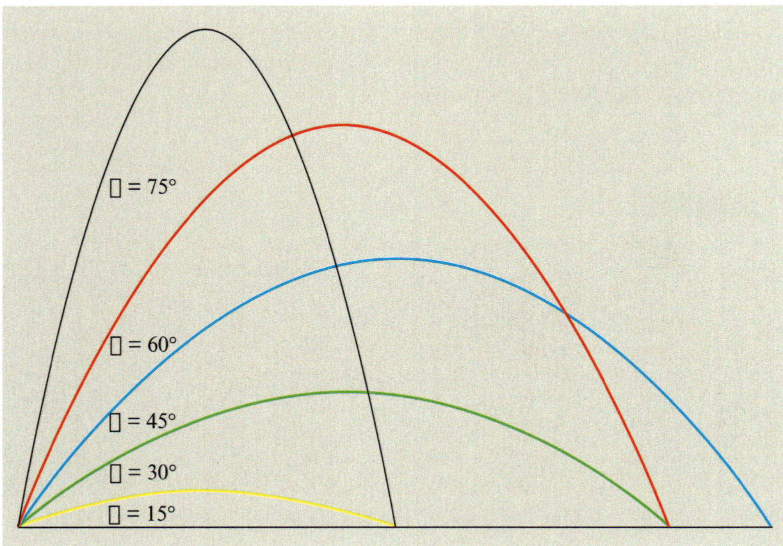

3

Wurfbahnen bei gleicher Abwurfgeschwindigkeit und unterschiedlichen Abwurfwinkeln
Die Wurfweiten bei $\alpha = 45° + x$ sind gleich denen bei $45° - x$.

Schräger Wurf als zusammengesetzte Bewegung. Sowohl der senkrechte als auch der waagerechte Wurf können als zusammengesetzte Bewegungen verstanden werden. In beiden Fällen gibt es eine gleichförmige Bewegung mit der Anfangsgeschwindigkeit $\vec{v_0}$, der eine beschleunigte Fallbewegung mit der Geschwindigkeit $\vec{v_F}$ überlagert wird. Der Betrag von $\vec{v_F}$ wird mit der Zeit größer: $v_F = g \cdot t$.
Beim schrägen Wurf kann man sich die *gleichförmige* Bewegung zusammengesetzt denken aus einem Anteil in horizontaler Richtung mit der Geschwindigkeit $\vec{v_{0x}}$ und einem Anteil in vertikaler Richtung mit der Geschwindigkeit $\vec{v_{0y}}$.

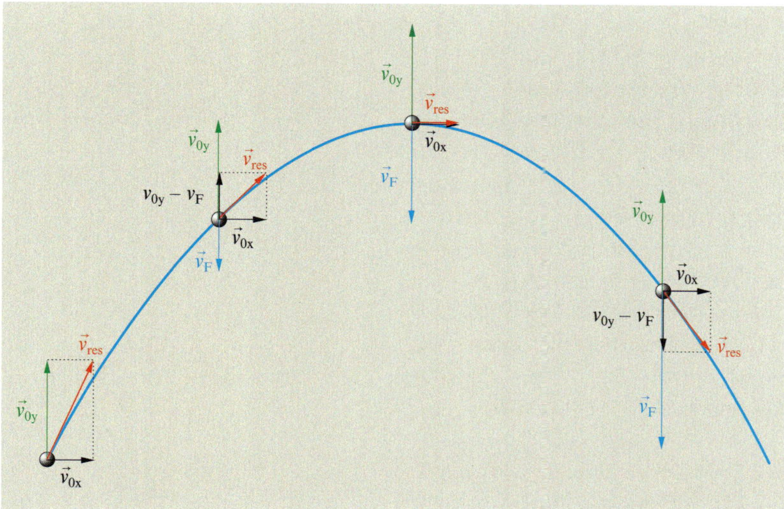

1

v_{0x} und v_{0y} bleiben konstant,
v_F nimmt immer mehr zu.
Die resultierende Geschwindigkeit $\vec{v}_{res}$ verläuft stets tangential zur Wurfbahn.

Einfluss des Luftwiderstands auf die Wurfbahn. Der Luftwiderstand hemmt die Bewegung der geworfenen Körper. Er beeinflusst beim schrägen Wurf nicht nur den Betrag der Geschwindigkeit, sondern auch die Form der Wurfbahn. Der Einfluss ist umso größer, je größer die Abwurfgeschwindigkeit ist. Die Bahn des Wasserstrahls aus einem Feuerwehrschlauch verläuft im zweiten Teil der Bewegung steiler als im ersten (Bild 3); der Luftwiderstand vermindert die Wurfweite. Eine solche Bahn wird auch als ballistische Kurve bezeichnet (Bild 2).
Einen anderen Effekt gibt es beim Werfen von Diskus- oder Frisbeescheiben. Hier bewirkt der Auftrieb eine Verlängerung der Flugbahn gegenüber der Wurfparabel. Die Scheiben werden übrigens in Rotation versetzt, um die Schräglage zu stabilisieren (Bild 4).

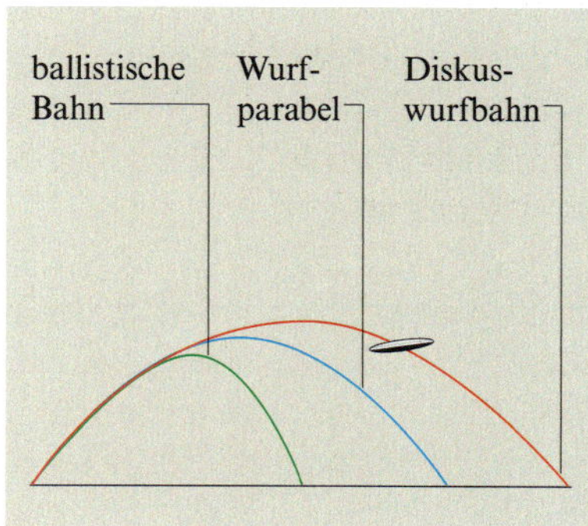

2

3

Das Wasser kommt mit großer Geschwindigkeit aus der Spritze, die Wurfbahn verläuft asymmetrisch.

4

Der Diskus wird in Schräglage abgeworfen und erhält dadurch Auftrieb.

Aus der **Natur**

Große Sprünge

1 Känguru

2 Frosch

3 Floh

Zu den bekanntesten Weitspringern unter den Tieren zählen Kängurus, Frösche und Flöhe. Manche Kängurus springen mühelos 10 m weit und erreichen bei ihrer Art der Fortbewegung Geschwindigkeiten bis zu 80 km/h. Heuschrecken und Springfrösche übertreffen mit Sprüngen von 2 m ihre eigene Körperlänge um das 30-fache. Ungeschlagen in dieser Disziplin bleibt jedoch der Floh, der sich mit einem Sprung von 0,6 m um das 200-fache seiner Körperlänge fortbewegen kann (aus dem „Stand"!). Die Leistungen des Menschen sind vergleichsweise bescheiden: Der Weltrekord im Weitsprung liegt seit langem bei etwa 9 m, genauer: 1968 bei 8,90 m und seit 1991 bei 8,95 m. Der Mensch bewältigt also maximal das 5-fache seiner Körperlänge.

Sprungweiten einiger Tiere	
Antilope	10 m
Floh	0,6 m
Gibbon	12 m
Känguru	10 m
Rothirsch	11 m
Springfrosch	2 m
Tiger	5 m

Technik des Weitsprungs. Um eine große Weite zu erreichen, braucht man eine hohe Geschwindigkeit beim Absprung. Sie allein führt jedoch noch nicht zum Erfolg. Man muss auch dafür sorgen, möglichst lange in der Luft zu bleiben, erst dann wird die Sprungweite $w = v_{0x} \cdot t$ optimal. Daher muss man versuchen, im Absprung auch möglichst weit nach oben zu springen, also die Arme nach oben zu reißen. Die Kunst besteht darin, bei dieser Sprungbewegung nach oben die Vorwärtsbewegung nicht zu verlangsamen.

Beim Weitsprung handelt es sich um einen schrägen Wurf; der Schwerpunkt der Körpers folgt etwa einer Wurfparabel. Allerdings liegt die Höhe des Schwerpunktes beim Landen tiefer als beim Absprung. Daher ist der optimale Absprungwinkel kleiner als 45°. Außerdem wird die Flugbahn dadurch verlängert, dass beim Landen die Beine nach vorn gestreckt werden.

4 Der legendäre Weltrekord-Sprung von Bob Beamon bei der Olympiade 1968

5 Stroboskop-Aufnahme eines Weitsprungs; $\Delta t = 0{,}12\,s$.

Weißt du es ? Kannst du es

1. In einem Zug, der mit 72 km/h fährt, geht ein Passagier vom letzten zum ersten Wagen (120 m in 2 min). Mit welcher Geschwindigkeit bewegt er sich relativ zum Zug bzw. relativ zur Umgebung?
2. Ein Flugzeug benötigt für eine geradlinige 10 km lange Strecke 1,5 min. Bei starkem Gegenwind benötigt es 2 min. Wie groß ist dann die Windgeschwindigkeit?
3. Ein Schwimmer kann in ruhendem Gewässer eine Geschwindigkeit von 0,8 m/s längere Zeit durchhalten. In einem Fluss mit einer Strömungsgeschwindigkeit von 0,3 m/s schwimmt er einmal mit der Strömung, einmal gegen sie und einmal senkrecht zu ihr. Berechne die jeweilige Geschwindigkeit über Grund!
4. Eine Kugel rollt mit $v = 3$ m/s über das Ende einer 1 m hohen Tischplatte.
   a) Wann schlägt sie auf dem Boden auf?
   b) Wo schlägt sie auf?
5. Begründe, dass die Wurfbahnen von Tischtennisball und Diskus keine Wurfparabeln darstellen!
6. Beim vertikalen Wurf nach oben ist die Fallzeit gleich der Steigzeit. Wie kann man das erklären?
7. Ein Eiskunstläufer ist während eines Sprungs 0,7 s in der Luft. Welche Absprunggeschwindigkeit ist notwendig? Welche Sprunghöhe wird erreicht?
8. Mit welcher Geschwindigkeit muss man senkrecht nach oben springen, um eine Höhe von 1 m bzw. 1,50 m zu erreichen?
9. a) Erläutere die einzelnen Bewegungsabläufe beim Weitsprung!
   b) Werte das Bild 5 auf S. 168 aus. Bestimme die Geschwindigkeit der Vorwärtsbewegung, die Sprunghöhe (bezogen auf den Schwerpunkt) und den Absprungwinkel!
10. Ein Stein wird unter einem Winkel von 45° mit einer Geschwindigkeit von 10 m/s abgeworfen. Wurfhöhe und Wurfweite sollen bestimmt werden. Berechne dazu der Reihe nach:
    a) die Geschwindigkeit v_{0x} nach vorn und die Geschwindigkeit v_{0y} senkrecht nach oben,
    b) die Steigzeit t_h und die Fallzeit t_F,
    c) die Steighöhe s_h,
    d) die Wurfweite w!
11. a) Zeichne das Geschwindigkeit-Zeit-Diagramm für einen Stein, der mit 5 m/s senkrecht nach *unten* geworfen wird!
    b) Berechne die Geschwindigkeit nach 3 s (bei Vernachlässigung des Luftwiderstandes)!
    c) Ermittle aus dem v-t-Diagramm den nach 3 s zurückgelegten Weg. Ordne die unterschiedlichen überlagerten Bewegungen den Flächen im v-t-Diagramm zu!

Kurz und knapp !

Die Bewegung eines Körpers kann man sich zusammengesetzt denken aus mehreren Teilbewegungen.

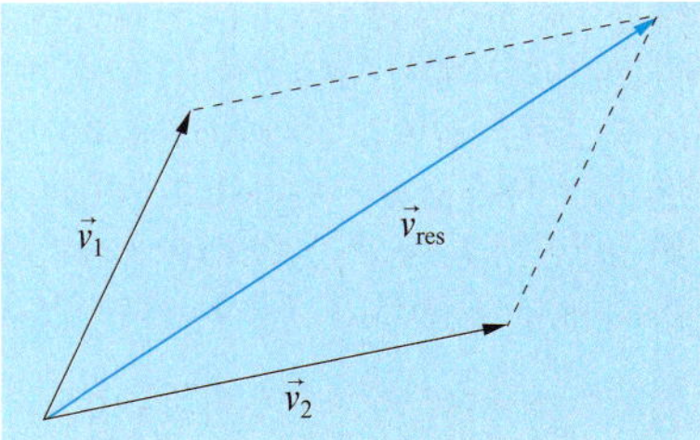

Wurfbewegungen kann man als Überlagerung zweier Bewegungen betrachten: einer gleichförmigen Bewegung mit der Geschwindigkeit v_0 und der gleichmäßig beschleunigten Fallbewegung, deren Geschwindigkeit v_F ständig zunimmt: $v_F = g \cdot t$.

Senkrechter Wurf nach oben
$\vec{v}_0$ ist nach oben gerichtet, die Zunahme des Betrages von $\vec{v}_F$ bewirkt, dass die resultierende Geschwindigkeit immer kleiner wird. $t_h = \frac{v_0^2}{g}$

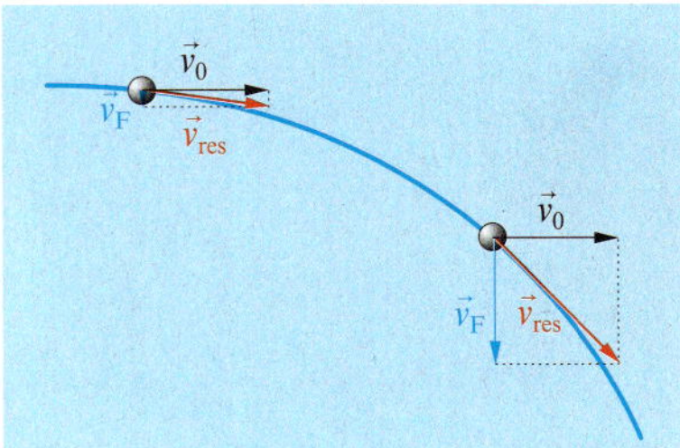

Waagerechter und schräger Wurf
$\vec{v}_0$ ist horizontal bzw. schräg gerichtet, die Zunahme des Betrages von $\vec{v}_F$ bewirkt, dass die Wurfbahn bei Vernachlässigung des Luftwiderstandes eine Parabel ist.

Energieerhaltung und Bewegungsvorgänge

1

Bewegungen lassen sich durch Angabe von Größen wie Geschwindigkeit und Beschleunigung beschreiben. Mithilfe der drei Newton'schen Gesetze kann man erkennen, wie Kräfte und Bewegungen miteinander zusammenhängen.
Oft stellt es sich jedoch heraus, dass es einfacher ist, die Energieumwandlungen der Vorgänge zu untersuchen und dadurch Bewegungen zu beschreiben oder vorherzusagen.
Beide Sichtweisen hängen eng miteinander zusammen.

Potenzielle Energie

Um die Messinggewichte der Pendeluhr in Bild 2 hochzukurbeln, muss Hubarbeit verrichtet werden. Die Gewichte erhalten dabei potenzielle Energie. Die Energie reicht aus, um das Uhrwerk eine Woche lang anzutreiben. Beim Hochkurbeln wird die mechanische Arbeit $W = F \cdot s$ verrichtet. Dabei ist F die Kraft, die in Wegrichtung wirkt. Sie ist so groß wie die Gewichtskraft F_G der Messinggewichte.
Für die potenzielle Energie der gehobenen Körper gilt: $E_{pot} = F_G \cdot h$. Dabei ist h die Höhe der Gewichte – also die Strecke, um die sie sich während des einwöchigen Betriebs senken werden.
Die Energie des Körpers kann verändert werden, indem Arbeit an ihm verrichtet wird oder wenn er selbst Arbeit verrichtet (Bild 3).
Beim Verrichten der Arbeit ist die Strecke s eindeutig festgelegt, bei Angabe der potenziellen Energie muss man jedoch beachten, auf welches Niveau der Körper absinken kann: Der Fahrer in Bild 4 hat in Bezug auf das linke Tal eine geringere Energie als in Bezug auf das rechte.

2

Die potenzielle Energie der Gewichte wird zum Antrieb der Uhr eingesetzt.

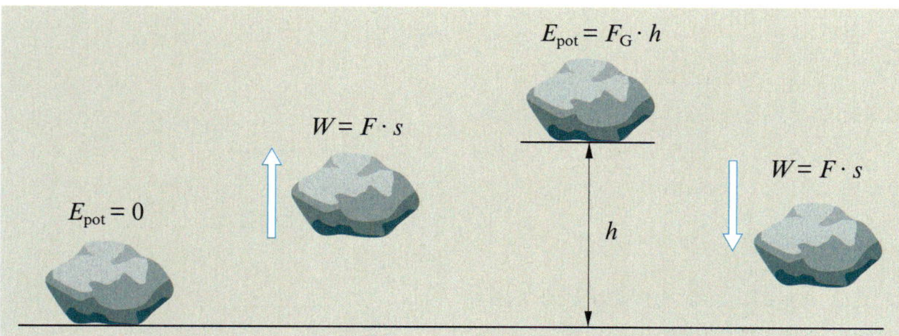

3 Zusammenhang zwischen mechanischer Arbeit und potenzieller Energie

4 Abhängigkeit der Energie von der Höhe

Kinetische Energie

Beim Anschieben eines Fahrradfahrers muss man solange mitlaufen, bis er seine geplante Endgeschwindigkeit v erreicht hat (Bild 1). Rad mit Radfahrer werden beschleunigt. Auch dabei wird mechanische Arbeit verrichtet, und der Radfahrer erhält kinetische Energie. Wie lassen sich Arbeit und Energie hier berechnen?
Während der Beschleunigung wird die Kraft F längs des Weges s ausgeübt. Wenn F konstant ist, gilt für die Arbeit: $W = F \cdot s$.
Für die Kraft gilt gemäß des NEWTON'schen Grundgesetzes $F = m \cdot a$.
Damit kann man für die Beschleunigungsarbeit schreiben: $W = m \cdot a \cdot s$.
Wenn man mit gleich bleibender Kraft schiebt, verläuft die Beschleunigung gleichmäßig, sodass die Gleichung
$s = \frac{1}{2} a \cdot t^2$ gilt. Damit ergibt sich: $W = m \cdot a \cdot \frac{1}{2} a \cdot t^2 = \frac{1}{2} m \cdot (a \cdot t)^2$.
Mit $v = a \cdot t$ erhält man hieraus $W = \frac{1}{2} m \cdot v^2$.

Das ist die Arbeit, die man verrichten muss, um einen Körper der Masse m aus der Ruhe auf die Geschwindigkeit v zu bringen. Der Körper hat dann die kinetische Energie $E_{kin} = \frac{1}{2} m \cdot v^2$.

1
Verrichten von Beschleunigungsarbeit: Erhöhung der kinetischen Energie

Für die kinetische Energie (Bewegungsenergie) eines Körpers mit der Masse m und der Geschwindigkeit v gilt: $E_{kin} = \frac{1}{2} m \cdot v^2$.

Energieerhaltungssatz

Im Folgenden soll die Energie eines Körpers betrachtet werden, der sich von einer Höhe h über einem festgelegten Niveau im freien Fall nach unten bewegt. In der Höhe h hat er die potenzielle Energie $E_{pot} = F_G \cdot h = m \cdot g \cdot h$. Seine kinetische Energie ist am Anfang null. Im freien Fall wird die potenzielle Energie des Körpers kleiner, jedoch wird er immer schneller, d. h., seine kinetische Energie nimmt zu. Am Ende der Fallbewegung gilt für die potenzielle Energie: $E_{pot} = m \cdot g \cdot h = 0$, da nun die Höhe h null ist. Die kinetische Energie E_{kin} ist maximal. Die potenzielle Energie wird während des freien Falls vollständig in kinetische Energie umgewandelt:
Nach Durchfallen der Strecke h lässt sich die Geschwindigkeit berechnen als $v = g \cdot t = \sqrt{2g \cdot h}$. Die kinetische Energie beträgt also
$E_{kin} = \frac{1}{2} m \cdot v^2 = \frac{1}{2} m \cdot 2g \cdot h = m \cdot g \cdot h$.
Da die potenzielle Energie vollständig in kinetische Energie umgewandelt wird, bleibt die Summe aus beiden Energieformen während der gesamten Bewegung konstant. Diese Summe wird auch als mechanische Energie E_{mech} bezeichnet.

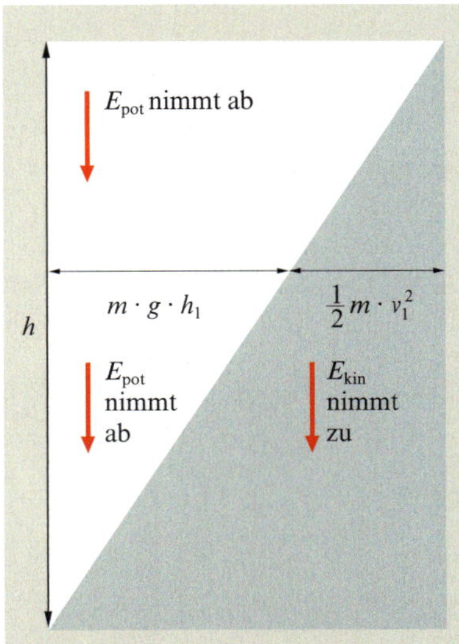

2
Energieumwandlung beim freien Fall: Zu jedem Zeitpunkt ist die Summe aus E_{pot} und E_{kin} gleich.

Satz von der Erhaltung der mechanischen Energie
Wenn keine Umwandlung in eine andere Energieform erfolgt, ist bei einem Körper die Summe seiner potenziellen und seiner kinetischen Energie konstant: $E_{mech} = E_{pot} + E_{kin} = \text{konstant}$.

Basiskonzept Energie
↑S. 230

Gültigkeit des Satzes von der Erhaltung der mechanischen Energie. Dieser Satz bezieht sich auf Körper, bei denen keine Umwandlung der Energie in eine andere Energieform stattfindet. Dies trifft auf solche Körper zu, die sich reibungsfrei bewegen, also z. B. frei fallen.
Wenn aber Reibung auftritt, beispielsweise durch Luftwiderstand, so gibt der Körper während seiner Bewegung Energie an die Umgebung ab. Die Summe aus E_{kin} und E_{pot} ist dann nicht mehr konstant, sondern sie wird immer kleiner (Bild 1). Insgesamt bleibt aber auch bei einem Prozess mit Reibung die Energie erhalten, nur wird ein Teil der mechanischen Energie in thermische Energie der Umgebung umgewandelt.

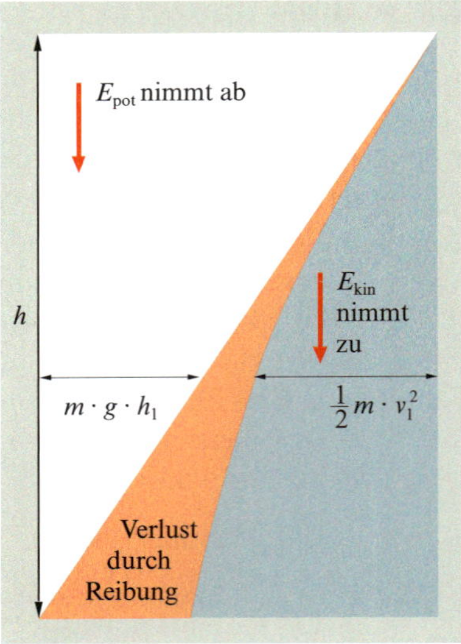

1
Energie eines fallenden Körpers mit Luftreibung

Energie einer gespannten Feder. Mithilfe einer gespannten Feder kann ein Körper in Bewegung gesetzt werden, in der Feder ist Energie gespeichert. Diese Energie wird ebenfalls als potenzielle Energie bezeichnet; für die reibungsfreie („ungedämpfte“) Bewegung des Körpers in Bild 2 gilt dann auch der Energieerhaltungssatz: $E_{mech} = E_{kin} + E_{pot}$.
Der Körper schwingt zwischen den Umkehrpunkten A und C hin und her. In den Punkten A und C befindet er sich in Ruhe: Die kinetische Energie ist null. Im Punkt B erreicht der Körper seine größte Geschwindigkeit und damit die größte kinetische Energie.

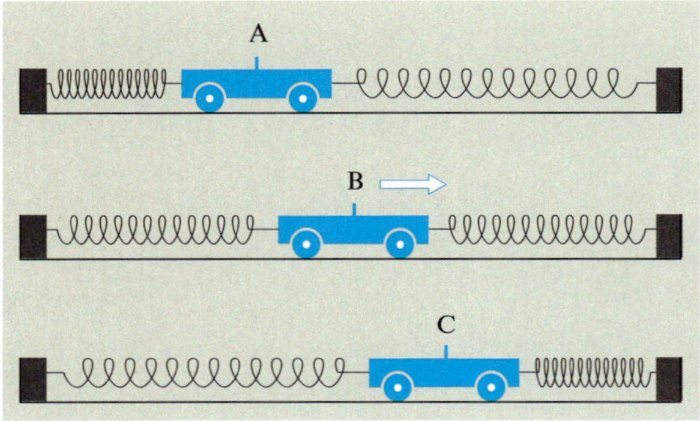

2
Der Federschwinger bewegt sich hin und her.

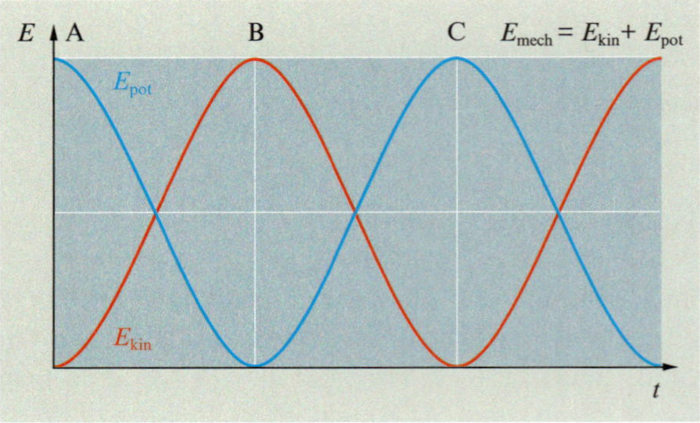

3
Die Energieformen werden ständig ineinander umgewandelt.

Energie beim Pendel. Auch bei Schaukeln oder Pendeln werden ständig potenzielle und kinetische Energie ineinander umgewandelt.

4
Eine Schiffsschaukel auf dem Jahrmarkt stellt ein Pendel dar. Bei maximaler Auslenkung des Schiffes ist die potenzielle Energie der Passagiere maximal, ihre kinetische Energie ist null. Beim Herabschwingen nimmt ihre kinetische Energie immer mehr zu. Auf großen Schaukeln können die Passagiere dabei große Geschwindigkeiten erreichen.

Berechnungen mit dem Satz von der Erhaltung der mechanischen Energie

Aufgabe 1: Wie hoch steigt ein Pfeil, der mit einer Geschwindigkeit von 35 m/s vertikal nach oben geschossen wird?

Gesucht: h (in m) *Gegeben:* $v = 35\,\mathrm{m/s}$

Lösung: Im höchsten Punkt der Bahn des Pfeils hat sich seine gesamte kinetische Energie in potenzielle umgewandelt:

$E_{pot} = E_{kin}$ $E_{pot} = m \cdot g \cdot h$

$m \cdot g \cdot h = \frac{1}{2} m \cdot v^2$ $E_{kin} = \frac{1}{2} m \cdot v^2$

$$h = \frac{v^2}{2g}$$

$$h = \frac{(35\,\mathrm{m/s})^2}{2 \cdot 9{,}81\,\mathrm{m/s^2}}$$

$$h = \frac{1\,225\,\mathrm{m^2 \cdot s^2}}{19{,}62\,\mathrm{m \cdot s^2}}$$

$$\underline{\underline{h = 62{,}4\,\mathrm{m}}}$$

Ergebnis: Der Pfeil erreicht eine Höhe von 62,4 m.

1

Aufgabe 2: Mit welcher Geschwindigkeit taucht eine Turmspringerin ($m = 50\,\mathrm{kg}$) ins Wasser, wenn sie von einem 10-m-Brett springt?

Gesucht: v (in km/h) *Gegeben:* $h = 10\,\mathrm{m}$, $m = 50\,\mathrm{kg}$

Lösung: Beim Eintauchen ins Wasser hat sich die gesamte potenzielle Energie der Springerin in kinetische umgewandelt:

$$E_{pot} = E_{kin}$$

$$m \cdot g \cdot h = \frac{1}{2} m \cdot v^2$$

$$v^2 = 2g \cdot \mathrm{h}$$

$$v = \sqrt{2g \cdot h} = \sqrt{2 \cdot 9{,}81\,\frac{\mathrm{m}}{\mathrm{s^2}} \cdot 10\,\mathrm{m}}$$

$$\underline{\underline{v = 14\,\mathrm{m/s} = 50{,}4\,\mathrm{km/h}}}$$

Ergebnis: Die Springerin hat bei Eintauchen eine Geschwindigkeit von etwa 50 km/h.

2

Sofern nur die Schwerkraft und keine zusätzlichen Kräfte wirken, gilt die Gleichung $v = \sqrt{2g \cdot h}$ für alle Körper, die sich reibungsfrei aus der Ruhelage um die Höhe h hinabbewegen. Die Form der Bahn spielt dabei keine Rolle (Bild 2).

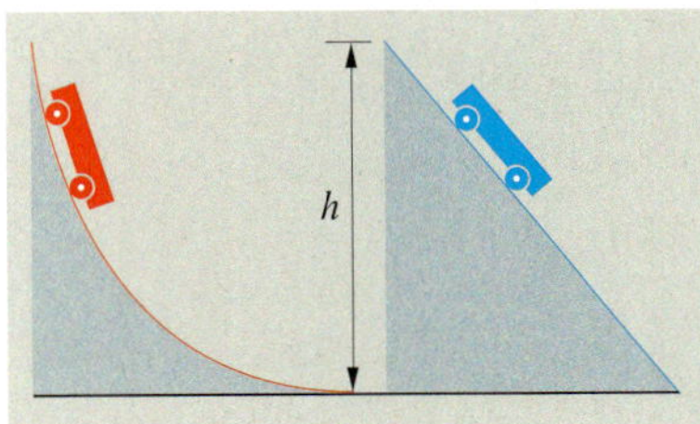

3

Am Boden haben beide Körper die gleiche kinetische Energie, also die gleiche Geschwindigkeit.

Selbst **erforscht**

Gehen

Bewegt sich ein Körper mit konstanter Geschwindigkeit reibungsfrei auf einer horizontalen Ebene, so ist dazu nach dem 1. Newton'schem Gesetz keine Kraft erforderlich. Man müsste also dem System keine Energie zuführen und es würde auch keine Arbeit verrichtet. Aber das ist im Widerspruch zur Realität, denn wir werden selbst bei langsamem Gehen auf ebener Straße müde. Wozu und wie wird die Energie eingesetzt? Erstens wird Beschleunigungsarbeit verrichtet, um die Beine nach vorn zu bewegen. und zweitens wird Hubarbeit verrichtet, denn der Körper wird ständig gehoben und gesenkt.

1

2

AUFTRAG 1

1 Ermittle die Hubhöhe der vertikalen Körperbewegung beim Gehen, indem du mit nach unten gestrecktem Arm und einem Stück Kreide in der Hand dicht entlang einer Wand gehst (Bild 2).
2 Vergleiche die gezeichneten Wellenlinien mehrerer Personen. Gibt es individuelle Unterschiede und solche zwischen großen und kleinen Personen sowie zwischen Jungen und Mädchen?
3 Berechne mit den ermittelten Hubhöhen die jeweilige Hubarbeit W pro Schritt.
4 Zähle die Anzahl der Schritte N in der Zeit t und berechne daraus die Schrittfrequenz $f = N/t$.
5 Berechne die Hubleistung für die entsprechende Gehgeschwindigkeit. ($P = W/t = W \cdot f$)
6 Bestimme die Schrittlänge L_s und berechne die Hubarbeit für einen Weg beim Gehen auf ebener Straße.

Beim Gehen als Sportart (Bild 1) muss zu jedem Zeitpunkt ein Teil des Fußes den Boden berühren. Gehen ist eine stetige Auf- und Abwärtsbewegung des Körpers. Für die Abwärtsbewegung gilt das Gesetz vom freien Fall. Für die Aufwärtsbewegung darf die vom Geher erzeugte Beschleunigung nicht größer sein als die Fallbeschleunigung g. Ansonsten würde der Körper vom Boden abheben, was eine Disqualifikation zur Folge hätte. Die Zeit, die ein Geher für eine Auf- und Abwärtsbewegung benötigt, beträgt: $t = 2\sqrt{2h/g}$. Die Auf- und Abwärtsbewegung geschieht während der Länge eines Schrittes L_s. So lässt sich die Geschwindigkeit v des Gehers berechnen: $v = L_s/t = L_s \cdot (\sqrt{g/2h})/2$.
Man kann beim Gehen die Geschwindigkeit durch Vergrößern der Schritte und Vermindern der Hubhöhe erhöhen. Das ist die physikalische Erklärung für den „Watschelgang".

AUFTRAG 2

1 Berechne die Geschwindigkeit für eine Schrittlänge von 0,7 m und eine Hubhöhe von 5 cm!
2 Vergleiche die Geschwindigkeiten für Strecken von 10 km bis 50 km (Frauen/Männer).
3 Vergleiche mit entsprechenden Laufgeschwindigkeiten. Warum kann man schneller Laufen als Gehen – physikalisch betrachtet?

ÜBRIGENS

Die Leistung beim Gehen beträgt etwa 350 W. Die Hubleistung von 40 W stellt also nur etwa ein Zehntel der Gesamtleistung dar. Ca. 80 W sind beim Erwachsenen der Grundumsatz zur Aufrechterhaltung der Lebensfunktionen der Organe. Nur etwa 50 W werden in Energie der Muskeln umgewandelt. Von dieser Muskelleistung werden also 80 % als Hubleistung erbracht und nur 20 % zum Beschleunigen der Beine.

Weltrekorde im Gehen
Männer
20 km: 1:17:16 Kanajkin (Rus.)
50 km: 3:34:16 Nischegorodow (Rus.)
Frauen
10 km: 41:56:23 Rjaschkina (Rus.)
20 km: 1:25:41 Iwanowa (Rus.)

Zum Vergleich – Laufen 10 km
Männer: 26:17,53 Bekele (Äth.)
Frauen: 29:31,78 Wang (China)

Weißt du es ? Kannst du es

1. Beschreibe den Unterschied zwischen den beiden Größen „mechanische Arbeit“ und „mechanische Energie“!
2. a) In einem Pumpspeicherwerk beträgt der mittlere Höhenunterschied 200 m. Wie groß ist die potenzielle Energie der 1 000 000 m^3 Wasser im oberen Becken?
   b) Angenommen in einem Haushalt werden 8 kW · h elektrische Energie pro Tag benötigt. Wie viele Haushalte lassen sich dann mit Energie des gespeicherten Wassers versorgen? Nimm bei der Rechnung an, dass die Generatoren einen Wirkungsgrad von 90 % haben!
3. Berechne die kinetische Energie und vergleiche!
   a) Sprinter $m = 70\,\text{kg}$, $v = 10\,\text{m/s}$
   b) Fußball $m = 0{,}5\,\text{kg}$, $v = 90\,\text{km/h}$
   c) Golfball $m = 46\,\text{g}$, $v = 200\,\text{km/h}$
   d) Tennisball $m = 50\,\text{g}$, $v = 140\,\text{km/h}$
   e) Baseball $m = 150\,\text{g}$, $v = 160\,\text{km/h}$
   f) Tischtennisball $m = 2\,\text{g}$, $v = 120\,\text{km/h}$
4. Wie ändert sich die kinetische Energie eines Körpers, wenn sich seine Geschwindigkeit halbiert, verdoppelt, verdreifacht bzw. verzehnfacht?
5. Erläutere die Gleichung $E_{\text{mech}} = E_{\text{pot}} + E_{\text{kin}}$. Gib an, unter welchen Bedingungen sie gilt!
6. Beschreibe die Energieumwandlungen an einem schwingenden Pendel! Warum kommt das Pendel allmählich zur Ruhe?
7. Wie hoch steigt eine Kugel, die mit einer Geschwindigkeit von 30 m/s senkrecht nach oben geschossen wird? Warum spielt bei der Rechnung die Masse keine Rolle?
8. Eine Kugel mit einer Masse von 100 g ist an einem Faden von 80 cm Länge befestigt. Sie wird bis zur horizontalen Lage des Fadens ausgelenkt und dann losgelassen.
   a) Wie groß ist die kinetische Energie der Kugel im tiefsten Punkt der Kreisbahn?
   b) Wie ändert sich die Geschwindigkeit der Kugel im tiefsten Punkt, wenn ihre Masse verdoppelt wird?
   c) Wie groß ist die Geschwindigkeit der Kugel, wenn sie aus gleicher Höhe ohne Aufhängung frei fällt?

Kurz und knapp !

Potenzielle Energie

$$E_{\text{pot}} = m \cdot g \cdot h$$

Beim Anheben eines Körpers nimmt die potenzielle Energie des Körpers zu. Doppelte (dreifache) Höhe bedeutet doppelte (dreifache) potenzielle Energie gegenüber der Ausgangslage.

Kinetische Energie (Bewegungsenergie)

$$E_{\text{kin}} = \frac{1}{2} m \cdot v^2$$

Beim Beschleunigen nimmt die kinetische Energie eines Körpers zu. Doppelte (dreifache) Geschwindigkeit bedeutet vierfache (neunfache) kinetische Energie.

Satz von der Erhaltung der mechanischen Energie

Wenn keine Umwandlung in eine andere Energieform erfolgt, ist bei einem Körper die Summe seiner potenziellen und seiner kinetischen Energie konstant:

$$E_{\text{mech}} = E_{\text{pot}} + E_{\text{kin}} = \text{konstant}.$$

Kreisbewegung

1

Damit das Wurfgerät eines Hammerwerfers eine große Geschwindigkeit erreicht, muss sich der Werfer sehr schnell um seine eigene Achse drehen. Das Gerät bewegt sich dabei auf einer Kreisbahn um den Werfer. Da es nicht vorzeitig davon fliegen darf, muss dieser mit beiden Händen eine große Kraft aufwenden. Wovon hängt diese Kraft ab mit der er das Wurfgerät auf der Kreisbahn hält.

Gleichförmige Kreisbewegung

Wie bei jeder anderen Bewegung bewegt sich auch ein Körper auf einer Kreisbahn mit einer bestimmten Geschwindigkeit. Sie kann mit der Gleichung $v = s/t$ bestimmt werden und wird in der Einheit m/s gemessen. Man nennt diese Geschwindigkeit v die Bahngeschwindigkeit.
Bei einem Hammerwerfer nimmt die Bahngeschwindigkeit durch die immer schnellere Drehbewegung des Werfers zu. Das Gleiche geschieht beim Anfahren eines Karussells. Hat es die Höchstgeschwindigkeit erreicht, so ändert sich die Bahngeschwindigkeit des Fahrgastes nicht mehr. In diesem Falle ist es eine gleichförmige Kreisbewegung.

Basiskonzept Wechselwirkung ↑S. 233

Basiskonzept System ↑S. 231

Bewegt sich ein Körper mit konstantem Betrag der Geschwindigkeit auf einer Kreisbahn, so nennt man diese Bewegung eine gleichförmige Kreisbewegung.

Gleichförmige Kreisbewegungen treten im täglichen Leben, in der Technik und der Natur häufig auf. Wenn z. B. das Rad eines Pkw während der Fahrt in rasche Drehung versetzt ist, so führt das Ventil eine gleichförmige Kreisbewegung aus (Bild 3). Das trifft auch für eine Flügelspitze einer Windturbine zu (Bild 4).

2

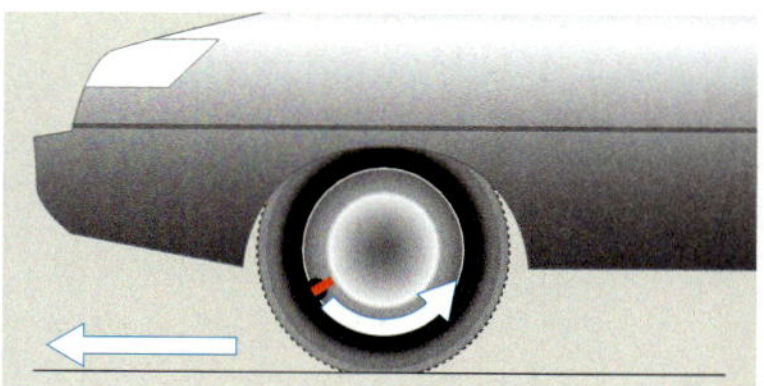
3

4

Kräfte bei der gleichförmigen Kreisbewegung

Eine gleichförmige Kreisbewegung kann man sehr einfach erzeugen, indem man einen Ball im Netz über dem Kopf kreisen lässt (Bild 1). Dabei spürt man – wie der Hammerwerfer – dass eine Kraft erforderlich ist, um den Ball auf der Kreisbahn zu halten.
Nach dem 1. Newton'schen Gesetz verharrt ein Körper in Ruhe oder in geradlinig gleichförmiger Bewegung, solange keine Kraft auf ihn einwirkt. Wenn er anstelle der geradlinigen Bewegung eine Kreisbewegung ausführen soll, so ist dazu eine Kraft notwendig.
Diese Aussage lässt sich dadurch nachprüfen, indem man den Ball loslässt. In dem Moment, wenn der Ball losgelassen wird, bewegt er sich tangential weiter, weil auf ihn keine Kraft mehr wirkt, die ihn auf der Kreisbahn hält.
Diese tangentiale Bewegung kann man gut an einem Schleifstein beobachten, mit dem ein Werkstück angeschliffen wird (Bild 2). Die infolge der Reibung mit dem Schleifstein glühend gewordenen Teilchen bewegen sich tangential geradlinig.

1

2

Die Kraft, die der Hammerwerfer kurz vor dem Wurf aufwendet oder die beim Schleudern des Balles mit konstanter Geschwindigkeit über dem Kopf auftritt, wird senkrecht zur Bewegungsrichtung ausgeübt. Im Fall des Hammerwerfers geschieht dies durch die Spannung des Seils. Die Kraft verändert nur die Richtung, nicht aber den Betrag der Geschwindigkeit (Bild 3). Die Kraft wirkt in Richtung des Radius, man nennt sie Radialkraft. Da sie zum Zentrum der Bewegung gerichtet ist, heißt sie auch Zentralkraft.

Damit ein Körper eine Kreisbewegung ausführt, muss auf ihn eine Kraft ausgeübt werden. Bei einer gleichförmigen Kreisbewegung ist sie senkrecht zur Bewegung des Körpers gerichtet. Diese Kraft nennt man Radialkraft oder Zentralkraft.

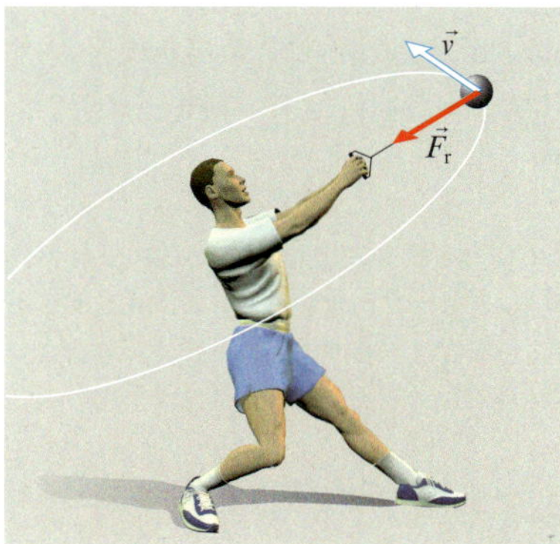

3

Auf die Kugel des Hammerwerfers wirkt die Radialkraft (Bild 3). Nach dem 3. Newton'schen Gesetz greift am Hammerwerfer eine gleich große Kraft an, die entgegengesetzt gerichtet ist.

Gleichung für die Radialkraft

Die Radialkraft (oder Zentralkraft), die erforderlich ist, um den Ball, den man an einem Netz über dem Kopf schleudert, auf eine Kreisbahn zu zwingen, hängt von verschiedenen physikalischen Größen ab.

EXPERIMENT 1
Ein Holzzylinder und ein Metallzylinder sind auf einem horizontalen, drehbar gelagerten Stab leicht verschiebbar angeordnet. Sie sind durch einen Faden miteinander verbunden. Mit einem Experimentiermotor wird die Anordnung in eine Drehbewegung versetzt.
Die Bewegung der beiden Zylinder wird beobachtet.

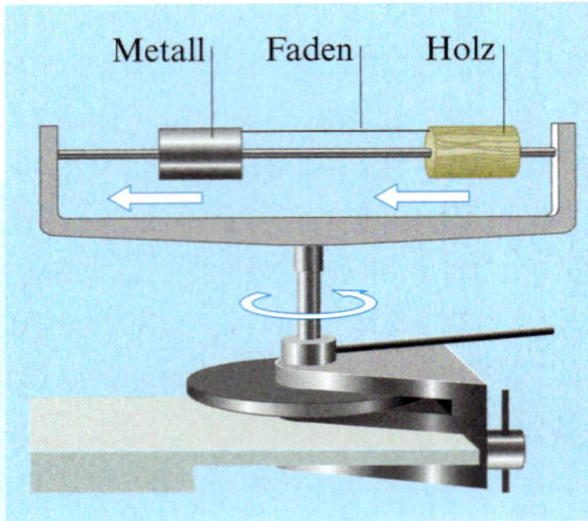

1

Der Metallzylinder besitzt eine größere Masse als der Holzzylinder. Um ihn auf der Kreisbahn zu halten, wäre eine größere Radialkraft als beim Holzzylinder erforderlich. Diese kann der rotierende Holzzylinder jedoch nicht aufbringen. Da der Metallzylinder die größere Masse hat, wird er nach außen geschleudert und zieht den Holzzylinder mit.

Die Radialkraft ist der Masse direkt proportional $F_r \sim m$.

Den Zusammenhang zwischen Radialkraft und Masse kann man vielfach beobachten. Das Wurfgerät des Hammerwerfers besitzt eine größere Masse als der über dem Kopf geschleuderte Ball. Deshalb muss der Hammerwerfer eine größere Radialkraft aufwenden. Wenn ein Lkw in eine Kurve fährt, so müssen seine Reifen eine größere Radialkraft aufbringen als die eines Pkw, der mit der gleichen Geschwindigkeit in die Kurve fährt. Beim Motorrad-Rennen kann man beobachten, dass die Radialkraft nicht nur von der Masse abhängt. Je schneller ein Fahrer fährt, umso mehr muss er sich in die Kurve hineinlegen. Die Radialkraft muss also auch von der Geschwindigkeit abhängen.

EXPERIMENT 2
Der Radialkraftmesser wird zunächst in eine langsame Drehbewegung versetzt. Am Federkraftmesser wird die Radialkraft abgelesen. Die Drehzahl wird verdoppelt. Bevor man die Radialkraft erneut abliest, muss man dafür sorgen, dass der Radius der Kreisbahn genau so groß ist wie beim ersten Experiment. Dazu zieht man den Federkraftmesser etwas nach oben. Schließlich wird die Drehzahl des Radialkraftmessers gegenüber dem ersten Experiment verdreifacht. Wieder wird der gleiche Bahnradius eingestellt.

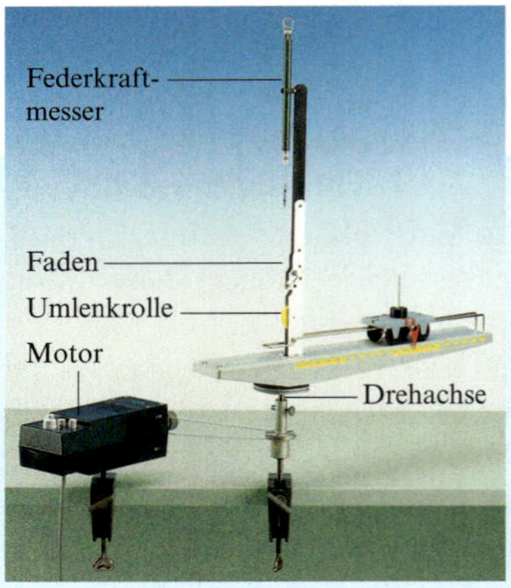

2

Bei der Verdoppelung der Drehzahl ergibt sich eine 4-mal so große Radialkraft, bei Verdreifachung eine 9-mal so große.
Aus dem Experiment ist zu erkennen, dass die Radialkraft dem Quadrat der Bahngeschwindigkeit proportional ist $F_r \sim v^2$.

Die Radialkraft ist dem Quadrat der Bahngeschwindigkeit direkt proportional $F_r \sim v^2$.

Beim Fahrrad fahren kann man noch einen anderen Zusammenhang beobachten: Je enger der Bogen ist, den man mit einer bestimmten Geschwindigkeit durchfährt, umso größer ist die erforderliche Radialkraft.

EXPERIMENT 3
Man hält einen Arm vertikal nach oben und schleudert einen kleine Ball im Netz auf einer Kreisbahn über dem Kopf. Der Faden soll ca. 1,50 m lang sein. Dann hält man den Arm still. Der Faden wickelt sich nun immer mehr auf den Arm auf. Dabei wird die Bahn des Balls enger.

1

Die Bahngeschwindigkeit des Balls bleibt unverändert. Die Zeit, die der Ball für einen Umlauf benötigt, wird immer kürzer, der Ball rotiert zunehmend schneller um den Arm. Dabei wird der Faden immer straffer, d. h. die Radialkraft nimmt zu.
Genaue Messungen ergeben, dass die Radialkraft bei gleicher Bahngeschwindigkeit dem Bahnradius umgekehrt proportional ist $F_r \sim 1/r$.

Die Radialkraft ist dem Bahnradius umgekehrt proportional $F_r \sim 1/r$.

Beim Motorrad-Rennen dürfen die Fahrer die Kurven nicht zu scharf nehmen. Auch wenn sie sich stark in die Kurve legen, können die Reifen die große Radialkraft nicht aufbringen. Die Motorräder rutschen dann aus der Kurve heraus.
Die experimentell untersuchten Zusammenhänge der Radialkraft werden durch folgende Gleichung beschrieben:

2

Gleichung für die Radialkraft: $F_r = m \cdot \frac{v^2}{r}$.

Aus dieser Gleichung lassen sich alle Zusammenhänge ablesen, die vorangehend untersucht wurden:
- Sind Bahngeschwindigkeit und Radius konstant, so gilt $F_r \sim m$.
- Sind Masse und Bahnradius konstant, so gilt $F_r \sim v^2$.
- Bei konstanter Masse und Bahngeschwindigkeit ist $F_r \sim 1/r$.

Die Gleichung für die Radialkraft als Sonderfall des Newton'schen Grundgesetzes. Vergleicht man die Gleichung für die Radialkraft mit dem Newton'schen Grundgesetz $F = m \cdot a$, so erkennt man, dass beide Gleichungen den gleichen Aufbau besitzen. In beiden Gleichungen steht links vom Gleichheitszeichen eine Kraft und rechts davon die Masse m. Ganz rechts steht im Newton'schen Grundgesetz die Beschleunigung a und in der Gleichung für die Radialkraft v^2/r.
Stellt dieser Quotient wie a eine Beschleunigung dar?
Die physikalische Größe Geschwindigkeit ist durch Betrag und Richtung gekennzeichnet. Der Betrag der Bahngeschwindigkeit ändert sich bei der gleichförmigen Kreisbewegung nicht. Die Richtung der Geschwindigkeit ändert sich jedoch ständig. Es handelt sich also um eine beschleunigte Bewegung. Der Quotient v^2/r stellt eine Beschleunigung dar, man bezeichnet ihn als Radialbeschleunigung a_r.

Auch die Beschleunigung ist eine gerichtete physikalische Größe und durch Betrag und Richtung gekennzeichnet. Sie ist zum Kreismittelpunkt gerichtet. Dadurch bleibt der Betrag der Geschwindigkeit gleich und nur die Richtung der Bewegung ändert sich.

Bewegt sich ein Körper mit konstanter Bahngeschwindigkeit auf einer Kreisbahn, so tritt eine Radialbeschleunigung $a_r = \frac{v^2}{r}$ auf. Sie ist zum Kreismittelpunkt gerichtet.

1 In der Zentrifuge des DLR-Instituts für Luft- und Raumfahrtmedizin in Köln-Porz wid die Wirkung der Radialbeschleunigung auf dem Menschen getestet.

Vergleicht man die Gleichung für die Radialkraft mit dem Newton'schen Grundgesetz, so stellt man fest, dass die Gleichung für die Radialkraft ein Sonderfall des Newton'schen Grundgesetzes ist. Das Newton'sche Grundgesetz gilt für jede Art von Bewegungen. Die Veränderung des Betrages der Geschwindigkeit oder die Veränderung der Richtung der Geschwindigkeit oder beides ruft eine Beschleunigung hervor.

Die Gleichung für die Radialkraft ist ein Sonderfall des Newton'schen Grundgesetzes.

Bewegungen von Satelliten um Himmelskörper

Kreisbewegungen treten nicht nur in der Technik auf. Auch natürliche und künstliche Himmelskörper (Satelliten) bewegen sich auf kreisähnlichen Bahnen. So umlaufen die Planeten auf solchen Bahnen die Sonne. Auch der Mond bewegt sich annähernd auf einer Kreisbahn um die Erde. Seine Bahn hat einen mittleren Radius von 384 400 km.
Raumschiffe, in denen sich die Astronauten lange aufhalten, umkreisen die Erde mit geringem Abstand. Die Raumstation ISS (Bild 2) bewegt sich in einer Höhe von etwa 400 km um die Erde. Der Bahnradius beträgt also etwa 6770 km.

2 Internationale Weltraumstation ISS

Raketen und Raketenantriebe. Um ein Raumschiff auf eine Umlaufbahn um die Erde zu bringen, benötigt man Raketen. Aus den Düsen dieser Raketen treten heiße Verbrennungsgase mit großer Geschwindigkeit aus. Nach dem 3. Newton'schen Gesetz wirkt auf die Rakete eine Kraft, die den gleichen Betrag hat wie die Kraft mit der die Gase ausgestoßen werden. Diese Kräfte sind entgegengesetzt gerichtet und die Rakete wird vorwärts getrieben. Dabei wird ihre Bahngeschwindigkeit immer größer. Damit ein Raumschiff die Erde umkreisen kann, muss es eine Bahngeschwindigkeit von mindestens 7,9 km/s aufweisen. Diese Geschwindigkeit nennt man **1. kosmische Geschwindigkeit**. Bei ihr ist die Radialkraft so groß, dass das Raumschiff nicht mehr auf die Erde zurück fällt (Bild 3).

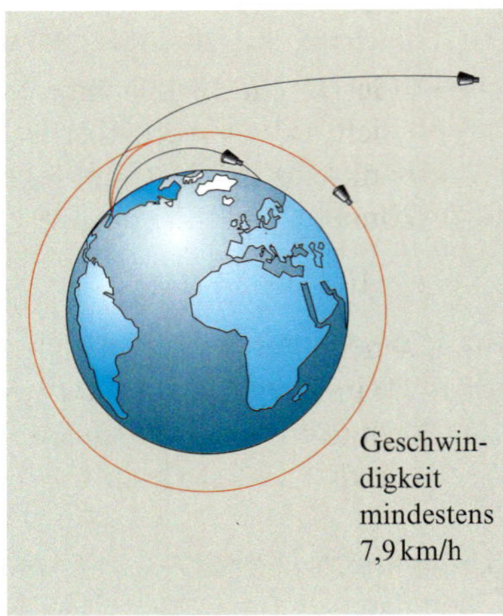

3

Nach dem 3. Newton'schen Gesetz wirkt auf eine Rakete eine Kraft, die genau so groß ist wie die, mit der die Verbrennungsgase ausgestoßen werden. Sie hat jedoch die entgegengesetzte Richtung. Ein Raumschiff kann die Erde umkreisen, wenn seine Bahngeschwindigkeit mindestens 7,9 km/s beträgt.

Das Gravitationsgesetz

Lässt man einen Stein fallen, so bewegt er sich immer schneller auf die Erde zu. Die Ursache dafür ist, dass der Stein von der Erde angezogen wird. Die Kraft, die den Stein nach unten zieht, nennt man Erdanziehungskraft oder Gravitationskraft. Nach dem 3. Newton'schen Gesetz *actio = reactio* kann man auch sagen, dass der Stein die Erde anzieht. Wovon hängt diese Anziehungskraft ab?
Einerseits hängt diese Kraft von der Masse M der Erde ab, andererseits von der Masse m des Steins. Ist die Masse m des Steins z. B. 10-mal so groß, so tritt auch eine 10-mal so große Kraft auf.
Und würde sich der Stein auf einem Himmelskörper befinden, der genau so groß wie die Erde ist, aber eine 10-mal so große Masse hätte, dann würde die Anziehungskraft ebenfalls 10-mal so groß sein.

1
Solange der Fallschirm nicht geöffnet ist, fallen die Springer immer schneller auf die Erde zu.

Die Gravitationskraft ist den Massen der sich gegenseitig anziehenden Körper direkt proportional $F \sim M \cdot m$.

Andererseits hängt die Anziehungskraft zwischen zwei Körpern auch vom Abstand ihrer Massenmittelpunkte ab. Vergrößert man den Abstand zwischen der Erde und dem Stein, so wird die Anziehungskraft zwischen beiden kleiner.
Ein Stein mit einer Masse von 1 kg wird an der Erdoberfläche, also in einem Abstand von 6370 km vom Erdmittelpunkt, mit einer Kraft von 10 N angezogen. Würde er mit einer Rakete in eine Höhe von 12 740 km transportiert werden, dann verringerte sich die Kraft auf 2,5 N.
Wird also der Abstand zwischen zwei Körpern verdoppelt, so beträgt die Anziehungskraft nur noch ein Viertel. Ist der Abstand 3-mal so groß, so sinkt die Kraft auf ein Neuntel.

Die Gravitationskraft ist dem Quadrat des Abstandes der Massenmittelpunkte der Körper umgekehrt proportional $F \sim 1/r^2$.

Diese Zusammenhänge hat 1687 der englische Physiker ISAAC NEWTON in Form einer Gleichung als Gravitationsgesetz formuliert.

Gravitationsgesetz: $F = \gamma \cdot \frac{M \cdot m}{r^2}$

Dieses Gesetz gilt für beliebige Körper. M und m sind die Massen der beiden sich anziehenden Körper und r ist der Abstand der Massenmittelpunkte. γ ist die Gravitationskonstante. Sie ist eine universelle Naturkonstante und hat den Wert

$\gamma = 6{,}67 \cdot 10^{-11}\,\mathrm{N \cdot m^2 \cdot kg^{-2}}$.

Für einen Satelliten mit der Masse m, der einen Himmelskörper mit der Masse M im Abstand r umkreist, kann man mit dem Gravitationsgesetz die Gravitationskraft berechnen. Diese Gravitationskraft wirkt als Radialkraft, die den Satelliten auf die Kreisbahn zwingt.

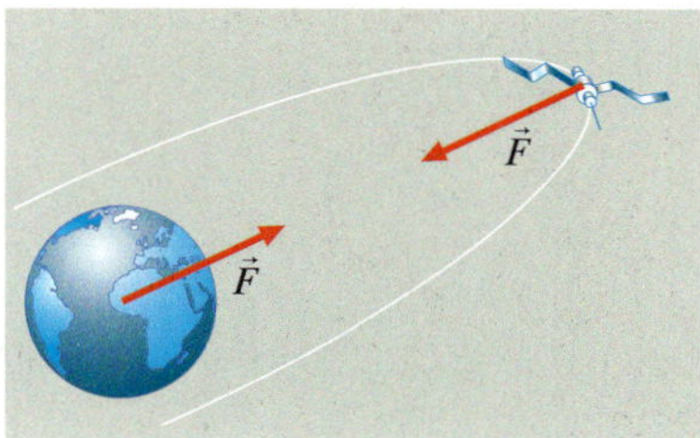

2

Bei der kreisförmigen Bewegung von Satelliten um Himmelskörper ist die Gravitationskraft als Radialkraft wirksam.

Aus der **Geschichte**

Die Bewegung der Himmelskörper

Vor Tausenden von Jahren wurde angenommen, dass die Erde im Mittelpunkt des Weltalls ruht und die Planeten, unsere Sonne sowie alle anderen Sterne sich um die Erde herum bewegen. Der griechische Astronom PTOLEMÄUS (etwa 90–160 n. Chr.) hat die Erkenntnisse seiner Zeit über dieses geozentrische Weltbild um 150 n. Chr. in einem Buch zusammengefasst. Seine Lehren haben sich lange behauptet, erst viel später haben Gelehrte Zweifel daran angemeldet. Zu ihnen gehörte auch NIKOLAUS KOPERNIKUS (1473–1543). Bei seinen astronomischen Beobachtungen und langwierigen Messungen und Berechnungen stellte er Widersprüche zur Theorie des PTOLEMÄUS fest. Er vertrat die Ansicht, dass die Sonne im Mittelpunkt des Weltalls steht und die Erde und die anderen Planeten sie umkreisen. Die Erde dreht sich in diesem heliozentrischen Weltbild täglich einmal um ihre Achse. KOPERNIKUS hat lange gezögert, seine Lehren zu veröffentlichen. Zum einen standen seine neuen Erkenntnisse im Gegensatz zu den Lehren der Kirche und zum anderen war er mit den Ergebnissen nicht zufrieden. Auch er musste feststellen, dass seine Beobachtungen und Berechnungen noch Unstimmigkeiten aufwiesen. KOPERNIKUS gab erst in seinem Todesjahr die Zustimmung zur Veröffentlichung seines Werkes. Dieses Buch erregte Aufsehen, denn es enthielt bahnbrechende Gedanken.

GALILEO GALILEI (1564–1642) wertete die Entdeckung der Jupitermonde und ihrer Bewegung um den Planeten als Argument dafür, dass das heliozentrische Weltbild den Bau des Sonnensystems richtig beschreibt. In der Bewegung der kleinen Körper um einen größeren sah er ein verkleinertes Abbild des Sonnensystems. Die Kräfte, die die Körper auf ihren Bahnen halten, konnte er noch nicht benennen.

JOHANNES KEPLER (1571–1630) hat das heliozentrische Weltbild des KOPERNIKUS schließlich im Ergebnis exakter Messungen und Berechnungen verfeinert. Er erkannte u. a., dass die Bahnen der Planeten um die Sonne die Form von Ellipsen haben (Kepler'sche Gesetze).

ISAAC NEWTON (1643–1727) verallgemeinerte die Gesetze für die Bewegungen der Körper auf der Erde auf die Bewegungen der Himmelskörper.

1 NIKOLAUS KOPERNIKUS

2 JOHANNES KEPLER

3 GALILEO GALILEI

4 ISAAC NEWTON

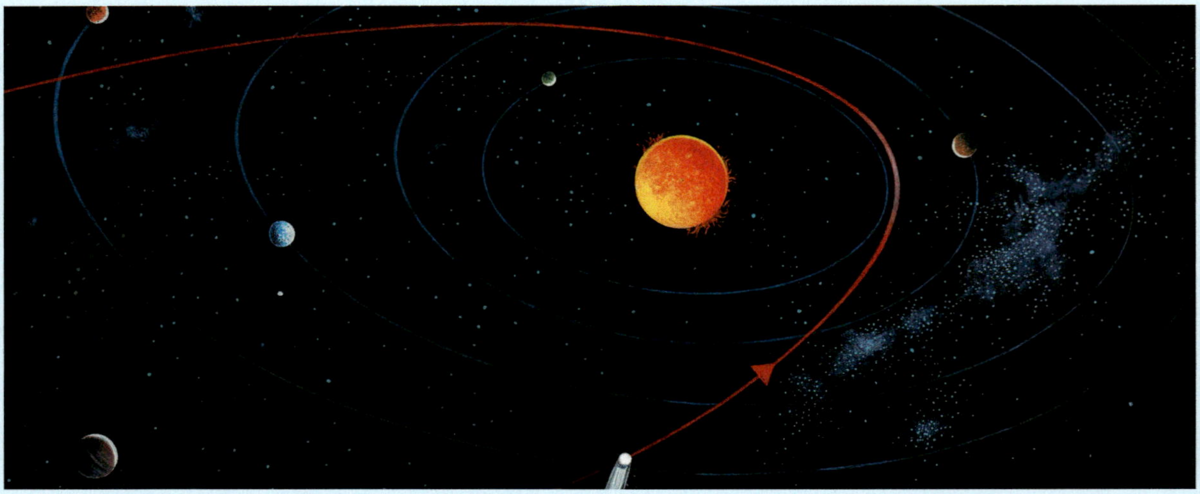
5

Weißt du es? Kannst du es

1. Erkläre, warum in einer Looping-Bahn Wagen und Fahrgäste nicht herunterfallen! Welche Kräfte wirken auf sie ein?
2. Wenn ein Bob eine Kurve mit großer Geschwindigkeit durchfährt, kann er an der vertikalen Eiswand nach oben aufsteigen. Wie ist das möglich?
3. Eine Spielzeugautobahn enthält einen Looping. Sein Durchmesser ist 60 cm. Wie groß muss die Geschwindigkeit des Autos im oberen Punkt der Bahn mindestens sein, damit es nicht herunterfällt?
4. Ein Hammerwerfer bewegt die Stahlkugel mit der Masse von 7,0 kg kurz vor dem Loslassen mit einer Geschwindigkeit von 20 m/s auf einer Kreisbahn. Der Bahnradius beträgt 2,2 m.
   a) Welche Radialkraft muss der Hammerwerfer aufbringen? Zeichne die Radialkraft in die Skizze ein!
   b) In welchem Punkt muss der Hammerwerfer das Wurfgerät loslassen, damit es zum Ziel Z gelangt (Bild 1)?

1

5. Zwei Körper mit unterschiedlichen Massen bewegen sich auf der gleichen Kreisbahn und mit der gleichen Umlaufzeit. Was kannst du über die Radialkräfte aussagen?
6. Warum sind Bahngleise und Autobahnen in den Kurven außen „überhöht"?
7. Ein Körper mit der Masse von 3,5 kg ist an einem 1,2 m langen Faden befestigt. Er führt eine in der horizontalen Ebene liegende gleichförmige Kreisbewegung aus.
   Wie groß ist die Radialkraft, wenn die Umlaufzeit 0,5 s beträgt?
8. Zwei Wäscheschleudern stehen zur Auswahl. Die eine hat einen Radius $r = 30\,\text{cm}$ und dreht sich mit 1000 Umdrehungen pro Minute. Die andere hat zwar nur 20 cm Radius, dafür schafft sie aber 1500 Umdrehungen in der Minute. Welche Schleuder trocknet besser?
9. Hunde schütteln sich, wenn sie ein nasses Fell haben. Erkläre physikalisch, warum sich dabei das Wasser vom Fell trennt!
10. Im Mittelalter stieß die Vorstellung, dass die Erde eine rotierende Kugel sei, auf starke Kritik. Als Argument wurde angeführt, dass dann alle Gegenstände und Menschen davonfliegen würden. Widerlege diese Auffassung!
11. Warum stürzen nicht Erde und Mond aufgrund der Gravitation aufeinander?
12. Wie groß ist die Gravitationskraft, die auf zwei Personen ($m_1 = 70\,\text{kg}$, $m_2 = 60\,\text{kg}$) wirkt, die sich in einem Abstand von 1 m befinden?

Kurz und knapp!

Bei der gleichförmigen Kreisbewegung bewegt sich ein Körper mit konstantem Betrag der Geschwindigkeit auf einer Kreisbahn.

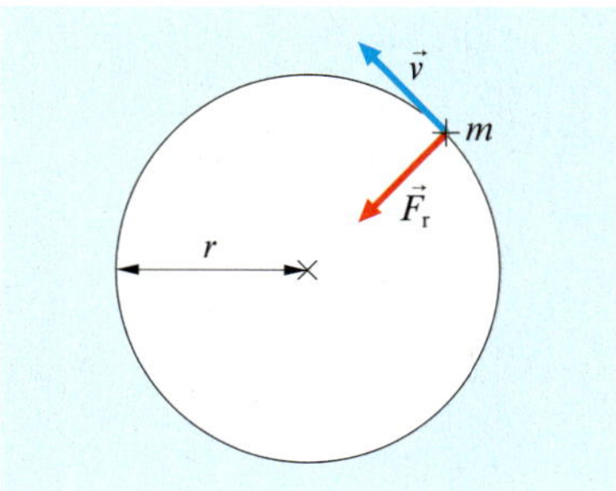

Die Kraft, die den Körper auf die Kreisbahn zwingt, nennt man Radialkraft oder Zentralkraft F_r.

Radialkraft $F_r = m \cdot \frac{v^2}{r}$.

Die Gleichung für die Radialkraft ist ein Sonderfall des Newton'schen Grundgesetzes $F = m \cdot a$.

Gravitationsgesetz

$$F = \gamma \cdot \frac{M \cdot m}{r^2}$$

$\gamma = 6{,}67 \cdot 10^{-11}\,\text{N} \cdot \text{m}^2 \cdot \text{kg}^{-2}$

Bei der kreisförmigen Bewegung von Satelliten um Himmelskörper ist die Gravitationskraft als Radialkraft wirksam.

Impuls und Impulserhaltung

1

Beim Billard überträgt die stoßende Kugel ihre gesamte kinetische Energie auf die gestoßenen Kugeln. Nach dem Stoß ist sie in Ruhe oder bewegt sich nur noch langsam. Stöße, bei denen die kinetische Energie der beteiligten Stoßpartner vor dem Stoß genau so groß ist wie nach dem Stoß, nennt man elastische Stöße. Ein nahezu elastischer Stoß tritt beim Billard auch dann auf, wenn eine Kugel auf die Bande trifft. Sie verlässt dann die Bande mit fast der gleichen kinetischen Energie. Es ändert sich nur die Richtung, nicht der Betrag der Geschwindigkeit.

Zentrale elastische und unelastische Stöße

Der zentrale elastische Stoß. Elastische Stöße kann man gut beim Rangieren von Güterwagen beobachten. Hier bewegt sich der gestoßene Wagen in der gleichen Richtung weiter wie der stoßende. Einen solchen Stoß nennt man einen „zentralen" elastischen Stoß.
Zentrale elastische Stöße lassen sich mit der Luftkissenbahn untersuchen.

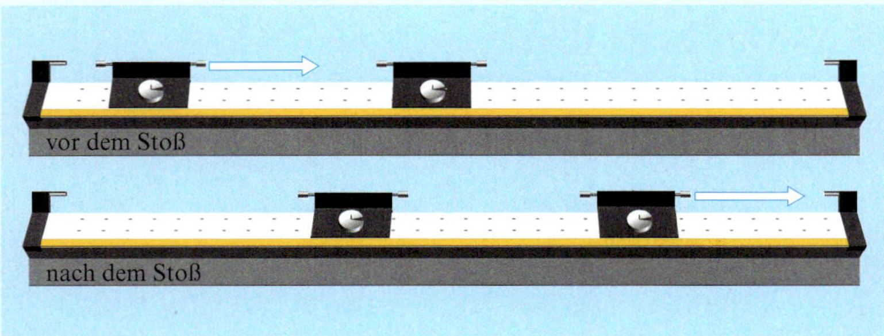

2

EXPERIMENT 1
Auf der Luftkissenbahn stehen zwei Schlitten mit gleicher Masse. An den Schlitten sind Magnete so angebracht, dass zwischen ihnen abstoßende Kräfte auftreten. Man stößt den ersten Schlitten an, sodass er auf den zweiten prallt.

Trifft der stoßende Schlitten auf den ruhenden mit gleicher Masse, so kommt er zur Ruhe und überträgt seine gesamte kinetische Energie auf den zweiten Schlitten. Dieser bewegt sich nach dem Stoß mit der Geschwindigkeit des ersten weiter.

Basiskonzept Wechselwirkung ↑S. 233

Basiskonzept System ↑S. 231

Stößt ein Körper 1 auf einen ruhenden Körper 2 gleicher Masse, dann überträgt der Körper 1 beim zentralen elastischen Stoß seine gesamte kinetische Energie auf den Körper 2.

Besitzen die beiden Stoßpartner unterschiedliche Massen, kann man Folgendes beobachten:

1. Die Masse des stoßenden Schlittens 1 ist größer als die Masse des gestoßenen Schlittens 2. Nach dem Stoß bewegt sich Schlitten 2 mit der gleichen Geschwindigkeit, mit der Schlitten 1 aufgeprallt ist. Schlitten 1 bewegt sich langsam hinter Schlitten her (Bild 1).
2. Die Masse des stoßenden Schlittens 1 ist kleiner als die Masse des gestoßenen Schlittens 2. Nach dem Stoß bewegt sich Schlitten 2 mit einer kleineren Geschwindigkeit als Schlitten 1 vor dem Stoß. Schlitten 1 prallt von Schlitten 2 zurück und bewegt sich mit einer kleineren Geschwindigkeit als vor dem Stoß (Bild 2).

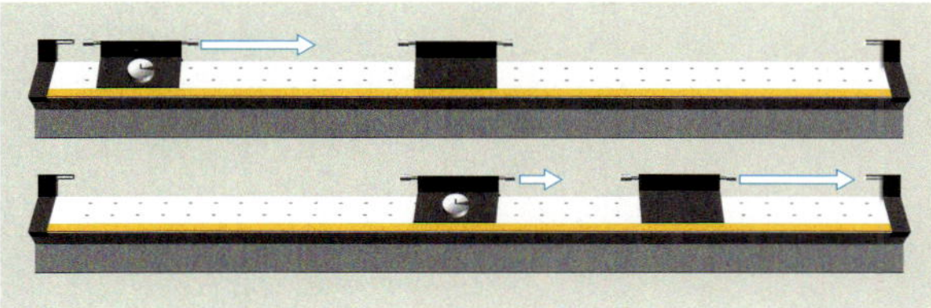
1

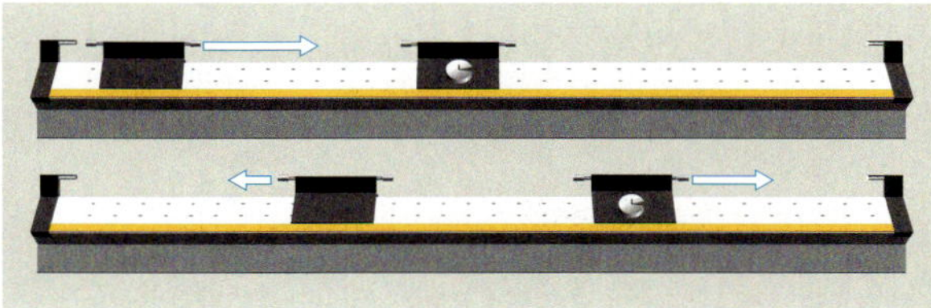
2

Beim zentralen elastischen Stoß von Körpern unterschiedlicher Masse wird nur ein Teil der kinetischen Energie auf den zweiten Stoßpartner übertragen. Die Summe der gesamten kinetischen Energie bleibt konstant.

Je größer die Masse des 2. Stoßpartners ist, desto weniger Energie kann der 1. Stoßpartner übertragen. Ist sie sehr groß, so prallt der 1. mit der gesamten kinetischen Energie zurück. Bei einem solchen Stoß ändert sich nur die Richtung, nicht aber der Betrag der Geschwindigkeit.
Für den zentralen elastischen Stoß mit einem ruhenden Stoßpartner gilt für die Geschwindigkeiten nach dem zentralen elastischen Stoß:

$$u_1 = \frac{m_1 - m_2}{m_1 + m_2} \cdot v_1 \qquad u_2 = \frac{2m_1}{m_1 + m_2} \cdot v_1$$

Dabei sind u_1 und u_2 die Geschwindigkeiten des 1. bzw. 2. Stoßpartners nach dem Stoß. v_1 ist die Geschwindigkeit des stoßenden Körpers vor dem Stoß. m_1 und m_2 sind die Massen der beiden Stoßpartner.

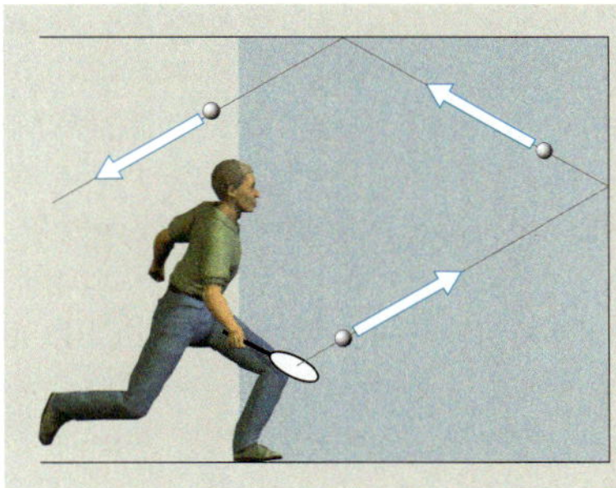
3

Beim Squashspielen prallt der Ball (1. Stoßpartner) von der Wand (2. Stoßpartner sehr großer Masse) mit der gesamten kinetischen Energie zurück.

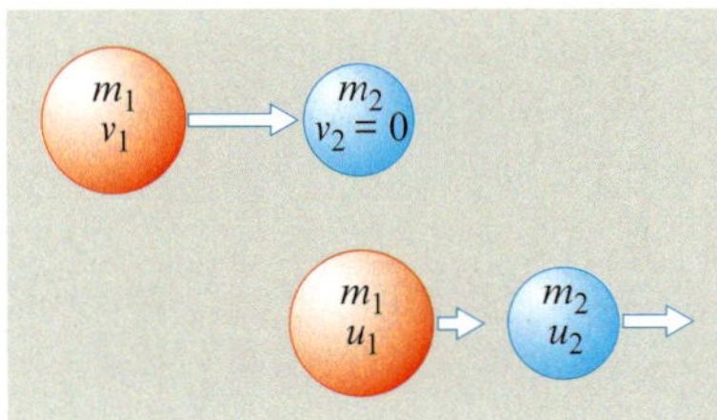

4

Der zentrale unelastische Stoß. Die meisten Stöße, die in der Technik und im Alltag auftreten, sind unelastische Stöße. Man erkennt sie daran, dass sich beide aufeinander prallende Körper nach dem Stoß mit der gleichen Geschwindigkeit weiterbewegen. Solche Stöße treten bei Verkehrsunfällen auf, wenn z. B. ein fahrendes Fahrzeug auf ein ruhendes auftrifft. Welche Gesetze gelten bei unelastischen Stößen?

EXPERIMENT 2

Die experimentelle Anordnung entspricht der in Experiment 1. Anstelle der Magnete werden zwischen den Schlitten kleine Plastilinakugeln angebracht. Der erste Schlitten wird angestoßen, sodass er in der Mitte der Luftkissenbahn auf den ruhenden zweiten trifft, der die gleiche Masse besitzt.

SCHON GEWUSST?

Für $m_1 < m_2$ ergibt sich ein negativer Wert für u_1. In diesem Fall kehrt sich also die Bewegungsrichtung des Körpers 1 nach dem Stoß um.

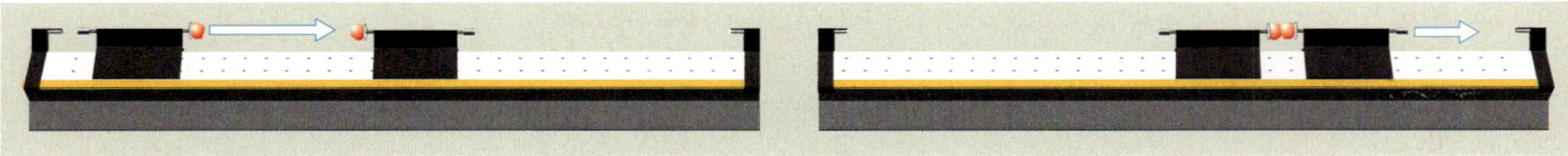

1

Nach dem Stoß bewegen sich beide Schlitten mit der gleichen Geschwindigkeit u weiter. Sie ist halb so groß wie die Geschwindigkeit des aufprallenden Schlittens (Bild 1).
Beim unelastischen Stoß nimmt die kinetische Energie ab. Ein Teil dieser Energie wird in thermische Energie umgewandelt. Im Experiment erwärmt sich die Plastilina zwischen den Schlitten. Beim zentralen unelastischen Stoß gilt für Stoßpartner unterschiedlicher Masse und Geschwindigkeit für die Geschwindigkeit nach dem Stoß:

$$u = \frac{m_1 \cdot v_1 + m_2 \cdot v_2}{m_1 + m_2}$$

ÜBRIGENS

Haben beide Stoßpartner beim zentralen unelastischen Stoß die gleiche Masse, so vereinfacht sich die Gleichung für die Geschwindigkeit nach dem Stoß:

$$u = \frac{m \cdot v_1 + m \cdot v_2}{m + m} = \frac{v_1 + v_2}{2}$$

Die physikalische Größe Impuls

Aus der Gleichung für die Geschwindigkeit nach dem zentralen unelastischen Stoß folgt noch eine weitere Erkenntnis. Durch Multiplizieren mit $(m_1 + m_2)$ ergibt sich: $m_1 \cdot u + m_2 \cdot u = m_1 \cdot v_1 + m_2 \cdot v_2$. D. h., dass vor und nach dem zentralen unelastischen Stoß die Summe der Produkte aus den Massen und den Geschwindigkeiten gleich groß sind.
Berechnet man in entsprechender Weise für den elastischen Stoß die Produkte $m \cdot v$ und $m \cdot u$, so ergibt sich ebenfalls, dass die Summe der Produkte vor dem Stoß gleich der Summe der Produkte nach dem Stoß ist.
Diese Ergebnisse deuten darauf hin, dass dem Produkt aus Masse und Geschwindigkeit in der Physik eine besondere Bedeutung zukommt.
Diese Aussage wird durch Experimente mit dem so genannten Kugelstoßapparat bestätigt. Er besteht aus einer Reihe aufgehängter Stahlkugeln, die sich berühren (Bild 2). Beim Aufeinanderprallen treten elastische Stöße auf. Wird die Kugel am Anfang der Reihe angestoßen, so pflanzt sich der Stoß durch die ganze Kugelreihe fort.

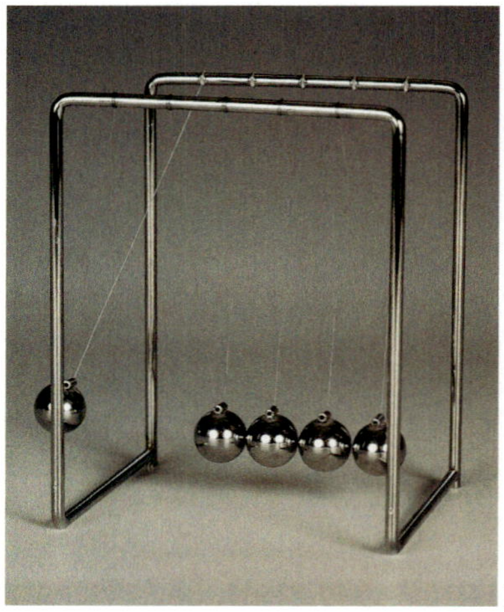

2

EXPERIMENT 3

Die erste Kugel wird ausgelenkt und losgelassen. Die Kugel prallt gegen die Reihe der übrigen Kugeln. Aber nur die letzte Kugel bewegt sich von den übrigen weg. Sie schlägt genau so weit aus, wie man die erste ausgelenkt hatte. Dann stößt sie von der anderen Seite gegen die Kugelreihe. Jetzt wird wieder die erste Kugel zurückgeschleudert usw.

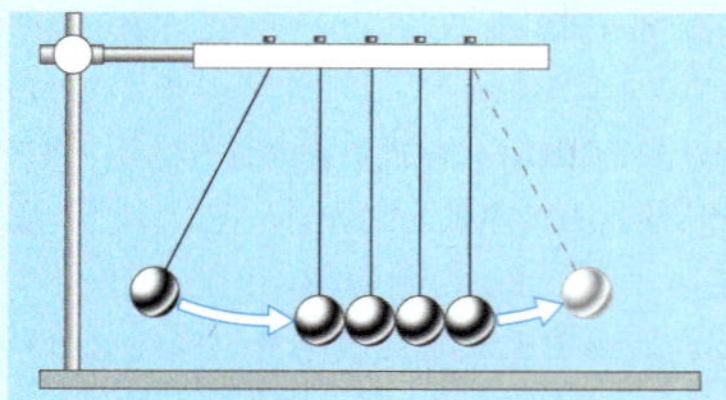

3

Wenn man gleichzeitig 2 Kugeln gegen die Kugelreihe prallen lässt, entfernen sich auch wieder zwei auf der gegenüberliegenden Seite (Bild 4). Dieses Prinzip gilt sogar, wenn die Anzahl der ruhenden Kugeln kleiner als die Anzahl der stoßenden ist. Dann bewegen sich die ersten der stoßenden Kugeln einfach weiter. Da alle Kugeln die gleiche Masse und auch die gleiche Geschwindigkeit besitzen, sind in jedem Fall die Produkte aus Masse und Geschwindigkeit vor dem Stoß gleich den Produkten aus Masse und Geschwindigkeit nach dem Stoß.

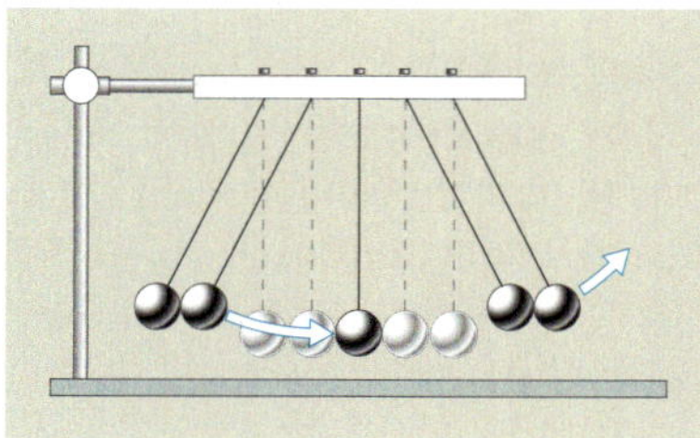

4

Das bestätigt die Aussage, dass dem Produkt aus Masse und Geschwindigkeit in der Physik eine große Bedeutung zukommt. Dieses Produkt kennzeichnet den Bewegungszustand eines Körpers. Man nennt es den Impuls p.

Der Impuls kennzeichnet den Bewegungszustand eines Körpers. Für den Impuls eines Körpers gilt die Gleichung $p = m \cdot v$.

Die Einheit des Impulses ist kg · m/s.
Der Impuls eines Körpers ist umso größer, je größer seine Masse und seine Geschwindigkeit ist. Der Impuls ist eine vektorielle Größe.
Er besitzt dieselbe Richtung wie die Geschwindigkeit des Körpers.

1
Bei diesem Crashtest hatten beide Autos die gleiche Geschwindigkeit. Die Masse unterschied sich jedoch stark.

Impulserhaltungssatz. Der Energieerhaltungssatz gilt für alle Vorgänge. Die Gesamtenergie in einem abgeschlossenen System bleibt konstant. Der Energieerhaltungssatz gilt sowohl für den elastischen als auch für den unelastischen Stoß. Beim elastischen Stoß bleibt die Summe der kinetischen Energien beider Stoßpartner unverändert. Beim unelastischen Stoß wird ein Teil der kinetischen Energie in thermische Energie umgewandelt. Wie sich der Impuls eines Systems ändert, soll im nächsten Experiment untersucht werden.

EXPERIMENT 4
Zwei kleine Wagen gleicher Masse werden auf die horizontale Tischplatte gestellt und mit einem dünnen Faden aneinander befestigt. Zwischen die Wagen klemmt man eine gespannte Blattfeder. Man brennt den Faden durch und beobachtet die Bewegung der Wagen.

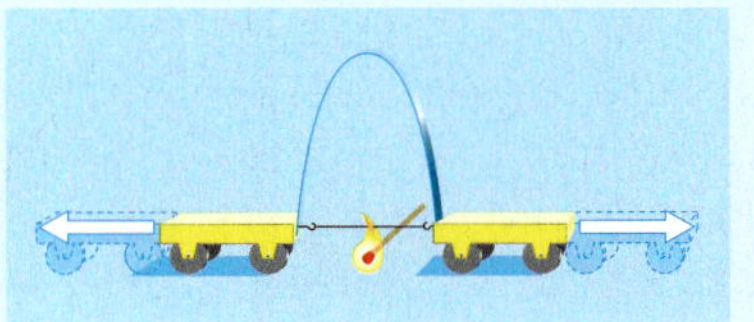
2

Beide Wagen bewegen sich mit gleichem Betrag der Geschwindigkeit auseinander. Da ihre Massen gleich groß sind, ist auch der Betrag ihrer Impulse gleich groß. Zu Beginn war die Summe der Impulse null, da beide Wagen in Ruhe waren. Nach dem Experiment hatten beide gleiche Impulse, jedoch mit entgegengesetzter Richtung. Dadurch war die Summe ebenfalls null. Wiederholt man das Experiment mit Wagen unterschiedlicher Masse, so bewegen sich beide Wagen mit unterschiedlichen und einander entgegengesetzt gerichteten Geschwindigkeiten.
Aus solchen Experimenten ist zu erkennen, dass sich bei den Vorgängen die Summe der Impulse nicht ändert. Es gilt der Impulserhaltungssatz.

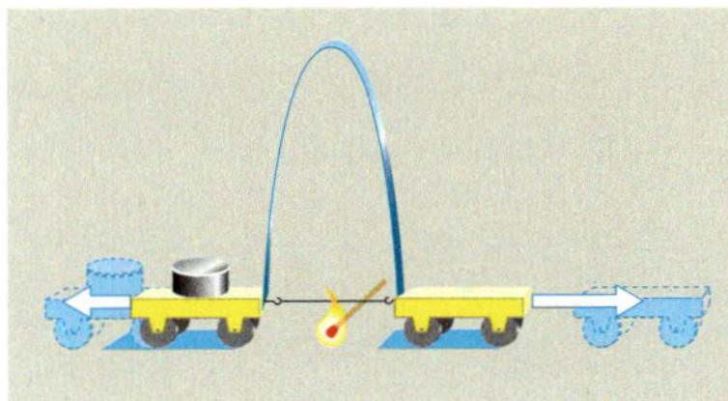
3
Hat der eine Wagen z.B. eine doppelt so große Masse wie der andere, dann bewegt er sich mit dem halben Betrag der Geschwindigkeit des anderen Wagens.

Impulserhaltungssatz: In einem abgeschlossenen System bleibt die Summe aller Impulse unverändert.

Kinetische Energie und Impuls. Kinetische Energie und Impuls kennzeichnen beide die Bewegung eines Körpers. Für die kinetische Energie gilt die Gleichung $E = 1/2\, m \cdot v^2$. Die Gleichung für den Impuls lautet $p = m \cdot v$. Beide Gleichungen enthalten die physikalischen Größen Masse und Geschwindigkeit. Kinetische Energie und Impuls sind geeignet, Stoßprozesse zu beschreiben. Während die kinetische Energie nur beim elastischen Stoß erhalten bleibt, bleibt der Impuls sowohl beim elastischen als auch beim unelastischen Stoß erhalten.

Basiskonzept Energie
↑S. 230

Die physikalische Größe Kraftstoß

Ein Raumschiff bewegt sich mit einem bestimmten Betrag des Impulses mit einem fernen Ziel durch das Weltall. Soll es früher ankommen, muss es sich mit größerer Geschwindigkeit bewegen. Dazu muss der Impuls des Raumschiffes vergrößert werden. Das erfolgt durch das Zünden der Raketentriebwerke (Bild 1). Dadurch wirkt auf das Raumschiff eine beschleunigende Kraft. Die Vergrößerung des Impulses hängt davon ab, wie lange die Triebwerke arbeiten. Die Impulsänderung des Raumschiffes ist umso größer, je länger sie wirkt. Außerdem hängt sie vom Betrag der Kraft ab. Je größer die Kraft ist, desto größer ist die Impulsänderung. Das Produkt aus Kraft und Zeit nennt man Kraftstoß. Der Kraftstoß bewirkt eine Änderung des Impulses des Raumschiffes.

1

Der Kraftstoß kennzeichnet den Prozess der Impulsänderung eines Körpers. Für den Kraftstoß gilt die Gleichung $S = F \cdot t$.
Einheit: N · s oder kg · m/s

Die Vergrößerung des Impulses durch einen Kraftstoß kann leicht in einem Experiment untersucht werden. Eine Kugel befindet sich auf einer horizontalen Bahn. Sie besitzt den Impuls null. Am Anfang der Bahn ist eine Fallrinne befestigt.

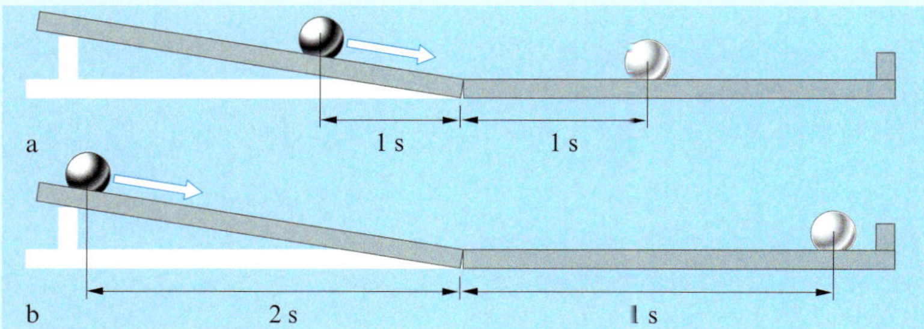

2

Messwertetabelle

s in m	v in m/s	m in kg	$p = m \cdot v$ in kg · m/s	F in N	t in s	$S = F \cdot t$ in N · s
0,0	0,0	0,1	0,0	0,02	0	0,0
0,2	0,2	0,1	0,02	0,02	1	0,02
0,4	0,4	0,1	0,04	0,02	2	0,04
0,6	0,6	0,1	0,06	0,02	3	0,06

EXPERIMENT 5
Durch Probieren ermittelt man, von welcher Stelle die Kugel starten muss, damit sie genau 1 s lang auf der Fallrinne rollt, bis sie die horizontale Bahn erreicht. Danach bestimmt man den Weg, den die Kugel in der nächsten Sekunde auf der horizontalen Bahn zurücklegt. Ihre Geschwindigkeit wird berechnet ($v = s/t$). Danach lässt man die Kugel 2 s lang auf der Fallrinne rollen und bestimmt wieder ihre Endgeschwindigkeit. Man wiederholt das Experiment für 3 s. Schließlich ermittelt man die Masse der Kugel und die Kraft, die auf der Fallrinne auf die Kugel wirkt.

Man bildet die Produkte $p = m \cdot v$ und $S = F \cdot t$. Zwischen den Einheiten kg·m/s und N·s besteht die Beziehung 1 kg · m/s = 1 N · s. Es ergibt sich, dass der Kraftstoß gleich der Zunahme des Impulses ist. Solche Bedingungen liegen beim Anfahren eines Autos an einer Ampelkreuzung vor. Beim Anfahren wirkt die Kraft F des Motors. Je länger sie wirkt, umso größer ist der Kraftstoß. Ein großer Kraftstoß bewirkt eine große Geschwindigkeit des Autos und damit einen großen Impuls.

Weißt du es? Kannst du es

1. Schnippe auf einer glatten Unterlage mit dem Finger gegen eine Münze, sodass diese zentral auf eine zweite aufprallt. Wiederhole das Experiment und verwende dabei Münzen unterschiedlicher Masse. Sage jeweils die Bewegung beider Münzen nach dem Stoß voraus!
2. Wie groß sind Impuls und kinetische Energie eines Pkw, der bei einer Masse von 1000 kg eine Geschwindigkeit von 100 km/h besitzt? Wie groß sind kinetische Energie und Impuls nach dem Abbremsen auf 50 km/h und schließlich auf 25 km/h?
3. Beim 11-Meter-Schießen muss der Torwart in erster Linie sehr schnell reagieren. Außerdem muss er sich auf den großen Impuls des ankommenden Balls einstellen. Wie tut er das?
4. Erkläre mithilfe des Impulserhaltungssatzes die Wirkungsweise eines Raketentriebwerks!
5. Drei Eisenbahnwaggons von je 25 t stehen zusammengekoppelt auf einem horizontalen Gleis. Ein vierter Waggon gleicher Masse fährt mit einer Geschwindigkeit von 5 m/s auf, wobei die Kupplung automatisch einrastet. Mit welcher Geschwindigkeit bewegen sich die vier Waggons weiter?
6. Ein Auto mit der Masse 1500 kg fährt mit einer Geschwindigkeit von 150 km/h von hinten auf ein in gleicher Richtung fahrendes kleineres Auto mit einer Masse von 900 kg, das sich mit einer Geschwindigkeit von 90 km/h bewegt. Wie groß ist die Geschwindigkeit beider unmittelbar nach dem Aufprall?
   Wie groß ist die Endgeschwindigkeit der Autos, wenn das Auto mit der kleineren Masse unter gleichen Bedingungen von hinten auf das mit der größeren Masse auffährt?
7. In der Tabelle sind die Messergebnisse von Stoßexperimenten mit Körpern gleicher Masse dargestellt.
   Überprüfe, ob der Impulserhaltungssatz und der Satz von der Erhaltung der mechanischen Energie erfüllt ist!
   Welche Messergebnisse sind nicht möglich?

Experiment Nr.	v_1 in m/s	v_2 in m/s	u_1 in m/s	u_2 in m/s
1	5	0	3	4
2	5	0	2,5	2,5
3	5	0	0	5
4	5	0	2	3
5	5	0	4	4

Kurz und knapp!

Impuls
Der Impuls p kennzeichnet den Bewegungszustand eines Körpers.

$p = m \cdot v$

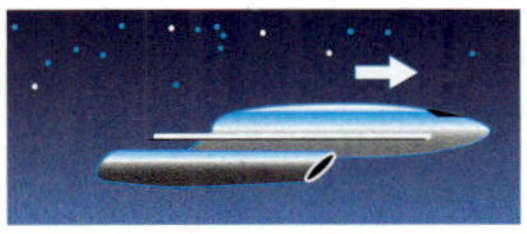

Raumschiff mit konstanter Geschwindigkeit. Der Impuls des Raumschiffes ist konstant.

Kraftstoß
Der Kraftstoß S kennzeichnet den Prozess der Impulsänderung eines Körpers.

$S = F \cdot t$

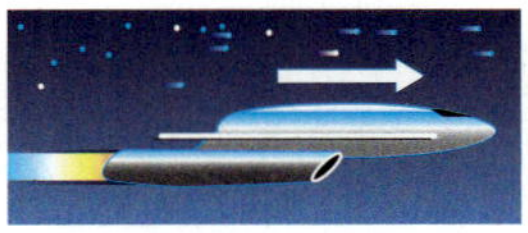

Die Rakete wird gezündet. Der Impuls des Raumschiffes nimmt zu.

Impulserhaltungssatz: In einem abgeschlossenen System bleibt die Summe aller Impulse unverändert.

Zentraler unelastischer Stoß
Die Endgeschwindigkeit beträgt:

$$u = \frac{m_1 \cdot v_1 + m_2 \cdot v_2}{m_1 + m_2}$$

Zentraler elastischer Stoß
Beim Stoß mit einem ruhenden Stoßpartner betragen die Endgeschwindigkeiten:

$$u_1 = \frac{m_1 - m_2}{m_1 + m_2} \cdot v_1 \qquad u_2 = \frac{2 m_1}{m_1 + m_2} \cdot v_1$$

Teste dich!

1 Eine Paddlerin will die Elbe an einer Stelle genau senkrecht überqueren, wo die Elbe 150 m breit ist. Die Geschwindigkeit der Paddlerin gegenüber dem Wasser beträgt 2 m/s, die Strömungsgeschwindigkeit des Wassers 1 m/s. Wie viel Zeit braucht die Paddlerin, um am anderen Ufer anzukommen?

2 Welche Anfangsgeschwindigkeit hatte eine Kugel, die 1 m über dem Erdboden horizontal abgeworfen eine Wurfweite von 4 m erreicht?

3 Der vertikale Wurf nach oben kann durchgehend als Überlagerung zweier Bewegungen angesehen werden. Man kann diese Sichtweise aber auch aufgeben und von dem Augenblick an, in dem der höchste Punkt erreicht wird, die Bewegung nur noch als Fallbewegung ansehen.
Zeige, dass auch diese Betrachtungsweise zu dem Ergebnis führt, dass die Fallzeit genauso groß wie die Steigzeit ist.

4 Bei Turnübungen werfen Turnerinnen einen Ring hoch, führen eine Figur vor und fangen den Ring wieder auf. Wie hoch muss der Ring geworfen werden, wenn die Figur 2 s dauert.

5 Ein Artist (60 kg) springt aus 5 m Höhe auf ein Trampolin. In jeder Hand hält er einen Sandsack (je 20 kg). Wenn er auf dem Trampolin seinen tiefsten Punkt erreicht, wirft er die Säcke zur Seite. Mit welcher Geschwindigkeit trifft der Artist auf das Trampolin, mit welcher verlässt er es? Wie hoch wird der Artist geschleudert?
Löse mit dem Satz von der Erhaltung der mechanischen Energie.

6 Welche Kräfte wirken beim Hammerwerfen?

7 Berechne die Radialkraft, die auf den Waggon eines Zuges wirkt, der eine Kurve mit dem Radius 500 m durchfährt. Der Zug hat eine Geschwindigkeit von 50 km/h und der Waggon eine Masse von 20 t. Vergleiche die Radialkraft mit der eines Lkw von 5 t Masse, in einer Kurve von 50 m Radius bei doppelter Geschwindigkeit.

8 Beim Kegeln gibt es das Spiel „Abräumen“. Mit möglichst wenigen Würfen muss versucht werden, alle 9 Kegel umzuwerfen. Nach einem Wurf werden alle Kegel hochgezogen. Die nicht gefallenen Kegel werden wieder aufgestellt.

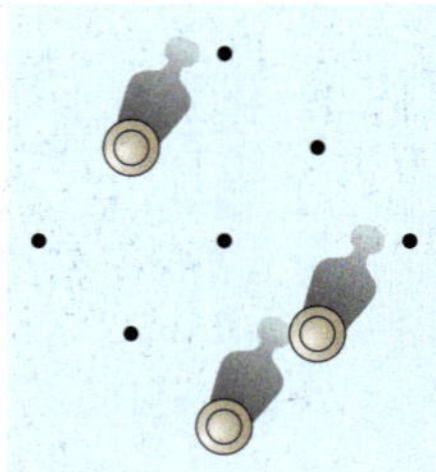
1

Oft kommt es vor, dass folgende drei Kegel stehen bleiben (Bild 1). Wie muss man werfen, damit diese drei Kegel in einem einzigen Wurf umgeworfen werden? (Hinweis: Die Kugel ist gerade dick genug, um gleichzeitig zwei benachbarte Kegel umzuwerfen.) Begründe.

9 Wie schnell müsste sich ein Tennisball ($m = 50$ g) bewegen, damit er den gleichen Impuls hat wie ein Medizinball ($m = 4$ kg), der sich mit einer Geschwindigkeit von 2 m/s bewegt?

10 Ein sich bewegender Wagen kommt allmählich wieder zur Ruhe, ohne dass er auf einen anderen Körper aufgeprallt wäre. Wo bleibt der Impuls des Wagens?

Schätze deine Kenntnisse und Fähigkeiten ein!

Ordne dazu deiner Lösung im Heft ein Smiley zu:
☺ Ich konnte die Aufgabe richtig lösen.
😐 Ich konnte die Aufgabe nicht komplett lösen.
☹ Ich konnte die Aufgabe nicht lösen.

› Die Lösungen findest du im Anhang.

Aufgabe	Fähigkeit	Hilfe findest du auf Seite …
1	Überlagerung von Bewegungen erkennen und berechnen.	162, 163
2–4	Würfe erkennen und berechnen.	164, 165
5	Dem Satz von der Erhaltung der mechanischen Energie anwenden.	171, 173
6, 7	Kräfte bei Kreisbewegungen erkennen und beschreiben.	177
8–10	Stöße erkennen und die physikalische Größe Impuls anwenden.	184–187

Wahlbereich

Akustik

1

Täglich sind wir von Geräuschen umgeben. Diese können als unangenehm und störend empfunden werden. Die Menschen tauschen über die Sprache Informationen aus, die das Gehör empfängt. Das Rauschen des Meeres oder die Musik können in uns angenehme Empfindungen hervorrufen. Für alle diese Sinneseindrücke hat der Schall große Bedeutung.
Was ist Schall und wie entsteht er? Wie breitet er sich aus und wie nehmen wir ihn wahr?

Schall

Alle Geräusche, unabhängig davon, ob sie der Mensch hören kann, wie sie klingen oder erzeugt werden, werden als Schall bezeichnet.
Alle Körper oder Vorgänge, die den Schall erzeugen, sind Schallquellen. Damit ein Körper zur Schallquelle wird, muss er zum Schwingen angeregt werden. Diese Anregung kann auf ganz unterschiedliche Weise erfolgen.

Alle Geräusche werden als Schall bezeichnet.
Alle Körper, die Schall erzeugen, sind Schallquellen.
Die Ursache des Schalls ist das schnelle Schwingen eines Körpers.

2

Die Kerzenflamme schwingt mit.

Schallausbreitung. Die Luft in der Umgebung einer Schallquelle wird zum Mitschwingen angeregt. Eine Kerze vor einem stark schwingenden Basslautsprecher flackert (Bild 2). Dass die Luft für die Übertragung von Schall zu unserem Ohr wichtig ist, zeigt auch folgendes Experiment.

EXPERIMENT 1
Unter einer Glasglocke läutet eine Klingel. Sie ist deutlich zu hören. Nach und nach wird die Luft mithilfe einer Pumpe aus der Glocke herausgepumpt.

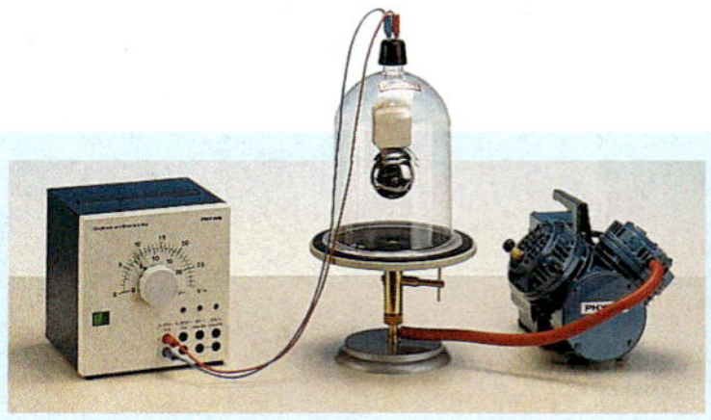

3

Das Klingeln wird immer leiser, bis es schließlich nicht mehr zu hören ist. An der Bewegung des Klöppels erkennt man aber, dass die Klingel noch läutet. Offenbar kann der Schall im luftleeren Raum nicht übertragen werden.

Basiskonzept System
↑S. 231

Die Ausbreitung von Schall in Luft kann man sich folgendermaßen vorstellen: Bewegt sich beispielsweise die Membran eines Lautsprechers nach vorn, so kommt es in einem kleinen Bereich zu einer Verdichtung der Luftmoleküle, d.h. zu einer Erhöhung des Luftdrucks (Bild 1). Entsprechend verringert sich der Luftdruck, wenn sich die Membran nach hinten bewegt. Die Schwingungen der Membran werden also auf die Luft übertragen. Die schnell aufeinander folgenden Luftdruckschwankungen stellen eine mechanische Welle dar.

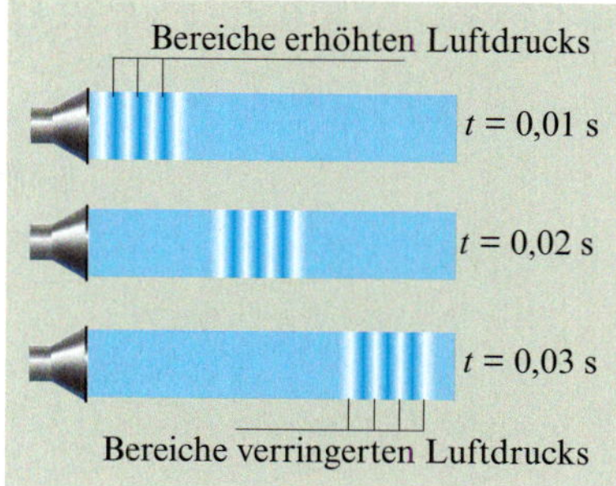

1
Die schwingende Membran erzeugt kleine Bereiche mit erhöhtem und vermindertem Luftdruck.

Eine Schallwelle in Luft ist eine Aufeinanderfolge von Luftdruckschwankungen.

Schallgeschwindigkeit

Bei einem Gewitter wird die Luft entlang des Blitzkanals sehr schnell erhitzt, sie dehnt sich schnell aus, und dadurch entsteht ein Knall. Es dauert jedoch in der Regel ein paar Sekunden, bis wir den Knall als Donner hören. Wie schnell breiten sich Schallwellen in Luft aus?

Basiskonzept Struktur der Materie ↑S. 232

EXPERIMENT 2
Mit zwei Mikrofonen im Abstand von 1 m wird eine elektronische Stoppuhr betätigt: Erreicht die Verdichtung der Luft, die z. B. beim Zusammenschlagen der Hände erzeugt wird, das eine Mikrofon, so wird die Uhr gestartet, erreicht sie das zweite, wird die Uhr gestoppt.

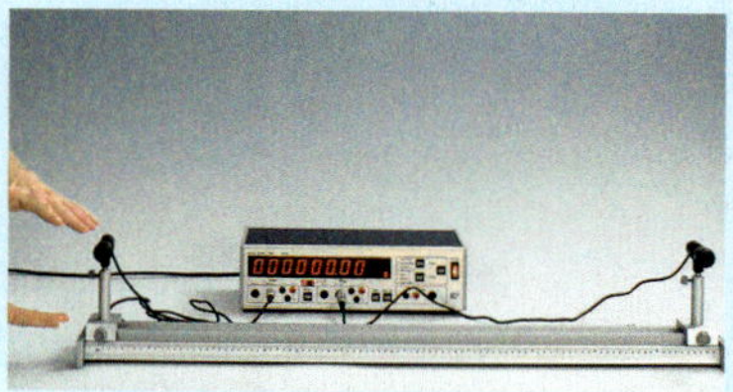
2

Die Schallwellen erreichen das zweite Mikrofon etwa 0,003 Sekunden später als das erste.
Daraus ergibt sich als Schallgeschwindigkeit in Luft:
$v = \frac{s}{t} = \frac{1\,\text{m}}{0{,}003\,\text{s}} = 330\,\frac{\text{m}}{\text{s}}$.
Genaue Messungen ergeben, dass die Schallgeschwindigkeit auch von der Temperatur der Luft abhängt (siehe Tabelle).

Einige Schallgeschwindigkeiten

Stoff	v in m/s
Gummi	40
Luft bei 0 °C	331
Luft bei 20 °C	343
Blei	1 200
Wasser	1 450
Beton	3 800
Kupfer	3 900
Stahl	5 100

Schallwellen breiten sich nicht nur in Luft aus, sondern auch in Flüssigkeiten: Beim Tauchen in einem Schwimmbecken hört man viele Geräusche, die unter Wasser entstehen; auch verständigen sich Wale und Delfine unter Wasser über große Entfernungen durch akustische Signale.
Dass der Schall sich in festen Körpern gut ausbreiten kann, merkt man, wenn irgendwo in einem Haus jemand auf die Heizungsrohre schlägt: Die Schwingungen werden auf alle Heizkörper übertragen.
Die Schallgeschwindigkeit in einem Stoff hängt von vielen Faktoren ab, so z.B. von der Kopplung der Schwinger untereinander. Je stärker die Kopplung zwischen den Teilchen ist – und das heißt in der Regel: je härter das Material ist –, desto größer ist die Schallgeschwindigkeit.

Für die Schallgeschwindigkeit gilt: $v = s/t$. Die Schallgeschwindigkeit in Luft beträgt etwa 340 m/s. In Flüssigkeiten und festen Körpern breitet sich der Schall deutlich schneller aus.

Untersuchung der Schallschwingungen

Tonhöhe und Frequenz. Auch ein regelmäßig unterbrochener Luftstrom erzeugt einen Ton:

EXPERIMENT 3

1 Mit einem Röhrchen wird gegen eine rotierende Kreisscheibe geblasen, die auf konzentrischen Kreisen mehrere Reihen von Löchern hat. Versuche die Drehzahl dieser „Lochsirene“ so einzustellen, dass der Ton die gleiche Höhe hat wie der einer Stimmgabel!

2 Bestimme die Anzahl der Unterbrechungen des Luftstromes, indem du die Umdrehungen der Scheibe je Sekunde und die Anzahl der Löcher der angeblasenen Reihe zählst. Berechne die Frequenz des Tones!

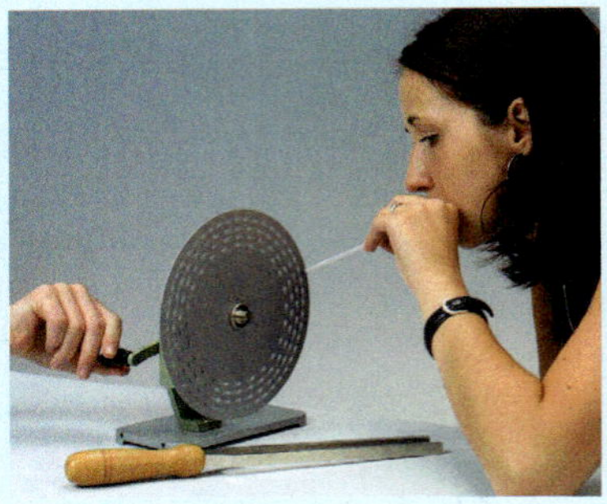

1

Bei gleichem Ton ist die Frequenz der Stimmgabelschwingung gleich der Frequenz der Unterbrechungen des Luftstromes. Um einen Ton zu erzeugen, der so hoch klingt wie eine Stimmgabel, die auf den Kammerton a′ gestimmt ist, muss 440-mal in der Sekunde sich ein Loch vor dem Trinkröhrchen vorbeibewegen. Die Frequenz des Tones ist also 440 Hz. Sie liegt etwa in der Mitte zwischen dem höchsten und dem tiefsten Ton, den wir mit unserer Stimme erzeugen können (Bild 3).

Mit einem Tongenerator lassen sich Töne unterschiedlicher Höhe erzeugen. Ein Mikrofon kann die akustischen Signale in elektrische umwandeln. Leitet man diese Signale auf ein Oszilloskop, so erscheinen die *y*-*t*-Diagramme der Schallschwingungen auf dem Bildschirm (Bild 2).

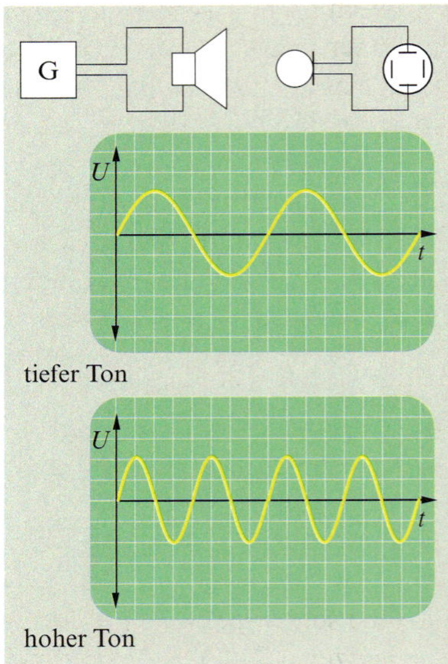

2

Je höher die Frequenz einer Schallschwingung ist, desto höher ist der ausgesandte Ton.

Lautstärke und Amplitude. Das kräftige Zupfen einer Saite erzeugt einen lauten Ton. Zupft man die Saite sanft, so ist der entstehende Ton leiser. Eine Lautsprechermembran schwingt umso stärker, je größer die Lautstärke ist; bei großer Lautstärke kann man die Schwingung eines Basslautsprechers mit bloßem Auge erkennen. Auch mit einem Tongenerator lassen sich Töne unterschiedlicher Lautstärke erzeugen. Auf dem Bildschirm erkennt man, dass die Amplitude der Schallschwingung zunimmt, wenn der Ton lauter wird (Bild 4).

Je größer die Amplitude einer Schallschwingung ist, desto lauter ist der ausgesandte Ton.

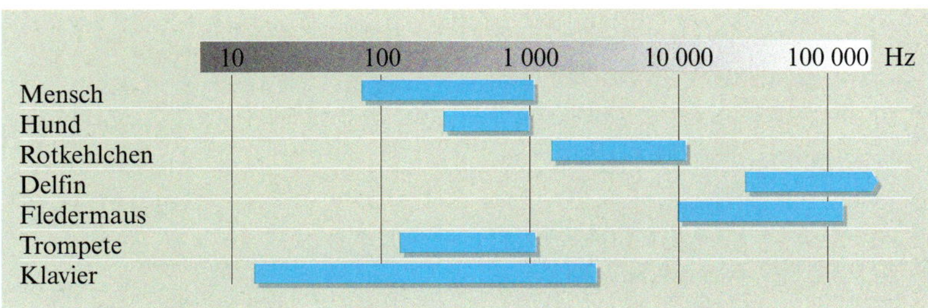

3

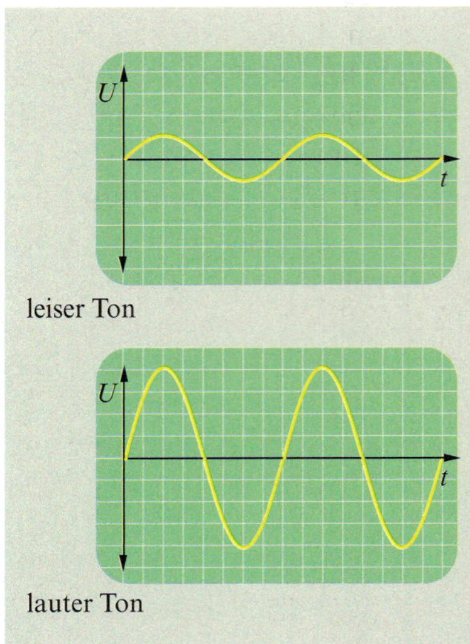

4

Vom Ton zum Klang

Wenn eine Stimmgabel für den Kammerton a' angeschlagen wird, schwingt sie mit 440 Hz. Die Membran eines Mikrofons in der Nähe schwingt dann mit derselben Frequenz. Mit einem Oszilloskop kann die dabei entstehende elektrische Spannung in ihrem zeitlichen Verlauf sichtbar gemacht werden. Es ergibt sich eine gleichmäßig auf und ab gehende Kurve, eine *Sinuskurve* (Bild 1); ebenso regelmäßig bewegt sich die Membran hin und her und in gleicher Weise schwingen auch die Zinken der Stimmgabel. Die Amplitude der Kurve ist ein Maß für die Lautstärke des Tones. Der Abstand zweier Maxima entspricht der Dauer T für eine vollständige Schwingung. Je kleiner also der Abstand der Maxima einer Schwingung, desto höher der Ton.
Wird der Stimmgabelton gesungen, z. B. auf den Vokal *a*, sieht das Bild auf dem Oszilloskop anders aus (Bild 2): Die Kurve hat nun viele scheinbar unregelmäßige Zacken. Dennoch ist erkennbar, dass die Kurve periodisch ist und sich genau nach der Dauer T wiederholt. Und auch die kleinen Zacken sind regelmäßig und in jedem Abschnitt der Kurve gleich: Entsprechen die Zacken ebenfalls Tönen, die beim Singen mitklingen, nämlich Tönen mit höherer Frequenz?

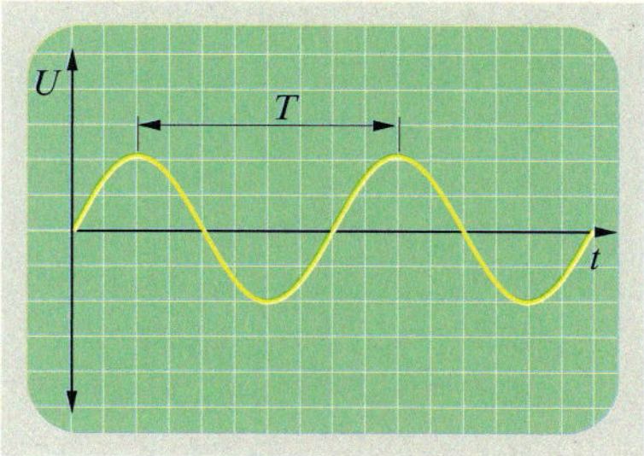

1

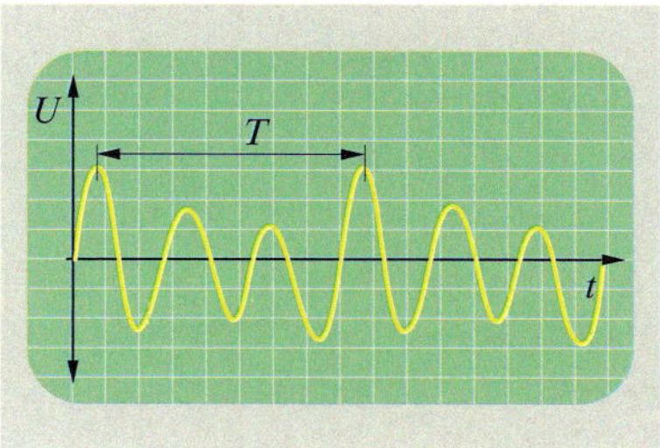

2

EXPERIMENT 4
Zupfe die Saite eines Monochords oder einer Gitarre in der Nähe des Endes kräftig an und berühre die Saite genau in der Mitte vorsichtig mit der Fingerspitze oder mit einer Feder! Wie verändert sich der Ton? Wiederhole das Experiment, indem du die Saite bei genau 1/3 ihrer Länge berührst! Welcher Ton ist nun zu hören?
Was hörst du beim Abgriff von 1/4, 1/5 usw. der Saitenlänge?

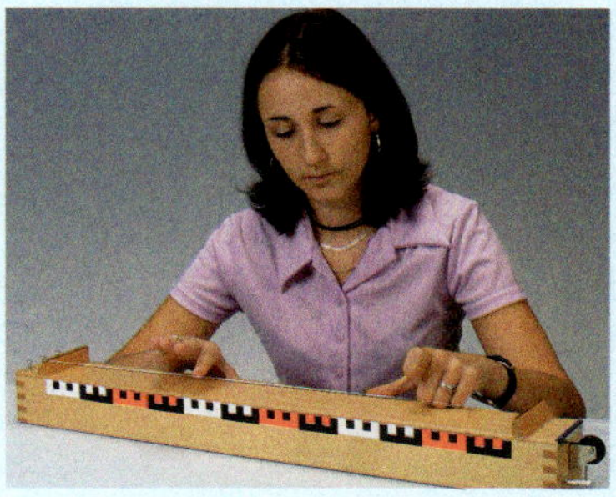
3

Wird die schwingende Saite genau in der Mitte berührt und damit in ihrer ganzen Schwingung gestört, ist dennoch die Oktave, also die doppelte Frequenz des Tones, zu hören, allerdings leiser als zuvor der Grundton. Links und rechts von der Berührstelle kann die Saite nämlich noch hin und her schwingen. Dieser Saitenabschnitt schwingt dann ähnlich wie eine Saite der halben Länge: Die angezupfte Saite schwingt also nicht nur als ganze hin und her, sondern sie bewegt sich zugleich auch je zur Hälfte gegensinnig und mit doppelter Frequenz (Bild 4).

Basiskonzept System
↑S. 231

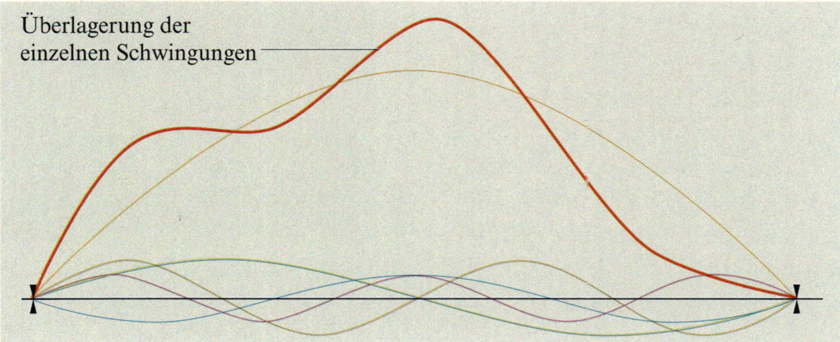

4

Weil die Saite auch mit zunehmend höheren Tönen klingt, wenn sie bei 1/2, 1/3, 1/4 usw. ihrer Länge berührt wird, schwingt sie nach dem Anzupfen nicht nur als ganze, sondern auch als halbe, drittel usw. Saite mit doppelter, dreifacher usw. Frequenz des Grundtones. Die rote Linie stellt eine „Momentaufnahme" der Saite dar, die sich aus der Überlagerung der einzelnen Schwingungen ergibt.

Wer genau hinhört, kann wahrnehmen, dass die angezupfte Saite auch ohne die Berührung die zuvor einzeln hörbar gemachten „Obertöne" abgibt.
Physiker sprechen nur dann von einem Ton, wenn die zugehörige Schwingung Sinusform (Bild 1, S. 195) hat. Die Überlagerung solcher Töne wird **Klang** genannt. Streng genommen geben also Instrumente keine Töne, sondern stets Klänge von sich, die meist aus mehreren Tönen zusammengesetzt sind. Dennoch spricht man bei Instrumenten oder Stimmen von „Tönen", da sich die Schwingungsmuster jeweils mit einer bestimmten Frequenz wiederholen. Die Schwingungen unterscheiden sich aber: Sie sind aus unterschiedlichen Tonschwingungen zusammengesetzt.

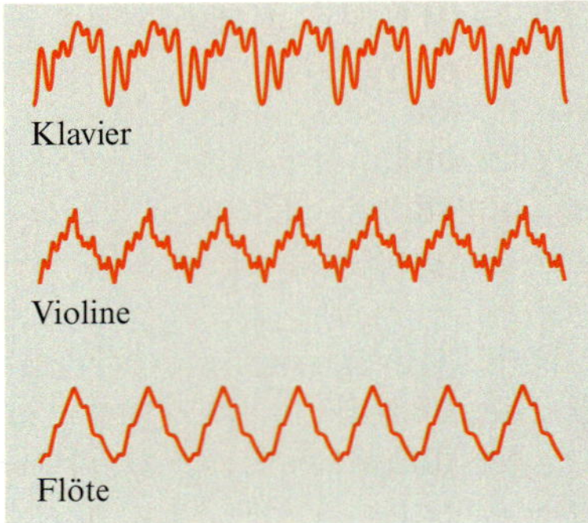

1

Für Instrumente und die menschliche Stimme gilt: Jeder Klang besteht aus einer Überlagerung von einzelnen Tönen. Die Klangfarbe eines Instruments hängt von der Art der Klangerzeugung ab.

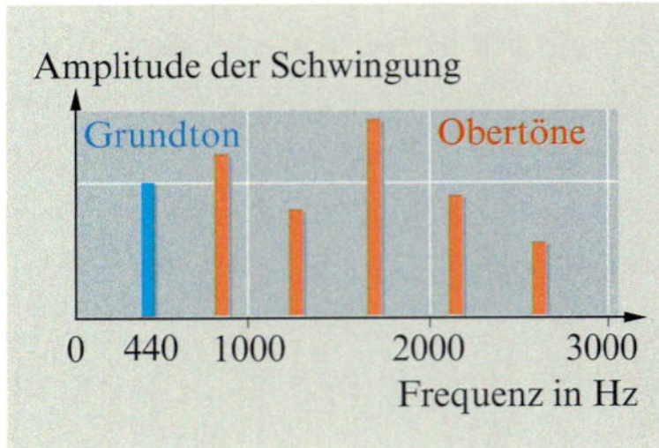

2

Tonleiter. Der Klang eines Monochords besteht aus einzelnen Tönen, die einer Saitenteilung in 2, 3, 4 usw. gleich lange Abschnitte entsprechen; die Saite hat also 1, 2, 3 usw. Schwingungsknoten.

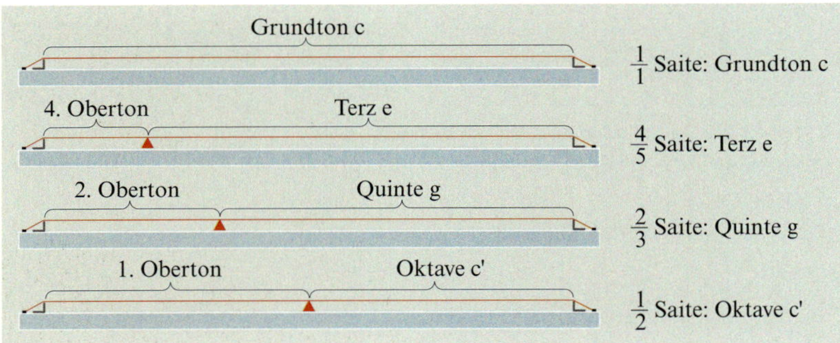

3 Wird an einem Monochord der Steg (nahe dem Saitenende) genau am Ort eines Knotens unter die Saite geschoben, klingt der *kurze* Abschnitt der Saite mit der Frequenz des entsprechenden Obertons. Der zugehörige *lange* Abschnitt der geteilten Saite klingt eine oder mehrere Oktaven tiefer. Diese Töne bilden einen Dur-Dreiklang zum Grundton der Saite.

Ist die Saite auf den Ton c gestimmt, ergibt sich aus den Schwingungen der längeren Saitenabschnitte der Dur-Dreiklang: c – e – g – c'; höhere Obertöne liefern weitere Töne dieser Tonleiter. Der letzte Ton vor der Oktave, der so genannte Leitton, fehlt jedoch als Oberton; in der C-Dur-Tonleiter c – d – e – f – g – a – h – c' ist dies das h. Von jedem Grundton aus können solche Dreiklänge und Tonleitern gebildet werden.

Klanganalyse und -synthese. Mit einem Messgerät für die Frequenzanalyse kann man jedes Geräusch auf die in ihm enthaltenen Frequenzen untersuchen. Wird der Klang einer Klaviersaite des Tones a' analysiert, findet man ein geordnetes Frequenzmuster seiner Obertöne, die alle ein Vielfaches von 440 Hz sind, mit unterschiedlichen Amplituden.
Klänge können auch aus einer Summe von einzelnen Tönen gebildet werden. Die Orgel nutzt diese Klangerzeugung. Trompeten, Geigen und die Singstimme hat man versucht nachzubilden, indem viele Orgelpfeifen zugleich erklingen und die passende Klangfarbe erzeugen. Im Synthesizer werden gleichzeitig viele Töne unterschiedlicher Frequenz und Lautstärke auf elektronischem Weg erzeugt. Die entstehenden Klänge sind denen von Originalinstrumenten zum Verwechseln ähnlich.

4 Mit den Tönen der Orgelpfeifen lassen sich die Klänge andere Instrumente nachempfinden.

Messen der Lautstärke

Wenn zwei Schallquellen gleichzeitig senden, dann erreicht den Empfänger von beiden Quellen Energie. Erscheint dem menschlichen Gehör die Lautstärke verdoppelt, wenn die doppelte Energie in derselben Zeit sein Ohr erreicht?

Basiskonzept Wechselwirkung
↑S. 233

EXPERIMENT 5

Besorgt euch mehrere gleiche Trillerpfeifen. Lass erst eine Pfeife anblasen und versuche dir den Höreindruck zu merken! Wie ändert sich der Höreindruck, wenn im gleichen Abstand 2 Pfeifen (später 3, 4 usw.) geblasen werden? Kannst du – mit geschlossenen Augen – raten, wie viele Pfeifen zugleich angeblasen werden?

1

Es ist deutlich zu hören, dass zwei Quellen nicht doppelt so laut klingen wie eine. Selbst drei oder vier scheinen noch nicht doppelt so laut.
Das menschliche Gehör empfindet den Schall von zehn gleichen Schallquellen etwa doppelt so laut wie den Schall einer Schallquelle.
Unsere Wahrnehmung der Lautstärke steigt also nicht linear mit der übertragenen Energie. Mit „laut" und „leise" beschreiben wir, wie wir die Lautstärke empfinden. Diese empfundene Lautstärke ist nicht messbar, aber man kann die je Sekunde auf eine bestimmte Fläche übertragene Energie – die Schallintensität – messen.
Zum Messen der Schallintensität werden so genannte **Schallpegelmesser** verwendet. Als Einheit wird das Dezibel (dB) verwendet. Oft haben solche Messgeräte eine Skala, auf der die Lautstärke in dB(A) abgelesen werden kann. Bei dieser Einheit wird berücksichtigt, dass das menschliche Gehör auf unterschiedlich hohe Töne unterschiedlich stark reagiert. Bei Geräuschen, die wir gerade so hören, steht der Zeiger auf 0 dB(A). Dieser Schallpegel wird *Hörschwelle* genannt.
Ein startendes Flugzeug kann – wenn man in der Nähe steht – so laut sein, dass es Schmerzen im Ohr auslöst. Die so genannte *Schmerzgrenze* liegt bei etwa 120 dB(A). Wird ein Mensch von einem Schallpegel von mehr als 180 dB(A) getroffen, dann wird nicht nur das Gehör zerstört, auch die kleinen Lungenbläschen platzen und dies ist tödlich.

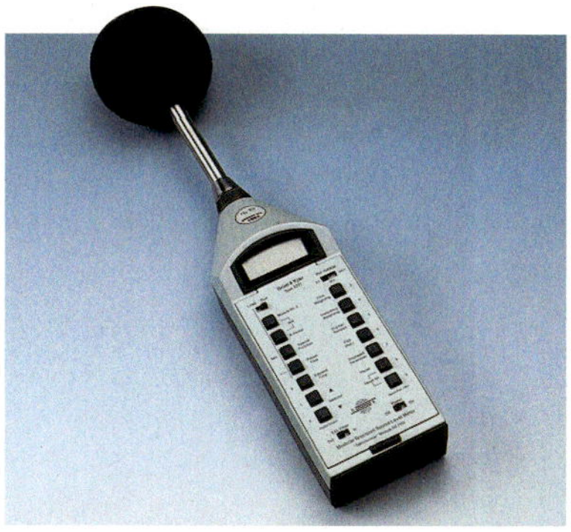
2
Schallpegelmesser

Lärm. Schall kann stören, belästigen und sogar schädigen. In diesem Fall spricht man von Lärm. In dicht besiedelten und industrialisierten Regionen leidet ein großer Teil der Bevölkerung unter dem Lärm, der in der Umwelt entsteht. Hauptverursacher des Lärms ist in der Regel der Verkehr von Autos, Bahnen und Flugzeugen, auch ländliche Regionen sind hiervon zum Teil stark betroffen. Um die Lärmbelastung so niedrig wie möglich zu halten, gibt es im Prinzip zwei Möglichkeiten:
- Die *Lärmvermeidung* setzt an der Schallquelle an,
- beim *Lärmschutz* versucht man, sich vor dem Lärm bestehender Quellen individuell zu schützen.

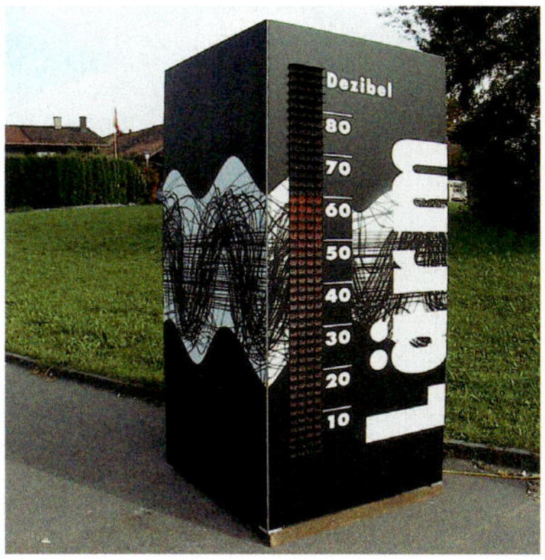

3

Wegen der Gefahren, die von Lärm ausgehen, wurden Verordnungen zum Lärmschutz erlassen. Die Lärmschutzverordnungen setzen Grenzwerte für erlaubte Lautstärken fest.

4
Messung des Verkehrslärms

Schall und Ultraschall in der Medizin

Perkussion. Zur Untersuchung eines Patienten beklopft die Ärztin manchmal die Körperoberfläche mit einem Finger. Mit dieser Methode, der *Perkussion*, werden schon seit langem aus akustischen Signalen Rückschlüsse über die Ausdehnung und die Beschaffenheit von inneren Organen gezogen. Bei der Perkussion werden die Organe in Schwingungen versetzt. Der Klang des von ihnen ausgesandten Schalls unterscheidet sich je nach Luftgehalt, Festigkeit und Elastizität der Organe. Aus dem Klang und aus der Ausbreitung bzw. Dämpfung des Schalls können krankhafte Veränderungen an den Organen festgestellt werden.

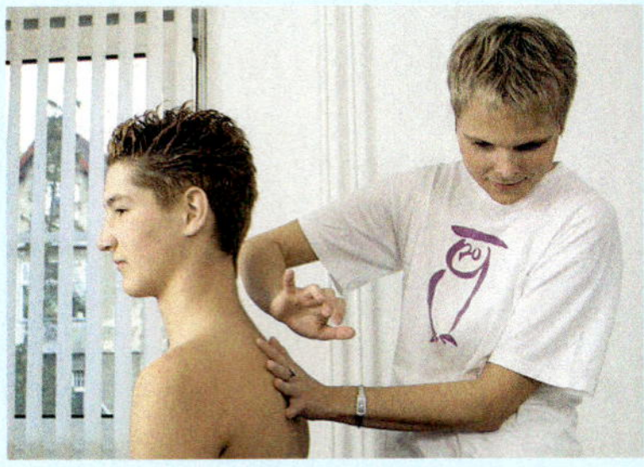
1
Perkussion an der Lunge

Ultraschalltherapie. Ultraschallwellen mit einer Frequenz von bis zu 1 MHz werden genutzt, um z. B. rheumatische Erkrankungen, Nerven- oder Gelenkentzündungen zu heilen. Die Schwingungen werden durch ein Gel auf die Körperoberfläche übertragen, sie bewirken im Körper eine Art Massage, die bis zu einer Tiefe von 7 cm reicht. Durch die Absorption der Schallenergie werden die Körperteile außerdem erwärmt.
Atemwegserkrankungen können durch Aerosoltherapie behandelt werden. Dabei werden manchmal Medikamente eingeatmet, die mithilfe von Ultraschall zu Nebel zerstäubt worden sind.
Nieren- bzw. Gallensteine lassen sich mithilfe von Ultraschall zertrümmern. Bei einer Stoßwellentherapie werden außerhalb des Körpers Schallwellen erzeugt, die auf den betreffenden Stein fokussiert sind.

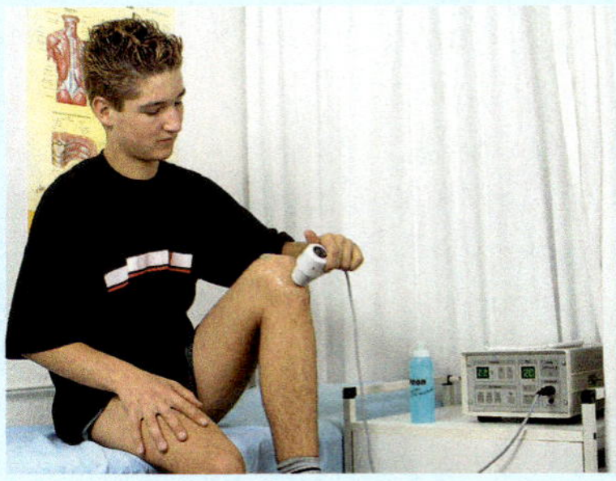
2
Ultraschalltherapie am Kniegelenk

Ultraschalldiagnose (Sonografie). Sehr häufig wird Ultraschall eingesetzt, um Körperstrukturen sichtbar zu machen. Die Sonografie liefert detaillierte Informationen über Lage, Größe und Form von Organen. Die hochfrequente Schwingung entsteht im Ultraschallkopf (Bild 3). Hier werden kurze elektrische Spannungsimpulse auf ein piezoelektrisches Material gegeben. Das Material ändert bei jedem Spannungsimpuls seine Dicke. Die entstehende Vibration wird auf die Körperoberfläche übertragen, im Körper breiten sich Ultraschallwellen aus.
Sie durchdringen die verschiedenen Gewebestrukturen des Körpers – die Haut, das Fettgewebe, die Muskeln und die Knochen. An jeder Grenzfläche werden die Ultraschallwellen teilweise reflektiert (Bild 4).
Der Ultraschallkopf dient nicht nur zum Aussenden der Impulse. Unmittelbar nach dem Aussenden eines Impulses wird er als Empfänger geschaltet: Die reflektierten Wellen deformieren nun das piezoelektrische Material, es entstehen elektrische Signale, die mithilfe eines Computers in ein Ultraschallbild umgewandelt werden.
Die Zeitdifferenz zwischen ausgesandtem Impuls und den empfangenen Echo-Signalen ist proportional zur Tiefe der reflektierenden Schicht. Der zeitliche Abstand zweier Sendeimpulse muss so groß sein, dass auch das Echo aus der größten zu untersuchenden Tiefe noch eintrifft, bevor ein neuer Impuls ausgesandt wird.
Aus der Zeit, die zwischen dem Aussenden des Impulses und dem Empfangen des Echo-Signals vergeht, kann die Tiefe der reflektierenden Schicht bestimmt werden. Im Bild 4 ist die Laufzeit des Signals, das von der Vorderseite des Organs reflektiert wird, kürzer als das, welches von der Rückseite reflektiert wird.

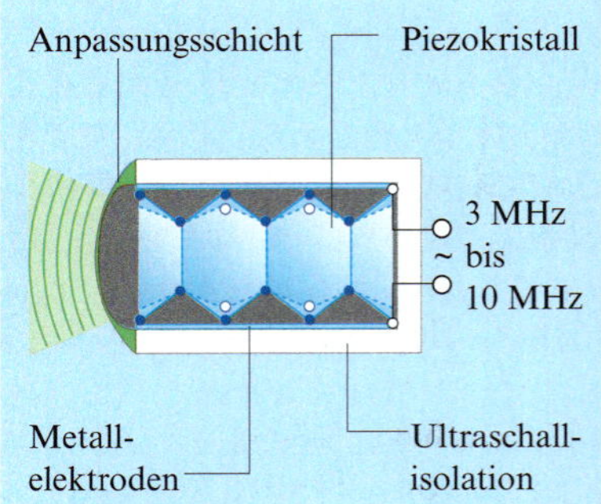

3
Ultraschallkopf

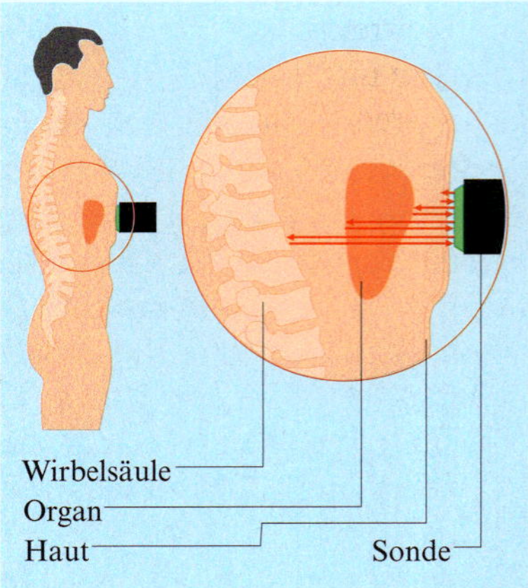

4
Jede Grenzfläche reflektiert einen Teil der auftreffenden Energie.

Lärmschutz

Schalldämmung und Schalldämpfung. Bei der Lärmbekämpfung werden unterschiedliche Eigenschaften der Schallwellen genutzt: Schallwellen werden an harten, glatten Oberflächen gut reflektiert. Die Ausbreitung der Wellen kann also z. B. durch gute Fenster begrenzt (eingedämmt) werden. Dann spricht man von *Schalldämmung*. Andererseits wird die Energie der Schallwellen von weichen oder porösen Materialien gut absorbiert und dann in thermische Energie umgewandelt. Dieser Prozess heißt *Schalldämpfung*. Häufig werden beide Methoden miteinander kombiniert angewendet.

Verringerung des Verkehrslärms. Bei Kraftfahrzeugen kann durch Kapselung des Motors (Bild 2) die Schallabstrahlung verringert werden. Dabei wird der Motor auf elastischem Material, das den Schall schlecht leitet, gelagert, z. B. auf Gummi. Die Innenseite der Kapsel ist mit schalldämpfendem Material beschichtet. An der harten äußeren Schicht der Kapsel wird ein großer Teil der nicht absorbierten Schallenergie nach innen zurückgeworfen.
Für alle Kraftfahrzeuge gibt es gesetzlich festgelegte Grenzwerte für die maximale Schallabstrahlung. Außerdem ist es verboten, unnötig Lärm mit Kraftfahrzeugen zu verursachen, etwa durch das Laufenlassen von Motoren oder unnötiges Hin- und Herfahren in Ortschaften. Bei Kraftfahrzeugen ist der abgestrahlte Lärm umso größer, je höher die Drehzahl des Motors ist und je höher die Geschwindigkeit ist. Ein Auto mit einer Motordrehzahl von 4000 Umdrehungen je Minute erzeugt den gleichen Lärm wie 32 Autos mit 2000 Umdrehungen je Minute.
Zur Verringerung des Verkehrslärms können neben besonders glatten Straßenbelägen auch Schallschutzwände beitragen (Bild 5). Hierbei gibt es unterschiedliche Ausführungen, die den Schall entweder absorbieren oder reflektieren sollen.

Lärmschutz in Gebäuden. In ältere, nicht sanierte Gebäude dringt der Schall vor allem durch die Fenster ein; die Hauswände absorbieren den Schall recht gut. Mehrfachverglasungen mit speziellen Dichtungen und getrennten Rahmen können den Schallschutz einer gemauerten Außenwand erreichen.
Decken und Zwischenwände sind oft relativ gute Schallleiter. Um möglichst wenig Schallenergie zu übertragen, stellt man daher Schallquellen wie Küchengeräte und Lautsprecherboxen auf weiche Füße.

5

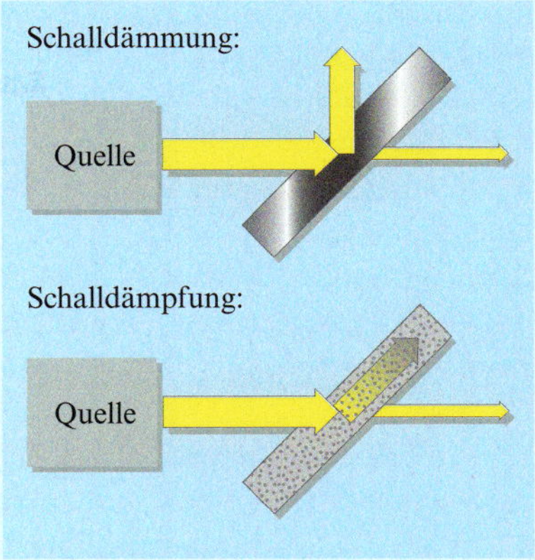

1
Schalldämmung und Schalldämpfung

2
Kapselung eines Automotors

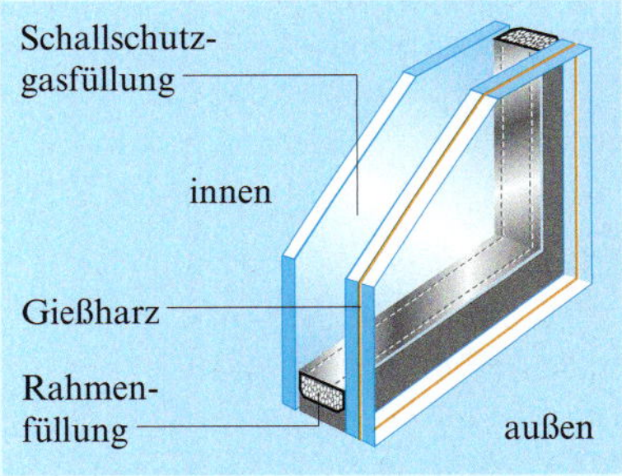

3
Schallschutzfenster

4
Gehörschützer tragen ist hier Pflicht.

Lärm – ein Projekt

1

Der Lärm gehört zu den größten Belastungen der Menschen besonders in den Städten, aber auch auf dem Land in der Nähe von Autobahnen, Eisenbahnlinien und Flughäfen. Manche Lärmbelästigung ist ständig vorhanden, weil beispielsweise eine Lüftung auf dem Nachbargebäude ununterbrochen läuft. Manchmal gibt es nur hin und wieder großen Lärm, z. B. an einer Eisenbahnstrecke. Oft erzeugen wir den „Lärm" sogar freiwillig: Auf dem Sportplatz geht es laut zu, in der Disco dröhnen die Lautsprecher und mit den Ohrhörern am MP3-Player holen wir den Lärm direkt in den Kopf.

Zu jeder dieser Lärmquellen könnte ein Projekt durchgeführt werden:

- Wie laut ist es auf der Straßenkreuzung neben der Schule?
- Welche Gebiete sind vom Fluglärm des Flughafens betroffen?
- Welche Schallquellen gibt es in der benachbarten Fabrik?
- Wie kann man die Lautstärke in der Turnhalle vermindern?
- Wie müsste der Übungsraum eurer Schulband gestaltet werden?
- Wie laut ist eigentlich ein Ohrhörer? …

Projekt: Erstellung einer Lärmkarte der Schule und ihrer Umgebung

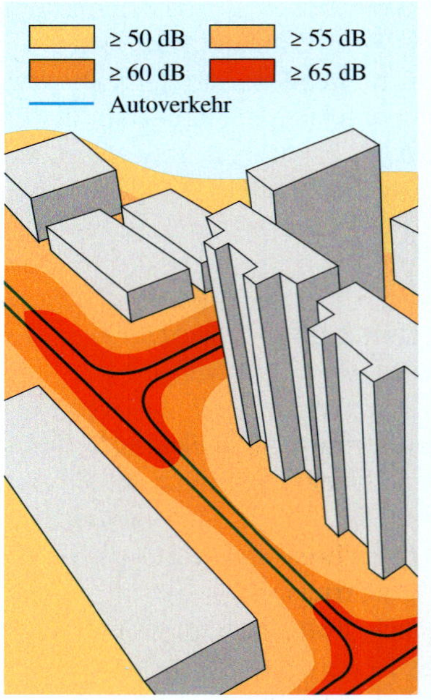

2

Arbeitsplan

Gruppe 1: Wo wird gemessen? – Anfertigen eines Grundrisses der Schule, Ausschnitt aus dem Stadtplan …

Gruppe 2: Wir beschaffen einen Schallpegelmesser. Was kostet ein Schallpegelmesser? Wodurch unterscheiden sich die einzelnen Gerätetypen? Wie finanzieren wir das Messgerät?

Gruppe 3: Messungen – wie wird mit dem Schallpegelmesser gemessen? Wie stellt man die Messwerte am besten dar? Zu welchen Zeiten muss gemessen werden?

Gruppe 4: Wie wird der Lärm durch die Mitschüler und Lehrer beurteilt? – Interviews und Fragebögen

Gruppe 5: Welche Schlussfolgerungen kann man aus den Messungen ziehen?

Tipp:

Für Lärmanalysen ist ein Schallpegelmesser erforderlich. Ein solches Gerät sollte in der Lehrmittelsammlung der Physik eurer Schule vorhanden sein. Schallpegel-Messgeräte gibt es ab etwa 50 Euro in Elektronikfachmärkten, richtige Profigeräte kosten jedoch über 1000 Euro. Im Internet könnt ihr – mit etwas Glück – professionelle Geräte für weit weniger Geld kaufen. Am besten beschafft ihr gleich zwei Schallpegelmesser, dann können mehrere Arbeitsgruppen an verschiedenen Orten zugleich messen. So kann z. B. direkt an der Straße und gleichzeitig im Haus gemessen werden, wenn ein Lastwagen vorüberfährt.

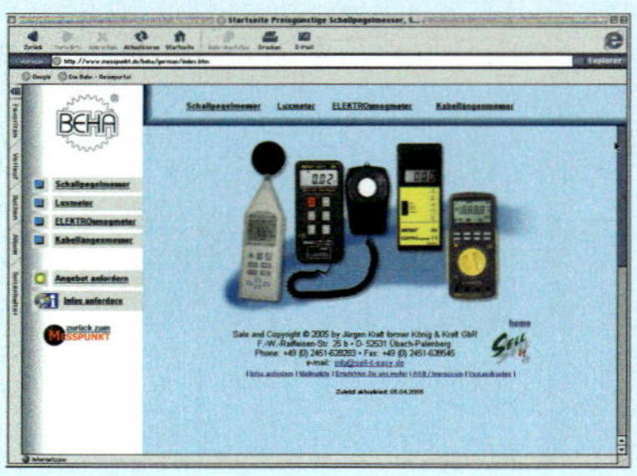
3

Weißt du es ? Kannst du es

1. Erkläre, wie eine Schallwelle an einer schwingenden Stimmgabel bzw. Lautsprechermembran entsteht!
2. Die magnetischen Rollen auf einer Schiene sind so gepolt, dass sie einander jeweils abstoßen.
   a) Beschreibe, was geschieht, wenn die erste Rolle kurzzeitig in Richtung der zweiten ausgelenkt wird!
   b) Vergleiche diesen Vorgang mit der Schallausbreitung in Luft!

1

3. Könnten sich auf dem Mond zwei Astronauten durch lautes Sprechen verständigen? Begründe!
4. Plane ein Experiment mit dem du die Reflexion von Schallwellen nachweisen kannst!
5. Das menschliche Ohr kann zehn Schallereignisse in einer Sekunde getrennt wahrnehmen. Wie weit muss man von einer reflektierenden Wand mindestens entfernt sein, um ein Echo zu hören?
6. Wie groß ist die Meerestiefe, wenn der Schall eine Zeit von 0,6 Sekunden benötigt, um vom Sender an der Unterseite eines Schiffes zum Meeresboden und von dort zurück zum Empfänger zu gelangen?
7. Nenne und erläutere ein Beispiel für die Beugung von Schallwellen!
8. Worin unterscheiden sich die Schwingungsbilder von einem leisen und einem lauten Ton?
9. Worin unterscheiden sich die Schwingungsbilder von einem tiefen und einem hohem Ton?
10. Oberhalb welcher Frequenzen werden Töne als Ultraschall bezeichnet?
11. Erläutere und unterscheide die Begriffe Hörgrenze und Schmerzgrenze!
12. Was versteht man unter Lärm? Beschreibe und erkläre Lärmschutzmaßnahmen in Gebäuden und im Straßenverkehr!

Kurz und knapp !

Eine Welle ist die Ausbreitung einer Schwingung, bei der Energie übertragen, jedoch kein Stoff transportiert wird.
Die Wellenlänge λ ist der Abstand zweier benachbarter Wellenberge.

Schallwellen können an Hindernissen reflektiert werden. Für die Änderung der Ausbreitungsrichtung gilt dabei das Reflexionsgesetz.
Schallwellen können an Hindernissen gebeugt werden.

Die Schallgeschwindigkeit in Luft beträgt etwa 340 m/s.

Je höher die Frequenz der Schwingung ist, desto höher ist der Ton.
Je größer die Amplitude der Schwingung ist, desto lauter ist der Ton.

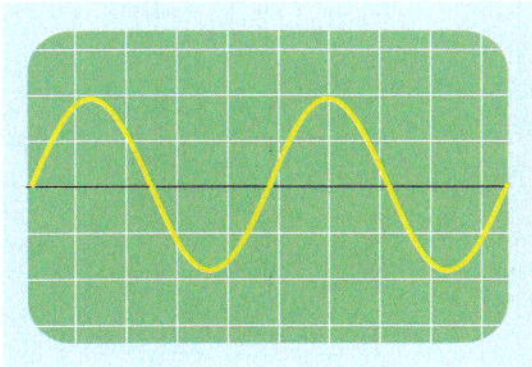

tiefer Ton

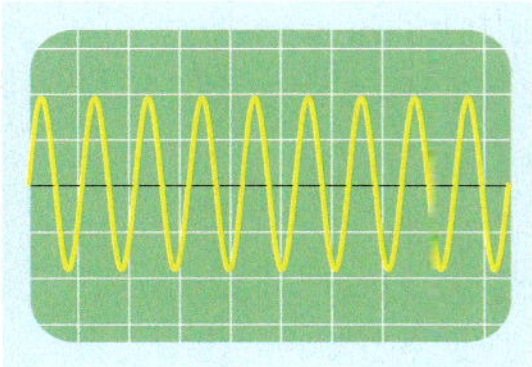

hoher Ton

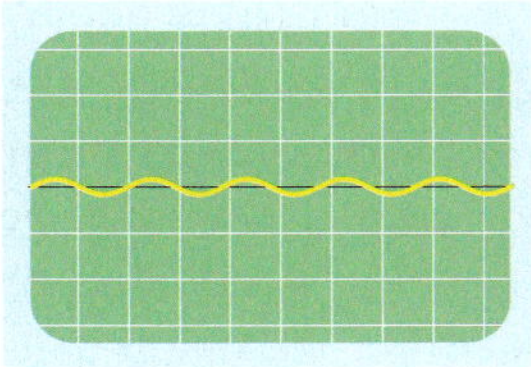

leiser Ton

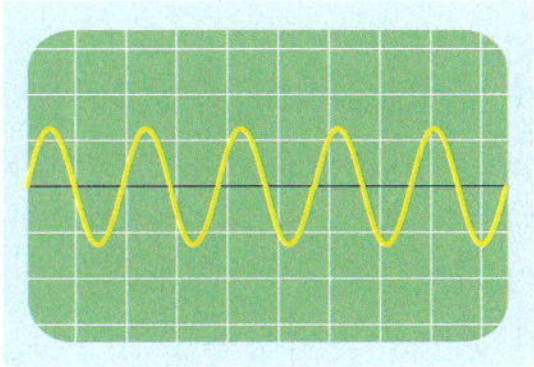

lauter Ton

Energie nutzen und bereitstellen

1

Auf dem Festland wurde in den letzten Jahrzehnten intensiv nach Erdöl und Erdgas gebohrt. Jetzt werden neue Fundstätten immer seltener. Deshalb konzentriert man sich stärker auf den Meeresboden. Dazu ist es notwendig, im Meer künstliche Bohrinseln anzulegen.
Wie macht man das und wie werden Erdöl und Erdgas weitertransportiert?

Konventionelle Energiequellen

In den letzten Jahrzehnten haben die Menschen in Deutschland den Energiebedarf durch das Verbrennen von Steinkohle, Braunkohle, Erdöl und Erdgas sowie durch Kernreaktionen mit Kernbrennstoff gedeckt. Mit dem immer stärkeren Einsatz wurde deutlicher, dass es sich dabei um erschöpfliche Energien handelt. Zwar wurden und werden noch immer neue Lagerstätten entdeckt und genutzt. Die geschätzten Zeitspannen, in denen diese Energieträger noch zur Verfügung stehen, werden aber immer kürzer. So nimmt man z. B. an, dass in 150 Jahren die Lagerstätten an Steinkohle weitgehend erschöpft sein werden. Daneben gibt es noch weitere Gründe, mit diesen Energieträgern verantwortungsbewußt umzugehen:
- die schädliche Wirkung der Verbrennungsgase;
- die Tatsache, dass es sich bei Kohle, Erdöl und Erdgas um hochwertige chemische Rohstoffe handelt.

2

Tanks für Erdölprodukte

Basiskonzept Energie ↑S. 230

Umweltschäden durch Verbrennungsgase. Der hohe Kohlenstoffgehalt insbesondere von Kohle sowie Erdöl führt dazu, dass sich durch das Verbrennen immer mehr Kohlenstoffdioxid in der Atmosphäre anreichert. CO_2 ist ein so genanntes Treibhausgas. Es wirkt wie die Glasscheiben eines Gewächshauses. Fällt Licht in das Gewächshaus, so steigt die Temperatur unter dem Glas an. Bei doppelter Verglasung von Gewächshäusern oder Sonnenkollektoren nimmt die Temperatur noch stärker zu. Genau so erhöht sich die Temperatur auf der Erde, wenn der Anteil des Kohlenstoffdioxides in der Atmosphäre zunimmt. Diese höhere Temperatur führt zu Klimaveränderungen mit katastrophalen Auswirkungen auf die Lebensbedingungen aller Lebewesen.

Die Verbrennungsgase enthalten neben dem CO_2 auch viele Schadstoffe. So entsteht durch Verbrennen des Schwefels in der Kohle Schwefeldioxid. Dieses Schwefeldioxid löst sich im Regenwasser, das dann als sauerer Regen auf die Erde trifft. Dieser Regen fügt Blättern und Nadeln der Bäume Schäden zu. Er vergrößert den Säuregehalt des Erdbodens und gelangt so ins Grundwasser. Daraus folgen Schäden für die Trinkwasserversorgung.

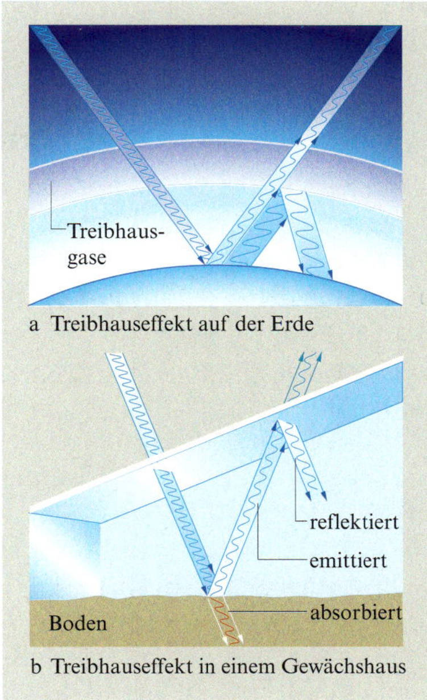

a Treibhauseffekt auf der Erde
b Treibhauseffekt in einem Gewächshaus
1

Kohle und Erdöl als wichtige chemische Rohstoffe. Kohle und Erdöl sind nicht nur für die Bereitstellung von Energie bedeutsam, sie sind auch die Grundlage für viele Zweige der chemischen Industrie: die Kunststofferzeugung, die Produktion von Farben und die Arzneimittelindustrie. Wenn Kohle und Erdöl einmal nicht mehr in ausreichendem Maße zur Verfügung stehen, dann wird es nicht nur sehr kompliziert sein, geeignete Ersatzstoffe zu finden. Es ist auch notwendig, die ganze Industrie auf diese neuen Stoffe einzustellen und damit neue Verfahren zu entwickeln.

Um die Umweltschäden zu verringern und Rohstoffe für die chemische Industrie zu erhalten, muss sehr sparsam mit den Vorräten an Stein- und Braunkohle, Erdöl und Erdgas umgegangen werden.

Alternative Energiequellen

Energie des gestauten und strömenden Wassers. Durch die Sonnenstrahlung verdunstet Wasser aus den großen Wasserflächen der Ozeane, Seen und Flüsse. Aber auch der Erdboden gibt Wasser an die Luft ab, so wie die Pflanzen, die auf ihm wachsen. Das verdunstete Wasser steigt mit der erwärmten Luft auf und bildet Wolken. Diese werden durch die Luftströmungen auf der Erde bewegt, bis sie schließlich das Wasser – zumeist in Form von Regen – wieder abgeben. Die Energie dieses Wassers kann z. T. in Wasserkraftwerken genutzt werden.
Die nutzbare Energie ist umso größer, je größer die Masse des pro Sekunde strömenden Wassers und je größer der Höhenunterschied ist. Laufwasserkraftwerke, bei denen große Wassermassen mit oft nur geringem Höhenunterschied die Turbinen antreiben, finden in Flussläufen im Mittelgebirge oder im Flachland Verwendung (Bild 3).

2
Laufwasserkraftwerk Laufenburg am Rhein

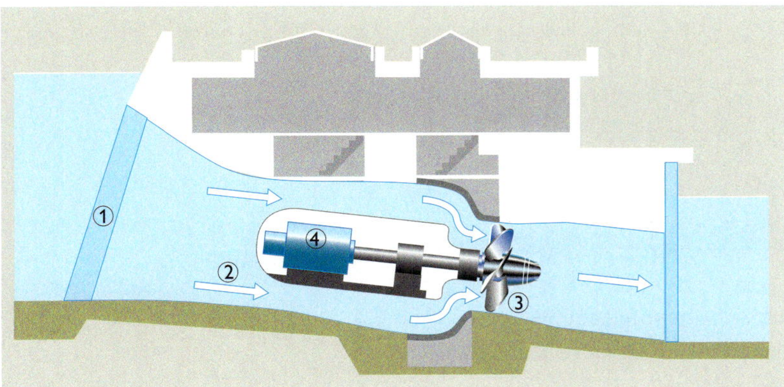

3

Aufbau eines Laufwasserkraftwerkes:
(1) Einlaufrechen
(2) Laufwasser-Strom
(3) Kaplanturbine mit verstellbaren Schaufeln
(4) Generator

Speicherkraftwerke arbeiten mit geringen Wassermassen bei großem Höhenunterschied z. B. bei Stauseen in den Bergen.
In diesen beiden Arten von Kraftwerken werden unterschiedliche Turbinen genutzt. Laufwasserkraftwerke arbeiten mit Kaplanturbinen (Bild 1). Diese haben die Form einer Schiffsschraube und besitzen 3 bis 6 Schaufeln. Bei Speicherkraftwerken finden Freistrahlturbinen Anwendung (Bild 2). Sie haben 30 bis 40 halbschalenförmige Schaufelblätter, auf die der Wasserstrahl auftrifft. Der Wirkungsgrad der Turbinen liegt bei 95% und kann bei Freistrahlturbinen etwas größer als bei Kaplanturbinen sein.
Die Nutzung der Energie des Wassers hängt stark von den geografischen Bedingungen in einem Land ab. In Deutschland werden etwa 4% der Elektroenergie durch Wasserkraft gewonnen. In Österreich, der Schweiz und in Kanada deckt die Energie des Wassers etwa 2/3 des Bedarfs an Elektroenergie ab. In Norwegen sind es sogar 99%.
In Deutschland sind die Möglichkeiten zur Nutzung der Wasserkraft weitestgehend erschöpft.
Das gestaute bzw. strömende Wasser ist eine weitgehend umweltfreundliche Energieform. Allerdings stellt auch jedes Wasserkraftwerk – und sei es nur ein Kleinstkraftwerk – einen Eingriff in die Natur dar. Wenn das Wasser in Rohrleitungen transportiert wird, können die Flussläufe und Bäche im Sommer teilweise austrocknen. Das bringt Nachteile für die Pflanzen- und Tierwelt mit sich. Das angestaute Wasser fließt nur noch zu einem kleinen Teil über die Wehre.
Weitere Möglichkeiten, Energie des Wasser zu nutzen, bestehen im Bau von Gezeitenkraftwerken und Wellenkraftwerken. Für die technische Nutzung der Energie von Ebbe und Flut ist ein Wasserstandsunterschied von mindestens 5 m notwendig, der in Deutschland nicht erreicht wird.

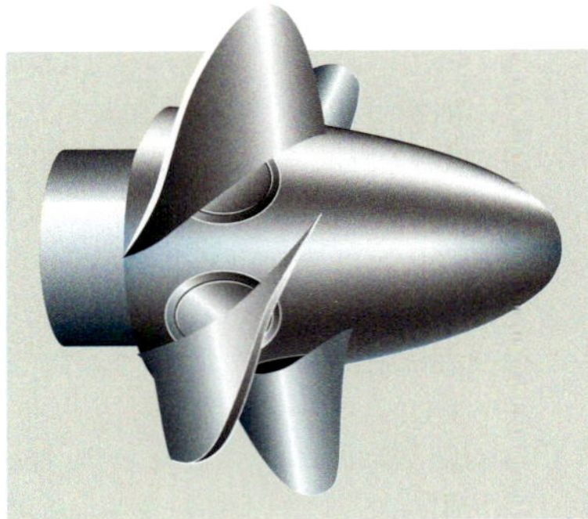
1
Kaplanturbine

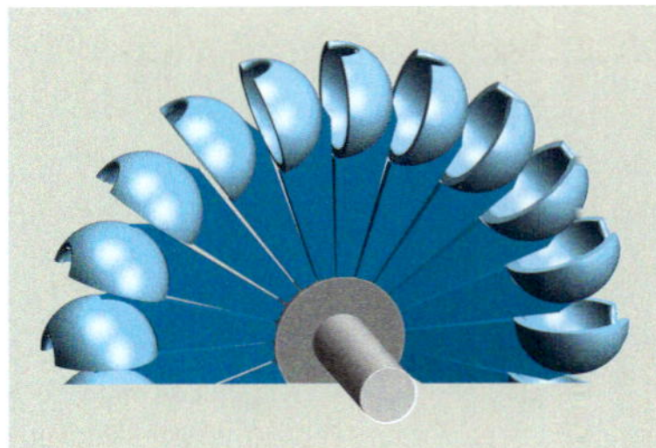
2
Freistrahlturbine (Peltonrad)

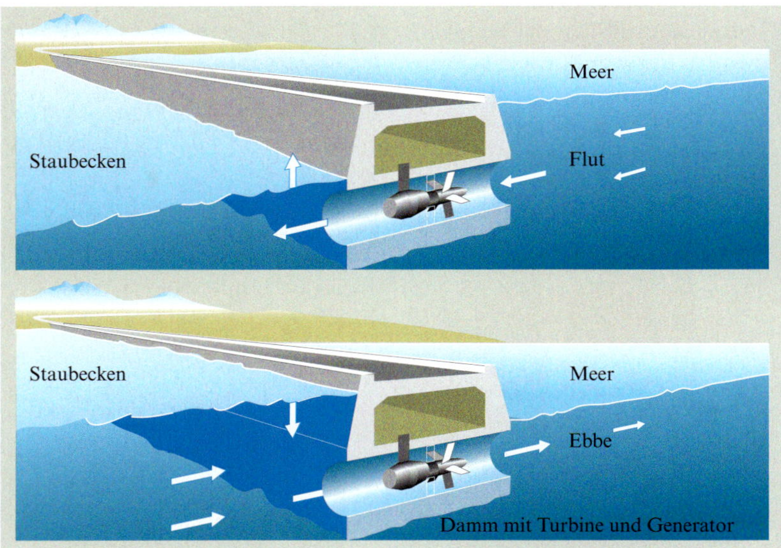

3
Schema eines Gezeitenkraftwerkes

4
Gezeitenkraftwerk St. Malo (Frankreich)

Durch die Wasserkraft werden in Deutschland etwa 4% der Elektroenergie bereitgestellt. Damit sind die Möglichkeiten weitestgehend erschöpft. Wasserkraftwerke sind relativ umweltfreundlich.

Windenergie. Für die Schifffahrt wurde der Wind schon seit Jahrtausenden genutzt. Die ersten Windmühlen baute man in Europa erst im Mittelalter. Um das Jahr 1900 standen an den Küsten Hollands, Deutschlands und Dänemarks etwa 100 000 Windmühlen. Diese wurden in den nachfolgenden Jahrzehnten vor allem durch die schnell laufenden Benzin-, Diesel- und Elektromotoren verdrängt. Moderne Windturbinen besitzen eine Masthöhe von etwa 120 m und einen Rotordurchmesser von etwa 120 m. Selbst die Nabe liegt also etwa 30 m höher als die Spitze der Dresdener Frauenkirche mit einer Höhe von 91,24 m (Bild 1). Die Maximalleistung einer solchen Turbine beträgt 5 MW.
Auf dem Festland haben sich die Dreiflügelrotoren durchgesetzt. Die Lage der Flügel zum Wind und ihr Anstellwinkel werden je nach der Windgeschwindigkeit automatisch verändert. An windreichen Stellen baut man ganze Windparks mit teilweise mehr als 20 Rotoren (Bild 2). Der Wirkungsgrad eines Dreiblattrotors liegt maximal bei etwa 60 %. Im Jahre 2007 waren in Deutschland über 20 000 Windkraftanlagen in Betrieb. Ihr Anteil an der Elektrizitätsversorgung ist von Bundesland zu Bundesland verschieden. Spitzenreiter ist Schleswig-Holstein mit 34 %. Im Jahre 2005 wurden in der gesamten BRD 7 % der benötigten Elektroenergie durch Windturbinen bereitgestellt. Erwartet wird noch bis zum Ende des nächsten Jahrzehntes eine Steigerung bis auf 25 %. Das ist auch deshalb beachtlich, weil der Wind mit unterschiedlichen Geschwindigkeiten weht und zeitweilig so schwach ist, dass die Windturbinen gar nicht arbeiten.

1
5-MW-Windturbine im Vergleich zur Dresdener Frauenkirche

2
Moderner Windpark

Wind ist eine Energieform, die erst zu einem kleinen Teil genutzt wird. Ihr Anteil an der Elektroenergieerzeugung betrug in Deutschland im Jahre 2005 etwa 7 %. Windkraftwerke sind umweltfreundlich.

Sonnenenergie. Die bisher beschriebenen Energieformen gehen letztlich auf die Sonnenenergie zurück. Es ist jedoch auch eine direkte Nutzung der Strahlung der Sonne möglich. Ein Weg der Umwandlung von Energie der Sonnenstrahlung in elektrische Energie besteht darin, dass man die Sonnenstrahlung mit einem großen Hohlspiegel sammelt. Im Brennpunkt des Spiegels ist ein Heißluftmotor angeordnet (Bild 3). Dieser wird durch die Sonnenstrahlung erhitzt und wandelt die thermische Energie in mechanische Energie um. Der Heißluftmotor treibt einen Generator an, der mechanische Energie in elektrische Energie umwandelt. Mit solchen Anordnungen sind Gesamtwirkungsgrade von etwa 40 % möglich. Diese Sonnenkraftwerke haben jedoch den Nachteil, dass die Hohlspiegel ständig so bewegt werden müssen, dass die Sonnenstrahlung immer parallel zur optischen Achse einfällt. Für Deutschland sind solche Anordnungen wegen der geringen Anzahl der Sonnenstunden nicht geeignet. Ein anderer Weg besteht in der direkten Umwandlung der Sonnenenergie in elektrische Energie durch Solarzellen (Bild 4). Die Energie der Sonnenstrahlung lässt sich auch in Sonnenkollektoren nutzen. In solchen solarthermischen Anlagen wird Wasser erwärmt.

3
Solarkraftwerk mit Parabolspiegel und Heißluftmotor

In Deutschland ist die direkte Nutzung der Sonnenenergie vor allem für die Warmwasserbereitung und die Heizung von Wohnungen möglich. Diese Nutzung kann noch stark ausgebaut werden.

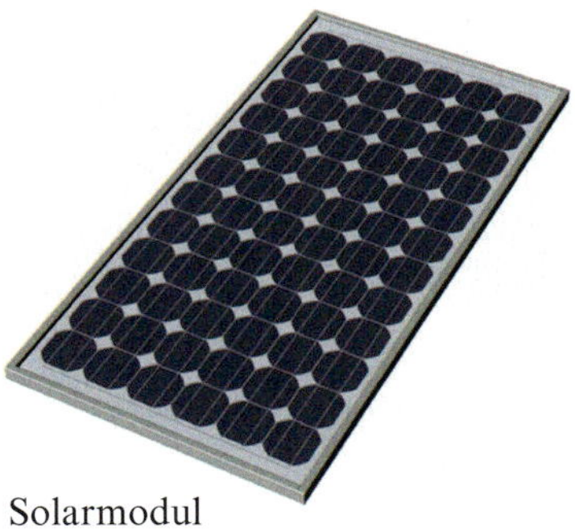
Solarmodul 4

Thermische Energie der Umwelt. Im Sommer liegt die Lufttemperatur in Deutschland meist über 20 °C, manchmal sogar über 30 °C. Da die uns umgebende Luft eine große Masse besitzt, ist in ihr eine beträchtliche thermische Energie gespeichert. Die Temperatur unserer Gewässer steigt im Sommer ebenfalls auf über 20 °C. Im Winter sinkt die Temperatur am Grund der Flüsse, Seen und Teiche nicht unter 4 °C ab. Die Gewässer frieren nur an der Oberfläche zu. Die Temperatur des Erdbodens schwankt von Sommer zu Winter. Im Sommer kann sie in einen halben Meter Tiefe 20 °C erreichen. Im Winter kann der Boden bis zu dieser Tiefe einfrieren. In einigen Metern Tiefe schwankt die Temperatur jedoch nur geringfügig um 11 °C. Auch das Wasser aus Quellen und Tiefbrunnen gelangt mit etwa dieser Temperatur an die Erdoberfläche. Sowohl im Wasser als auch im Erdboden ist viel thermische Energie gespeichert.

Wasser und Boden haben eine niedrige Temperatur – dennoch lässt sich ihre thermische Energie zum Heizen verwenden. Hierzu dienen Wärmepumpen. Sie funktionieren wie ein Kühlschrank. Beim Kühlschrank wird die thermische Energie aus dem Innenraum heraus in die Heizschlangen auf der Rückseite gepumpt, die dann die Zimmerluft erwärmen. Bei der Wärmepumpe wird in entsprechender Weise die thermische Energie aus Luft, Wasser oder Boden in die Wohnungen gepumpt, wo sie ebenfalls von Kühlschlangen an die Luft abgegeben wird.

Mithilfe von Wärmepumpen können mit 1 kW · h elektrischer Energie etwa 3 kW · h thermische Energie in ein Haus „gepumpt" werden. Obwohl zur Erzeugung der elektrischen Energie relativ viel Primärenergie erforderlich ist, sind Wärmepumpen ökologisch sinnvoll.

1

Wärmepumpenanlage, die dem Erdreich Wärme entzieht

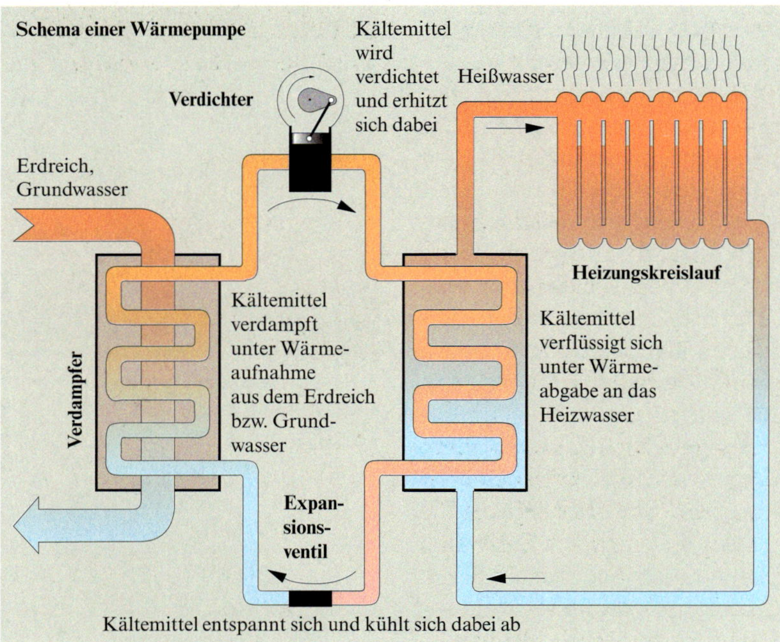

2

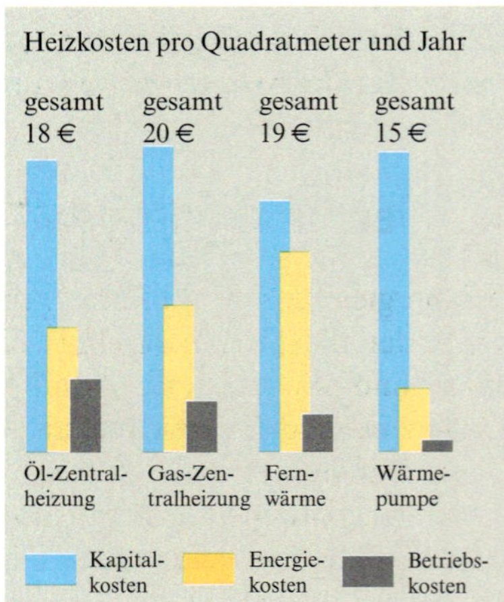

3

Heizkostenvergleich eines freistehen den Einfamilienhauses

In der Luft, den Gewässern und im Erdboden ist eine große thermische Energie gespeichert. Mit Wärmepumpen ist es möglich, einen Teil dieser thermischen Energie in Häuser hineinzutransportieren.

Nachwachsende Rohstoffe. Sonnenstrahlung wird von den Pflanzen für ihr Wachstum benötigt. Sie erzeugen „Biomasse", in der die Sonnenenergie teilweise gespeichert ist. Diese Energie kann auf verschiedene Weise genutzt werden. Das einfachste Verfahren ist das Verbrennen im Kraftwerk zur Elektrizitätserzeugung. Hierfür ist beispielsweise auch Abfallholz geeignet, das zerkleinert und zu Pellets geformt wird (Bild 1). Diese Pellets werden dann in Kraftwerken verbrannt. Aus Stroh, Schilf und anderen Pflanzen kann man Bioalkohol herstellen. Er kann dem Benzin beigemischt werden.
Eine weitere Möglichkeit besteht im Anbau von Ölpflanzen, aus denen dann Treibstoffe für Verbrennungsmotoren hergestellt werden. Zur Erzeugung von Dieselkraftstoff baut man z. B. Raps an.

1
Holzpellets für die Verbrennung

Aus nachwachsenden Rohstoffen kann man hochwertigen Biodiesel und Bioalkohol herstellen. In der Gesamtbilanz nimmt dabei der CO_2-Gehalt der Atmosphäre nicht zu.

Organische Reststoffe. In der Intensivhaltung von Rindern, Schweinen und Geflügel fallen große Mengen von Gülle und Festmist an. Diese kann man zur Erzeugung von Biogas nutzen. In großen Tanks erzeugen Bakterien aus den organischen Stoffen vor allem das Gas Methan. Die chemische Energie dieses Biogases kann durch Verbrennen in thermische Energie umgewandelt werden.
In einer Deponie für Haushaltsmüll fallen große Mengen von Holz und Papier an. Beim Verrotten dieser Materialien entsteht ein Gas. Auch dieses so genannte Deponiegas kann zum Heizen verwendet werden.

2
Gärbehälter einer Biogasanlage

Nachwachsende Rohstoffe und organische Reststoffe können einen wichtigen Beitrag leisten, um den Energiebedarf zu decken.

Energieumwandlung und -erhaltung

Basiskonzept Energie
↑S. 230

Basiskonzept System
↑S. 231

Die Energie, die in der Natur vorkommt, nennt man oft *Primärenergie*. Träger der Primärenergie sind z. B. Kohle, Erdöl, Erdgas, bewegtes Wasser und bewegte Luft. Aus dieser Primärenergie gewinnt man die *Sekundärenergie*. Das geschieht z. B. in Kraftwerken, in denen die Energie der Kohle in elektrische Energie umgewandelt wird oder in Fernheizwerken, in denen eine Umwandlung der chemischen Energie von Erdgas in thermische Energie erfolgt.
Nutzenergie ist diejenige Energie, die von den Menschen je nach ihren Bedürfnissen eine einfache Verwendung finden kann. Nutzenergie ist z. B. die elektrische Energie. Schließlich wird die Nutzenergie in die *Endenergie* umgewandelt. Das erfolgt z. B. in den elektrischen Geräten wie dem Wasserkocher.

Energiefluss. Bei der Umwandlung von Primärenergie in Sekundärenergie und schließlich in Nutzenergie tritt ein ständiger Energiefluss auf. In Bild 1 auf der folgenden Seite sind die Energieflüsse für zwei Kraftwerke schematisch dargestellt. Bild 1a zeigt den Energiefluss in einem Kohlekraftwerk, Bild 1b den in einem Wasserkraftwerk.

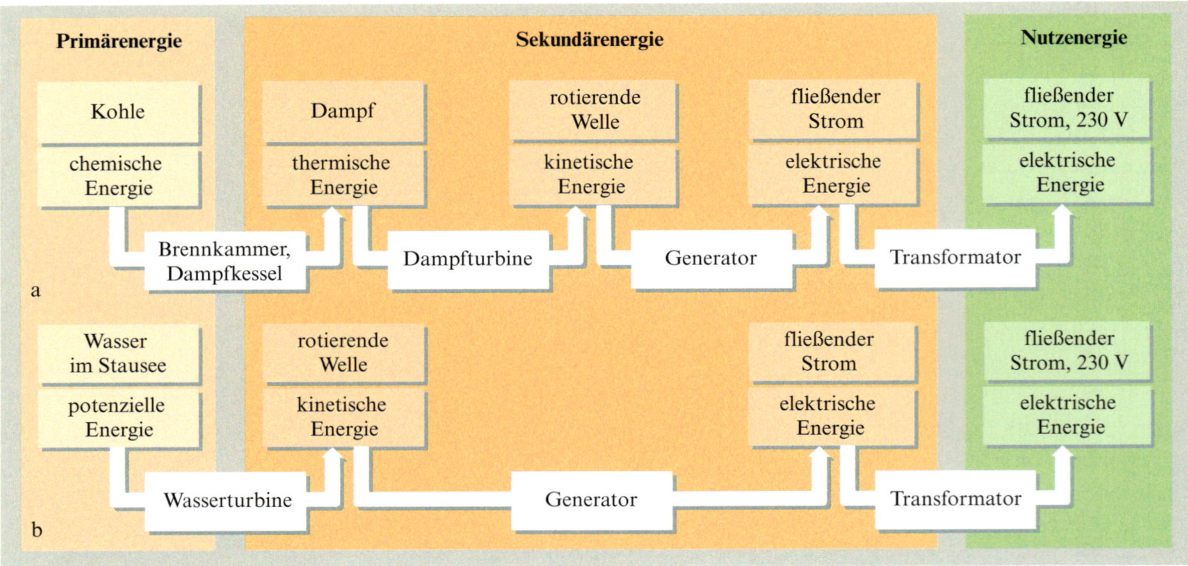

1

Wirkungsgrad eines Energiewandlers. Die Primärenergie kann in einem Kraftwerk nicht vollständig in Sekundärenergie umgewandelt werden. So ist es in einem Wasserkraftwerk möglich, bis zu 95% der im Wasser gespeicherten potenziellen Energie in mechanische Energie der Turbinen umzuwandeln. Die Energie der Turbinen wird dann in den Generatoren zu 95% in elektrische Energie umgewandelt. Im Wasserkraftwerk ist es also möglich, 90% der Primärenergie in Sekundärenergie umzuwandeln. Die nicht umgewandelte Energie wird als Wärme an die Umgebung abgegeben. Sie lässt sich nicht mehr effektiv in eine weitere Energieform umwandeln.
Bei einem Wärmekraftwerk wird die Primärenergie der Kohle zunächst in thermische Energie des Dampfes und dann in mechanische Energie der Dampfturbine umgewandelt. Im Generator erfolgt eine Umwandlung in elektrische Energie.
Heizkessel und Verbrennungsgase geben thermische Energie an die Umgebung ab. Der ausströmende Dampf besitzt noch eine beträchtliche Energie. In der Turbine wird diese nicht vollständig in mechanische Energie umgewandelt. Auch im Generator treten Verluste auf, die zur Erwärmung führen. Die im Heizkessel vom Generator an die Umgebung abgegebene thermische Energie kann nicht wieder für die gewünschte Energieumsetzung genutzt werden. Auf diese Weise werden selbst in modernen Wärmekraftwerken mit Dampfturbinen nur etwa 40% der Primärenergie in Sekundärenergie umgewandelt. Die nicht genutzte Energie, die als Wärme an die Umgebung abgegeben wird, bezeichnet man auch als Energieverlust.

Energiewandler	Wirkungsgrad in %
Dampfmaschine	10
Solarzelle	12
offenes Kaminfeuer	15
Benzinmotor	30
Dieselmotor	bis 40
Dampfturbine	40
Sonnenkollektor	50
Ofenheizung	60
Elektrokochplatte	65
Koksheizung	70
Durchlauferhitzer (Erdgas)	80
Zentralheizung (Öl, Gas)	85
Elektromotor	bis 95
Generator	bis 95
Tauchsieder	98

Der Wirkungsgrad gibt an, wie gut oder schlecht eine Anlage eine Energieform in eine andere umwandelt.
Gleichung für den Wirkungsgrad: $\eta = \frac{E_{nutz}}{E_{zug}}$

Dabei ist E_{zug} die Energie, die dem Prozess zugeführt wird. E_{nutz} ist die für den jeweiligen Zweck ausgenutzte Energie.

Energieentwertung

Energie gibt es in den verschiedensten Formen. Ein Körper, der Energie besitzt, kann mechanische oder elektrische Arbeit verrichten, er kann andere Körper erwärmen oder Licht aussenden.
Auch kaltes Wasser besitzt Energie. Gießt man das Wasser auf Eis, so gibt es thermische Energie ab und das Eis schmilzt. Aber viel mehr können wir mit der thermischen Energie von kaltem Wasser nicht anfangen. Wir können damit weder eine Dampfmaschine betreiben, noch können wir damit etwas zum Leuchten bringen.
Die verschiedenen Energieformen haben für uns einen unterschiedlichen Wert. Der Wert der Energie richtet sich danach
- wie gut sie sich nutzen lässt,
- wie gut sie sich speichern lässt und
- wie leicht sie von einem Ort zum anderen transportiert werden kann.

Bei der *Nutzung* von Energie tritt meist eine Umwandlung der Energie in eine andere Form auf. Wie gut sich die Energie nutzen lässt, hängt vom Wirkungsgrad ab, mit der die Energie umgewandelt werden kann.
Die *elektrische Energie* hat einen besonders hohen Wert. Man kann sie mit einem hohen Wirkungsgrad direkt in alle anderen Energieformen umwandeln und leicht an die Stellen transportieren, an denen sie gebraucht wird. Bei der Umwandlung von elektrischer Energie in thermische Energie oder mechanische Energie können Wirkungsgrade von fast 100 % erreicht werden.
Auch die *mechanische Energie* ist eine hochwertige Energieform. Das zeigt sich vor allem darin, dass sie mit einem Wirkungsgrad von über 95 % in elektrische Energie umgewandelt werden kann.
Schließlich hat auch die *chemische Energie* einen hohen Wert. Ein Vorzug der chemischen Energie besteht darin, dass sie sich sehr gut speichern und über große Entfernungen transportieren lässt. So kann man z. B. Erdöl und Erdgas im Prinzip beliebig lange lagern und durch Pipelines (Bild 2) über ganze Kontinente verteilen. Außerdem kann man mit chemischer Energie auf einfache Weise hohe Temperaturen erzeugen.
Verglichen mit diesen drei Energieformen hat die *thermische Energie* einen geringen Wert. Die thermische Energie kann man zumeist nur mit einem geringen Wirkungsgrad in eine andere Energieform umwandeln. Außerdem benötigt man dazu komplizierte Geräte wie z. B. Dampfkessel, Dampfturbinen und Generatoren.
Einen besonders geringen Wert hat die thermische Energie dann, wenn der Wärmespeicher eine niedrige Temperatur hat. So kann man mit heißem Wasser, das eine Temperatur von weniger als 100 °C besitzt, keine Dampfturbine betreiben.
Bei nahezu allen Energiewandlungen und Energieübertragungen treten so genannte „Energieverluste" auf. Beispiele hierfür sind die Reibung, die Erwärmung von elektrischen Leitungen oder das Entstehen von heißen Abgasen in Benzinmotoren. Stets wird Wärme an die Umgebung abgegeben. Die Temperatur der Umgebung erhöht sich dadurch jedoch so gut wie gar nicht. Die entwichene Energie lässt sich nicht mehr ohne weiteres nutzen. Daher spricht man hier auch von einer *Energieentwertung*.

1
Kaltes Wasser besitzt Energie.

2
Pipeline

SCHON GEWUSST?

Ein Vergleich derselben Energie in unterschiedlichen Energieformen kann zu Überraschungen führen.
Z. B. enthalten die folgenden Körper jeweils eine Energie von 3 200 kJ:

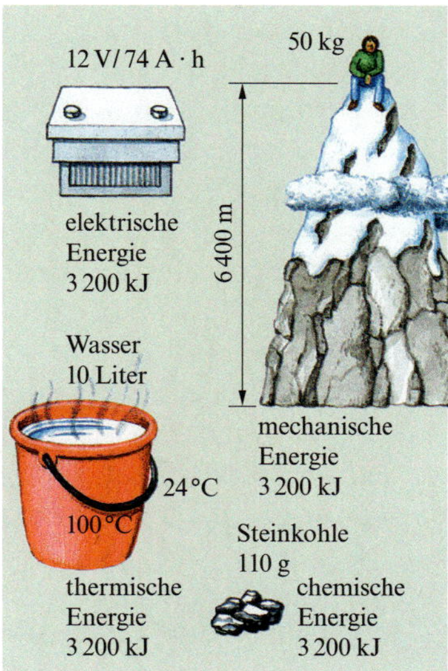

3

Verbundnetz

Vor 110 Jahren versorgten die ersten Elektrizitätswerke ihre Nutzer direkt über Kupferleitungen mit elektrischem Strom. Die Entfernungen durften nicht größer als 1 km sein, sonst kam zu wenig Elektrizität an. Fiel ein Kraftwerk aus, so hatten alle „Verbraucher“ kein elektrisches Licht.

Um die Stromversorgung sicherer zu machen, schlossen sich vor 100 Jahren die ersten Elektrizitätswerke in einzelnen Städten zusammen. Nach und nach wurden diese regionalen Netze über Hochspannungs- und später Höchstspannungsleitungen miteinander verbunden. So entstand im Laufe der Jahrzehnte das erste deutsche Verbundnetz.

Das Übertragungsnetz endet aber nicht an der deutschen Grenze. Das europäische Verbundsystem ist ein europaweit eng vermaschtes Netz aus Hoch- und Höchstspannungs-Leitungen zur Stromverteilung. Die UCTE, die Union for the Co-ordination of Transmission of Electricity ist für die Koordinierung des Betriebes und die Erweiterung des europäischen Netzverbundes zuständig. Mitglieder sind: Belgien, Bosnien-Herzegowina, Bulgarien, Dänemark, Deutschland, Frankreich, Griechenland, Luxemburg, Italien, Kroatien, Mazedonien, Niederlande, Österreich, Polen, Portugal, Rumänien, Schweiz, Serbien und Montenegro, Slowakei, Slowenien, Spanien, Tschechien und Ungarn (Bild 2).

Dieses Verbundnetz hat u.a. folgende Vorteile:

1. Fällt im Havariefall ein Kraftwerk aus, so können sofort andere Kraftwerke den benötigten elektrischen Strom liefern.
   Eine solche kontinuierliche Versorgung mit Elektizität ist u. a. für Computer, Kühlanlagen, Personenaufzüge und Beleuchtungsanlagen in Kaufhäusern und Tiefgaragen besonders wichtig.
2. Bei geringem Bedarf an Elektroenergie können ganze Kraftwerke auf Sparbetrieb geschaltet und damit Energie sparend eingesetzt werden. Die Bereitstellung der Elektrizität übernehmen in diesen Phasen vor allem die kostengünstigsten Kraftwerke.
3. Die Leitungen können so geschaltet werden, dass der Strom auf dem kürzesten Wege zum Nutzer gelangt. Dadurch werden die Wärmeverluste infolge des ohmschen Widerstandes der Hochspannungsleitungen niedrig gehalten.
4. Die Spitzenbelastungszeiten liegen in den verschiedenen Ländern unterschiedlich. Das Verbundnetz ermöglicht den notwendigen Ausgleich.

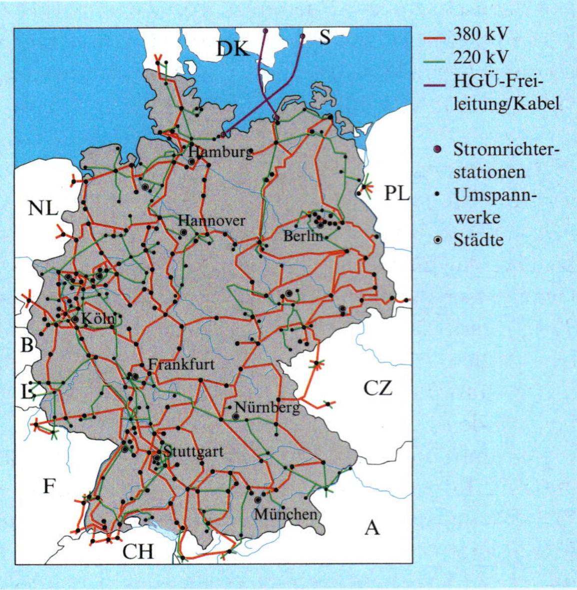

1

Deutsches Höchstspannungsnetz (Stand 2008)

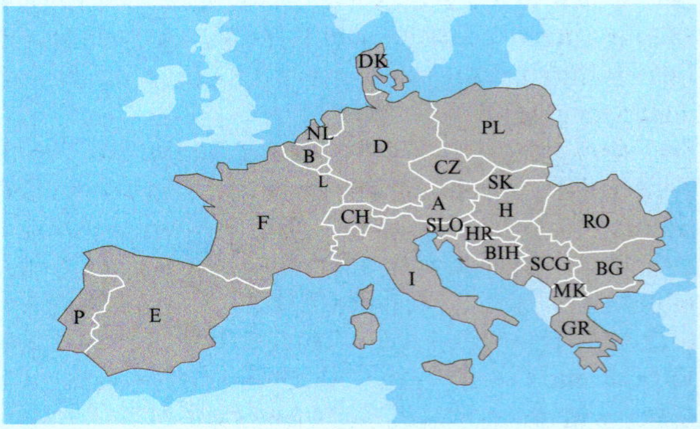

2

Mitglieder des europäischen Verbundnetzes (Stand 2008)

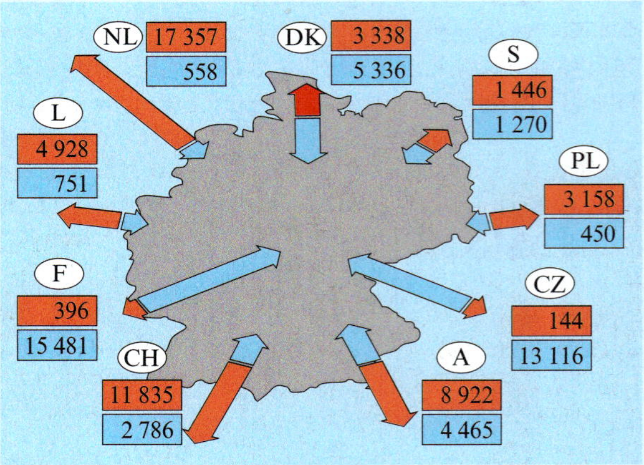

3

Energieaustausch Deutschlands mit Nachbarländern in Mio kW · h (Stand 2005)

Der Mensch als Energiewandler

Der Mensch braucht Energie, damit die Lebensvorgänge im Körper ablaufen können und damit er sich bewegen kann. Außerdem muss die Körpertemperatur aufrechterhalten werden.

Woher stammt die Energie? Wir nehmen sie mit unserer Nahrung in Form von chemischer Energie auf. Auf den Verpackungen von Lebensmitteln findest du oft eine Angabe über den Energiegehalt: „100 g des Quarkdesserts enthalten 535 kJ." Wenn der Becher 200 g Quark enthält, hast du nach dem Verzehr 1070 kJ an Energie zu dir genommen. Würde diese Energie an 3 Liter Wasser mit einer Temperatur von 10 °C abgegeben, würde es sieden.
Die chemische Energie der Nahrungsmittel wird in unserem Körper umgewandelt. Es laufen chemische Reaktionen ab – ähnlich einer Verbrennung. Wenn Kohle verbrannt wird, entstehen thermische Energie, Asche und Rauch. Für die Verbrennung ist Sauerstoff erforderlich. Auch die Nährstoffe könnten wir im Ofen verbrennen und die dabei frei werdende Energie als Wärme nutzen. Tatsächlich wird der Energiegehalt von Lebensmitteln so gemessen und deshalb auch Brennwert genannt.
Die Verbrennung im Körper erfolgt langsam in vielen Teilschritten. Den nötigen Sauerstoff atmen wir mit der Luft ein. In der Lunge gelangt der Sauerstoff ins Blut und dieses transportiert ihn zum Ort der „Verbrennung", z. B. in die Muskeln. Die „Asche" dieser Verbrennung sind Wasser, das Gas Kohlenstoffdioxid und so genannte Ballaststoffe. Du scheidest sie beim Ausatmen und durch Niere und Darm aus.

Wie viel Energie brauchen wir? Der Energiebedarf des Körpers hängt vom Alter und natürlich von der Tätigkeit ab: Kinder im Wachstum brauchen mehr Energie als Erwachsene und bei schwerer körperlicher Arbeit braucht man mehr als beim Spazierengehen. Aber selbst wenn du ganz ruhig im Bett liegst oder in einem Sessel sitzt, braucht dein Körper Energie: Du atmest, dein Herz schlägt und die Körpertemperatur muss gehalten werden. Da diese meist höher als die Temperatur der Umgebung ist, fließt ständig Energie an die Umgebung. Im Ruhezustand beträgt bei einem Erwachsenen der Energiebedarf pro Zeit etwa 100 J/s. Diesen Wert bezeichnet man als Grundumsatz.

Der Körper als Energiespeicher. Wenn der Mensch mehr und reichhaltiger isst, als er an Energie benötigt, sorgt der Körper für „schlechtere Zeiten" vor und legt in Form von Fettpölsterchen einen Speicher chemischer Energie an. Da sich viele Menschen falsch ernähren und sich zu wenig bewegen, ist das Übergewicht zu einem großen Problem geworden.

Energiegehalt in Nahrungsmitteln in kJ (je 100 g)	
Butter	3100
Schokolade	2300
Zucker	1700
Schlagsahne	1270
Schnitzel	1100
Roggenbrot	900
Pommes frites	800
Hühnerei	670
Rindfleisch	650
Milchspeiseeis	530
Kartoffeln	300
Milch	270
Apfel	210
Spinat	50
Mineralwasser	0

Energiebedarf pro Zeit bei verschiedenen Tätigkeiten (Leistungsumsatz) in J/s	
Schlafen	60–80
Liegen (Grundumsatz)	etwa 100
Sitzen	140
Stehen	300
Bügeln	200–400
Gehen (6 km/h)	400–800
Radfahren (20 km/h)	300–800
Schwimmen	600–900
Sägen, Bäumefällen	500–1400

1
1 Stunde: 1000 kJ

2
1 Stunde: 1500 kJ

3
1 Stunde: 350 kJ

Energie vom Wind

Die ständig wachsende Anzahl von Windturbinen fordert sowohl Befürworter der Nutzung von Windenergie heraus als auch Gegner.
Die Gegner geben als Gründe an:
- Windturbinen verändern das Landschaftsbild. Sie verursachen Lärm und können den Fernsehempfang stören.
- Sie können Vögel bei ihrer Brut und Rast stören.

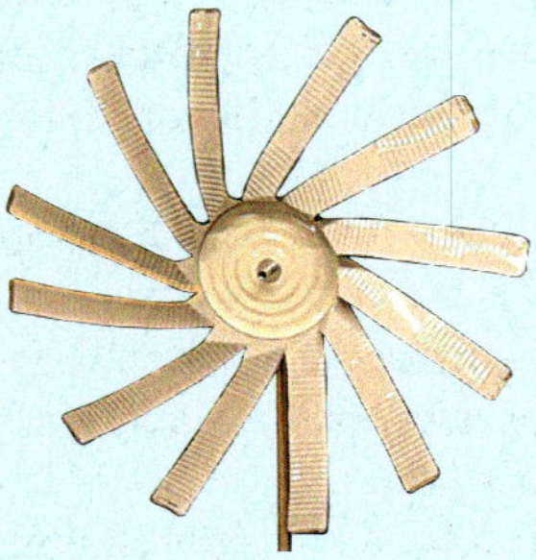
1

2

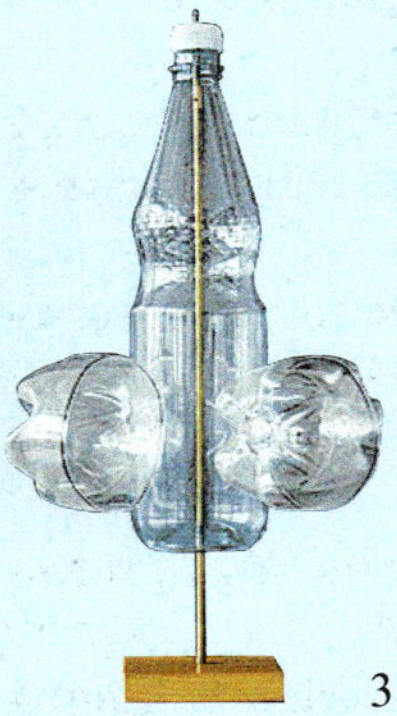
3

ÜBRIGENS
Die Leistung einer Windturbine nimmt mit der 3. Potenz der Windgeschwindigkeit zu. Vergrößert sich z. B. die Windgeschwindigkeit von 10 m/s auf 15 m/s, so verdoppelt sich die Leistung.

AUFTRAG 1
Stelle das Modell einer Windkraftanlage her! Als experimentelle Hilfsmittel kannst du u.a. Kunststoffflaschen und Blechdosen verwenden (Bilder 1 bis 3).
Das Flügelrad kannst du direkt auf der Generatorachse befestigen.
Bei einem großen Rotordurchmesser und starkem Wind ist ein Fahrraddynamo als Generator geeignet, bei kleineren ein Kleinstmotor für Bastlerbedarf.

AUFTRAG 2
Informiere dich über die Vorzüge und Nachteile von Windturbinen!
Wie beurteilst du eine noch stärkere Nutzung der Windenergie? Welche Anforderungen würdest du an den weiteren Ausbau der Turbinenanlagen stellen? Gestalte dazu ein Poster!

AUFTRAG 3
Die Entwicklung der Offshore-Windenergie befindet sich in Deutschland im Augenblick in einer sehr dynamischen Phase. Zahlreiche Genehmigungsanträge für große Windparks im Meer wurden schon gestellt. Viele Fragen sind allerdings noch zu klären. Welche Vorzüge und welche Nachteile ergeben sich daraus? Recherchiere im Internet und fertige eine Präsentation an!

Weißt du es ? Kannst du es

1. Welche alternativen Energiequellen werden in Deutschland bereits so stark genutzt, dass ihr Anteil an der Elektroenergieerzeugung mehr als 1 % beträgt?
2. Bei der Nutzung der Wasserkraft treten Vorzüge und Nachteile auf. Nenne diese und gib jeweils eine Begründung!
3. a) Nenne Vorzüge und Nachteile von Windturbinen? Gib jeweils eine Begründung!
   b) Warum werden Windturbinen oft zu ganzen Windparks vereinigt?
4. Vergleiche den Wirkungsgrad von Wasserturbinen mit dem von Windturbinen!
5. Auf welche Weise kann man aus Sonnenstrahlung Elektroenergie erzeugen? Wie groß sind die Wirkungsgrade der verschiedenen Anordnungen?
6. Ist es zurzeit wirtschaftlich, in Deutschland die Energie der Sonne in großem Umfang zur Elektroenergieerzeugung zu nutzen? Begründe deine Antwort!
7. a) Beschreibe den Aufbau und erkläre die Wirkungsweise eines Sonnenkollektors!
   b) Für welche Zwecke kann man Sonnenkollektoren nutzen?
8. Wo ist Umweltwärme gespeichert und wie kann man sie nutzen?
9. Welche nachwachsenden Rohstoffe können in Brandenburg in naher Zukunft Bedeutung erlangen? Worin bestehen ihre Vorteile und wie können sie genutzt werden?
10. Wie kann man organische Reststoffe zur Bereitstellung von Energie nutzen?
11. Was versteht man unter Primärenergie, Sekundärenergie, Nutzenergie und Endenergie?
12. Skizziere den Energiefluss in einem Windkraftwerk! Beschreibe anhand des Energieflusses in einem Wasserkraftwerk die erforderlichen Energieumwandlungen.
13. Erläutere den Begriff Wirkungsgrad anhand eines Beispiels!
14. Vergleiche die Wirkungsgrade eines Wärmekraftwerkes und eines Heizkraftwerkes. Erkläre die Ursache für den Unterschied!
15. Kann deine Familie durch ihr Kaufverhalten dazu beitragen, dass die Nahrungsmittelproduktion weniger energieintensiv wird? Was sollte sie tun?
16. Erläutere Möglichkeiten, wie man dazu beitragen kann, den Energiebedarf im Verkehrswesen zu verringern!
17. Skizziere ein Kleinfahrzeug, bei dem ein möglichst großer Teil der genutzten Energie Sonnenenergie ist!
18. Entwickle eine Möglichkeit, ausschließlich mit Sonnenenergie eine „Solardusche“ für den Garten zu bauen. Fertige eine Skizze an!

Kurz und knapp !

Konventionelle Energiequellen sind Steinkohle, Braunkohle, Erdöl, Erdgas und Uran.

Zu den **alternativen Energiequellen zählen** Sonne, Wind, Wasserkräfte, Umweltwärme sowie nachwachsende Rohstoffe.

Der **Wirkungsgrad** gibt an, wie gut oder schlecht eine Anlage eine Energieform in eine andere umwandelt.

$$\eta = \frac{E_{nutz}}{E_{zug}}$$

Energiefluss in einem Wärmekraftwerk:

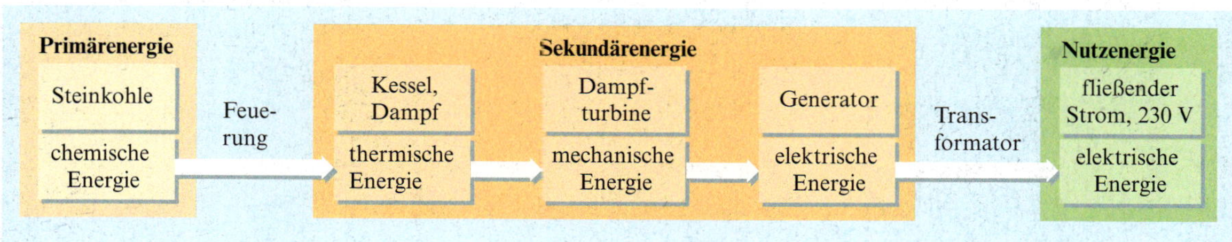

Elektronische Bauelemente

1

Halbleiter – ohne sie würden unsere modernen Geräte nicht funktionieren!
Was sind eigentlich Halbleiter? Welche Besonderheiten beim Leitungsvorgang in Halbleitern haben die moderne Elektronik ermöglicht?

Basiskonzept Struktur der Materie ↑S. 232

Basiskonzept System ↑S. 231

Halbleiter

Elemente aus der IV. Hauptgruppe des Periodensystems werden auch als Halbleiter bezeichnet. Wichtige Halbleiter sind Kohlenstoff (Graphit), Silicium und Germanium.
Heute wird vorwiegend Silicium als Halbleiter verwendet, das in der Natur im Quarzsand (SiO_2) und in Silicaten vorkommt.
Seine interessanten Eigenschaften lassen sich jedoch nur in elektronischen Schaltungen anwenden und gezielt verändern, wenn es in reinster Form vorliegt (Bild 2).

2

Reines Silicium für die Chipherstellung

Temperaturabhängigkeit des Widerstands von Metallen und Halbleitern. Metalle leiten den Strom sehr gut, Isolatoren dagegen fast gar nicht. Halbleiter sind Stoffe, deren Leitfähigkeit zwischen der von Metallen und Isolatoren liegt. Ein zweiter Grund für die Bezeichnung Halbleiter besteht in der Temperaturabhängigkeit des Widerstandes, die mit folgendem Experiment untersucht wird.

EXPERIMENT 1

1 Erwärme einen metallischen Widerstandsdraht vorsichtig mit einer Flamme und beobachte den Strommesser (U = konst.)!
2 Wiederhole 1. mit einem Halbleiter (geeignet ist ein Stück einer dünnen Bleistiftmine)!
3 Vergleiche die Stromstärken in Abhängigkeit von der Temperatur!

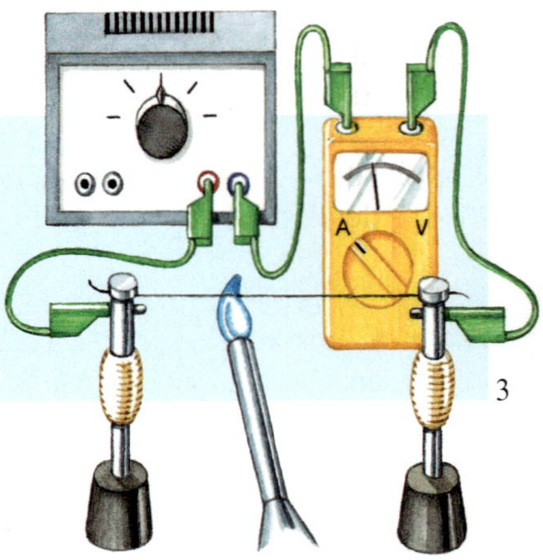

3

Bei steigender Temperatur nimmt die Stromstärke in dem metallischen Leiter immer mehr ab, bei einem Halbleiter dagegen nimmt sie zu. Im

Metall werden mit steigender Temperatur die Schwingungen der Atome heftiger. Dadurch wächst die Behinderung der wandernden Elektronen, der elektrische Widerstand wird größer.
Auch beim Halbleiter werden die Schwingungen der Atome mit steigender Temperatur heftiger und die Wanderung der Elektronen wird stärker behindert. Jedoch wird hier der Widerstand bei zunehmender Temperatur kleiner. Diese Temperaturabhängigkeit lässt vermuten, dass bei der Leitung im Halbleiter noch andere Vorgänge ablaufen als im Metall.

Mit zunehmender Temperatur nimmt die Stromstärke bei einem metallischen Leiter ab, bei einem Halbleiter dagegen zu.

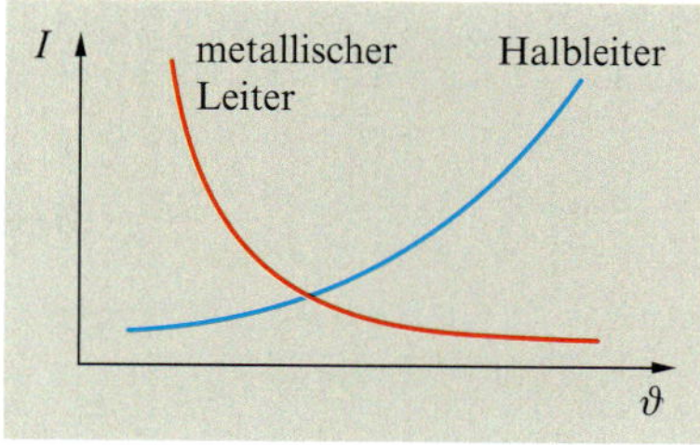

1
Metallischer Leiter: $\vartheta\uparrow, I\downarrow, R\uparrow$
Halbleiter: $\vartheta\uparrow, I\uparrow, R\downarrow$

Eigenleitung in Silicium

Da Silicium in der IV. Hauptgruppe steht, hat es vier Außenelektronen. Jedes dieser Außenelektronen bildet mit einem Außenelektron eines benachbarten Atoms ein Elektronenpaar. Ein Siliciumatom ist daher von vier benachbarten Atomen umgeben (Bild 2). Die Siliciumatome sind untereinander zu einem Kristallgitter verbunden, in dem jedes Atom mit seinen vier benachbarten Atomen vier Elektronenpaare bildet, also scheinbar acht Außenelektronen besitzt.
Da die Elektronen in Paaren gebunden sind, stehen eigentlich keine wanderungsfähigen Ladungsträger zur Verfügung. Silicium leitet deshalb bei tiefen Temperaturen den Strom fast nicht.

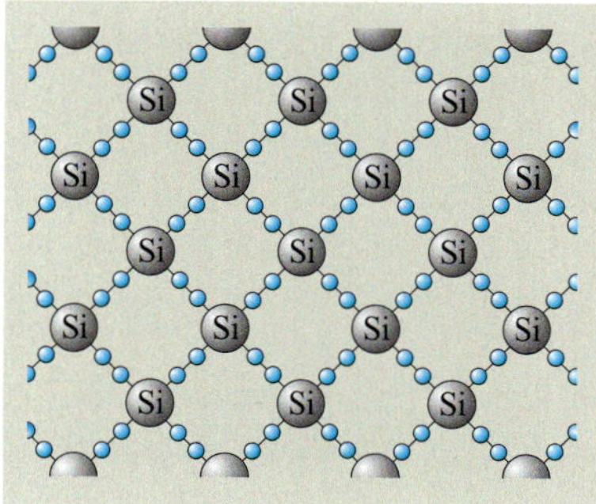

2
Vereinfachte Darstellung der Elektronenpaarbindungen im Siliciumkristall

Bereits bei Zimmertemperatur lösen sich jedoch wenige Elektronen aus diesen Paarbindungen und werden dadurch wanderungsfähig. Zugleich bleiben Fehlstellen zurück, die als *Defektelektronen* oder *Löcher* bezeichnet werden (Bild 3). Diese Löcher können wiederum Elektronen aufzunehmen und tragen so zur Leitung bei.

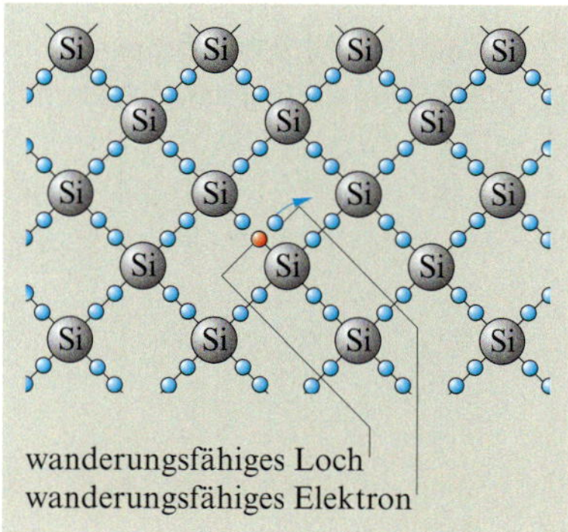

3
Halbleiter bei Zimmertemperatur

Der Leitungsvorgang kann wie folgt beschrieben werden:
Der Minuspol einer Spannungsquelle vermag Elektronen an benachbarte Löcher abzugeben, die dann von Loch zu Loch wandern und schließlich vom Pluspol der Spannungsquelle aufgenommen werden. Dabei bewegen sich auch die Löcher „scheinbar" durch den Kristall.
Je höher die Temperatur ist, umso mehr Elektronen lösen sich aus den Paaren, die Anzahl der Löcher steigt ebenfalls. Dadurch wächst die Stromstärke sehr stark an.

Anstelle des Modells der Elektronenleitung muss bei Halbleitern das Modell der Elektronen- und Löcherleitung verwendet werden.

ÜBRIGENS

Die Löcher wandern wie ein leerer Platz in einer Stuhlreihe: Wenn die Personen einzeln nach links rücken, wandert der leere Platz nach rechts.

4

Die Eigenleitung beim Silicium kommt dadurch zustande, dass Elektronenpaare aufbrechen, wodurch wanderungsfähige Elektronen und Löcher entstehen. Der Stromfluss durch einen Halbleiter entsteht, indem Elektronen und Löcher durch den Halbleiter wandern.
Die Anzahl der Elektronen und Löcher nimmt mit steigender Temperatur zu; der elektrische Widerstand sinkt.

Halbleiterwiderstände

Zum Aufbrechen der Paarbindungen in einem Halbleiterkristall ist Energie notwendig, die ihm zugeführt werden muss. Man kann dazu den Kristall erwärmen oder mit Licht bestrahlen. Die vom Gitter aufgenommene Energie führt zu heftigeren Bewegungen der Gitterbausteine, wodurch Elektronen herausgelöst werden. In der Technik nutzt man beide Möglichkeiten der Freisetzung durch Energiezufuhr. Heißleiter reagieren auf Erwärmung, Fotowiderstände dagegen auf Belichtung.

Heißleiter. Heißleiter sind Halbleiterwiderstände und werden auch als Thermistoren (diese Abkürzung steht für thermally sensitive resistor) oder NTC-Widerstände (negative temperature coeffizient) bezeichnet. Sollen sie vor allem durch die Umgebungstemperatur beeinflusst werden, so benötigen sie eine große Oberfläche. Hierfür ist die Scheibenbauform geeignet. Kommt es jedoch auf die Erwärmung durch den Stromfluss an, so besitzen sie eine Zylinderform (Bild 1).

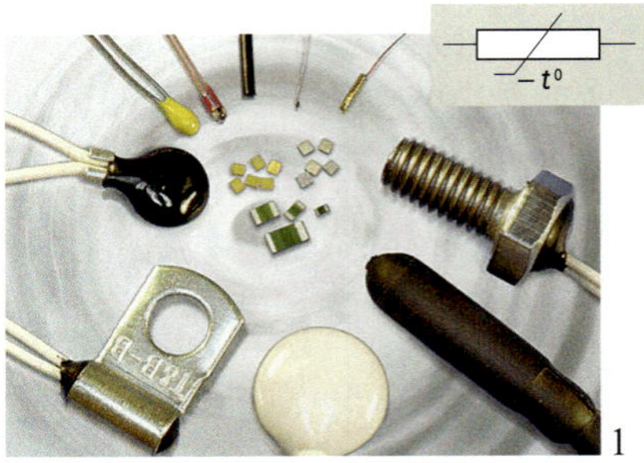

1
Thermistoren mit Schaltsymbol

Welcher Zusammenhang besteht zwischen der Umgebungstemperatur und dem elektrischen Widerstand eines Thermistors?

EXPERIMENT 2

1 Baue die Experimentieranordnung auf!
2 Erwärme den Thermistor im Ölbad. Miss zu verschiedenen Temperaturen (20 °C, 30 °C, … 80 °C) Spannung und Stromstärke!
3 Trage deine Messwerte in eine Tabelle ein und berechne aus den Messwertepaaren für Spannung und Stromstärke jeweils den elektrischen Widerstand!
4 Zeichne ein Widerstand-Temperatur-Diagramm und interpretieren den Verlauf des Graphen!

ϑ in °C	U in V	I in mA		R in kΩ

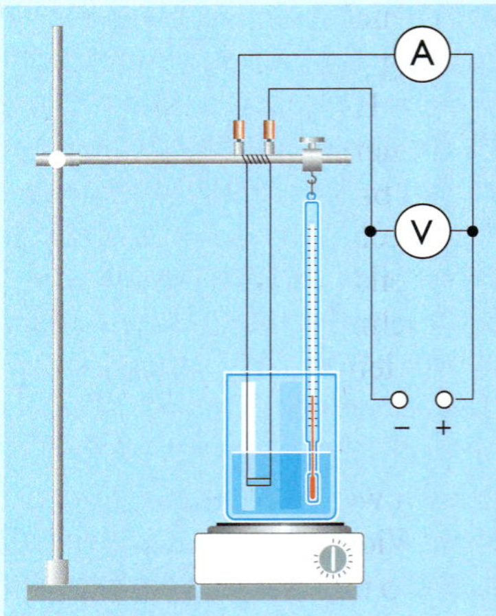

2

Der Graph zeigt, dass der elektrische Widerstand mit zunehmender Temperatur abnimmt. Mit dem Fachbegriff „negativer Temperaturkoeffizient" wird dieses Verhalten beschrieben.
Die Ursache für diese Abnahme des Widerstandes ist die Zunahme der bei Erwärmung freigesetzten Ladungsträger. Wenn mehr Ladungsträger zur Verfügung stehen, erhöht sich die Stromstärke trotz gleich bleibender Spannung.

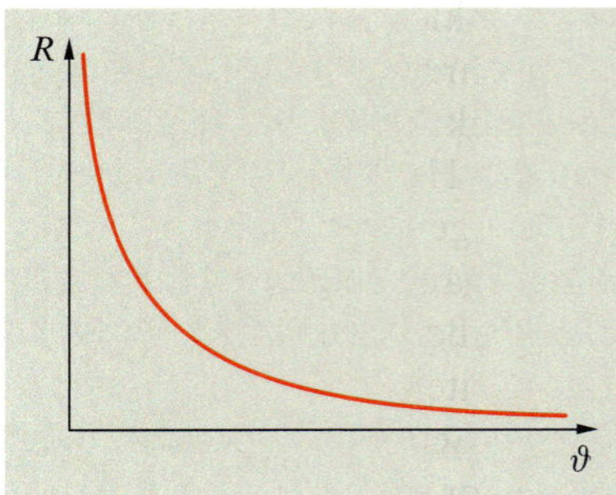

3
R-ϑ-Diagramm eines NTC-Widerstands

In der Praxis werden Thermistoren oft als hochempfindliche Temperaturfühler eingesetzt. Ihr Vorteil besteht darin, dass sie sehr robust sind und auch an schwer zugänglichen Stellen eingebaut werden können, z. B. zur Überwachung der Kühlwassertemperatur im Pkw. Da die Stromstärke mit der Temperatur zunimmt, kann die Skala direkt in der Temperatureinheit kalibriert werden.

Fotowiderstände. Wenn es dunkel wird, schalten sich die Lampen zur Sicherung von Baustellen automatisch ein (Bild 1). Ein Fotowiderstand in ihrem Gehäuse sorgt dafür, dass sie nur bei Dunkelheit arbeiten.
Ein Fotowiderstand ist ein Halbleiterbauelement, bei dem ausgenutzt wird, dass Elektronen durch Bestrahlung mit Licht freigesetzt werden. Er wird auch LDR (light dependent resistor) genannt. Alle Halbleitermaterialien sind lichtempfindlich und würden sich deshalb gut für eine Fotowiderstand eignen. Da dieser Effekt nicht in jedem Halbleiter gleich stark in Erscheinung tritt, gibt es spezielle Halbleitermischungen, bei denen dieser Effekt besonders stark auftritt. Geeignete Verbindungen sind z. B. Cadmiumsulfid (CdS) oder Cadmiumselenid (CaSe).
Ein Fotowiderstand besteht aus zwei Kupferkämmen, die auf einer isolierten Unterlage aufgebracht sind. Dazwischen befindet sich das Halbleitermaterial. Umhüllt ist das Ganze mit durchsichtigem Kunststoff oder Glas mit einem großen Lichteintrittsfenster.

1

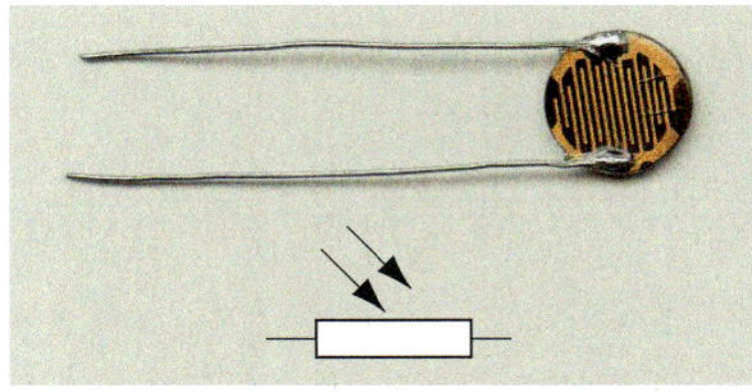
Fotowiderstand mit Schaltsymbol 2

Im folgenden Experiment soll der elektrische Widerstand eines Fotowiderstands bei unterschiedlich starker Beleuchtung untersucht werden.

EXPERIMENT 3
1 Baue die Schaltung auf!
2 Beleuchte den Fotowiderstand mit einer Glühlampe und miss Spannung und Stromstärke und trage die Werte in eine Tabelle ein (vgl. Experiment 2)!
3 Variiere die Beleuchtungsstärke durch unterschiedlich helle Lampen bzw. vergrößere den Abstand Lampe–Fotowiderstand!
4 Berechne aus den Messwertepaaren für Spannung und Stromstärke jeweils den Widerstand!
5 Zeichne ein Widerstand-Beleuchtungsstärke-Diagramm und interpretieren den Verlauf des Graphen!

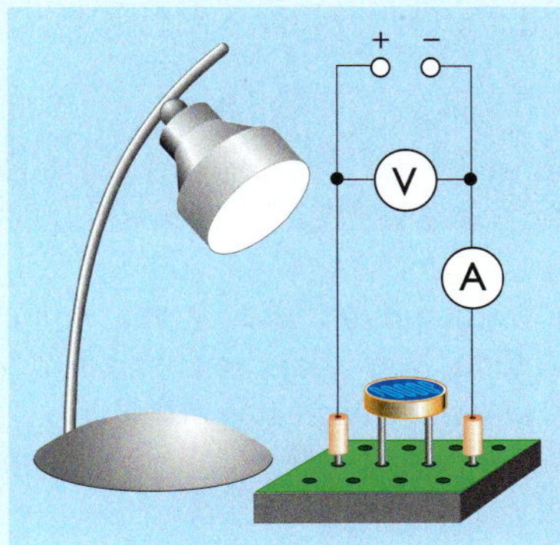

3

Ähnlich wie Heißleiter verringern auch Fotowiderstände ihren elektrischen Widerstand bei Energiezufuhr. Je höher die Beleuchtungsstärke ist, umso mehr Ladungsträger werden freigesetzt. Bei gleich bleibender Spannung erhöht sich die Stromstärke, der Widerstand sinkt.

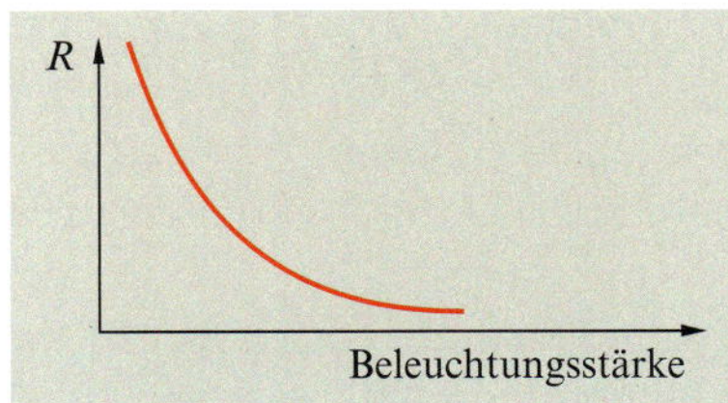

4
Widerstand-Beleuchtungsstärke-Diagramm eines Fotowiderstands

Im Dunklen können Fotowiderstände einen elektrischen Widerstand von mehreren Millionen Ohm aufweisen, bei entsprechender Beleuchtung sinkt er bis auf wenige hundert Ohm. Durch diese Abhängigkeit von der Helligkeit seiner Umgebung eignet er sich für zahlreiche Anwendungen, bei denen automatisch bei vorgegebenem Helligkeitswert ein Vorgang eingeleitet oder beendet werden soll – wie das Einschalten der Straßenbeleuchtung bei einbrechender Dunkelheit.
Des Weiteren werden Fotowiderstände als Beleuchtungsstärkemesser und als Sensor in Lichtschranken verwendet.
Noch vor einigen Jahren waren so genannte Belichtungsmesser für das Fotografieren üblich. Dieser wurde am Bildobjekt in Richtung des Fotoapparats gehalten und so die Beleuchtungsstärke festgestellt (Bild 5). Anhand der Skale des Belichtungsmessers und der Blende konnte der Fotograf dann die geeignete Belichtungszeit ablesen.

5

Dotierung von Halbleitern

In Solarzellen wird die Energie von der Sonne in elektrische Energie umgewandelt. Die Einsatzmöglichkeiten sind vielfältig. Armbanduhren, Notrufsäulen, Häuser und Raumsonden werden z. B. mithilfe von Solarzellen mit elektrischem Strom versorgt. Wie sind Solarzellen aufgebaut und wie funktionieren sie?

Basiskonzept Struktur der Materie ↑S. 232

1 Transparente Solarzellen erfüllen gleichzeitig drei Aufgaben. Sie dienen nicht nur der Energieerzeugung, sondern von außen betrachtet wirken die Zellen als einseitiger Sicht- und Sonnenschutz, von innen ermöglichen sie eine fast ungehinderte Durchsicht nach außen.

Bei reiner Eigenleitung sind im Halbleiter nur geringe Stromstärken möglich, denn bei Zimmertemperatur kommt auf 10^{10} Atome nur ein Elektronen-Loch-Paar. Um die Anzahl der zur Verfügung stehenden Ladungsträger wesentlich zu erhöhen, werden in den Halbleiter, z. B. Silicium, Fremdatome eingebracht. Dieses gezielte „Verunreinigen" heißt Dotieren. Je nachdem, welches Element eingefügt wird, erhält man n- oder p-leitendes Silicium. Die Eigenleitung ist in einem dotierten Halbleiter nur von geringer Bedeutung und wird vernachlässigt.

n-leitendes Silicium. Werden fünfwertige Atome eingebaut (z. B. Phosphor oder Arsen), so können nur 4 der 5 Außenelektronen Paarbindungen mit Außenelektronen der benachbarten Siliciumatome eingehen. Das ungebundene 5. Außenelektron des Phosphors ist leicht abtrennbar und steht dann als wanderungsfähiger Ladungsträger zur Verfügung. Im Silicium liegt eine Elektronenleitung vor, die wegen der negativen Ladung der Elektronen auch als n-Leitung charakterisiert wird.

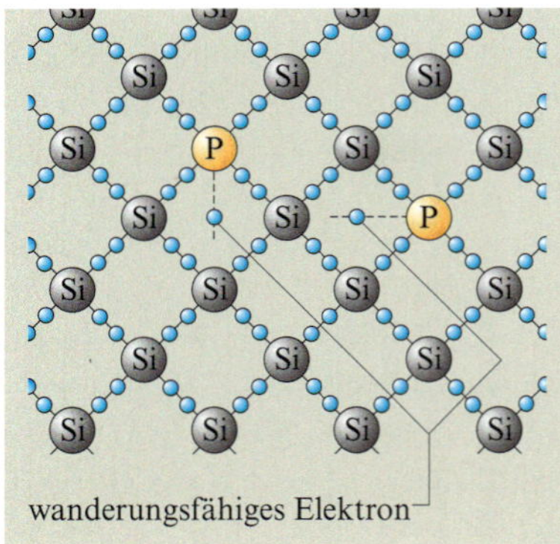

2 Phosphoratome im Siliciumgitter

p-leitendes Silicium. Der Einbau dreiwertiger Fremdatome (z. B. Indium oder Gallium) führt dazu, dass je ein Außenelektron eines benachbarten Siliciumatoms keine Paarbindung eingehen kann. Dieses Loch kann zeitweilig Elektronen einbinden, wodurch eine Elektronenwanderung, verbunden mit einer Wanderung von Löchern durch den Kristall, ermöglicht wird. Aufgrund der Dreiwertigkeit des Fremdatoms kann den Löchern keine überschüssige positive Ladung zugeordnet werden. Trotzdem wird diese Löcherleitung zur besseren Unterscheidung kurz als p-Leitung bezeichnet.

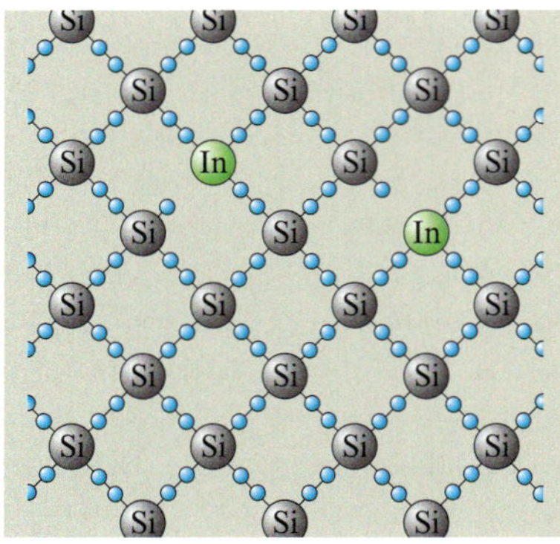

3 Indiumatome im Siliciumgitter

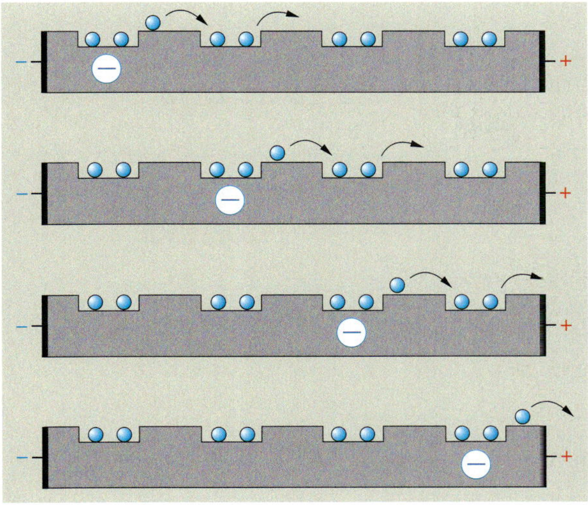

1

n-Leitung. Wird an n-leitendes Silicium eine Gleichspannung angelegt, so wandern die Elektronen zum Pluspol.

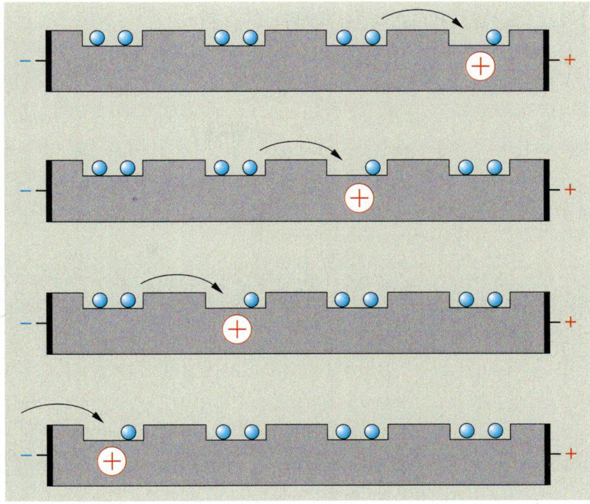

2

p-Leitung. Wird an p-leitendes Silicium eine Gleichspannung angelegt, so wandern die Löcher zum Minuspol.

Durch Dotieren wird die Leitfähigkeit von Halbleitern stark erhöht. Werden 5-wertige Fremdatome in ein Siliciumgitter eingebaut, so stehen zusätzliche Elektronen für den Leitungsvorgang zur Verfügung. Das Silicium wird n-leitend.
Werden 3-wertige Fremdatome eingebaut, so stehen zusätzliche Löcher für den Leitungsvorgang zur Verfügung. Das Silicium wird p-leitend.

pn-Grenzschichten. Von großer technischer Bedeutung ist das Zusammenbringen von n- und p-leitendem Silicium. In der Berührungszone entsteht eine pn-Grenzschicht mit besonderen Eigenschaften.
Bedingt durch die thermische Bewegung im Gitter wandern die Elektronen und Löcher in das benachbarte, jeweils anders dotierte Gebiet und vereinigen sich (Bild 3 b). Dadurch sinkt in dieser Übertrittszone die Anzahl wanderungsfähiger Ladungsträger, die Grenzschicht verarmt an Elektronen bzw. Löchern (Bild 3 c).
Allerdings sind jetzt im p-Gebiet gegenüber den positiven Ladungen der Atomkerne mehr Elektronen vorhanden, im n-Gebiet fehlen dagegen Elektronen. Im ehemals neutralen p-Gebiet entsteht folglich eine Zone mit einer negativen Raumladung, im ehemals neutralen n-Gebiet eine Zone mit einer positiven Raumladung. Diese Ladungen verhindern aufgrund der elektrostatischen Abstoßung ein weiteres Einwandern von Elektronen bzw. Löchern in die jeweils andere Schicht. Als Grenzschicht bezeichnet man die Zone der beiden Raumladungen. Sie ist nur ca. 1 µm = 10^{-6} m dick. Diese Schicht verhindert zunächst eine durchgehende Wanderung von Ladungsträgern durch den gesamten Halbleiter, sie sperrt ihn für den Stromfluss. Zwischen der positiven und negativen Raumladung tritt eine stofftypische Spannung auf, bei Silicium beträgt sie ca. 0,7 V, bei Germanium ca. 0,1 V.

Berühren sich ein n- und ein p-leitender Halbleiter, so bildet sich eine Grenzschicht aus, in der kaum wanderungsfähige Ladungsträger vorhanden sind.

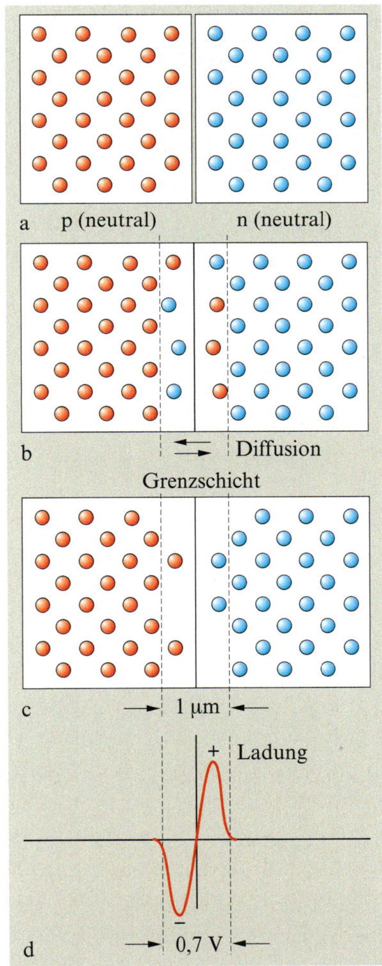

3

Bewegliche Ladungsträger in einer pn-Grenzschicht

Die Halbleiterdiode

Aufbau. Ein Halbleiterdiode besteht aus einem Halbleiterkristall, in dem sich eine n- und eine p-leitende Schicht berühren. Außen sind diese Schichten mit Kontaktelektroden versehen. Als Schutz vor Beanspruchungen wird der gesamte Kristall in Glas oder Kunstharz eingegossen und zur besseren Wärmeabführung mitunter sogar mit einem Metallkühlkörper versehen.
Im Schaltsymbol veranschaulicht der Pfeil die Bewegung der Löcher. Auf dem Gehäuse wird meist das Symbol aufgedruckt, mindestens aber die n-Schicht mit einem Ring versehen.
Die n-leitende Schicht wird auch als Katode, die p-leitende Schicht als Anode der Halbleiterdiode bezeichnet.

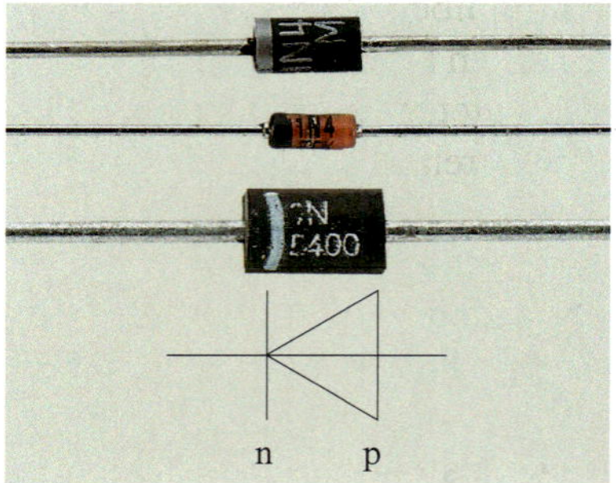

1
Dioden und ihr Schaltsymbol

Sperr- und Durchlassrichtung. Was bewirkt eine Diode, die in einen Gleichstromkreis in Reihe mit einem Strommesser und einer Glühlampe geschaltet wird? Die Glühlampe hat dabei die Aufgabe, als Schutzwiderstand eine zu große Stromstärke zu verhindern.

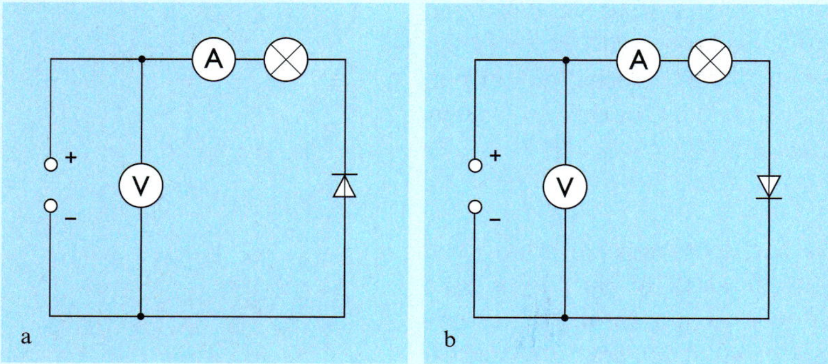

2

U in V	0	1	2	3	4	5	6
I in mA							

U in V	0	0,1	0,2	0,3	0,4	…
I in mA						

EXPERIMENT 4

1 Baue die Schaltung nach dem Schaltplan auf. Lege den Minuspol der Spannungsquelle an die p-Schicht und den Pluspol an die n-Schicht. Miss für Spannungen von 0 V bis 6 V die Stromstärke!
2 Wiederhole die Messungen bei umgekehrter Polung. Miss für Spannungen von 0 V bis 2 V in 0,1-V-Schritten die Stromstärke. Überprüfe, ob die Lampe bei 6 V voll leuchtet!
3 Zeichne das I-U-Diagramm (Kennlinie) für die Diode!

Das Verhalten der Diode hängt von der Polung der Spannungsquelle an ihren Anschlüssen ab. Bei der Polung Minus an p und Plus an n fließt so gut wie kein Strom: Die Diode ist in **Sperrrichtung** geschaltet. Bei der Polung Minus an n und Plus an p fließt ab einer bestimmten Spannung ein Strom: Die Diode ist in **Durchlassrichtung** geschaltet. Wie ist dieses polungsabhängige Verhalten zu erklären?

Bei der Polung Minus an p und Plus an n wird die Raumladung nicht abgebaut. Die Polung bewirkt, dass weitere Elektronen und Löcher aus der Grenzschicht abgesaugt werden, sie wird breiter und verarmt noch weiter an Ladungsträgern. Der Widerstand der Halbleiterdiode wird so groß, dass kein Strom fließen kann. Allerdings darf die maximale Sperrspannung (abhängig vom Typ) nicht überschritten werden.

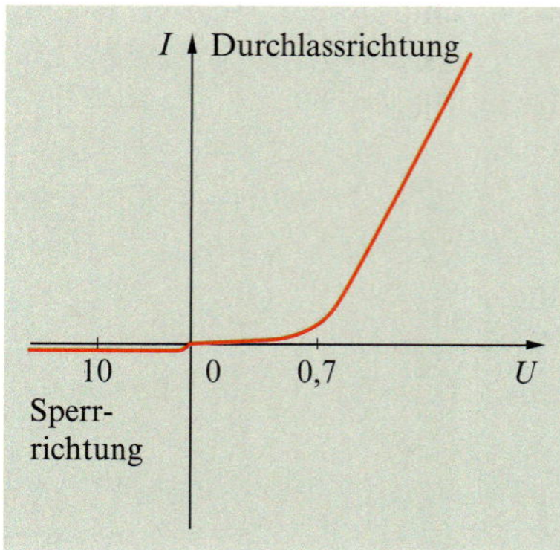

3
Kennlinie einer Siliciumdiode

Bei der Polung Minus an n und Plus an p wird bei einer bestimmten Spannung (bei Silicium etwa 0,7 V) die hemmende Wirkung der Raumladung überwunden. Elektronen und Löcher können jetzt durch den gesamten Kristall wandern, die Grenzschicht wird von Ladungsträgern überflutet, die Halbleiterdiode ist leitfähig geworden. Der Widerstand ist jetzt relativ klein, sodass die Stromstärke sehr stark anwächst.

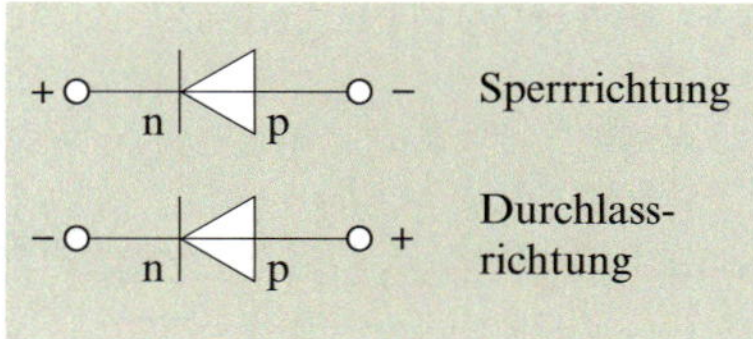

1

Durch eine Halbleiterdiode fließt Strom, wenn die n-leitende Schicht (die Katode) mit dem Minuspol und die p-leitende Schicht (die Anode) mit dem Pluspol der Spannungsquelle verbunden wird.

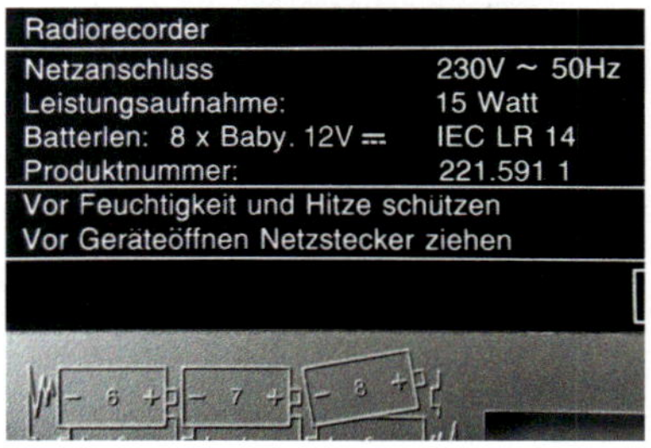

2

Diode als Gleichrichter. Die Bauelemente in elektronischen Geräten benötigen in der Regel eine Gleichspannungsquelle (Bild 2). Im Gerät muss deshalb der Netzwechselstrom in einen Gleichstrom umgewandelt werden. Man nennt diese Umwandlung Gleichrichtung. Nach der Gleichrichtung liegt eine Spannung mit konstanter Polung wie beim Betrieb mit einer Batterie an. Wie kann man Wechselstrom gleichrichten?

EXPERIMENT 5
Mithilfe eines Oszilloskops wird der zeitliche Verlauf der Wechselspannung, die an einem Widerstand anliegt, dargestellt.
Danach wird eine Diode vorgeschaltet und der zeitliche Verlauf des Spannungsabfalls am Widerstand, der durch den Strom hervorgerufen wird, erneut mit dem Oszilloskop dargestellt.

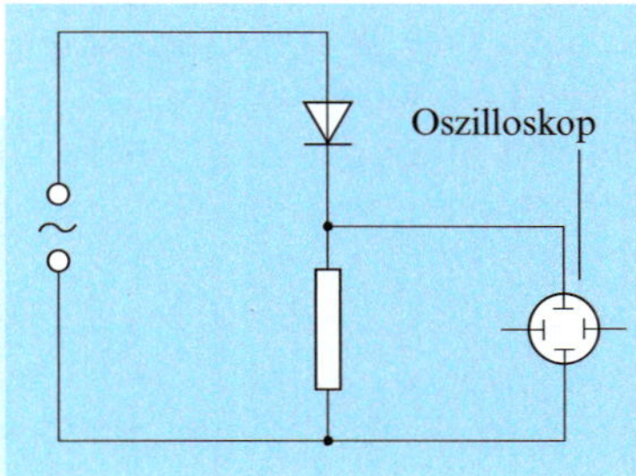

3

Schaltet man eine Diode in einen Wechselstromkreis, so ermöglicht sie einen Stromfluss nur in eine Richtung, es fließt ein *pulsierender Gleichstrom.* Die Diode wirkt als Stromgleichrichter. Infolge der Wechselspannung wechselt die Polung an den Anschlüssen der Diode periodisch. Dadurch ist die Diode wechselnd in Durchlass- bzw. in Sperrrichtung geschaltet. Strom kann nur dann fließen, wenn die Diode in Durchlassrichtung geschaltet ist. Allerdings wird der Stromfluss immer wieder unterbrochen. Zudem würden die Geräte ein Brummen erzeugen. Für den Betrieb elektronischer Geräte muss der pulsierende Strom so verändert werden, dass er mit konstanter Stärke in eine Richtung fließt. Eine wesentliche Verbesserung erreicht man durch eine **Brückenschaltung** mit 4 Dioden. In der Brückenschaltung sind stets zwei Dioden in Durchlass- und zwei in Sperrrichtung geschaltet (Bilder 5 und 6). Das Oszilloskopbild zeigt, dass jetzt trotz wechselnder Polungen immer Strom fließt (Bild 7).

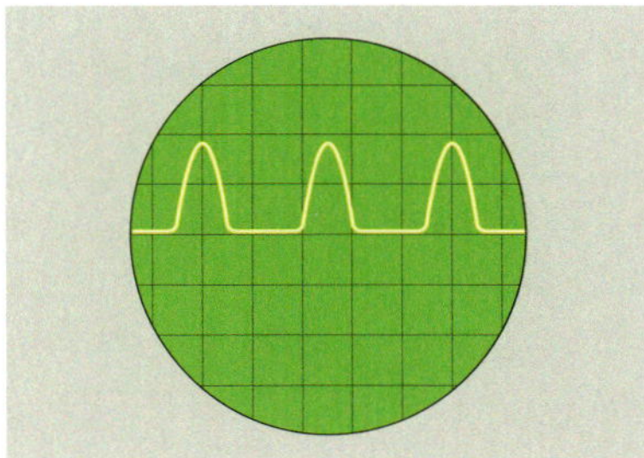
4

Bild des pulsierenden Gleichstroms mit einer Diode als Gleichrichter

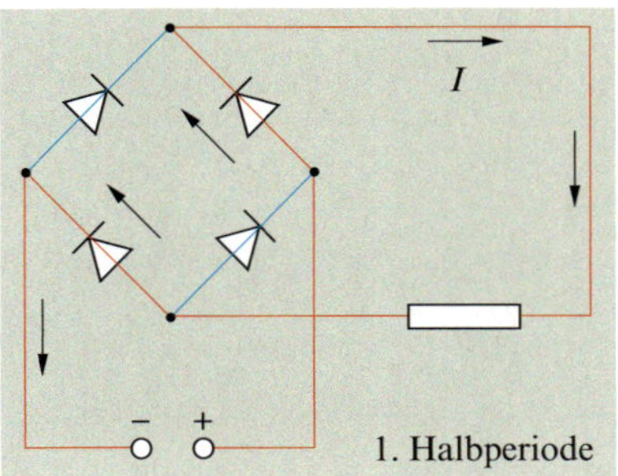

5

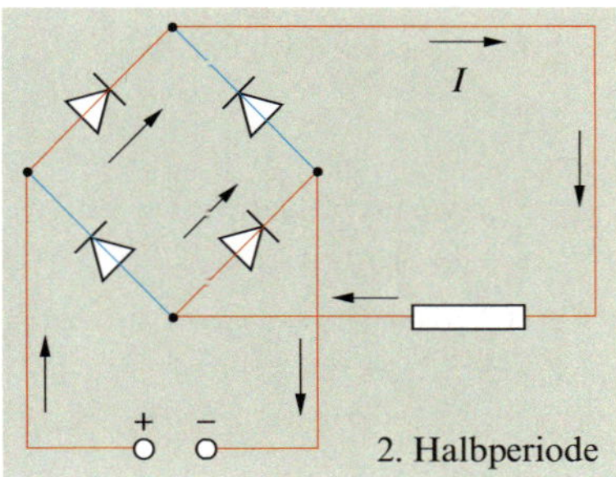

6

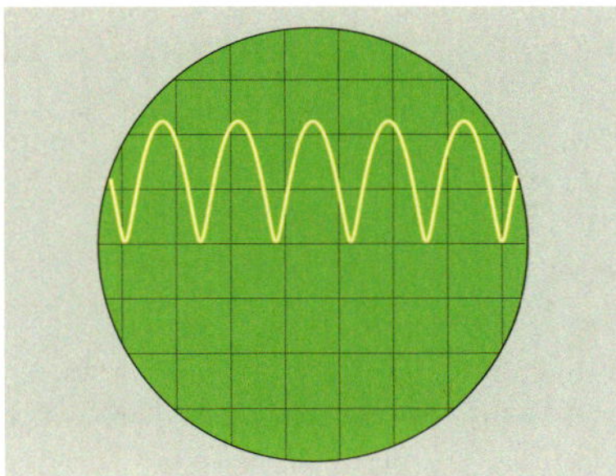
7

Leuchtdioden (LED)

Während im Hochspannungsbereich Leuchtstoffröhren zunehmend Glühlampe ersetzen, trifft dies im Niederspannungsbereich für die Leuchtdioden (engl. *light emitting diodes*) zu. Leuchtdioden sind robust, langlebig, erzeugen nur wenig Wärme und können zudem so hergestellt werden, dass sie Licht in einer gewünschten Farbe abstrahlen.
Wie sind Leuchtdioden aufgebaut und wie funktionieren sie?

1

Funktionsweise. Auch bei einer Leuchtdiode fließt wie bei einer normalen Diode der Strom nur in Durchlassrichtung. Hierfür müssen Elektronen vom Atom losgelöst bzw. Elektronen-Loch-Paare erzeugt werden, wofür Energie zugeführt werden muss. Wenn sich Elektronen und Löcher in der Grenzschicht vereinigen, so wird die vorher zugeführte Energie als Strahlung abgegeben (Bild 2).
In Abhängigkeit von den verwendeten halbleitenden Materialien ist diese Strahlung Wärme (infrarotes Licht) oder sichtbares Licht einer bestimmten Farbe. Das ist z. B. bei den Verbindungen Galliumphosphid (GaP), Indiumgalliumnitrid (InGaN) und Aluminiumgalliumarsenid (AlGaAs),der Fall.

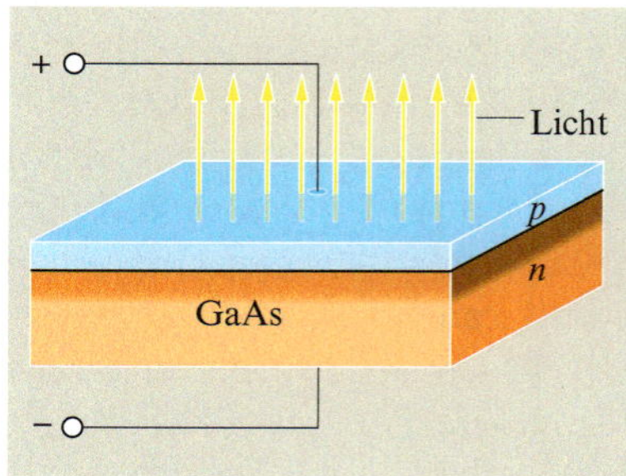

2

Aufbau und Anschluss einer Leuchtdiode. Damit die Lichtausbeute möglichst groß wird, werden die halbleitenden Materialien sehr hoch dotiert und die zu durchstrahlende Schicht sehr dünn hergestellt. Mitunter werden sie noch einseitig verspiegelt, um die Lichtausbeute zu erhöhen. Leuchtdioden werden nur mit etwa 2 V Spannung in Durchlassrichtung betrieben. Wegen der hohen Dotierung darf jedoch niemals eine Sperrspannung über 5 V angelegt werden. Die Diode würde „durchschlagen" und zerstört.

3
Ampelanlage

Einsatzgebiete für Leuchtdioden. Moderne Leuchtdioden erreichen eine Lichtausbeute von ca. 50 Lumen/Watt und damit fast so viel wie moderne Leuchtstoffröhren (60 Lumen/Watt). Weitere Verbesserungen werden erwartet. Man kann davon ausgehen, dass zukünftig viele Anwendungen im Niederspannungsbereich ausschließlich mit LED realisiert werden, wodurch zugleich die durch hohe Spannungen ausgehenden Gefahren reduziert werden.
Leuchtdioden erzeugen ein vom Auge als angenehm empfundenes Licht. In der Praxis schaltet man viele Leuchtdioden parallel. Dadurch blenden derartige Lichtquellen selbst bei großer Helligkeit weniger als etwa Scheinwerfer.

4
Rücklicht eines Pkw mit LED

5
Taschenlampe

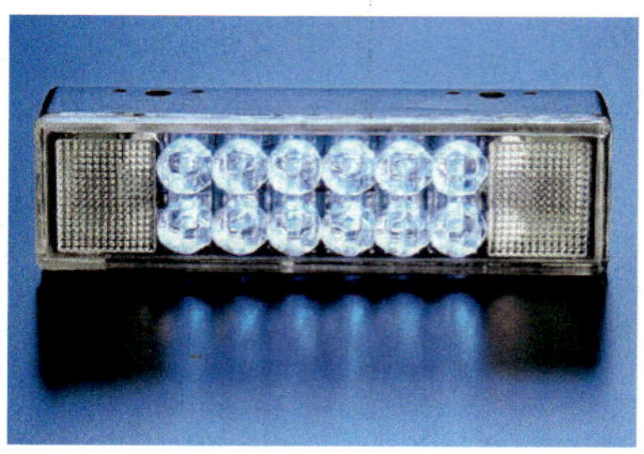
6
Warnleuchte

Solar- und Brennstoffzellen

Solarzellen. Unsere Stromversorgung beruht zu einem großen Teil auf der Verbrennung fossiler Brennstoffe, wie Steinkohle, Braunkohle, Erdöl oder Erdgas. Dabei wandeln wir die in Jahrmillionen von den Pflanzen durch Fotosynthese gespeicherte Energie des Sonnenlichts in elektrische Energie um. Der Wirkungsgrad bei der Fotosynthese liegt nur bei 2 %, bei Wärmekraftwerken bei etwa 40 %.
Es liegt nahe, nach Möglichkeiten zu suchen, die Energie des Sonnenlichts direkt in elektrische Energie umzuwandeln. Dies ermöglichen spezielle Halbleiter – die Solarzellen.

Solarzellen sind Halbleiterdioden. Sie bestehen aus einer p-leitenden Trägerschicht aus Silicium, auf die eine extrem dünne n-leitende Siliciumschicht (ca. 1 µm dick) aufgedampft ist. Die Kontakte an der Oberfläche sind ein dünnes Metallnetz, sodass möglichst viel Licht auf den pn-Übergang fällt. Durch die Energie des absorbierten Lichts wird eine Trennung von Elektronenpaaren bewirkt: Elektronen und Löcher entstehen. Zwischen der n- und der p-Schicht entsteht eine Spannung von etwa 0,7 V. Im Kurzschluss kann eine Fläche von 1 dm² unter optimalen Bedingungen eine Stromstärke von etwa 3 A liefern. Der Wirkungsgrad für die direkte Umwandlung von Licht in elektrische Energie liegt derzeit für großtechnisch produzierte Solarzellen bei 15 %, im Labor wurden auch schon 24 % erreicht.
Um höhere Spannungen zu erreichen, schaltet man die Zellen in Reihe, für höhere Stromstärken schaltet man sie parallel. Dadurch steigt der Flächenbedarf. In Deutschland kalkuliert man eine Fläche von 15 m² für eine Leistung von 1 kW (bei Sonneneinstrahlung).
Die größte Schwierigkeit jedoch ist die Speicherung der Elektroenergie für Zeiten, an denen die Sonne kaum bzw. gar nicht scheint.
Auch wenn die Solarkraftwerke in Deutschland den gewöhnlichen Kraftwerken noch keine Konkurrenz machen können, sind Solaranlagen für südlich gelegene Länder mit schwacher Infrastruktur sehr interessant. Dort kann der Strom in unmittelbarer Nähe von Haushalten und Bewässerungsanlagen bereitgestellt werden (Bild 3).

Brennstoffzellen. Für die Speicherung der elektrischen Energie kann man den elektrischen Strom aus den Solarzellen zur Elektrolyse von Wasser verwenden. Dann wird die elektrische Energie in chemische Energie umgewandelt, der entstehende Wasserstoff kann einfach gespeichert werden.
In den so genannten Brennstoffzellen wird die chemische Energie direkt wieder in elektrische umgewandelt. Bei einer PEMFC (Proton Exchange Membrane Fuel Cell) geben Wasserstoffmoleküle an der Platinelektrode Elektronen ab, es entstehen wanderungsfähige Protonen. Die Platinelektrode nimmt die Elektronen auf, wird also zum Minuspol. Die Protonen diffundieren durch die Membran zur anderen Elektrode und reagieren dort mit Sauerstoff zu Wasser.
Statt stinkender Abgase fällt nur Wasser an. Die Spannung zwischen den Polen einer solchen Brennstoffzelle liegt bei 0,6 V bis 0,9 V, der Wirkungsgrad zwischen 40 % und 50 %.

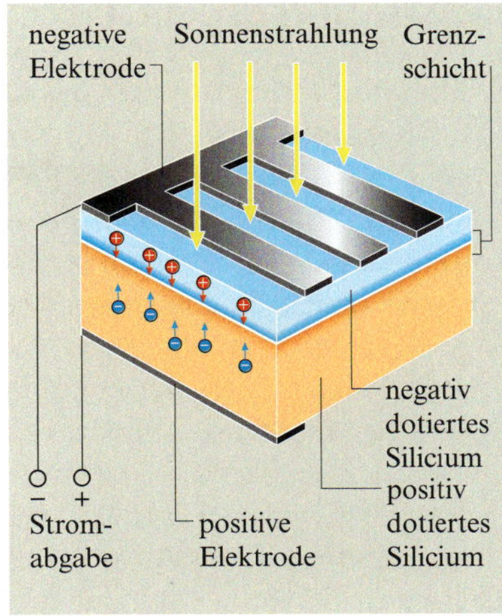

1 Prinzipieller Aufbau einer Solarzelle

2 Stromversorgung von Scheinwerfern an einer Baustelle

3 Wasserpumpenstation in Indien

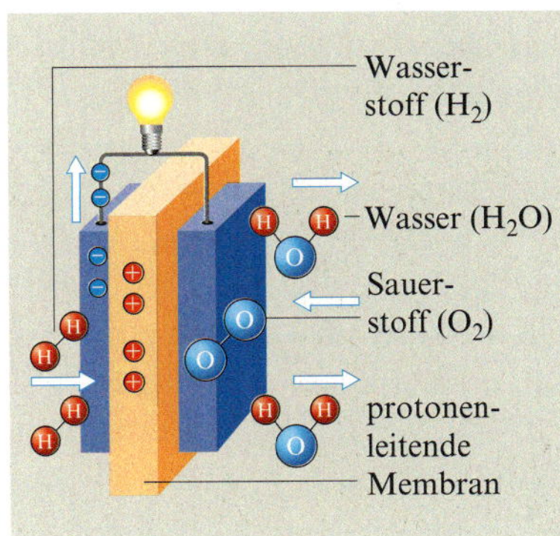

4 Aufbau einer Brennstoffzelle

Signale verstärken – mit Transistoren

Vor hundert Jahren waren Großkonzerte in Stadien undenkbar, da es noch keine elektronischen Verstärker gab. Die Besucher hätten kaum etwas gehört. Verstärker enthalten Bauteile, die Stromschwankungen verstärken. Von 1920 bis 1960 wurden zur Verstärkung vorwiegend Röhren verwendet. Danach setzte sich der bipolare Transistor durch, der 1948 von den Amerikanern WILLIAM SHOCKLEY, JOHN BARDEEN und WALTER H. BRATTAIN erfunden worden war.

1 Transistoren

Aufbau des bipolaren Transistors. Dieser Transistor besteht aus drei Schichten, die jeweils einen Anschluss tragen. Die Schichten heißen Emitter (E), Basis (B) und Kollektor (C).
Die heute verwendeten Transistoren sind oft vom Typ npn. Emitter und Kollektor sind beide n-leitend, die Basis ist p-leitend.

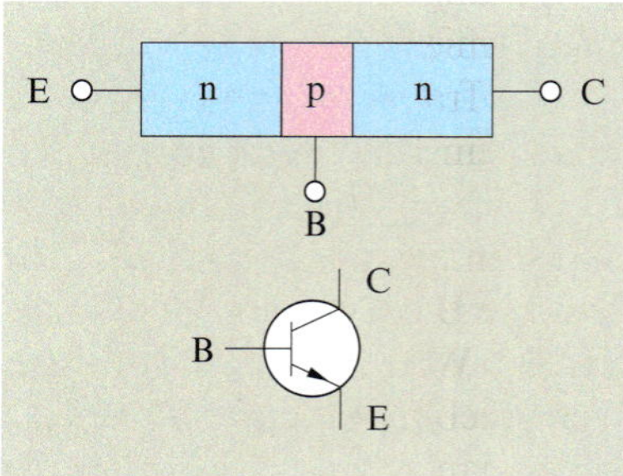

2

Wirkprinzip. Wenn man in einen Stromkreis eine Lampe und einen Transistor in Reihe schaltet und dabei die Basis frei lässt, leuchtet die Lampe nicht. Der Transistor unterbricht den Stromkreis, er „sperrt". Der pn-Übergang zwischen Basis und Kollektor ist in Sperrrichtung geschaltet (Bild 3a). Liegt jedoch eine zusätzliche Spannung zwischen Emitter und Basis an, so leuchtet die Lampe. Der pn-Übergang zwischen Emitter und Basis ist in Durchlassrichtung geschaltet (Bild 3b). Die Elektronen können vom Emitter durch die sehr dünne Basis zum Kollektor wandern, der mit dem Pluspol der anderen Spannungsquelle verbunden ist. Der Emitter-Kollektor-Stromkreis ist nun geschlossen. Der Basisstrom hat den Kollektorstrom „eingeschaltet". Der Transistor kann als elektronischer **Schalter** dienen.
Außerdem stellt man fest, dass eine kleine Änderung des Basisstromes zu einer großen Änderung des Kollektorstromes führt. Dies wird als **Verstärkerwirkung** bezeichnet.
Die I_C-I_B-Kennlinie in Bild 4 zeigt Messwerte für einen Transistor, bei dem eine Änderung des Basisstromes um 0,1 mA stets zu einer Änderung des Kollektorstromes um 14 mA führt. Der Stromverstärkungsfaktor beträgt hier 140.

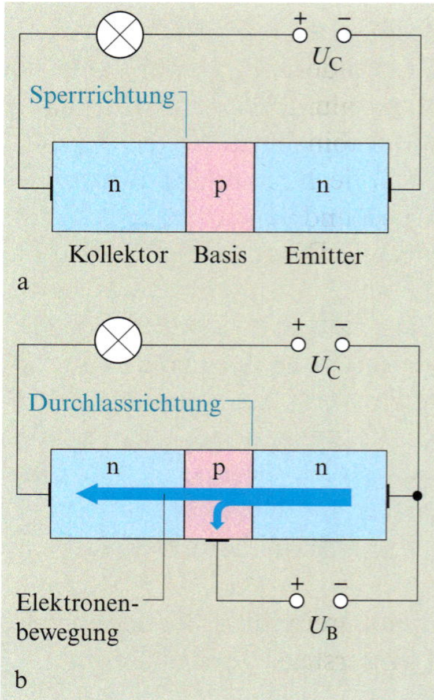

3 Elektronenbewegung im Transistor

**Ein npn-Transistor besteht aus drei unterschiedlich dotierten Halbleiterschichten, dem Emitter (n), der Basis (p) und dem Kollektor (n).
Schalterwirkung: Erst ein Basisstrom ermöglicht einen Kollektorstrom.
Verstärkerwirkung: Kleine Änderungen des Basistromes bewirken große Änderungen des Kollektorstromes.**

Anwendungen des Transistors. In der Praxis schaltet man die Basis über einen geeigneten Widerstand an den Pluspol der Emitter-Kollektor-Spannungsquelle. Dadurch kann der Basisstrom fließen. Ersetzt man diesen Widerstand durch einen Sensor, hat man einen Schalter, der z. B. für Alarmanlagen verwendet werden kann.
Um eine Verstärkung zu erreichen, wird das zu verstärkende Signal der an der Basis anliegenden Gleichspannung überlagert. Dadurch ändert sich der Basisstrom geringfügig, der Kollektorstrom entsprechend dem Stromverstärkungsfaktor um ein Vielfaches.

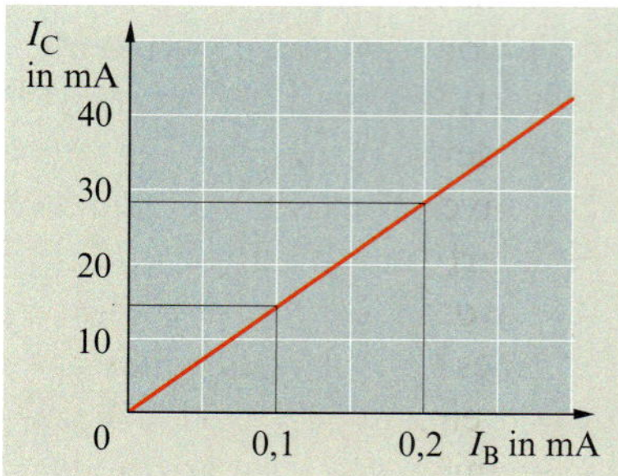

4 I_C-I_B-Kennlinie eines Transistors

Schalten und Verstärken

Schalt- und Verstärkerwirkung eines Transistors ermöglichen viele unterschiedliche Anwendungen. Die zugehörigen Schaltungen sehen auf den ersten Blick oft recht kompliziert aus. Die folgenden Aufträge können aber helfen, die Wirkungsweise solcher Schaltungen zu verstehen.

AUFTRAG 1

1 Analysiert den Schaltplan, baut die Schaltung auf und erkundet die Wirkungsweise!

2 Informiert euch über weitere Anwendungen zur Schalterwirkung eines Transistors und vergleicht die zugehörigen Schaltpläne. Findet Gemeinsamkeiten und Unterschiede!

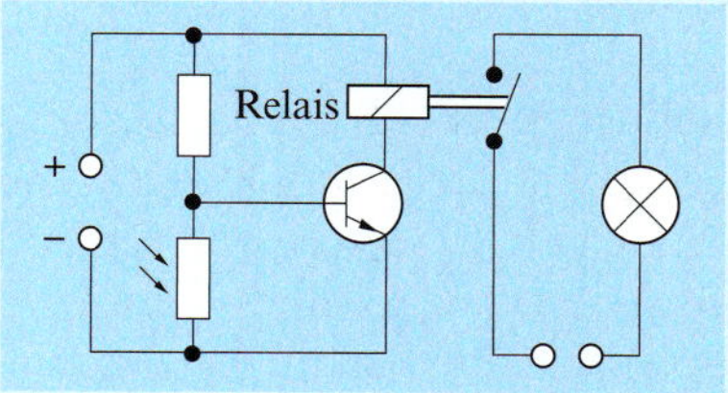

1

Will man einen bipolaren Siliciumtransistor als Verstärker nutzen, so muss die Basisspannung U_{BE} (Spannung zwischen Basis und Emitter) um den Wert von 0,7 V schwanken. Dies erreicht man, indem man die Betriebsspannung über einen Spannungsteiler aufteilt. Eine kleine Signalspannung wird dann der Basisspannung von 0,7 V überlagert.

AUFTRAG 2

1 Verändert die Spannungsaufteilung mit verschiedenen Kombinationen fester Widerstände. Messt die Spannungen U_{BE} und U_{CB}. Beobachtet, ob die Diode (LED) leuchtet!

2 Setzt für R_1 einen veränderlichen Widerstand ein. Wiederholt die Messungen für verschiedene Einstellungen von R_1!

3 Setzt für R_2 einen veränderlichen Widerstand ein. Wiederholt die Messungen für verschiedene Einstellungen von R_2!

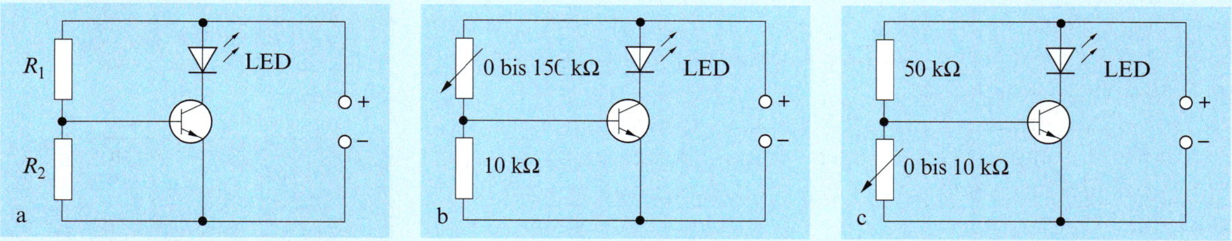

2

4 Beschreibt eure Beobachtungen und erklärt die Auswirkungen der Widerstandsänderungen!

AUFTRAG 3

1 Baut nach dem Schaltplan eine Schaltung mit zwei Transistoren auf. Die Kontakte A und B werden mit der Hand eines Schülers überbrückt. Erläutert die Funktionsweise der Schaltung. Schätzt ab, wie groß der Strom durch die Hand bei leuchtender Glühlampe ist (der Stromverstärkungsfaktor eines Transistors liegt etwa bei 100)!

2 Entwerft Schaltpläne
  a für die Überwachung der Temperatur eines Aquariums mithilfe eines Kontaktthermometers,
  b für einen Feuchtigkeitsmelder im Frühbeet.

Informiert euch über die notwendigen Sensoren. Entwerft einfache Möglichkeiten zur Realisierung der notwendigen Sensoren!

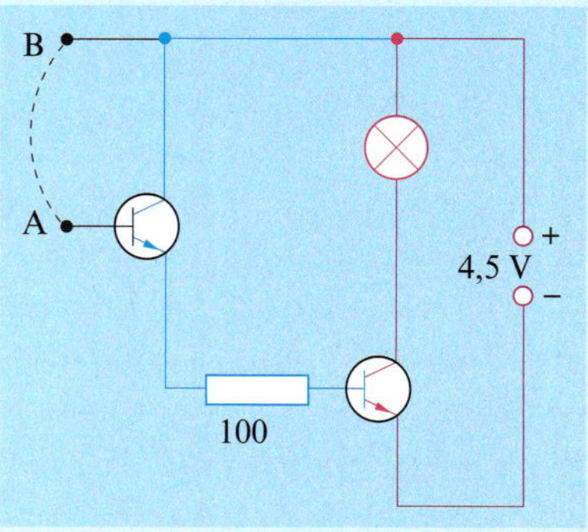

3

Sensoren in Kraftfahrzeugen

1

Autos sollen eigentlich nur fahren. Damit sie diesen Zweck sicher und komfortabel erfüllen können, bekommen sie inzwischen immer häufiger „Sinne" eingebaut – eine Fülle von Sensoren. Ihre Signale sind inzwischen für viele Steuerungs- und Regelungsfunktionen, Sicherheit sowie Komfort unverzichtbar. Ein Sensor wandelt eine physikalische Größe in eine elektrische Größe um, die elektronisch weiterverarbeitet oder übertragen werden kann. Mögliche physikalische Messgrößen, die von Sensoren registriert und in elektrische Signale umgewandelt werden, können Beschleunigung, Abstand, Druck, Dichte, Temperatur, Wellenlänge, Schallgeschwindigkeit, Zeit usw. sein.

Die Kühlung des Motors. An heißen Sommertagen hört man oft, dass das Gebläse noch nach dem Abschalten des Motors weiter läuft. An kalten Wintertagen hingegen schaltet die Heizung nach dem Start nicht gleich zu. Die Ursache liegt darin, dass der Motor erst die richtige Betriebstemperatur haben muss. Alle beweglichen Teile werden dann optimal geschmiert. Die Temperatur des Kühlwassers liegt „im grünen Bereich“. Dies wird über eine Regelung des Kühlkreislaufs erreicht.
Im Kühlkreislauf regelt zunächst ein Thermostatventil das Zu- und Abschalten des Kühlers. Bei etwa 85 °C öffnet es, wodurch das Kühlmittel zusätzlich durch den Hauptkühler gepumpt wird. Bei etwa 100 °C wird über einen Thermostatschalter zusätzlich das Kühlgebläse eingeschaltet. Zur Anzeige der Temperatur des Kühlwassers wird als Sensor ein Widerstandsthermometer genutzt. In Abhängigkeit von der Temperatur ändert sich dessen Widerstand und damit die Stromstärke. Die Skale des Messgerätes kann deshalb sofort in einer Temperatureinheit kalibriert werden (Bild 3).

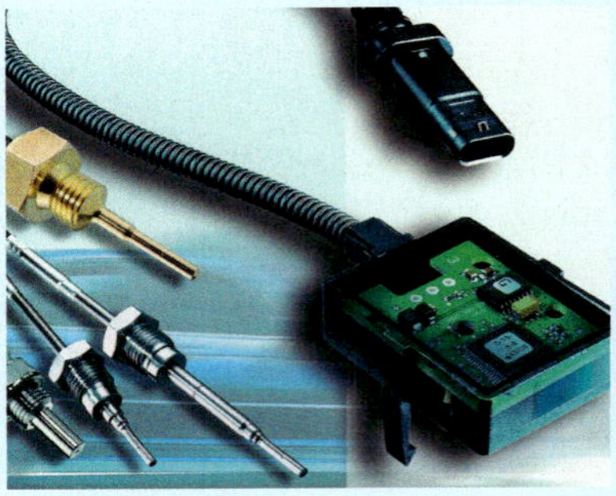

2

Sensoren

3

Kühlwasser-Temperaturanzeige

Das Anti-Blockiersystem beim Pkw. Die Bremswirkung bei einem Pkw ist dann optimal, wenn sich die Räder gerade noch drehen, also nicht blockieren. Zudem lässt sich das Fahrzeug dann auch lenken, da Seitenführungskräfte vorhanden sind. Das Anti-Blockiersystem hat die Aufgabe, das Blockieren einzelner Räder zu verhindern und so ein sicheres Abbremsen des Fahrzeugs in Gefahrensituationen zu ermöglichen.
Das wichtigste Bauteil ist der Sensor, mit dem die Drehung des Rades überwacht wird. Dazu wird auf der Radnabe ein Zahnkranz aufgebracht, dessen Eisenzähne vor einer Spule vorlaufen, die auf einem Magneten steckt (Bild 4). Drehen sich die Eisenzähne am Magneten vorbei, so wird die Stärke des Magnetfeldes geändert, in der Spule wird eine Wechselspannung einer bestimmten Frequenz induziert. Blockiert dagegen das Rad, wird keine Spannung induziert. Aus den an den ein-

4

ABS-Sensor

zelnen Rädern induzierten Frequenzen werden elektronisch Steuerimpulse für Magnetventile im Bremskreislauf abgeleitet.
Solange die Räder nicht blockieren, wird der im Hauptbremszylinder aufgebaute Druck über die Bremsflüssigkeit bei geöffnetem Einlassventil in den Bremszylinder der Räder wirksam. Die Bremssteine werden auf die Bremsscheibe gedrückt, die Räder werden abgebremst. Droht ein Rad zu blockieren, so wird zunächst über die elektronische Regelung das Einlassventil geschlossen, wodurch der Bremsdruck nicht weiter steigt. Reicht das Halten des Drucks nicht aus, um das Blockieren zu verhindern, so wird elektronisch das Auslassventil geöffnet, die Bremsflüssigkeit fließt zurück, der Druck sinkt. Sobald sich das Rad wieder dreht, wird das Auslassventil wieder geschlossen und der Druckaufbau beginnt erneut. Die einzelnen Phasen wiederholen sich in schneller Folge. Bei geringer Geschwindigkeit wird das ABS abgeschaltet, um ein Anhalten zu ermöglichen.

1
Helligkeitssensor

Automatische Innenraumbeleuchtung. In vielen Pkw schaltet sich bereits in der Dämmerung beim Öffnen der Türen die Innenbeleuchtung automatisch ein. Das Aussteigen wird dadurch erleichtert, der Innenraum kann nochmals kontrolliert werden. Das Einschalten der Innenbeleuchtung wird bei geöffneter Tür durch einen Helligkeitssensor ausgelöst. Es handelt sich dabei in der Regel um einen lichtabhängigen Halbleiterwiderstand (Bild 1). Wird er beleuchtet, sinkt sein Widerstand. Durch die Zunahme der Stromstärke wird über eine elektronische Schaltung die Innenbeleuchtung eingeschaltet.

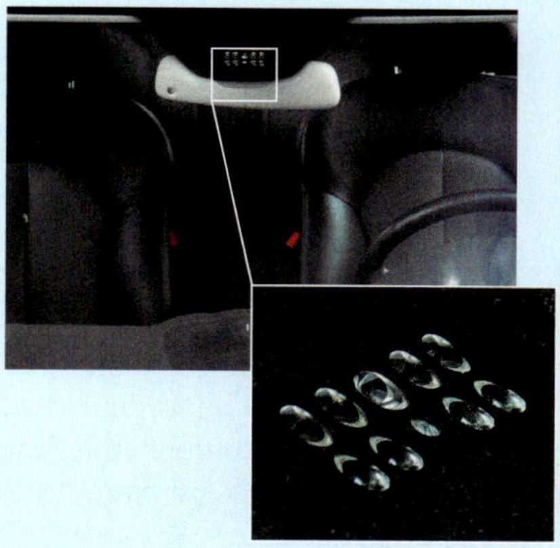
Regensensor 2

Automatisches Einschalten des Fahrlichts. Helligkeitssensoren können auch dafür sorgen, dass sich das Fahrlicht bei Dämmerung oder am Tag beim Befahren eines Tunnels automatisch einschaltet. Das hat z. B. den Vorteil, dass man beim Verlassen eines Tunnels nicht mehr vergisst, das Licht wieder auszuschalten.

Regensensor. Zur modernen Elektronik bei Pkws gehört immer öfter ein Regensensor. Er steuert das Ein- und Ausschalten bzw. die Intervallgeschwindigkeit beim Scheibenwischer (Bild 2). Der Sensor ist im Fuß des Innenspiegels untergebracht. Er besteht aus mehreren Infrarot-Leuchtdioden und einer zentral angeordneten Fotodiode. Das von den Leuchtdioden ausgesandte Licht wird von der äußeren Schicht der Windschutzscheibe reflektiert. Die Fotodiode empfängt das reflektierte Licht. Je mehr Wassertropfen sich auf der Windschutzscheibe befinden, desto weniger Licht empfängt der Sensor. Diese Information wird an eine Steuerelektronik weitergeleitet, die den Scheibenwischer einschaltet und die Wischfrequenz entsprechend anpasst. Dies ist besonders bei plötzlichen Sichtbehinderungen, wie z. B. beim Überholen von Lkw auf nasser Fahrbahn, ein deutlicher Sicherheitsgewinn.

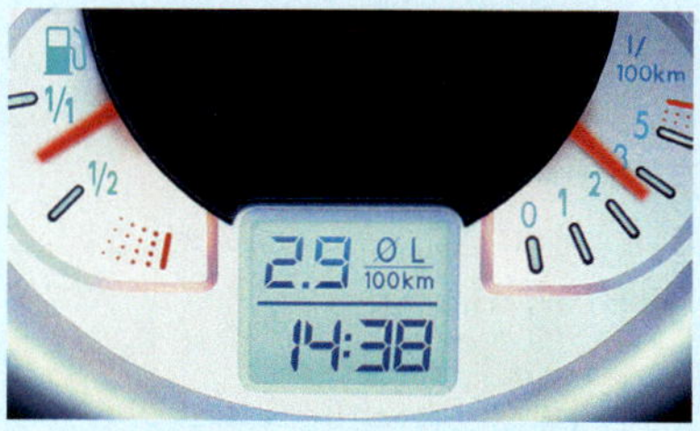

3
Anzeige von Tankfüllstand und Benzinverbrauch

4
Anzeige des Reifendrucks

AUFGABE

1. Informiere dich darüber, welche Sensoren in modernen Fahrzeugen zum Einsatz kommen. Welche Sensoren steuern z. B. die Anzeige des Tankfüllstand, des Benzinverbrauchs oder des Reifendrucks? Stelle deine Ergebnisse in einer Präsentation zusammen.

Silicium – vom Sand zum Mikrochip

1

Woraus besteht unsere Erde? Ca. 50 % sind Sauerstoff, weitere 25 % Silicium. Jedes Sandkorn, jeder Stein, ja die gesamten festen und geschmolzenen Bestandteile unserer Erde bestehen zu einem großen Teil aus Silicium. Ein riesiger Vorrat für die Herstellung von Halbleiterbauelementen und Schaltkreisen.
Silicium ist chemisch als Siliciumdioxid (SiO_2) gebunden. Um aus Quarzsand Silicium zu gewinnen, muss dieser in einem speziellen Hochofen mit Kohlenstoff (C) zunächst zu Rohsilicium reduziert werden. Das Rohsilicium hat einen Massenanteil an Silicium von etwa 98 %. Der Anteil an Verunreinigungen ist mit 2 % viel zu hoch und in der Elektronik nicht verwendbar – er darf maximal ein Milliardstel Prozent betragen. Daher wird das Silicium durch verschiedene Verfahren zum Reinstsilicium gereinigt.
Für die Chipherstellung wird Silicium benötigt, das als so genannter Einkristall vorliegt. Das bedeutet, dass das Kristallgitter eine einheitliche Ausrichtung hat. Es gibt verschiedene technische Verfahren, um einen Einkristall herzustellen. Beim Tiegelziehverfahren wird ein dünner Impfkristall, der die Kristallorientierung vorgibt, in das zuvor geschmolzene Silicium eingetaucht. Man nutzt dabei, dass sich die Si-Atome in einheitlicher Ausrichtung an den Kristall ablagern. Durch langsames Herausziehen unter Rotation erstarrt an dem Impfkristall die Schmelze als Einkristall (Bild 2). Danach beginnt bei Einhaltung höchster Reinheit die Herstellung jener dünnen Scheiben, auf der dann z. B. die Schaltkreise aufgebracht werden. Der Einkristall wird mit feinen Diamantscheiben in so genannte Wafer zerlegt. Die Oberflächen dieser Wafer werden poliert und gereinigt und so für die eigentliche Herstellung der Chips vorbereitet (Bild 3).

Insgesamt ist der energetische Aufwand beträchtlich. Erschwerend kommt hinzu, dass alle Arbeitsgänge in einer Reinstatmosphäre oder sogar im Vakuum ablaufen müssen. Auch hierfür benötigt man Energie. In den vergangenen Jahren ist es immer besser gelungen, die Ausbeute intakter Schaltkreise zu verbessern. Damit sinken nicht nur die Kosten, sondern es wird ein Beitrag geleistet zum sparsamen Umgang mit den Ressourcen unserer Erde und damit zum Schutz unserer Umwelt.

2

Herstellung des Einkristalls im Tiegelziehverfahren

3

Wafer

4

Mikrochip

Weißt du es? Kannst du es

1. Vergleiche die Temperaturabhängigkeit des elektrischen Widerstands von Metallen und Halbleitern! Erläutere den Unterschied!
2. Erläutere die Arbeitsweise eines Halbleiter-Temperatursensors!
3. a) Nenne chemische Elemente, mit denen Silicium dotiert wird!
   b) Welche Auswirkungen hat das Dotieren auf die Leitfähigkeit eines Halbleiterkristalls?
   c) Begründe, dass ein Halbleiterkristall auch bei einer Dotierung elektrisch neutral bleibt!
4. Was versteht man unter einer n- bzw. einer p-leitenden Schicht?
5. Eine Halbleiterdiode wird auch als „elektrisches Ventil" bezeichnet. Warum ist der Vergleich mit einem Fahrradventil möglich?
6. Bei welcher Polung leitet eine Halbleiterdiode, bei welcher sperrt sie?
7. Halbleiterdioden werden zur Gleichrichtung eingesetzt.
   a) Was versteht man unter Gleichrichtung?
   b) Wo werden Gleichrichterschaltungen eingesetzt?
8. Solarzellen wandeln Energie des Lichts direkt in elektrische Energie um. Erläutere die hier ablaufenden Vorgänge!
9. Welche Vor- und welche Nachteile haben Solarzellen? Beachte auch die Sonnenscheindauer in Deutschland!
10. Welches sind die Ausgangsstoffe zum Betrieb einer Brennstoffzelle, welches ist das Endprodukt?
11. Welche Vorteile ergeben sich aus der Kopplung von Solar- und Brennstoffzellen?
12. Vergleiche die Wirkungsgrade der Fotosynthese, einer Solarzelle und einer Brennstoffzelle miteinander!

Kurz und knapp!

Halbleiter
Je höher ihre Temperatur ist, umso kleiner wird ihr Widerstand.
Wanderungsfähige Ladungsträger sind sowohl Elektronen als auch Löcher. Sie sind vorhanden, wenn
- Elektronen aus Elektronenpaaren herausgelöst werden (Eigenleitung) oder
- zusätzliche wanderungsfähige Ladungsträger durch Dotieren eingebracht werden (Störstellenleitung).

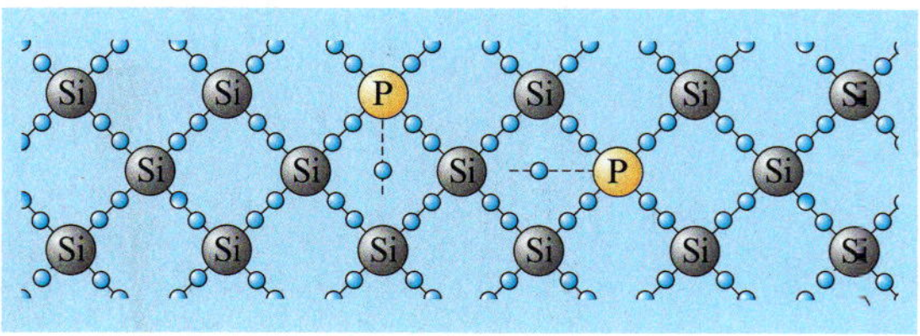

Halbleiterdiode
An einem pn-Übergang kann der Strom nur in eine Richtung fließen.

Durchlassrichtung: Der Pluspol liegt an der p-Schicht, der Minuspol an der n-Schicht an. Die Grenzschicht wird von Ladungsträgern überflutet.
Sperrrichtung: Der Pluspol liegt an der n-Schicht, der Minuspol an der p-Schicht an. Die Grenzschicht verarmt an Ladungsträgern.

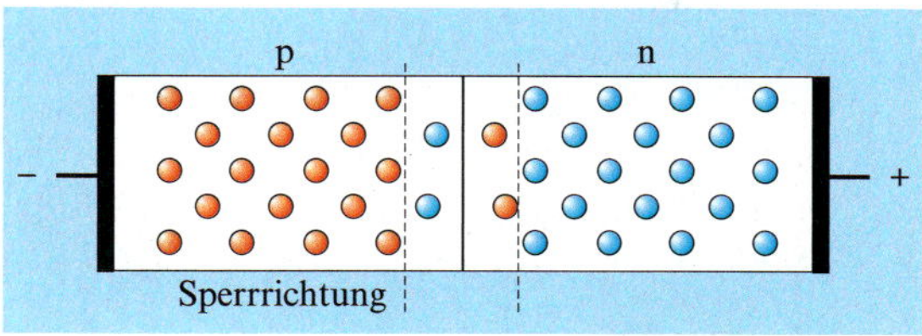

Solarzelle
Halbleiterdiode, die bei Bestrahlung der Grenzschicht mit Licht dessen Energie teilweise direkt in elektrische Energie umwandelt.

Brennstoffzelle
Wasserstoff und Sauerstoff reagieren zu Wasser, wobei Elektronen an einer Platinelektrode (Minuspol) vom Wasserstoff abgegeben werden. Chemische Energie wird so teilweise direkt in elektrische Energie umgewandelt.

Die Natur verstehen mit physikalischen Basiskonzepten

In der Physik wird versucht, ganz unterschiedliche Vorgänge in Natur und Technik dadurch zu verstehen, dass nach Gemeinsamkeiten und Zusammenhängen zwischen ihnen gesucht wird und sie mit denselben Begriffen beschrieben werden. Diese so genannten Basiskonzepte können als Wegweiser bei der Suche nach Erklärungen dienen.

Basiskonzept Energie

1

2

Die Äste der Bäume schwingen, die Schwäne schaukeln auf der Wasseroberfläche eines Sees und die Flügel der Libellen und der Tauben schwingen auf und ab. Aus unserer Erfahren wissen wir: Von allein können diese Bewegungen nicht ablaufen, denn dafür ist Energie notwendig. Die Energie des Windes bewegt die Äste, Wasserwellen transportieren Energie auch zu den Schwänen und die Energie, die Insekten und Vögel mit der Nahrung aufgenommen haben, wird genutzt um die Flügel zu bewegen. Auch die elektrischen Geräte im Haushalt brauchen Energie. In Wärmekraftwerken, Wind- oder Solaranlagen finden Energieumwandlungen statt, die uns die benötigte Energie zum Antrieb komplizierter Anlagen liefern.
Mit dem Energiebegriff kann man Vorhersagen über das Verhalten oder die Funktionsweise technischer Anlagen oder Maschinen machen, ohne genau zu wissen, wie die einzelnen Teile zusammenwirken.

Beim Stirlingmotor (Bild 5) laufen komplizierte thermodynamische Prozesse ab. Um aber sein grundlegendes Funktionsprinzip zu beschreiben, reicht es aus, zu wissen, dass ein Gas (Luft) erwärmt wird und der Motor dann Arbeit verrichten kann. Die Zufuhr und Abgabe thermischer Energie ermöglicht die Bewegung des Kolbens. Thermische Energie wird in mechanische (kinetische) Energie umgewandelt.

3

4

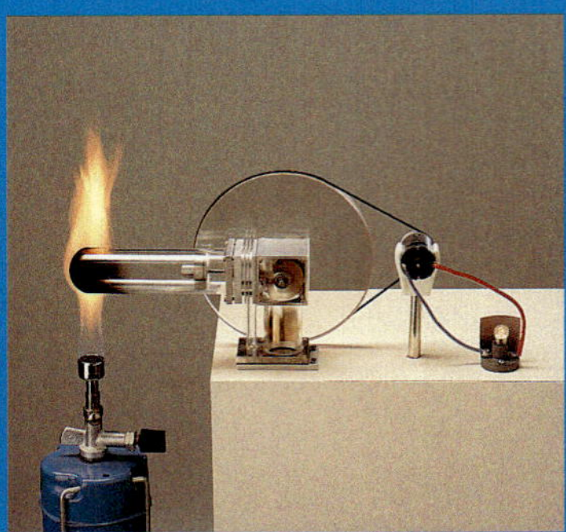
5

Basiskonzept

System

Um herauszufinden, warum sich Teile eines Ganzen – eines Systems – so und nicht anders verhalten, muss man immer das gesamte System betrachten. Nur so kann man verstehen, warum es unbeabsichtigte Folgen haben kann, wenn man an einer Stelle etwas verändert.

1

In einer Drehpendeluhr führt das Pendel eine ungedämpfte Drehschwingung aus (Bild 1). Die Amplitude der Schwingung ändert sich nicht. Eine ähnliche Schwingung kann man erzeugen, wenn man an einem stabilen Stativ eine Schraubenfeder befestigt, an der eine Metallplatte angebracht ist. Nach dem Verdrillen und Loslassen führt das System Feder-Scheibe eine Schwingung aus. Allmählich nimmt die Amplitude der Schwingung ab (Bild 2).
Dieses unterschiedliche Verhalten der beiden Federschwinger kann man nur erklären, wenn man die kompletten Systeme betrachtet: Die Bewegung der Pendel in Luft führt aufgrund der Reibung zur Dämpfung, also zur Abnahme der Amplitude.
Deshalb sorgt in der Drehpendeluhr eine kleine Batterie dafür, dass geringfügige Verluste an mechanischer Energie wieder ersetzt werden.

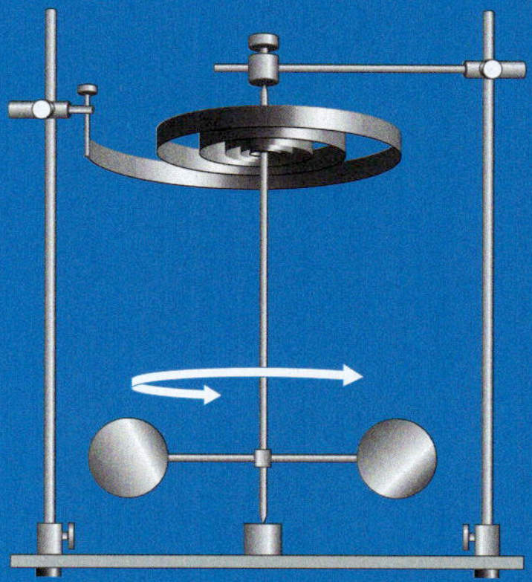
2

Weitere schwingungsfähige Systeme in der Mechanik sind die Musikinstrumente. Es sind Systeme, in denen z. B. schwingenden Saiten oder Luftsäulen Energie zugeführt wird. Das Ziel besteht darin, hörbare Klänge zu erzeugen (Bilder 3–5).
Allein die schwingenden Teile eines Instruments erzeugen aber noch nicht den vertrauten Klang einer Gitarre, eines Klaviers oder einer Trompete. Erst durch das Zusammenwirken aller Teile eines Instruments: Korpus, Saite oder Luftsäule, Bogen oder Mundstück entstehen Ton und Klang.
Ein kleiner Eingriff in dieses funktionierende System kann ungeahnte Folgen haben. Das kann jeder bestätigen, der schon einmal versucht hat, ein Instrument zu erlernen.

3

4

5

1

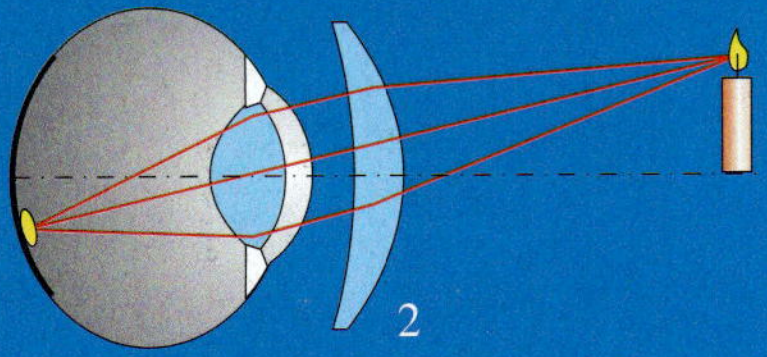

2

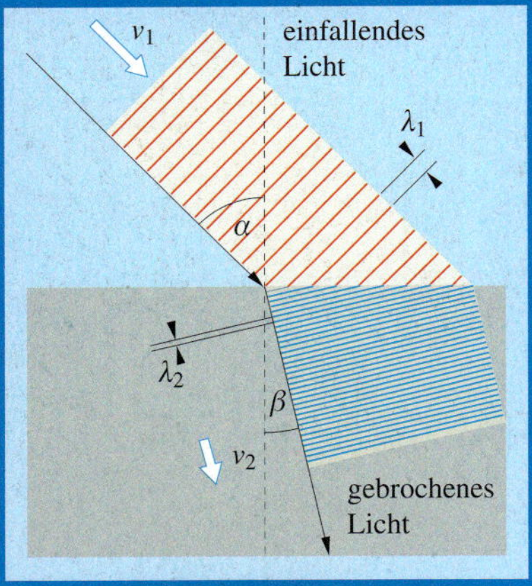

3

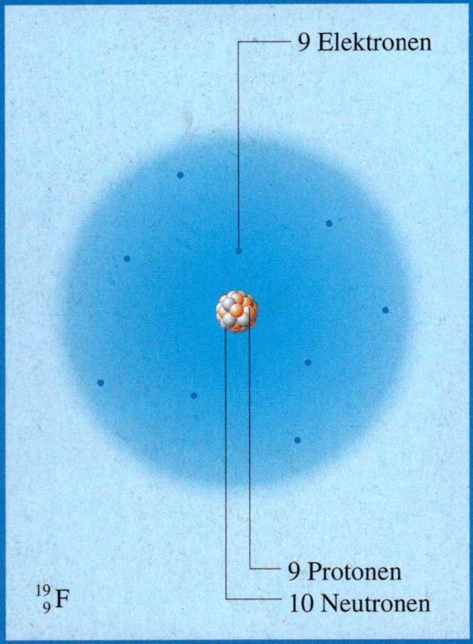

4

Basiskonzept

Struktur der Materie

Ältere Menschen setzen beim Lesen öfter eine Brille auf als jüngere (Bild 1). Die älteren können ihre Augenlinsen nicht mehr genug krümmen. Das Licht, das vom beleuchteten Buch ausgeht, wird von der Augenlinse nicht mehr stark genug gebrochen. Deshalb ist das Bild im Auge unscharf. Die zu jedem Auge hinzugefügte Sammellinse der Lesebrille bricht das Licht zusätzlich (Bild 2).
Geht Licht von einem durchsichtigen Körper in einen anderen über, so ändert sich seine Richtung, wenn der Einfallswinkel nicht gleich Null ist. Ursache sind Unterschiede im Aufbau der Stoffe aus Teilchen. Die Teilchen haben unterschiedliche Eigenschaften und sind in Körpern verschieden angeordnet. Deshalb ist auch die Lichtgeschwindigkeit unterschiedlich. Während sie im Vakuum 300 000 km pro Sekunde beträgt, legt das Licht im Wasser nur 225 000 km pro Sekunde zurück.
Fällt ein Lichtbündel schräg auf eine Wasseroberfläche, so erkennt man beim Komplettieren der Zeichnung, dass eine Richtungsänderung des Lichtbündels die zwangsläufige Folge ist (Bild 3).

Rutherford hat sich den Aufbau eines Atoms ziemlich einfach vorgestellt (Bild 4). Das erkennt man, wenn man den Aufbau der Materie mit Hilfe seines Atommodells beschreibt.
Die Atomkerne einiger Grundstoffe senden von selbst eine ionisierende Strahlung aus, sie sind radioaktiv. Von der Gesamtzahl der Atomkerne zerfällt in einer bestimmten Zeit (Halbwertszeit) die Hälfte.
Bei dem Aussenden der Kernstrahlung kann sich die Anzahl der Protonen im Atomkern ändern, es entsteht ein anderes Nuklid.
Beim radioaktiven Zerfall von Kernen tritt Alpha-, Beta- oder Gammastrahlung auf (Bilder 5–7). Alpha-Strahlung besteht aus „großen" Teilchen. Sie werden in Stoffen stark abgebremst und können noch nicht einmal ein Blatt Papier durchdringen Beta-Strahlung besteht aus Elektronen. Sie durchdringen Aluminiumsschichten von mehreren Millimetern Dicke. Gamma-Strahlung ist eine intensive elektromagnetische Strahlung. Sie kann selbst dünne Bleischichten durchdringen.

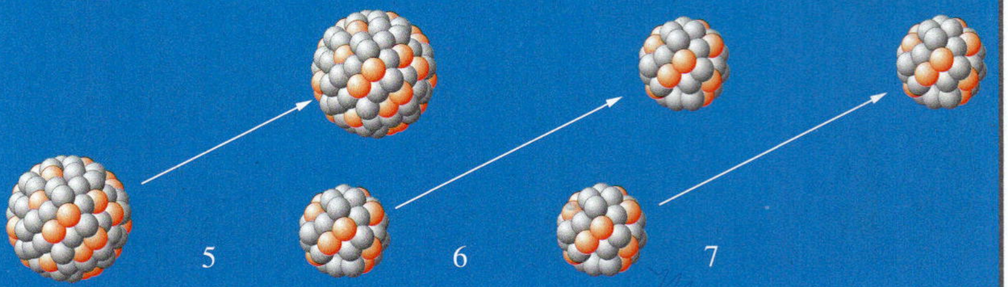

5 6 7

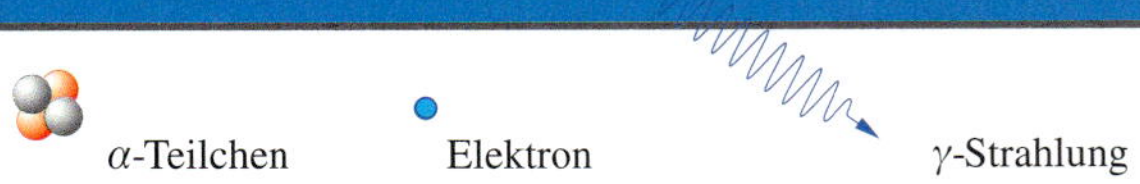

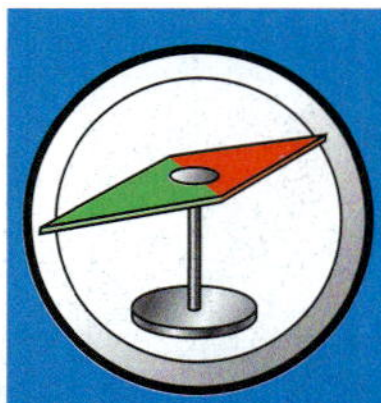

Basiskonzept

Wechselwirkung

Beobachtet man eine Veränderung und forscht dann nach ihrer Ursache, findet man fast immer andere Veränderungen, die den beobachteten Vorgang bewirkt haben (Bilder 1 und 4).
Nach NEWTON verharrt jeder Körper im Zustand der Ruhe oder der geradlinig gleichförmigen Bewegung, solange die Summe der auf ihn einwirkenden Kräfte Null ist, jeder Körper ist träge.
Ändert sich aber der Bewegungszustand eines Körpers, muss es auch eine andere Veränderung gegeben haben. Nur eine Wechselwirkung zwischen verschiedenen Körpern kann eine Kraft hervorrufen, die die Trägheit überwinden kann.

1

Der Kurzstreckenläufer benutzt beim Start Startblöcke. Um eine große Beschleunigung zu erreichen, muss der Lauf mit einer starken nach vorn gerichteten Kraft beginnen. Zu dieser Kraft gehört eine gleich große Gegenkraft, die nach hinten gerichtete ist. Diese nehmen die Startblöcke auf, die aber wiederum fest in der Erde verankert sein müssen (Bild 2).
Wenn die Straßen im Winter glatt sind, sollte der Fahrzeugführer langsam anfahren. Nur wenn er mit Vorsicht beschleunigt, reicht die Wechselwirkung (Reibung) zwischen der Auflagefläche des Rades und der Fahrbahnoberfläche aus, um die gedrosselte Motorkraft als „actio“ zum Anfahren des Pkw zu nutzen, da die vereiste Fahrbahn nur dann die erforderliche „reactio“ realisieren kann.

2

In einem Generator dreht sich der stark magnetisierte Rotor in den Spulenwicklungen des Stators (Bild 5). Dadurch wird in diesen ein elektrischer Strom induziert. Um die Elektronen in gerichtete Bewegung zu versetzen ist eine große Kraft erforderlich.
Der Induktionsstrom, der in den Spulenwicklungen fließt, ist nach dem lenzschen Gesetz seiner Ursache entgegengerichtet. Je größer der Induktionsstrom ist, umso stärker behindert er die Bewegung, also die Ursache der Induktion. Bei einem belasteten Generator bewirkt diese Wechselwirkung, dass der benötigte Induktionsstrom selbst die Energieaufnahme des Generators regelt.

3

4

5

Lösungen der Teste-dich-Aufgaben

Kräfte und Bewegungen S. 48

1 a) Wagen 2 ist schneller, da er die Stecke von 50 m in kürzerer Zeit zurücklegt.
b) Wagen 2 ist schneller, da er in der Zeit von 1,8 s die größere Strecke zurücklegt.
c) $v_1 = 25$ m/s, $v_3 = 25{,}6$ m/s. Daraus folgt: Wagen 3 ist etwas schneller.

2 a) Bei allen Körpern ergibt sich als Graph eine Gerade.
b) Der Körper bewegt sich am schnellsten, bei dem die Gerade die größte Steigung aufweist.

3 Gemeinsamkeiten: In beiden Fällen treten zwei gleich große und entgegengesetzt gerichtete Kräfte auf.
Unterschied: Beim Kräftegleichgewicht werden beide Kräfte auf einen Körper ausgeübt, bei der Wechselwirkung werden die Kräfte auf verschiedene Körper ausgeübt.

4 Maßstab für die Skizze z. B.: 1000 N ≙ 1 cm

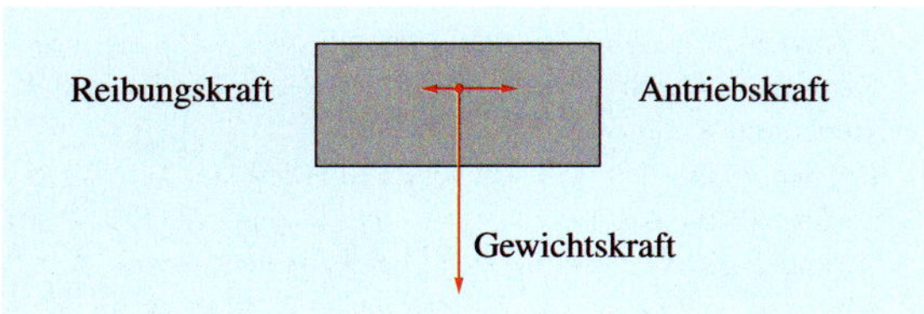

5 Wenn man einen Wagen in Bewegung setzt, muss man eine Kraft F_A ausüben, um den Wagen zu beschleunigen. F_A muss größer sein als die Reibungskraft F_R, damit der Wagen beschleunigt. Die Differenz $F_A - F_R$ bestimmt, wie stark der Wagen beschleunigt wird. Wenn der Wagen nur in Bewegung gehalten werden soll, muss nur noch eine Kraft ausgeübt werden, die genau so groß ist wie die Reibungskraft

6 Den Kasten in Eintracht zu tragen ist physikalisch günstiger: Beide Brüder müssen jeweils nur etwas mehr als die halbe Gewichtskraft, die auf den Kasten ausgeübt wird, ausgleichen. Im Streit müssen beide Brüder Kräfte aufwenden, die größer sind als die Gewichtskraft.

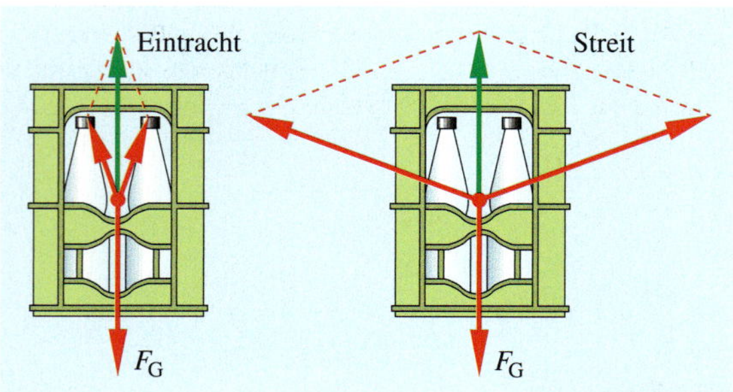

7 Tim spricht von der Geschwindigkeit: $v = 250$ km/h. Florian meint die Beschleunigung:
In 4 s beschleunigt der Wagen von 0 auf 100 km/h (27,8 m/s)
$a = \Delta v / \Delta t = (27{,}8\,\text{m/s})/4\,\text{s} = 7\,\text{m/s}^2$.

8 a) $s = \frac{1}{2} g \cdot t^2 \Rightarrow t = \sqrt{\frac{2s}{g}} = 3{,}2\,\text{s}$
b) $v = g \cdot t = 31{,}4\,\frac{\text{m}}{\text{s}}$
c) Die Werte verändern sich nicht, weil die Beschleunigung nicht von der Masse des Körpers abhängig ist.

Magnetfeld und elektromagnetische Induktion S. 84

1 Siehe Bilder 1 und 2 auf S. 57.
Gemeinsame Merkmale:
– Beide Felder sind vorhanden, aber nicht zu sehen.
– In beiden Feldern werden auf geeignete Probekörper Kräfte ausgeübt.
– Beide Felder können durch ein Feldlinienbild beschrieben werden.
– Je dichter die Feldlinien liegen, umso größer ist die Stärke des Feldes.

2 a) Der rollende Leiter bewegt sich quer zu den magnetischen Feldlinien. In diesem wird eine Gleichspannung induziert.
b) Fließt durch den Leiter ein starker Strom, so bewegt er sich auf der Ebene nach oben.

3 ges.: Verlustleistung P_V in der Leitung bei 220 000 V und 22 000 V in %
geg.: Übertragungsspannung $U_1 = 220\,000$ V
$U_2 = 22\,000$ V
übertragene Leistung $P = 50$ MW
Leitungslänge $l = 50$ km
ohmscher Widerstand je km $R/l = 0{,}06\,\Omega$/km
Lösung:
1. Leitung bei 220 000 V (2. Leitung bei 22 000 V)
Stromstärke $I = P/U$
$I_1 = 227$ A
$I_2 = 2273$ A
Widerstand der Leitung $R_L = 3\,\Omega$
Der wirksame Gesamtwiderstand ist die Summe aus dem Leitungswiderstand R_L und dem elektrischen Widerstand R_M, der aus den einzelnen betriebenen Maschinen und Geräten folgt.
$R_{ges} = R_L + R_M$
Für den Gesamtwiderstand gilt:
$R_{ges1} = U/I$
$R_{ges1} = 220\,000\,\text{V}/227\,\text{A}$ (bzw. $22\,000\,\text{V}/2270\,\text{A}$)
$R_{ges1} = 969{,}2\,\Omega$ ($R_{ges2} = 9{,}6\ 92\,\Omega$).
Davon entfallen 3,0 Ω auf die Fernleitung. Das sind
969,2 Ω = 100 % (9,692 Ω = 100 %)
3 Ω = 0,31 % (3 Ω = 31 %)
Bei der Reihenschaltung von Widerständen ist die Stromstärke überall gleich groß. Die an den Widerständen abfallende Spannung ist dem elektrischen Widerstand proportional und damit auch der Leistung. Bei einer Übertragungsspannung von 220 000 V beträgt der Verlust in der Fernleitung 0,3 % der eingespeisten Leistung, bei einer Übertragungsspannung von 22 000 V beträgt der Anteil der Verlustleistung 31 %.

4 a) Bewegt sich ein elektrischer Leiter quer zu den magnetischen Feldlinien, so tritt an seinen Enden eine Induktionsspannung auf. Befindet sich die rotierende Leiterschleife in horizontaler Lage, so zeigt das Messinstrument keine Spannung an. Wenn sie sich in vertikaler Lage befindet, dann ist der Zeigerausschlag am größten. Beim Weiterdrehen geht der Zeiger auf Null zurück (horizontale Lage) und bewegt sich dann nach der gegenüberliegenden Seite bis zum Maximum. Schließlich bewegt sich der Zeiger wieder zur Nulllage in Skalenmitte zurück.

b) Befindet sich die Leiterschleife in horizontaler Lage und dreht sich sehr langsam, so tritt zunächst keine und dann nur eine sehr kleine Induktionsspannung auf, weil sich dabei keine ihrer vier Seiten quer zu den magnetischen Feldlinien bewegt. Dreht sie sich weiter, so bewegen sich ihre langen Seiten immer mehr quer zu den magnetischen Feldlinien. Das erreicht ein Maximum in der vertikalen Lage. Beim Weiterdrehen nimmt die Zahl der Feldlinien, durch die sich die Leiterschleife hindurch bewegt, wieder ab. Die Induktionsspannung wird geringer und der Zeigerausschlag geht zurück. Ausgehend von der horizontalen Lage erfolgt die Bewegung quer zu den Feldlinien in entgegengesetzter Richtung. Deshalb tritt auch ein Polwechsel der Spannung auf usw.

5 Wechselstrom lässt sich gegenüber Gleichstrom leicht transformieren, die Spannung kann der jeweiligen Aufgabe angepasst werden. Wechselstrom kann verlustärmer übertragen werden, da man die Spannung leicht vergrößern und verringern kann.

6 Der zündende Funke wird mit einem Hochspannungstransformator erzeugt. Er hat eine geringe Primär- und eine hohe Sekundärwindungszahl. Entsprechend der Anzahl der Sekundärwindungen nimmt die Induktionsspannung zu.

Mechanische Schwingungen und Wellen S. 106

1 A Amplitude y_{max}
B Periodendauer T
C Zeit t
2 Hz = 2 Schwingungen pro Sekunde
$f = 1/T$; $T = 0{,}5\,\text{s}$

$$T = 2\pi\sqrt{\frac{l}{g}} \Rightarrow l = \frac{g \cdot t^2}{4\pi^2}$$

2 $\Delta l = l_2 - l_1 = \frac{g}{4\pi^2}(T_2 - T_1) = 1{,}11\,\text{m}$

Fallbeschleunigung auf dem Mond g_M

$$g_M = \frac{1{,}11\,\text{m} \cdot 4\pi^2}{(T_2 - T_1)} = 1{,}62\,\frac{\text{m}}{\text{s}^2}$$

3 a) $D = \frac{4\pi^2 \cdot m}{T^2} = f^2 \cdot 4\pi^2 \cdot m = 1263{,}3\,\frac{\text{kg}}{\text{s}^2} = 1260\,\frac{\text{N}}{\text{m}}$

b) $F = D \cdot \Delta s = m \cdot g$

$$\Delta s = \frac{m \cdot g}{D} = 0{,}0155\,\text{m} = 1{,}55\,\text{cm}$$

c) $T_1 = \frac{1}{f_1} = 0{,}25\,\text{s}$

$$T_2 = 2\pi\sqrt{\frac{m_1 + m_2}{D}} = 0{,}31\,\text{s}$$

4 *freie Schwingung:* eine nach einmaliger Energiezufuhr sich selbst überlassene Schwingung
erzwungene Schwingung: entsteht, wenn man ein schwingungsfähiges System periodisch zum Schwingen anregt
Eigenfrequenz: Frequenz eines schwingungsfähigen Systems nach einmaliger Energiezufuhr
Erregerfrequenz: Frequenz, mit der ein schwingungsfähiges System periodisch zum Schwingen angeregt wird

5 *Beispiel für Resonanz:* Luftschaukel auf dem Jahrmarkt; das besonders heftige Mitschwingen der Schaukel erreicht man durch die Übereinstimmung von Erregerfrequenz und Eigenfrequenz der Schaukel. Das „Schwungholen" im Rhythmus der Eigenschwingung ist hier im Resonanzfall besonders wirksam. Die Amplituden vergrößern sich.
Resonanzbedingung: $f_E = f_0$
Resonanzkatastrophe: Tritt ein, wenn unter der Resonanzbedingung die Dämpfung des schwingenden Systems zu schwach ist und die immer größer werdenden Amplituden das System zerstören.

6 Vergleiche mit Bild 3 auf S. 93.

7 *Auslenkung y:* momentaner Abstand eines Einzelschwingers von der Gleichgewichtslage
Amplitude y_{max}: größtmöglicher Abstand eines Einzelschwingers von der Gleichgewichtslage
Wellenlänge λ: Abstand zweier benachbarter Wellenberge
Frequenz f: Anzahl der Einzelschwingungen pro Sekunde
Ausbreitungsgeschwindigkeit v: Geschwindigkeit mit der sich ein Wellenberg (Wellental) ausbreitet
Zusammenhang: $v = \lambda \cdot f$

8 *Reflexion:* Bewegt sich ein System von Wellenfronten schräg auf eine Wand zu, so werden diese Wellenfronten zurückgeworfen, d. h. reflektiert. Der Winkel zwischen Einfallsrichtung und Einfallslot ist genau so groß wie der Winkel zwischen der Reflexionsrichtung und dem Lot.
Brechung: Treffen Wellenfronten schräg auf eine Grenzfläche, ab der sich die Ausbreitungsgeschwindigkeit ändert, so ändert sich auch die Ausbreitungsrichtung der Wellenfronten. Auch der Abstand der Wellenfronten untereinander und somit die Wellenlänge ändert sich.
Beugung: Bewegen sich Wellenfronten auf ein Hindernis (oder Spalt) zu, dessen Größe etwa der Wellenlänge entspricht, so werden die Wellenfronten durch die scharfe Kante des Hindernisses nicht scharf begrenzt, sondern treten in den geometrischen Schattenraum hinter dem Hindernis ein.

9 *Reflexion von Wasserwellen/Huygens'sches Prinzip*
Trifft eine Wellenfront schräg auf eine Wand, so wird an der Auftreffstelle eine Elementarwelle erzeugt, die sich in das entsprechende Medium zurück ausbreitet. Einen Moment später wird am neuen Auftreffort der weitergelaufenen Wellenfront eine neue kreisförmige Elementarwelle erzeugt.
Nun überlagern sich mehrere Elementarwellen, die von derselben Wellenfront erzeugt wurden, und die Einhüllende stellt die neue, reflektierte Wellenfront dar. Die reflektierten Wellenfronten schließen mit der geraden Wand denselben Winkel ein wie die ankommenden Wellenfronten.

Natur des Lichtes S. 136

1 a) *Strahlenmodell:* Licht breitet sich geradlinig aus und hat dabei eine bestimmte Ausbreitungsgeschwindigkeit.
Wellenmodell: Licht besitzt Welleneigenschaften wie Frequenz und Wellenlänge, die die Farbe des Lichtes bestimmen. Lichtwellen breiten sich mit einer bestimmten Ausbreitungsgeschwindigkeit aus und können dabei in geometrische Schattenräume eindringen, die bei geradliniger Ausbreitung dunkel bleiben müssten.
b) *Strahlenmodell:* Ausbreitungsrichtung, Schattenbildung, Reflexion, Brechung, Bildentstehung an einfachen optischen Geräten
Wellenmodell: Spektrum des Lichtes, Beugung, Interferenz

2

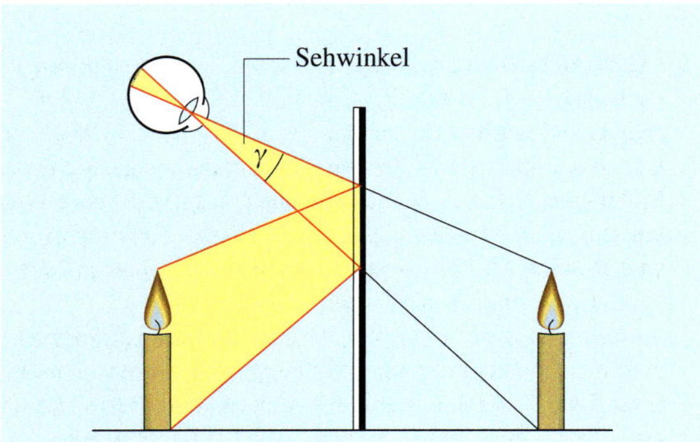

3 Bild 1: Es gibt 3 Varianten: a) 1 horizontal liegender Spiegel; b) 2 horizontal liegende Spiegel; c) Prisma.
Begründung: a, b – Reflexionsgesetz; c – zweimalige Brechung
Bild 2: Es gibt 3 Varianten: a) Sammellinse, deren Brennpunkt im Kasten liegt, Strahlen divergieren hinter Brennpunkt.
Begründung: Parallele Lichtbündel werden so gebrochen, dass sie sich in der Brennebene schneiden. b) 2 Spiegel (je einer für oberen und unteren Strahl); Begründung: Reflexionsgesetz.
c) 3 gebogene Lichtleiter

4 $\frac{\sin\alpha}{\sin\beta}=\frac{c_1}{c_2}$;

$$c_2=c_1\frac{\sin\alpha}{\sin\beta}=3\cdot10^5\,\frac{\text{km}}{\text{s}}\,\frac{\sin 16{,}6°}{\sin 25°}=202\,799\,\frac{\text{km}}{\text{s}}$$

5 Skizze entsprechend Bild 2, S. 119
Wenn Licht aus der Prismenoberfläche fällt, wird es entsprechend dem Brechungsgesetz gebrochen. Licht verschiedener Geschwindigkeiten wird unterschiedlich stark gebrochen.
Da Licht verschiedener Farbe unterschiedliche Ausbreitungsgeschwindigkeiten hat, werden die Farbanteile des weißen Lichtes unterschiedlich stark gebrochen. Das weiße Licht wird in seine farbigen Bestandteile zerlegt.

6 Je nachdem, in welchem Winkel Licht auf die Fensterscheibe fällt, kann das Licht die Rückseite der Fensterscheibe noch verlassen, so dass die Scheibe durchsichtig erscheint oder das Licht wird reflektiert, so dass die Scheibe wie ein Spiegel erscheint. Je näher der Einfallswinkel am Grenzwinkel der Totalreflexion liegt, desto größer ist der reflektierte Lichtanteil und desto stärker hat man den Spiegeleindruck.

7 $\lambda=\frac{c}{f}=\frac{3\cdot10^8\,\text{m}\cdot\text{s}}{4\cdot10^{14}\,\text{s}}=750\,\text{nm}$

Es handelt sich um rotes Licht.

8 a) An dem gelben Farbkörnchen werden nur rotes, oranges, gelbes und grünes Licht reflektiert, während die Farbanteile Blau und Violett subtrahiert (absorbiert) werden. Trifft das restliche Licht auf ein Magenta-Farbkörnchen, so werden gelb und grün subtrahiert (absorbiert). Übrig bleibt nur noch rotes Licht.
b) Bei der Addition von gelbem und rotem Licht entsteht orange-farbiges Licht.

9 Auf dem Bildschirm sind winzige Flecken aus roter, grüner und blauer Leuchtfarbe nebeneinander angeordnet. Wird ein Fleck vom Elektronenstrahl getroffen, so beginnt er selbst zu leuchten. Durch additive Mischung der drei Farben Rot, Grün und Blau ergeben sich die Mischfarben. Auch die dunklen Bereiche zwischen den Farbflecken tragen zur Farbe bei.

10 Beim umgekehrten Fall wird das Licht zum Lot hin gebrochen, was eine Totalreflexion unmöglich macht.

11 Aufgrund der Totalreflexion sieht er über sich nur durch einen kleinen kreisförmigen Ausschnitt aus dem Wasser. Im anderen teil des Gesichtsfeldes würde er bei klarem Wetter theoretisch eine Spiegelung seiner Umgebung im Wasser sehen. Ohne Benutzung einer Taucherbrille ist alles unscharf.

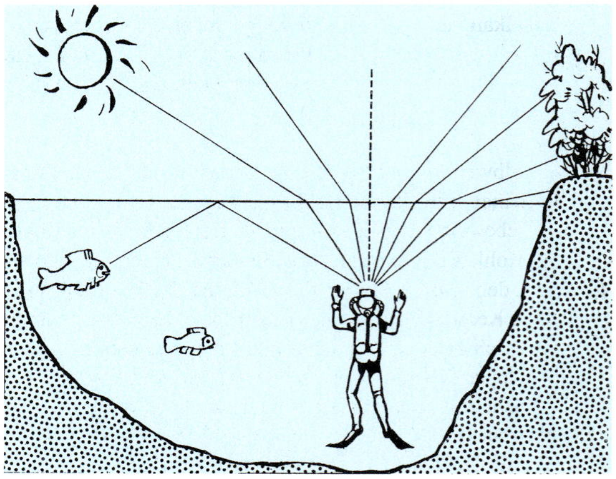

Kernphysik S. 160

1 Ein Kohlenstoffatom hat je 6 Protonen und Neutronen im Kern und 6 Elektronen in der Hülle.

2 Proton: Ladung e^+; Elektron: Ladung e^-; Neutron: ungeladen. Proton und Neutron sind etwa gleich schwer und etwa 2000-mal schwerer als das Elektron.
neutrales Atom: Anzahl der Protonen = Anzahl der Elektronen in der Hülle.

3 a) richtig
b) falsch
c) richtig
d) richtig
e) richtig
f) falsch

4

Art	Reichweite	Durchdringungsfähigkeit	Ablenkung	biologische Wirkung
α	sehr kurz (wenige cm in Luft)	fast gar keine Absorption durch Luft	schwache Ablenkung	stark, wegen der hohen Masse (Zellschädigung vor allem bei Aufnahme in den Körper)
β	kurz (einige m in Luft)	Absorption durch wenige mm Aluminium	starke Ablenkung entgegengesetzt zur α-Strahlung	schwach, wegen der kleinen Masse und Reichweite (Zellschädigung bei Aufnahme in den Körper und bei Bestrahlung von außen)
γ	theoretisch unbegrenzt	Absorption erst bei dicken Schichten Blei oder Beton	keine Ablenkung	stark, wegen der großen Reichweite und Energie (Zellschädigung bei Aufnahme in den Körper und bei Bestrahlung von außen)

5

Nachweismöglichkeit	Genutzte Eigenschaft der Radioaktivität
Fotomaterial (Filmdosimeter)	Wechselwirkung mit Kristallen ruft Schwärzung hervor.
Geiger-Müller-Zählrohr	Bei Ionisation eines Gases fließt Strom.
Nebelkammer	Erzeugte Ionen wirken als Kondensationskeime und bilden eine Spur von Nebeltröpfchen.

6 Die Halbwertszeit ist die Zeit, in der sich die Anzahl der Atomkerne eines radioaktiven Nuklids halbiert.

7 Alle Lebewesen enthalten Verbindungen des Elements Kohlenstoff. Kohlenstoff existiert dabei immer als Gemisch isotoper Kerne, den stabilen Kernen des C-12 und C-13 sowie den radioaktiven Kernen des C-14. C-14 entsteht in den oberen Atmosphärenschichten ständig neu, sodass das Mischungsverhältnis der isotopen Kerne konstant bleibt. Im lebenden Organismus entspricht das Verhältnis der Nuklide dem in der Atmosphäre. Stirbt aber der Organismus, so werden keine Kohlenstoffatome mehr mit der Umwelt ausgetauscht. Aufgrund des radioaktiven Zerfalls nimmt der Anteil des C-14 ab und mit der bekannten Halbwertszeit kann das Alter bestimmt werden.

8
- Die Entfernung zur Strahlenquelle sollte so groß wie möglich sein!
- Zwischen Strahlenquelle und Lebewesen sollten sich geeignete Materialien zur möglichst vollständigen Abschirmung befinden.
- Die Strahlung sollte so kurz wie möglich einwirken.
- Radioaktive Nuklide dürfen nicht in den Körper gelangen.

9 Ionisierende Strahlung kann bei einem Organismus physikalische und in der Folge chemische und biologische Veränderungen in den Körperzellen bewirken. Die physikalische Phase ist geprägt durch die Ionisation und Anregung von Atomen und Molekülen. In der Folge entstehen neue oder veränderte Molekülstrukturen. Auswirkungen auf die DNS oder Chromosomen sind möglich. Das biologische Verhalten der Zelle kann sich verändern oder sie funktioniert gar nicht mehr.
Vorteil: Mit „ultraharter“ Röntgenstrahlung aus Linearbeschleunigern kann eine große Eindringtiefe erzielt werden. Durch Einstellung von Energiestufen wird der Ort der Bestrahlung mit großer Präzision auch an Stellen, wo nicht operiert werden kann, getroffen.
Nachteil: Gesunde Zellen können durch die Strahlung geschädigt werden.

10 Das schwere Uran-235 wird durch ein langsames Neutron in zwei mittelschweren Atomkerne (z. B. Barium und Krypton) gespalten. Dabei entstehen zusätzlich 2 – 3 Neutronen. Außerdem wird eine Energie von ungefähr $3 \cdot 10^{-11}$ J frei. Nach Abbremsung können die 2–3 Neutronen wieder Uran-Kerne spalten.

11

Bestandteil	Bedeutung
Brennelement	Enthält die kritische Masse spaltbares Material.
Moderator (Wasser, Grafit)	Verringert die Geschwindigkeit der Spaltneutronen.
Steuerstäbe	Regelt die Anzahl der Neutronen für eine gesteuerte Kettenreaktion.
Reaktordruckbehälter	Wird vom verdampfenden Wasser durchströmt.
Schutzhülle	Schirmt Radioaktivität ab.

12 Kernenergie (Uran) → thermische Energie (Dampf) → mechanische Energie (Turbine) → elektrische Energie (Generator)

Vertiefungen zur Mechanik S. 190

1 geg.: Geschwindigkeit der Padlerin $v_P = 2\,m/s$
Strömungsgeschwindigkeit $v_w = 1\,m/s$
$s = 150\,m$
ges.: t in s

$$|v_r^2| = |v_w^2| = |v_p^2|$$

$$v_r = \sqrt{4\frac{m^2}{s^2}} = 2\frac{m}{s}$$

$$t = \frac{s}{v_r} = 75\,s = 1\,min\,15\,s$$

2 $v_0 = \sqrt{\frac{g}{2y}} \cdot x = 8{,}86\frac{m}{s}$

Die Anfangsgeschwindigkeit in waagerechter Richtung betrug 8,86 m/s.

3 Der Körper erreicht in der Steigzeit $t_h = v_0/g$ die Wurfhöhe $s_h = v_0^2/2g$. Beim freien Fall benötigt man für diese Strecke die Fallzeit $t_F = \sqrt{2s \cdot g} = v_0/g = t_h$.

4 Steigzeit $t_h = \frac{t}{2} = 1\,s$

$$s_h = \frac{g}{2} \cdot t^2 = 4{,}91\,m$$

Der Ring muss 4,91 m hoch geworfen werden.

5 Die potenzielle Energie des Artisten und der Sandsäcke ($M = 100\,kg$) wird zunächst in kinetische Energie und dann in Spannenergie des Trampolins umgewandelt. Die Spannenergie wird vollständig als kinetische Energie auf den Artisten ($m = 60\,kg$) übertragen.
Für die abwärts erreichte Geschwindigkeit gilt also: $M \cdot g \cdot h = (1/2) M \cdot v_1^2$. Daraus ergibt sich: $v_1 = 9{,}9\,m/s$. Für die aufwärts gerichtete Geschwindigkeit gilt $m \cdot g \cdot h = (1/2) m \cdot v_2^2$. Daraus ergibt sich für die Geschwindigkeit: $v_2 = 12{,}8\,m/s$. – Der Artist wird 8,34 m hoch geschleudert.

6 Beim Hammerwerfen muss der Sportler eine große Kraft aufbringen um den Hammer auf eine Kreisbahn zu zwingen. Auf den Hammer wirkt die zum Mittelpunkt der Kreisbewegung gerichtete Radialkraft. Nach dem Wechselwirkungsprinzip übt der Hammer eine nach außen gerichtete Kraft auf den Sportler aus, der sich nach hinten legen muss um nicht umgerissen zu werden.

7 geg.: $r_1 = 500\,m$
$v_1 = 50\,km/h = 13{,}9\,m/s$
$m_1 = 20\,t = 20\,000\,kg$
$r_2 = 50\,m$
$v_2 = 100\,km/h = 27{,}8\,m/s$
$m_2 = 5\,t = 5000\,kg$
ges.: F_r in N
Lösung: $F_r = m \cdot v_2/r$
$F_{r1} = 7728{,}4\,N$
$F_{r2} = 7728{,}4\,N$
$F_{r1} = F_{r2}$

8 Wirft man in die „rechte Gasse", wird das Vorderholz von rechts getroffen und gleichzeitig der rechte Kegel von links. Beide Kegel fallen um. Der vordere Kegel wird aber in der Regel so nach links geworfen, dass der hintere Kegel stehenbleibt. Wirft man dagegen so, dass die Kugel das Vorderholz links streift, wirft der vordere Kegel den rechten hinteren Kegel um. Die Kugel wird, da sie schwerer ist als der Kegel, nur leicht nach links abgelenkt und trifft den linken hinteren Kegel.

9 Der Medizinball hat einen Impuls von $8\,kg \cdot m/s$. Damit der Tennisball einen gleich großen Impuls hat, müsste er sich mit der Geschwindigkeit $v = 160\,m/s = 576\,km/h$ bewegen.

10 Der Wagen kommt zum Stehen durch die Wechselwirkung mit der Erde. Also kann auch nur die Erde den Impuls des Wagens aufgenommen haben.

Register

Quellenverzeichnis

action press: 146/1 | ADAC: 187/1, 233/3 | akg-images, Berlin: 57/6-7, 85/11, hinteres Vorsatz 2 | Allsport/actionpress: 170/1 | Archiv CV, Berlin: 21/2, 22/1, 23/1-2, 41/1-3, 44/3, 45/3, 46/2, 57/7, 60/1-3, 60/5, 94/1, 94/7-8, 126/1-3, 128/2, 138/2, 145/3-4, 182/1-4, 207/1, 209/2, 217/1-2, 217/5, 222/5, 226/3, 227/1, 227/4, 230/5, 231/1-5, 233/4, hinteres Vorsatz 3 | Archiv Hoyer, Galenbeck: 107(Feuersalamander), 148/1 | Arco Digital Images/Moosrainer: 230/3 | argum/Christian Lehsten: 214/1 | argus/Ruoso: 96/1 | ASE/HEA: 74/4-5 | Augenklick/ Foto-Kunz: 174 | Augenklick/GES: 35/1 | BayernPark: 172/4 | Bellmann: 168/3 | Beru AG: 226/2 | Betatherm: 216/1 | Bildarchiv Preußischer Kulturbesitz: 146/2 | Bildart Photos Volker Döring, Hohen Neuendorf: 11/1, 17/1, 20/1-4, 21/1, 28/2-3, 30/3, 31/1, 33/1-2, 34/3, 46/1, 50/1-2, 52/2, 53/2-3, 57/6, 60/4, 81/2, 86/1-3, 87/2, 88/4, 90/1, 91/2, 93/1, 96/2-4, 99/1, 100/1, 101/2-3, 109/1, 110/4, 114/1-3, 118/1-3, 120/2, 121/4, 122/2, 122/4, 123/1, 125/2-5, 129/5, 132/4-5, 133/1, 134/1, 141/2, 142/1, 143/1, 164/1, 165/1, 165/4, 167/4, 170/2, 171/1, 173/2, 174/2, 176/2, 177/1-2, 178/2, 184/1, 186/2, 192/1-2, 193/2, 194/1, 195/3, 197/1-2, 198/1-2, 199/5, 200/1, 209/1, 212/1-3, 221/2, 224/1, 227/2, 233/1 | BLG AG&Co./W. Scheer, Bremen: 162/1 | Blickwinkel/NaturimBild/Foerster: 26 | BMW, München: 179/2, 199/2 | Boreas Gruppe, Dresden: 78/1 | Brunswick GmbH, Eschborn: 28/4 | Bundesamt für Strahlenschutz: 148/4, 155/3 | Bundesverband Solarwirtschaft: 218/1 | Bundesverband WindEnergie e.V.: 212/4 | Casio: 47/1 | CERN: 137 | Conrad Electronic, Hirschaus: 78/2, 80/1, 220/1 | Corbis / zefa/C. Voigt: Einband | Corbis/Alan Schein Photography: 7 | Corbis/Crise, Steve: hinteres Vorsatz 5 | Corbis/Duomo: 191 | Corbis/Igor Kostin: 144/2 | Corel: 94/6 | Cornelsen Experimenta, Berlin: 76/3 | Daimler AG, Stuttgart: 38/1, 38/4, 39/1 | DEA: 202/2 | Deutsche Goodyear: 38/3 | Deutsches Museum, München: 22/2, 54/2, 73/1-3, 84/2-4, 120/4-5, 124/1-2, 145/1-2 | Digitalstock: 232/1 | DLR: 124/3-4, 180/1, 205/3 | dpa Berlin: 18/2, 166/1, 167/4, 176/1 | EdF, Paris: 204/4 | Elwe Lehrgerätebau Klingenthal GmbH: 97/4 | Enercon GmbH, Aurich: 176/4, 205/1 r. | ESA & NASA: 65/3, 180/2 | ESA/J. Huart: hinteres Vorsatz 9 | ESO/Novespace: 27/3 | Fachstelle Lärmschutz; CH-Glattbrugg: 197/3 | Focus/Sheila Terry/SPL: 147/1 | Focus/Sheila Terry/SPL: 207/5, hinteres Vorsatz 4 | Forschungszentrum Jülich: 158/2 | Freies Deutsches Hochstift, Frankfurter Goethe Museum: 134/4 | Greenpeace/Thomas Schlijper: 158/1 | GSF, Neuherberg: 141/3, 147/2 | Heinz Kettler GmbH & Co. OHG, Ense-Parsit: 76/4 | Hella KGaA Hueck & Co.: 222/4, 222/6 | HMI, Berlin: 151/1 | IBM: 75/3, 228/4 | Image Bank/E. Reda: 85 | Institut für Biomechanik: 168/5 | Intel: 228/3 | iStockphoto: 102/103, 102/o.r. | Jan van der Streat: Distillatio, Archiv: 150/2 | Kessler, Hofheim: 157/2 | KKW Brunsbüttel: 154/1 | Leybold-didactic GmbH, Hürth: 97/3, 141/5 | Lichtenberger, J., Fahren: 107 (Pfaffenhütchen, Bienenorchidee), 116/1-2, 117/2 | Limbrunner, Dachau: 230/2 | Lipp GmbH, Tannhausen: 207/2 | Los Alamos National Laboratory: 152/1 | Lufthansa AG: 138/1 | Mannesmann Dematic: 56/2 | Mikelskis, H. F., Potsdam: 8/1, 111/3, 112/3 | Miele: 230/4 | Moser Freiburg: 156/2-3 | Musée Antoine Vivenel, Compiègne (F)/Eric Blanchgorge: hinteres Vorsatz 1 | Museum für Kommunikation, Berlin: hinteres Vorsatz 7-8 | NASA: 30/4, 64/2-3, 65/1, 188/1 | NaturEnergie AG, Grenzach-Wyhlen: 203//2 | Panasonic, Deutschland: hinteres Vorsatz 10 | Peter Guenter/vario images: 46/3 | Philips, Hamburg: 130/2 | Phywe System GmbH, Göttingen: 17/1, 58/3, 109/2, 111/1, 111/5, 119/1, 148/3, 166/2, 192/3 | picture alliance/ASA: 14/1 | picture alliance/dpa: 161, 181/1 | Pixelio: 211/1-3 | ProjektPhotos: 28/1, 44/1, 205/2 | Royer Signaltechnik GmbH: 222/3 | RWE, Essen: 150/1, 160/1 | Sachs Handel GmbH, Schweinfurt: 92/4-5 | Schott Glas, Mainz: 108/1, 112/1, 115/2, 115/4 | Siemens AG: 49, 57/4, 66/1, 72/3, 74/1, 76/2, 82/1, 111/4, 156/157, 156/1, 156/4, 157/3, 203/4, 222/1, 223/2-3 | Silvestris: 233/2 | Simeon, R., Baden-Baden: 146/3 | Superbild: 128/1, 157/4, 202/1 | TU Berlin: 197/4 | TV yesterday: 116 o. | Ullsteinbild:168/4, 196/4 | VEBA, Gelsenkirchen: 233/5 | Volkswagen AG, Wolfsburg: 40/1-3, 57/3, 226/2, 227/3 | Wacker Siltronic, Burghausen: 214/2, 228/1-2 | Walter Bau AG: 139/1, 205/1 l. | Wavegen, Inverness: 104/1-3 | Western Digital Corporation: 75/1 | Wikipedia: 103 o. r., u. (2), 226/4 |Wismut AG: 155/2 |ZARM, Bremen: 27/1 |Zefa: 30/5, 35/3, 168/1-2, 230/1.

Informationsübertragung

Im antiken Griechenland überbrachten Boten oder Läufer Nachrichten.

Die Tukano-Indianer am Rio Negro in Südamerika warnen mit Signaltommeln vor Gefahren.

Im Römischen Reich verfügte man über gut funktionierende Telegrafensysteme. Durch Feuer- und Rauchsignale wurde auch der Fall Trojas nach Argos übermittelt.

Seit Mitte des 18. Jahrhunderts kennt man die optische Telegrafie. 1794 benötigte eine Meldung von Conde nach Paris (200 km) nur 30 Minuten.

„Was man sich selbst erfinden muss, lässt im Verstand die Bahn zurück, die auch bei anderer Gelegenheit gebraucht w